RADIONUCLIDE

VON

DR. KURT SCHMEISER

KNAPSACK-GRIESHEIM AG.
WERK KNAPSACK BEI KÖLN

ZWEITE, VÖLLIG NEU BEARBEITETE
UND ERWEITERTE AUFLAGE VON RADIOAKTIVE ISOTOPE

MIT 234 ABBILDUNGEN

SPRINGER-VERLAG
BERLIN · GÖTTINGEN · HEIDELBERG
1963

Softcover reprint of the hardcover 2nd edition 1963

Library of Congress Catalog Card Number 63–12871

ISBN-13: 978-3-642-88037-7   e-ISBN-13: 978-3-642-88036-0
DOI: 10.1007/ 978-3-642-88036-0

Vorwort zur ersten Auflage

Die schnelle Entwicklung der Kernphysik und die Möglichkeit, auf künstlichem Wege radioaktive Isotope in größerer Menge herzustellen, hat sich auf vielen Gebieten, sei es in der Chemie, Medizin, Biologie, Geologie, Mineralogie u. a. oder bei technischen Problemen, günstig ausgewirkt. Die Zahl der Anwendungsbeispiele ist heute schon fast unübersehbar, immer neue Möglichkeiten der Anwendung ergeben sich. Es ist ein großer Vorteil der radioaktiven Nachweismethode, daß sich die meisten Untersuchungen mit verhältnismäßig einfachem experimentellem Aufwand lösen lassen. Jedoch setzt dies eine eingehende Kenntnis der Nachweismethoden und ihre experimentelle Beherrschung voraus. Die hierzu erforderlichen Grundlagen soll das vorliegende Buch vermitteln. Es ist hervorgegangen aus einer Zahl von größeren Übersichtsbeiträgen, welche der Verfasser in Zeitschriften und Handbüchern gegeben hat, und aus einer fast zehnjährigen experimentellen Tätigkeit auf diesem Gebiet. Leider ist durch eine übermäßig starke, berufliche Inanspruchnahme die Fertigstellung des Manuskriptes etwas verzögert worden.

Einleitend wird ein kurzer Überblick gegeben über den Aufbau des Atoms und über damit zusammenhängende Fragen. Anschließend wird die Erscheinung der Radioaktivität, soweit es für das Verständnis des Folgenden notwendig ist, behandelt. Es wurde als zweckmäßig erachtet, dem eigentlichen Thema, nämlich der Messung von radioaktiven Präparaten, einen in sich abgeschlossenen Überblick über die Herstellungsmöglichkeiten radioaktiver Isotope voranzustellen. Erfahrungsgemäß tauchen nämlich bei der Anwendung radioaktiver Isotope, besonders bei medizinischen und biologischen Problemen, Fragen auf, welche ohne diese Kenntnisse vielfach nur unbefriedigend beantwortet werden können. Daß über die Wirkungsweise der verschiedenen Meßgerätetypen berichtet wird, ist selbstverständlich. Den Ausführungen über die praktische Ausmessung von α-, β- oder γ-Strahlern sind jeweils einige Grundtatsachen über das Verhalten der betreffenden Strahlung in Materie vorangestellt. Der Autoradiographie ist ein besonderer Abschnitt gewidmet. Der Abschnitt über Strahlenschutz ist textlich kurz gehalten, dürfte aber bei der reichhaltigen Beigabe von Tabellen und Abbildungen ausreichend sein. Den Abschluß des Buches bildet eine kleine Zusammenstellung von verschiedenartigen Anwendungsbeispielen.

Köln a. Rh., im Juni 1957 K. Schmeiser

Vorwort zur zweiten Auflage

Auch die vorliegende Neuauflage möge alle jene ansprechen, die sich bei ihren Forschungen und Untersuchungen radioaktiver Isotope *(Radionuclide)* bedienen wollen: Biologen, Chemiker, Elektrotechniker, Geologen, Geophysiker, Ingenieure, Mediziner, Meteorologen, Mineralogen u. a. Durch das Studium der hier beschriebenen radioaktiven Methoden und ihrer kernphysikalischen Grundlagen wird der Anwender in den Stand gesetzt, die jeweils günstigste Methode auszusuchen, sie richtig einzusetzen, Fehlerquellen zu erkennen und ihren Einfluß auf das Meßergebnis abzuschätzen.

Der einmal gewählte Rahmen des Buches wurde beibehalten. Einige Kapitel mußten allerdings neu aufgenommen, andere ganz wesentlich erweitert werden. Das konnte nur geschehen durch eine noch straffere Gliederung des Inhaltes und durch einen zum großen Teil neu entstandenen Text. Wiederum wurde besonderer Wert auf leichte Verständlichkeit des Inhaltes gelegt. Die Wiedergabe zahlreicher Abbildungen und Tabellen unterstützten dieses Bestreben. Der Verfasser hielt streng daran fest, die Grundlagen der radioaktiven Methode nur soweit zu beschreiben, als es für ihre nutzbringende Anwendung unbedingt erforderlich ist.

Hinzugekommen ist die Besprechung des Nachweises energiearmer Strahlung mit Hilfe flüssiger Szintillatoren, ein Kapitel über die Gammaspektroskopie sowie einige Bemerkungen über die Messung intensitätsarmer Strahler. In wesentlich erweitertem Umfang erscheint die Beschreibung der Aktivierungsanalyse, entsprechend der zunehmenden Wichtigkeit und Beliebtheit dieser Methode. Eingehender als in der ersten Auflage werden auch die Aufgaben und Fragen des Strahlenschutzes behandelt. Wegen der komplexen Natur dieses Gebietes und aufgrund der Zielsetzung des Verfassers bei der Abfassung des Manuskriptes soll selbstverständlich bei weitem kein Anspruch auf Vollständigkeit gestellt werden.

Köln a. Rh., Dezember 1962   K. Schmeiser

Inhaltsverzeichnis

I. Grundbegriffe des Atomaufbaues und Möglichkeiten zur Herstellung von Radionucliden

A. Atomkernaufbau und Isotopie

1. Protonen und Neutronen als Kernbausteine

Nach RUTHERFORD besteht ein Atom aus einem positiv geladenen *Atomkern*, der nahezu die gesamte Masse des Atoms umfaßt, und negativ geladenen Elektronen *(Hüllenelektronen, Atomelektronen)*, welche das Atom nach außen elektrisch neutral erscheinen lassen und den Atomkern umgeben, etwa in der Art, wie die Planeten die Sonne umkreisen.

Der Radius des Atomkernes ist von der Größenordnung 10^{-13} cm und beträgt für ein Atom mit dem Atomgewicht A

$$r = 1{,}3 \cdot 10^{-13} \sqrt[3]{A} \text{ cm} .$$

Der aus prinzipiellen Gründen nicht sehr exakt definierte Radius R der Elektronenhülle, also der Radius des als Kugel gedachten Gesamtatoms ist von der Größenordnung 10^{-8} cm (etwa $0{,}5\text{—}2{,}5 \cdot 10^{-8}$ cm). Der Atomradius ist also etwa 10000mal größer als der Radius des Atomkernes*.

Auf die Tatsache, daß die Zahl Z der Hüllenelektronen ($=$ Ordnungszahl Z im periodischen System) identisch ist mit der positiven Kernladungszahl, hat als erster BROEK[1] hingewiesen. Die experimentelle Bestätigung hierzu gelang MOSELEY[2]. Es bedurfte der Entdeckung des Neutrons durch CHADWICK[3] im Jahre 1932, nach systematischen Vorversuchen von BOTHE und BECKER[4] und JOLIOT-CURIE[5], ehe HEISENBERG[6] die beiden Elementarteilchen *Protonen* (p) und *Neutronen* (n) als die einzigen Bausteine *(Nucleonen)* aller Atomkerne postulieren konnte.

---

* Für das chemische Element Argon z. B. beträgt der Kernradius

$$r = 4{,}8 \cdot 10^{-13} \text{ cm} ,$$

der Atomradius aber

$$R = 1{,}9 \cdot 10^{-8} \text{ cm} = 4 \cdot 10^4 \, r .$$

Das mittlere spezifische Gewicht der Kernmaterie beträgt:

$$d = \frac{\text{Gewicht}}{\text{Volumen}} = \frac{\dfrac{A}{6{,}023 \cdot 10^{23}}}{\dfrac{4\pi}{3}(1{,}3 \cdot 10^{-13} \sqrt[3]{A})^3} = 1{,}8 \cdot 10^{14} \text{ g/cm}^3 .$$

Ein Stecknadelkopf vom spezifischen Gewicht eines Atomkernes würde 100000 t wiegen.

[1] BROEK, A. VAN DEN: Phys. Z. **14**, 32 (1913).

[2] MOSELEY, H. G. J.: Phil. Mag. **26**, 1024 (1913); **27**, 703 (1914).

[3] CHADWICK, J.: Proc. Roy. Soc. Lond., Ser. A **136**, 692 (1932). — Nature (Lond.) **129**, 312 (1932).

[4] BOTHE, W., u. H. BECKER: Z. Physik **66**, 289 (1930).

[5] CURIE, J., u. F. JOLIOT: C. R. Acad. Sci. Paris **194**, 273, 708, 876 (1932).

[6] HEISENBERG, W.: Z. Physik **77**, 1 (1932).

Das Proton ist identisch mit dem Atomkern des leichten Wasserstoffes. Es ist einfach positiv geladen, d.h. der positive Ladungsbetrag ist gleich der Elementarladung e*. Das Neutron ist etwa gleich schwer wie das Proton (s. S. 7), ist aber, wie der Name besagt, elektrisch neutral. Die Zahl der Protonen bestimmt also die Kernladung und ist identisch mit der Ordnungszahl Z des betreffenden chemischen Elementes. Die positive Kernladung beträgt demnach $Z \cdot e$. Die Gesamtzahl der Nucleonen (Protonen und Neutronen) nennt man *Massenzahl*.

Zum Verständnis des Aufbaues von Atomkernen aus positiv geladenen Protonen und ungeladenen Neutronen müssen wir gewisse *Kernkräfte* zwischen diesen annehmen, welche nicht elektrischer Natur sind, über deren Eigenschaften wir aber bis heute noch keine vollkommene Vorstellung besitzen. Bis zu Entfernungen von etwa 10^{-12} cm vom Kernmittelpunkt sind allein die abstoßenden *Coulomb-Kräfte* aufgrund der positiven Kernladung wirksam, in größerer Kernnähe überwiegen die erwähnten Kernkräfte, welche die Protonen und Neutronen eines Atomkerns zusammenhalten.

2. Symbolische Schreibweise für Atomkerne

Zur Kennzeichnung der verschiedenen Atomkerne ordnet man jedem Symbol eines chemischen Elementes zwei Indices zu. Die übliche Schreibweise von beispielsweise

$$_4\mathrm{Be}^9$$

sagt aus, daß wir es mit einem Berylliumkern zu tun haben, der vier Protonen (Index links unten = Zahl der Protonen) und fünf Neutronen in sich vereint, also die Massenzahl 9 (Index rechts oben) besitzt.

Die symbolische Schreibweise wird in der Fachliteratur nicht einheitlich gehandhabt. Immer häufiger wird der obere Index vor das chemische Symbol gesetzt, z.B. $^9_4\mathrm{Be}$. Vielfach wird der Index links unten weggelassen oder man schreibt: Beryllium 9.

3. Begriff der Isotopie, stabile Isotope

Neben dem Wasserstoffatom, dessen Kern allein aus einem Proton besteht, gibt es in der Natur eine zweite Art Wasserstoff *(Deuterium)*, deren Atome etwa doppelt so schwer sind. Der Kern dieses *schweren Wasserstoffs, Deuteron* genannt, enthält neben dem Proton noch ein Neutron. Solche Atomarten des gleichen chemischen Elementes (gleiche Ordnungszahl Z, also gleiche Zahl von Protonen im Kern) mit verschiedener Massenzahl (bedingt durch andere Neutronenzahl) nennt man *Isotope*.

Da sich die Eigenschaften der in der Natur vorkommenden Isotope eines chemischen Elementes, von einigen Ausnahmen abgesehen (s. S. 10), ohne äußeren Einfluß auch über längere Zeit nicht ändern, nennt man sie *stabile Isotope*. In Abb. 1 sind die stabilen Isotope der ersten drei chemischen Elemente des periodischen Systems (s. Abb. 2) schematisch dargestellt. Das leichte und das schwere Wasserstoff-Isotop haben wir schon erwähnt. Das Element

---

* $e = (4{,}8024 \pm 0{,}0005) \cdot 10^{-10}$ elektrostatische cgs-Einheiten $= 1{,}60199 \cdot 10^{-19}$ Coulomb.

Helium, an zweiter Stelle im periodischen System rangierend, besitzt ebenfalls zwei stabile Isotope. Die Atomkerne beider Heliumarten enthalten, weil sie dem gleichen chemischen Element angehören, zwei Protonen, dagegen ist die Zahl der Neutronen für beide Isotope verschieden, nämlich 1 bzw. 2 und damit auch die Massenzahl, nämlich 3 bzw. 4. Entsprechend der Ordnungszahl $Z = 2$ besitzt ein Heliumatom außerdem zwei Hüllenelektronen. Auch diese sind in Abb. 1 (als kleine Punkte) schematisch eingezeichnet, wobei die geometrischen Abmessungen in dieser Abbildung bei weitem nicht der Wirklichkeit entsprechen (s. S. 1). Bei den beiden Lithium-Isotopen $_3Li^6$ und $_3Li^7$, die dem dritten chemischen Element im periodischen System zugeordnet sind, sind im Kern drei Protonen mit drei bzw. vier Neutronen vereint, die Massenzahl beträgt demnach 6 bzw. 7.

Die Isotopie ist schon recht lange bekannt. Während SODDY[2] bereits im Jahre 1910 auf das Vorhandensein verschiedener Atomarten ein und desselben chemischen Elementes aufmerksam gemacht hatte, konnte THOMSON[3] mit einem Massen-Elektroskop nachweisen, daß das Element Neon zwei Isotope mit der Masse 20 bzw. 22 besitzt.

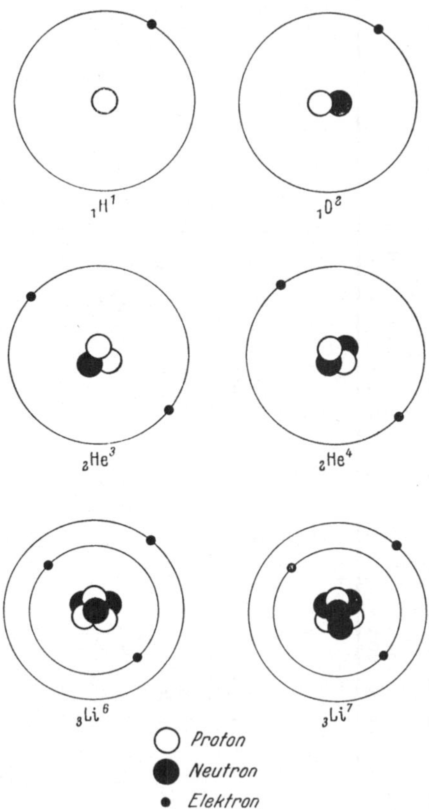

Abb. 1. Schematische Darstellung des Aufbaues einiger Atomkerne aus Neutronen und Protonen[1]

4. Isotopenhäufigkeit

Einige Jahre später hat ASTON[4] bei einer großen Zahl von chemischen Elementen die Existenz stabiler Isotope nachweisen können. Dieses kann mit einer Meßanordnung nach Abb. 3 geschehen. In einer Ionenquelle werden Atomionen erzeugt. Ein ausgeblendeter Strahl der anschließend beschleunigten Atomionen durchläuft nacheinander ein elektrisches und magnetisches Feld. Die Felder sind so bemessen, daß Atomionen gleicher Masse an ein und derselben Stelle einer photographischen Platte auftreffen, Atomionen verschiedener Masse aber räumlich getrennt, nebeneinander den Detektor erreichen. ASTON konnte mit dieser Methode *(Massenspektroskopie[5])* aufgrund der Größe der Ablenkung

[1] SCHMEISER, K.: Künstliche radioaktive Isotope in Physiologie, Diagnostik und Therapie. Herausgeg. von H. SCHWIEGK. Berlin-Göttingen-Heidelberg: Springer 1953 u. 1961.

[2] SODDY, F.: Trans. Chem. Soc. **99**, 72 (1911).

[3] THOMSON, J. J.: Rays of positive electricity. New York: Longmans Green & Co. 1913.

[4] ASTON, F. W.: Phil. Mag. **38**, 709 (1919).

[5] EWALD, H., u. H. HINTENBERGER: Methoden und Anwendungen der Massenspektroskopie. Weinheim: Verlag Chemie 1953.

Periode	0. Gruppe	1. Gruppe Neben-gruppe	1. Gruppe Haupt-gruppe	2. Gruppe Neben-gruppe	2. Gruppe Haupt-gruppe	3. Gruppe Neben-gruppe	3. Gruppe Haupt-gruppe	4. Gruppe Neben-gruppe	4. Gruppe Haupt-gruppe	5. Gruppe Neben-gruppe	5. Gruppe Haupt-gruppe	6. Gruppe Neben-gruppe	6. Gruppe Haupt-gruppe	7. Gruppe Neben-gruppe	7. Gruppe Haupt-gruppe	8. Gruppe	0. Gruppe
			1 H 1,0080		—		—		—		—		—		—		2 He 4,003
1	2 He 4,003		3 Li 6,940		4 Be 9,013		5 B 10,82		6 C 12,010		7 N 14,008		8 O 16,000		9 F 19,00		10 Ne 20,183
2	10 Ne 20,183		11 Na 22,997		12 Mg 24,32		13 Al 26,98		14 Si 28,00		15 P 30,975		16 S 32,066		17 Cl 35,457		18 Ar 39,944
3	18 Ar 39,944		19 K 39,100		20 Ca 40,08	21 Sc 44,96		22 Ti 47,90		23 V 50,95		24 Cr 52,01		25 Mn 54,93		26 Fe 27 Co 28 Ni 55,85 58,94 58,69	
3		29 Cu 63,54		30 Zn 65,38			31 Ga 69,72		32 Ge 72,60		33 As 74,91		34 Se 78,96		35 Br 79,916		36 Kr 83,80
4	36 Kr 83,80		37 Rb 85,48		38 Sr 87,63	39 Y 88,92		40 Zr 91,22		41 Nb 92,91		42 Mo 95,95		43 Tc [99]		44 Ru 45 Rh 46 Pd 101,7 102,91 106,7	
4		47 Ag 107,880		48 Cd 112,41			49 In 114,76		50 Sn 118,70		51 Sb 121,76		52 Te 127,61		53 J 126,91		54 X 131,3
5	54 X 131,3		55 Cs 132,91		56 Ba 137,36	57 La 138,92	58-71 Seltene Erden*	72 Hf 178,6		73 Ta 180,88		74 W 183,92		75 Re 186,31		76 Os 77 Ir 78 Pt 190,2 193,1 195,23	
5		79 Au 197,2		80 Hg 200,61			81 Tl 204,39		82 Pb 207,21		83 Bi 209,00		84 Po 210		85 At [210]		86 Rn 222
6	86 Rn 222		87 Fr [223]		88 Ra 226,05	89 Ac 227		90 Th 232,12		91 Pa 231		92 U 238,07						

* Seltene Erden:	58 Ce 140,13	59 Pr 140,92	60 Nd 144,27	61 Pm [145]	62 Sm 150,43	63 Eu 152,0	64 Gd 156,9	65 Tb 159,2	66 Dy 162,46	67 Ho 164,94	68 Er 167,2	69 Tm 169,4	70 Yb 173,04	71 Lu 174,99
Transurane:	93 Np [237]	94 Pu [242]	95 Am [243]	96 Cm [243]	97 Bk [245]	98 Cf [246]	99 E [253]	100 Fm [255]	101 Mv [256]					

Abb. 2.   Periodisches System der Elemente. Die oberen ganzen Zahlen bedeuten die Ordnungszahlen der Elemente, die darunterstehenden geben die Atomgewichte an. Eckige Klammern bedeuten, daß das Atomgewicht dieses künstlich gewonnenen Elementes nur für das Produkt des derzeit wichtigsten Darstellungsprozesses gilt

der beteiligten Atomarten den Nachweis der Existenz verschiedener Isotope von chemischen Elementen führen und sehr genaue Massenangaben für diese Isotope machen. Darüber hinaus gestattete die photometrische Auswertung der Schwärzungen der photographischen Platte Aussagen über die relative Isotopenhäufig-

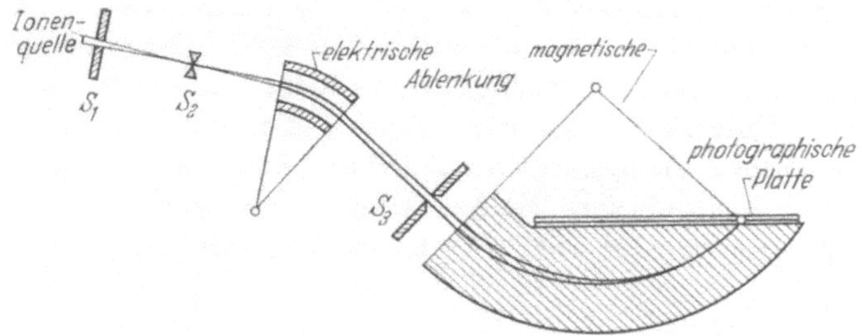

Abb. 3. Schematische Darstellung eines Massenspektrometers mit elektrischer und magnetischer Ablenkung (nach K. T. BAINBRIDGE und E. B. JORDAN [1])

keit, mit welcher die vorliegenden Isotope eines chemischen Elementes daran beteiligt waren. Als Beispiel für die hohe Auflösung moderner Massenspektrographen, an deren Entwicklung besonders MATTAUCH beteiligt war, ist in Abb. 4 ein Spektrogramm von Atomionen wiedergegeben. Die Atom- bzw. Molekulargewichte liegen in dem engen Bereich von 19,9878 und 20,0628.

Da die Atomkerne aus Neutronen und Protonen zusammengesetzt sind, sollte man annehmen, daß die Atomgewichte der Elemente annähernd ganze Zahlen sind. Wie man aus Abb. 2 (periodisches System der Elemente) sieht, ist das aber in den meisten Fällen nicht der Fall. Die Erklärung ist indessen einfach. Die in der Natur vorkommenden chemischen Elemente stellen nämlich sehr häufig Gemische von Atomarten (Isotopen) dar. So besitzt

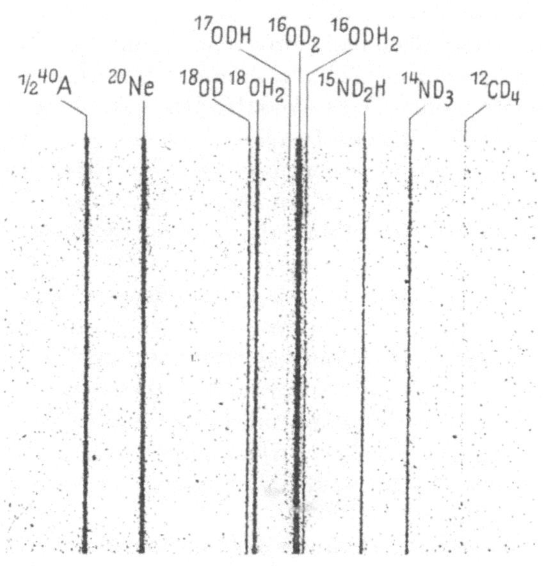

Abb. 4. Feinstruktur-Massenspektrogramm (nach BIERI, EVERLING und MATTAUCH [2])

z. B. das Element Calcium sechs, Cadmium acht, Zinn sogar zehn stabile Isotope (s. Tabelle 36). Es gibt aber auch sog. *Reinelemente*, die nur aus einer Atomart bestehen (z. B. Beryllium, Fluor, Kobalt, s. Tabelle 36). Daß auch bei den Reinelementen Abweichungen, wenn auch wesentlich kleinere Abweichungen der

---

[1] BAINBRIDGE, K. T., u. E. B. JORDAN: Phys. Rev. **50**, 282 (1936).
[2] FINKELNBURG, W.: Einführung in die Atomphysik. Berlin-Göttingen-Heidelberg: Springer 1958.

Atomgewichtswerte von ganzen Zahlen vorkommen, hat andere Gründe, auf die wir noch zurückkommen.

Die Häufigkeit der einzelnen Isotope wird im allgemeinen in Prozenten ausgedrückt, welche auf die Gesamtzahl der insgesamt in einem Gemisch der verschiedenen Isotopenarten eines chemischen Elementes vorhandenen Atome bezogen werden (*relative Häufigkeit*, s. Tabelle 36). Die relative Häufigkeit des leichten Wasserstoffes im natürlichen Wasserstoff ist 99,986%; der schwere Wasserstoff kommt nur mit einer relativen Häufigkeit von 0,014% in der Natur vor.

Ohne äußere Einwirkung sind die relativen Häufigkeiten der einzelnen Isotope eines chemischen Elementes überall auf der Erde gleich groß. Es gibt aber eine Reihe von physikalischen Methoden, das eine oder andere Isotop eines Elementes anzureichern oder zwei oder mehrere stabile Isotope voneinander zu trennen[1].

5. Atomgewicht und Isotopengewicht

Die *Massenzahl M* wurde definiert als die Zahl der Nucleonen (Protonen oder Neutronen), die ein Atomkern enthält. Was wir schlechthin als *Atomgewicht* bezeichnen, ist eine dimensionslose Zahl. Zum Beispiel hat natürliches Kobalt das Atomgewicht $58,93 \sim 59$. Früher wurde das Atomgewicht auf die Masse des Wasserstoffatoms als Einheit bezogen. Das Atomgewicht gab an, wieviel mal schwerer ein bestimmtes Atom als ein Wasserstoffatom ist. Aus rein experimentellen Gründen bezog man dann das Atomgewicht auf die Durchschnittsmasse der in der Natur vorkommenden Sauerstoffatome, wobei diese gleich 16,000 gesetzt wurde. Da die relative Häufigkeit der einzelnen Sauerstoffisotope je nach chemischer Herkunft etwas schwankt, ist die Einheit des chemischen Atomgewichtes für viele kernphysikalische Betrachtungen nicht exakt genug. Man hat deshalb den Begriff des *Isotopengewichtes* oder auch den Begriff der *relativen Atommasse* eingeführt, als deren Einheit die Masse des häufigsten Sauerstoffisotops $_8O^{16}$ diente, welche gleich 16,000 gesetzt wurde.

Der Umrechnungsfaktor zwischen beiden Einheiten in der Beziehung chemisches Atomgewicht $= 0,999722 \times$ kernphysikalisches Atomgewicht heißt *Smithscher Umrechnungsfaktor*. Umgekehrt gilt: kernphysikalisches Atomgewicht $= 1,000272 \times$ chemisches Atomgewicht.

Seit 1960 werden einheitlich für die reine und angewandte Physik bzw. Chemie die relativen Atommassen auf das stabile Nuclid C^{12} bezogen. Die atomare Masseneinheit ist nunmehr definiert als $^1/_{12}$ der Atommasse des Nuclids C^{12} ($= 12,000$).

Zwischen der neuen Masseneinheit u und der auf O^{16} bezogenen, bisher benutzten Masseneinheit ME besteht der Zusammenhang:

$$1\,u = (1,000317917 \pm 0,000000017)\,ME$$

In Tabelle 1 sind die relativen Atommassen einiger Atomarten in den beiden Bezugsskalen nebeneinander gestellt*.

---

* Mit den Zahlenangaben der Tabelle 1 und 36 läßt sich z. B. das Atomgewicht von **Bor** zu $10,0129 \cdot 18,45 + 11,0093 \cdot 81,55 = 10,82$ berechnen.

[1] Siehe z. B. MAURER, W., u. K. SCHMEISER: Handbuch der physiologisch- und pathologisch-chemischen Analyse, HOPPE-SEYLER/THIERFELDER, Bd. II/2, S. 687 ff. Berlin-Göttingen-Heidelberg: Springer 1955.

Tabelle 1. *Relative Atommasse einiger Nuclide bezogen auf O^{16} und C^{12}* [1]

	Relative Atommasse				
	bezogen auf			bezogen auf	
Nuclid	$C^{12}=12,0$	$O^{16}=16,0$	Nuclid	$C^{12}=12,0$	$O^{16}=16,0$
$_1H^1$	1,007825	1,008146	$_7N^{14}$	14,003074	14,007526
$_0n^1$	1,008665	1,008986	$_7N^{15}$	15,000108	15,004877
$_1H^2$	2,014102	2,014743	$_8O^{16}$	15,994915	16,000000
$_2He^3$	3,016030	3,016989	$_8O^{17}$	16,999133	17,004538
$_2He^4$	4,002604	4,003876	$_8O^{18}$	17,999160	18,004882
$_3Li^6$	6,015126	6,017039	$_9F^{19}$	18,998405	19,004445
$_3Li^7$	7,016005	7,018236			
$_4Be^9$	9,012186	9,015051	$_{11}Na^{23}$	22,989773	22,997081
$_5B^{10}$	10,012939	10,016122	$_{12}Mg^{24}$	23,985045	23,992670
$_5B^{11}$	11,009305	11,012805	$_{12}Mg^{25}$	24,985840	24,993783
$_6C^{12}$	12,000000	12,003815	$_{12}Mg^{26}$	25,982591	25,990851
$_6C^{13}$	13,003354	13,007488	$_{15}P^{31}$	30,973763	30,983611

6. Massendefekt, Bindungsenergie

Nachdem Atomkerne aus Protonen und Neutronen aufgebaut sind, möchte man annehmen, daß die Masse eines Atomkernes gleich der Summe der Massen der Kernbausteine ist. Im Falle von Stickstoff mit der Masse 14 (Symbol $_7N^{14}$) mit sieben Protonen und sieben Neutronen im Kern müßte dann mit den Angaben in der Tabelle 1 die relative Atommasse sein:

$$7 \cdot 1,007825 \quad + \quad 7 \cdot 1,008665 \quad = \quad 14,115430 \quad \text{statt} \quad 14,003074$$

Zahl der Protonen   Zahl der Neutronen
mal Protonenmasse   mal Neutronenmasse

Es fehlen also 0,112 Masseneinheiten *(Massendefekt)*, welche beim Aufbau des Stickstoffkernes aus sieben Protonen und sieben Neutronen in Form von Energie frei geworden sind und bei einer künstlichen Spaltung dieses Atomkernes in einzelne Nucleonen wieder aufgebracht werden müßten *(Bindungsenergie)*. Nach dem Äquivalenzgesetz von EINSTEIN gilt zwischen der Masse M und der ihr äquivalenten Energie (kernphysikalische Energieeinheit $=1$ eV*) die Beziehung:

$$E = mc^2 \quad (c = \text{Lichtgeschwindigkeit}).$$

Allgemein läßt sich die Bindungsenergie mit Hilfe der Beziehung

$$\Delta M = Z \cdot M_p + N \cdot M_n - M \quad \text{(s. obiges Zahlenbeispiel)}$$

---

* 1 eV $=1,6 \cdot 10^{-12}$ erg ist die kinetische Energie, welche ein elektrisch einfach geladenes Teilchen im Vakuum beim Durchlaufen eines elektrischen Spannungsgefälles von 1 Volt erhält. (10^6 eV $=1$ Millionen-Elektronen-Volt $=1$ MeV).

Aus obiger Beziehung zwischen Masse und Energie ergibt sich:

$$1 \text{ Masseneinheit (1 ME)} = 931 \cdot 10^6 \text{ eV} = 931 \text{ MeV}.$$

$$^1/_{1000} \text{ Masseneinheit (1 TME)} = 0,931 \text{ MeV}$$

umgekehrt:

$$1 \text{ MeV} = 1,0741 \text{ TME}.$$

Weiter gilt:

$$1 \text{ MeV} = 3,8275 \cdot 10^{-14} \text{ cal}$$

$$1 \text{ cal} = 2,6127 \cdot 10^{13} \text{ MeV}.$$

[1] EVERLING, F., L. K. KÖNIG, J. H. E. MATTAUCH u. A. H. WAPSTRA: Nuclear Phys. **15**, 342 (1960) und **18**, 529 (1960).

berechnen, wobei Z die Zahl der Protonen, N die Zahl der Neutronen, M_p und M_n die relative Atommasse des Protons bzw. Neutrons und M die relative Atommasse des in Frage stehenden Atomkernes bedeutet.

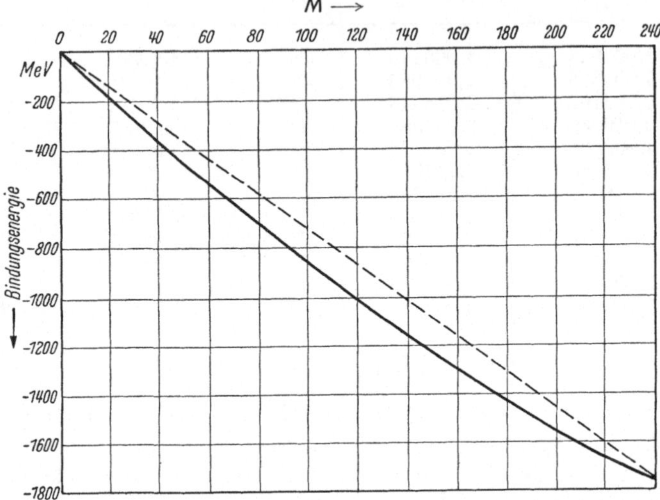

Abb. 5. Bindungsenergie der stabilen Atomkerne als Funktion der Massenzahl M

In Abb. 5 ist für alle bekannten Atomkerne die aus dem Massendefekt berechnete Bindungsenergie als Funktion der Massenzahl aufgetragen. Der nahezu lineare Verlauf der Kurve weist darauf hin, daß die Bindungsenergie je Nucleon

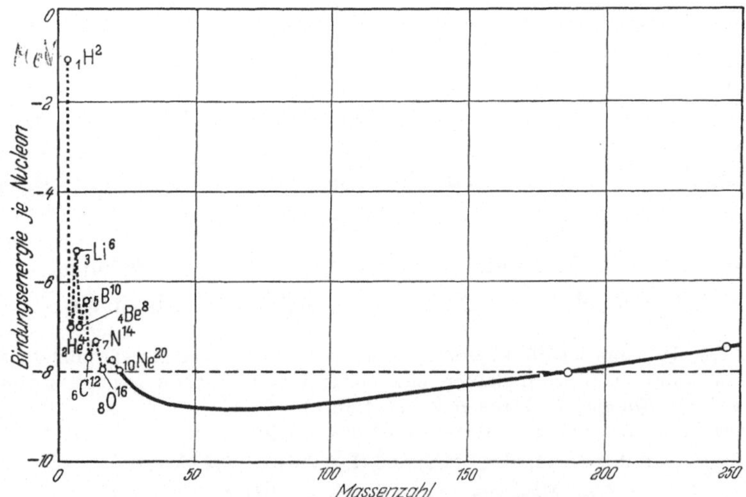

Abb. 6. Bindungsenergie je Nucleon in Abhängigkeit von der Massenzahl

in etwa gleich ist. Wie Abb. 6 zeigt, ist dieser Energiebetrag, von wenigen Ausnahmen bei leichten Kernen abgesehen, etwa 8 MeV (maximaler Wert bei $Z = 70$ 8,7 MeV, Ablösearbeit eines Hüllenelektrons dagegen nur $\sim 10\,\mathrm{eV}$). Da die mittlere Nucleonenmasse eines freien Nucleons

$$\tfrac{1}{2}\,(M_p + M_n) = 1{,}0083$$

beträgt, und der Bindungsenergie von 8 MeV 0,0086 Masseneinheiten entsprechen, verbleibt für das gebundene Nucleon fast genau 1 Masseneinheit übrig. Das ist die Erklärung für die ungefähre Ganzzahligkeit der relativen Atommassen.

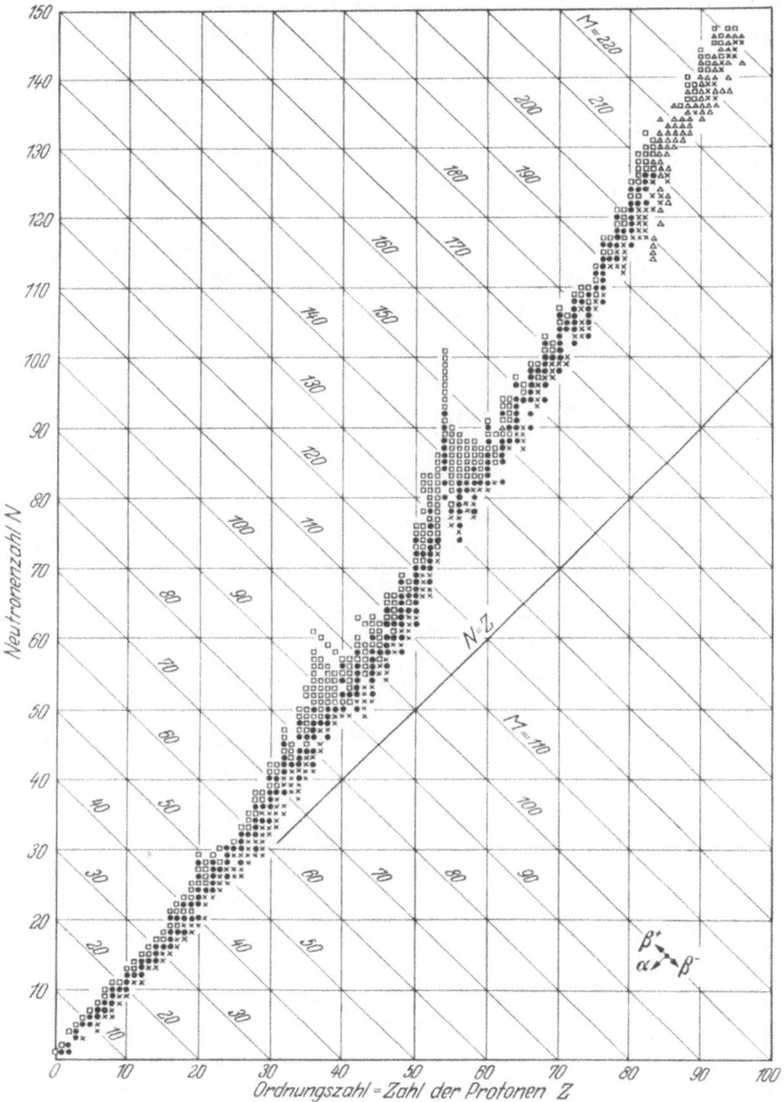

Abb. 7. Übersicht über die (bis 1949) bekannten stabilen und radioaktiven Atomkernarten ($\bullet$ = stabil, $\square$ = β^--Strahler, $\times$ = β^+-Strahler, Δ = α-Strahler) (nach D. HALLIDAY [1])

Die Bindungsenergie der Atomkerne setzt sich aus mehreren Komponenten zusammen. Zunächst sind die eigentlichen Kernkräfte zwischen den Nucleonen zu nennen. Wie bei einem Flüssigkeitstropfen treten außerdem nach innen gerichtete Oberflächenkräfte auf. Im Sinne einer Verringerung der Bindungs-

[1] HALLIDAY, D.: Introductory nuclear physics. New York: John Wiley and Sons 1950.

energie wirkt die Coulombsche Abstoßung zwischen den Protonen des Atomkernes. Auch die Überschußneutronen, die weniger fest gebunden sind, tragen zu einer Verkleinerung der Bindungsenergie bei. Ihre Anzahl, und damit dieser Beitrag, wächst mit zunehmender Ordnungszahl (s. Abb. 7).

Weiter zeigt sich, daß Kerne mit geraden Protonen- und Neutronenzahlen besonders stabil, solche mit ungerader Protonen- und Neutronenzahl dagegen weniger stabil sind und anderes mehr.

Die auffallende Tatsache, daß die Bindungsenergie pro Nucleon sowohl für die leichten Atomkerne als auch für die schweren Atomkerne kleiner ist als für die mittelschweren, hat für die Kernenergie-Gewinnung ausschlaggebende Bedeutung. Sowohl bei künstlicher Umwandlung eines leichten Atomkernes in einen schwereren Atomkern [z. B. Wasserstoff in Helium bei der Kernverschmelzung *(Fusion)* oder bei der Explosion einer Wasserstoffbombe] als auch bei der Kernspaltung eines schweren Kernes in zwei mittelschwere Atomkerne (z. B. Uran 235 in Krypton und Barium) wird Energie frei.

B. Künstliche Herstellung von radioaktiven Atomkernen

1. In der Natur vorkommende, radioaktive Atomkerne

Neben stabilen Isotopen, die ohne wesentliche äußere Einwirkung ihre Eigenschaften nicht ändern, gibt es in der Natur Atomkerne, die instabil sind und sich unter Aussendung von *radioaktiver Strahlung* (α-Strahlung, β-Strahlung, γ-Strahlung) spontan in andere Atomkerne mit ganz anderen Eigenschaften umwandeln[1]. Man nennt solche Atomkerne zum Unterschied gegenüber stabilen Isotopen *radioaktive Isotope (Radioisotope)* oder *Radionuclide**.

Zunächst gibt es in der Natur drei *radioaktive Familien*. Jede Familie besitzt eine *Muttersubstanz*, aus welcher durch fortgesetzten radioaktiven Zerfall eine Kette von radioaktiven Atomkernarten entsteht. So zerfällt z. B. der Atomkern Uran 238 durch Emission eines α-Teilchens in den radioaktiven Atomkern Thorium 234 *(Tochtersubstanz)*. Nach Aussendung eines β-Teilchens entsteht daraus ein radioaktiver Protaktiniumkern, dann Uran 234. Dieser Zerfall setzt sich in der aus Abb. 8c ersichtlichen Art und Weise fort, bis schließlich ein stabiler Atomkern das Ende der radioaktiven Kette bildet (hier Blei mit der Massenzahl 206).

Da sich die Masse wesentlich nur beim α-Zerfall (Aussendung eines α-Teilchens = Heliumkern mit der Masse 4) ändert, und zwar um vier Masseneinheiten, lassen sich die drei in der Natur vorkommenden radioaktiven Familien durch die Bezeichnung $4n$ *(Thoriumfamilie)*, $4n+2$ *(Uranfamilie)* und $4n+3$ *(Aktiniumfamilie)* kennzeichnen, wobei n eine ganze Zahl bedeutet. Bei der künstlichen Herstellung von radioaktiven Atomkernen, von welcher im nächsten Abschnitt die Rede sein wird, ist eine bis dahin unbekannte radioaktive Familie, die *Neptuniumfamilie*, entdeckt worden, deren Mitglieder Kernmassen der Größe

---

* Im allgemeinen werden die radioaktiven Atomkerne mehr oder weniger für sich betrachtet oder verwendet, also nicht in Verbindung mit ihren stabilen oder radioaktiven Isotopen (Atomkernarten desselben chemischen Elementes). Dann ist die Bezeichnung *Radionuclid* anstatt *Radioisotop* exakter.

[1] BECQUEREL, H.: C. R. Acad. Sci. Paris **122**, 501, 689 (1896).

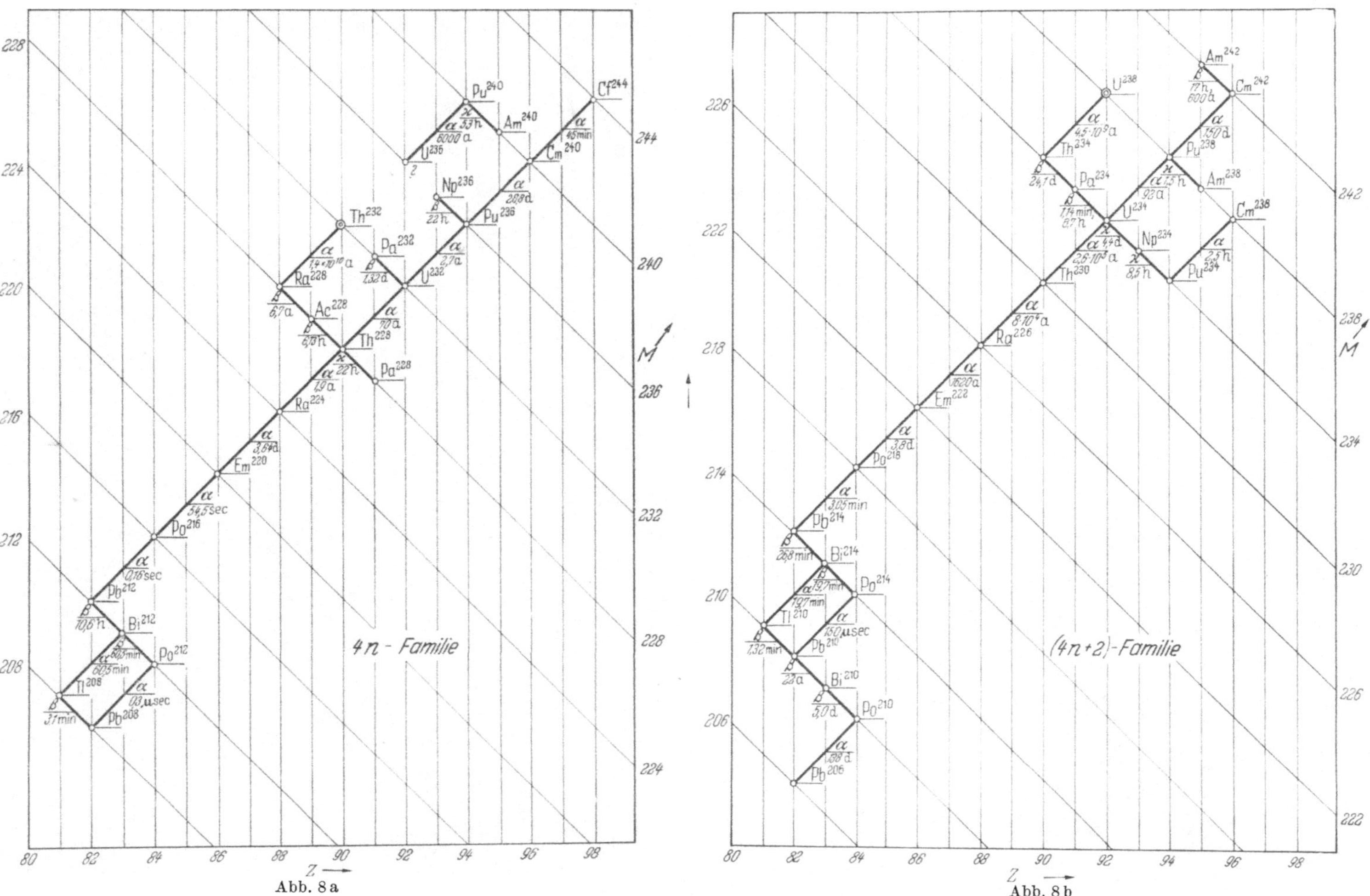

Abb. 8 a—d. Die vier radioaktiven Familien (nach E. BLEULER und G. J. GOLDSMITH[1])

[1] BLEULER, E., u. G. J. GOLDSMITH: Experimental nucleonics. London: Sir Isaac Pitman and Sons 1952.

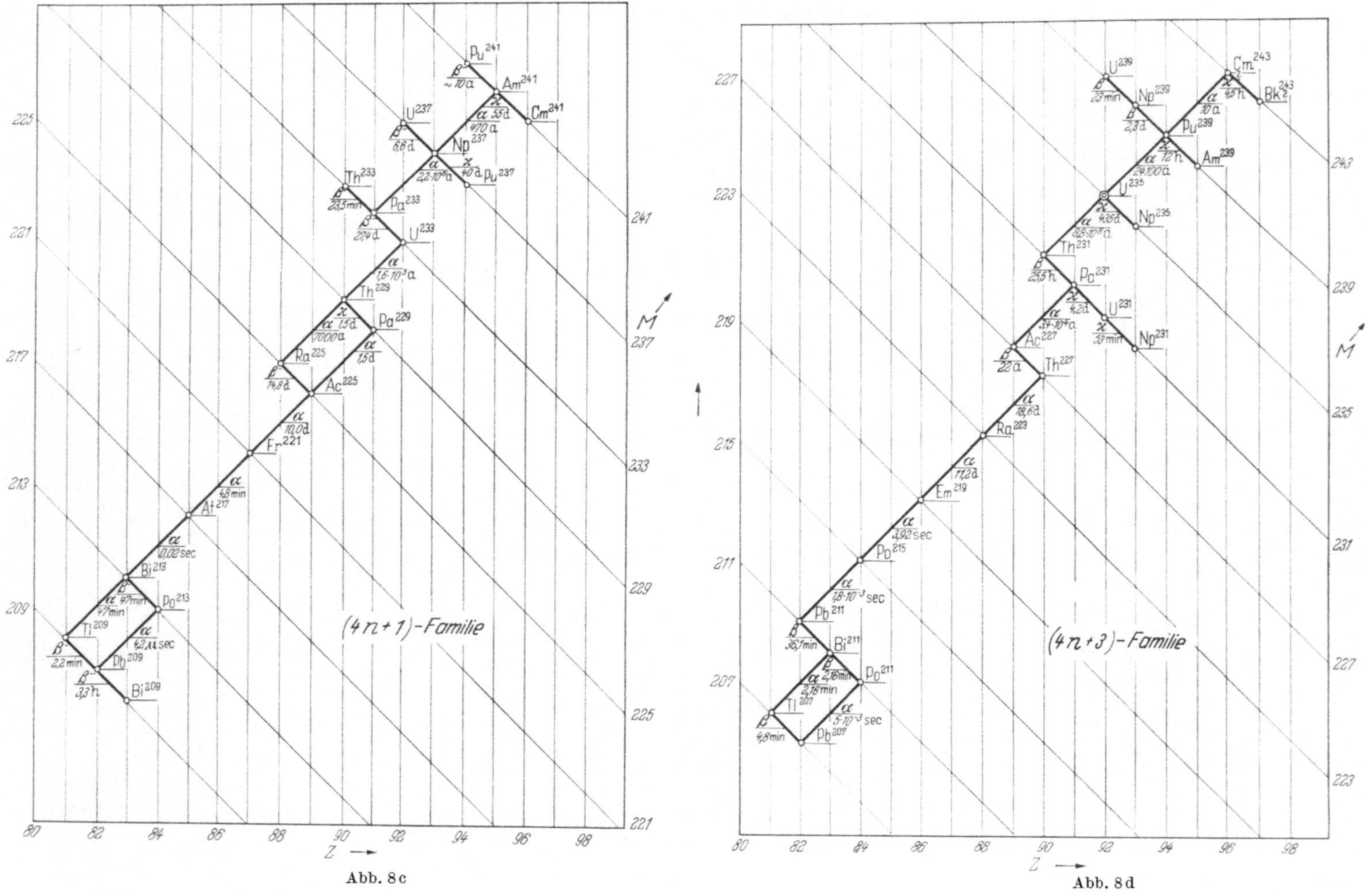

(4n+1)-Familie
Abb. 8 c
(4n+3)-Familie
Abb. 8 d

($4n+1$) besitzen. Während die drei erstgenannten, in der Natur vorkommenden radioaktiven Familien mit einem stabilen Bleiisotop enden, ist hier das stabile Wismut mit der Masse 209 (Bi^{209}) das Endglied der radioaktiven Kette. Die Kette enthält zudem kein gasförmiges Glied.

Neben den Mitgliedern der drei radioaktiven Familien gibt es in der Natur weitere, leichtere Atomkerne, die radioaktiv sind, bei ihrem Zerfall aber in stabile Atomkerne übergehen (Kalium 40, Rubidium 87, Indium 115, Lanthan 138, Neodym 150, Neodym 144, Samarium 147, Lutetium 176, Rhenium 187).

2. Erste künstliche Atomumwandlung

Im Jahre 1919 gelang es RUTHERFORD[1], einen Atomkern in einen anderen Atomkern umzuwandeln. Vorher hatte DARWIN[2] darauf hingewiesen, daß bei einem zentralen, elastischen Stoß eines α-Teilchens mit einem Proton (Wasserstoffkern) das Proton die 1,6-fache Geschwindigkeit des α-Teilchens erhält. MARDSEN und LANDSBERRY[3] fanden bei entsprechenden Versuchen, daß solche schnelle Protonen auch in einer wasserstofffreien Atmosphäre auftreten. Darüber hinaus stellte RUTHERFORD[4] fest, daß beim Durchgang von α-Teilchen durch Stickstoff Protonen nachweisbar sind, deren Zahl etwa proportional dem Stickstoff-Partialdruck ist. Aus diesen und zusätzlichen Experimenten schloß RUTHERFORD auf eine Umwandlung des Stickstoffkernes. Man hat später mit Hilfe von photographischen Aufnahmen in einer *Wilsonschen Nebelkammer* diesen Umwandlungsakt recht anschaulich festhalten können. Wir bringen eine solche Aufnahme in Abb. 9.

In einer stickstoffhaltigen Atmosphäre tritt ein α-Teilchen eines ThC′-Präparates, von unten her kommend, in den in der Abb. 9 gegebenen Volumen-Ausschnitt der Wilsonschen Nebelkammer ein. An der durch einen weißen Pfeil gekennzeichneten Stelle sehen wir eine Verzweigung. Eine dünnere Bahnspur, die einem Proton zugeordnet werden muß, verläuft nach links unten. Eine dickere Bahnspur mit einer leichten Richtungsänderung gegenüber der α-Bahnspur muß wegen der Größe der Ablenkung und der Stärke der Bahnspur bzw. der Bahnlänge einem schwereren Atomkern zugeordnet werden. Dem Vorgang läßt sich folgende Reaktionsgleichung zugrunde legen:

$$_7N^{14} \quad + \quad _2He^4 \quad \rightarrow \quad _1H^1 \quad + \quad _xA^y$$

Ausgangskern	Geschoß (α-Teilchen)	emittiertes Teilchen (Proton)	Folgekern

$$\underbrace{\hspace{6cm}}_{\text{vorher}} \qquad \underbrace{\hspace{6cm}}_{\text{nachher}}$$

Da die Summe der Massen und Kernladungen vor der Reaktion ($14+4=18$) bzw. ($7+2=9$) und nach der Reaktion ($1+y$) bzw. ($1+x$) nach dem Gesetz der Erhaltung von Masse und Ladung gleich sein müssen, muß das Sauerstoffisotop mit der Masse 17 ($_8O^{17}$) entstanden sein*.

Man stellt sich den Vorgang der Umwandlung eines Stickstoffkernes in einen Sauerstoffkern durch Beschuß mit energiereichen α-Teilchen heute so vor, daß

---

* Dieses Sauerstoffisotop mit der Masse 17 war bis dahin unbekannt. Wegen seiner geringen relativen Häufigkeit von 0,037 % konnte es erst viele Jahre später nachgewiesen werden.

[1] RUTHERFORD, E.: Phil. Mag. **27**, 538, 571, 586 (1919). — Nature (Lond) **103**, 415 (1919).

[2] DARWIN, G. C.: Phil. Mag. **27**, 499 (1914).

[3] MARDSEN, E., u. W. C. LANDSBERRY: Phil. Mag. **30**, 240 (1915).

[4] RUTHERFORD, E.: Proc. Roy. Soc. Lond., Ser. A **27**, 374 (1920).

sich aus dem Stickstoffkern und dem α-Teilchen ein Zwischenkern ($_9F^{18}$) bildet, welcher nach sehr kurzer Lebensdauer in einen $_8O^{17}$-Kern und ein Proton zerfällt.

Nach einem Vorschlag von BOTHE und FLEISCHMANN läßt sich obige Reaktionsgleichung etwas kürzer in der folgenden Form schreiben:

$$_7N^{14} \, (\alpha, \, p) \, _8O^{17}$$

Abb. 9. Künstliche Umwandlung von Stickstoff in Sauerstoff mit Hilfe energiereicher α-Strahlen (Nebelkammeraufnahme nach P. M. S. BLACKETT und G. P. S. OCCHIALINI [1])

3. Verschiedene Möglichkeiten zur künstlichen Erzeugung radioaktiver Atomkerne (Radionuclide)

a) Umwandlung stabiler Atomkerne in radioaktive durch Beschuß mit α-Teilchen

Die erste Atomkernumwandlung, bei welcher ein radioaktiver Atomkern entsteht, gelang CURIE und JOLIOT [2]. Nach der Reaktionsgleichung

$$_5B^{10} \, (\alpha, \, n) \, _7N^{13}$$

---

[1] BLACKETT, P. M. S., u. G. P. S. OCCHIALINI: Proc. Roy. Soc. Lond., Ser. A **136**, 325 (1932).

[2] CURIE, I., u. F. JOLIOT: C. R. Acad. Sci. Paris **198**, 254 (1934).

wurden Borkerne mit der Masse 10 (kurz: Bor 10) durch Beschuß von α-Strahlung in Stickstoff 13 umgewandelt. Diese Art von Atomkern war bis dahin unbekannt. Der $_7\text{N}^{13}$-Kern ist nämlich radioaktiv und zerfällt unter Aussendung eines positiv geladenen Elektrons *(Positron)* in $_6\text{C}^{13}$.

Die ersten Kernumwandlungen geschahen durch Beschuß inaktiver Materie mit α-Teilchen, weil diese genügend energiereich sind, um in das Kernfeld einzudringen. Außerdem kannte man damals nur natürlich radioaktive Strahler.

b) Erzeugung von radioaktiven Atomkernen mit Hilfe von hochbeschleunigten, geladenen Teilchen

Im Laufe der Zeit hat man Beschleunigungsmaschinen konstruiert, in denen elektrische Teilchen (z.B. Protonen) entsprechend hoch beschleunigt werden. Am Ende des Beschleunigungsvorganges reicht die kinetische Energie der beschleunigten Teilchen aus, um Kernumwandlungen einzuleiten.

Es gibt zwei wesentliche Arten von Beschleunigern. In einem Falle durchlaufen die geladenen Teilchen in einem einzigen Schritt eine Beschleunigungsstrecke zwischen zwei Elektroden, zwischen welchen eine hohe elektrische Spannung angelegt ist (z.B. *Van de Graaff-Generator, Kaskadengenerator*). Am Ende der Beschleunigungsstrecke befindet sich die zu bestrahlende Substanz *(Target)*.

Man kann elektrisch geladene Teilchen (z.B. Deuteronen) auch schrittweise beschleunigen (z.B. im *Cyclotron*). Eine Atomumwandlung im Cyclotron, bei welcher ein radioaktiver Atomkern entsteht, wird z.B. durch die Reaktionsgleichung

$$_{12}\text{Mg}^{26}\ (d, \alpha)\ _{11}\text{Na}^{24}$$

beschrieben. Ein auf mehrere MeV beschleunigtes Deuteron trifft einen Magnesiumkern der Masse 26. Neben einem α-Teilchen entsteht radioaktives Natrium mit der Kernmasse 24. Man beachte wiederum die Erhaltung von Ladung $(12 + 1 = 2 + 11)$ und Masse $(26 + 2 = 4 + 24)$.

Man kann heute elektrisch geladene Teilchen bis auf mehrere 100 MeV beschleunigen. Auf diese Weise werden ganz neuartige Kernumwandlungen *(spallation)* eingeleitet, bei denen neben einem radioaktiven Atomkern gleichzeitig mehrere Nucleonen entstehen[1]. Als Beispiel sei genannt der Beschuß von Arsen 75 mit Hilfe von α-Teilchen von 400 MeV. Neben einem viel leichteren radioaktiven Atomkern, nämlich Chlor 38, lassen sich pro Zertrümmerung 16 Protonen und 21 Neutronen nachweisen.

c) Radioaktive Spaltprodukte

Wenn wir von dem gerade erwähnten Spallation-Prozeß absehen, entstehen beim Beschuß von Atomkernen mit hochbeschleunigten, damit energiereichen, geladenen Teilchen radioaktive Atomkerne, die im periodischen System benachbarten chemischen Elementen angehören (maximal zwei Stellen entfernt).

Im Jahre 1938 gelang HAHN und STRASSMANN[2] durch Beschuß von Uran 235 (relative Häufigkeit 0,7%) mit langsamen Neutronen eine Aufspaltung des Urankernes in zwei mittelschwere Atomkerne. Eine chemische Analyse zeigte, daß es sich bei den *Spaltprodukten* um radioaktive Barium- und Krypton-Atomkerne handelte. Wenig später konnte nachgewiesen werden, daß neben Barium und

---

[1] SEABORG, G. T.: Chem. Engrg. News **25**, 2819 (1947).
[2] HAHN, O., u. F. STRASSMANN: Naturwissenschaften **27**, 11 (1939).

Krypton eine Reihe von anderen Paaren radioaktiver Atomkerne entstehen[1]. Stets sind es Paare von Radionucliden, deren Ordnungszahlen zusammen 92 ergeben (gleich der Ordnungszahl von Uran). Bei der Spaltung des Urankernes geht also kein Proton verloren, vielmehr finden sich alle Protonen in den beiden Spaltprodukten wieder. Das ist nicht so bei den ursprünglich im Urankern vorhandenen Neutronen.

Die Spaltung geht so vor sich, daß durch Anlagerung des langsamen Neutrons (Geschoß) an den Urankern mit der Masse 235 nach der Reaktionsgleichung

$$_{92}\mathrm{U}^{235} + {_0}\mathrm{n}^1 \rightarrow {_{92}}\mathrm{U}^{236} \rightarrow A + B + \mathrm{Neutronen} + 195\,\mathrm{MeV}$$

zunächst ein angeregter, kurzlebiger Zwischenkern $_{92}\mathrm{U}^{236}$ entsteht. Dieser ist äußerst instabil und neigt zu Schwingungen mit Formänderungen und so starken Einschnürungen, daß die Coulombschen Abstoßungskräfte die beiden Teile des eingeschnürten Zwischenkernes in die beiden Spaltprodukte A und B aufspalten (s. Abb. 10 und 11).

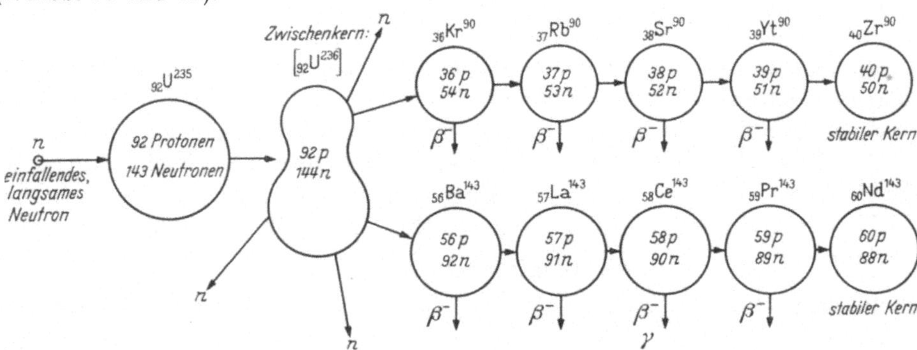

Abb. 10. Schematische Darstellung der Kernspaltung mit nachfolgendem Zerfall der beiden Spaltprodukte

Wie schon erwähnt, findet sich die positive Ladung des Urankernes in den Paaren der Spaltprodukte wieder ($56 + 36 = 92$). Im Beispiel des Spaltproduktpaares Barium und Krypton fehlen jedoch nach der Spaltung drei Masseeinheiten ($143 + 90 = 233$ statt $235 + 1 = 236$), die als gleichzeitig ausgesandte Neutronen in Erscheinung treten *(prompte Spaltneutronen)*. Manchmal sind es auch nur zwei Neutronen, die bei einer Kernspaltung frei werden, so z. B. bei der Spaltung in die beiden Spaltprodukte $_{55}\mathrm{Cs}^{140}$ und $_{37}\mathrm{Rb}^{94}$. Im Mittel entstehen 2,46 Neutronen je Spaltung. Die beiden Spaltprodukte sind wegen ihres hohen Neutronenüberschusses (bei Barium $143 - 56 = 87$ gegenüber 56 Protonen, bei Krypton $90 - 36 = 54$ gegenüber 36 Protonen) nicht stabil. Unter Umwandlung eines

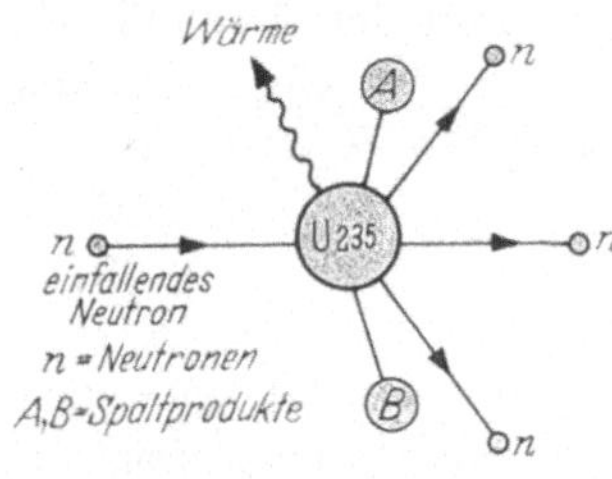

Abb. 11. Schematische Darstellung einer U-235-Spaltung mit Hilfe eines langsamen Neutrons

Neutrons in ein Proton, bei gleichzeitiger Aussendung eines β^--Teilchens streben sie einer stabileren Konfiguration der Kernbausteine zu. Aber auch die dabei neu entstehenden Atomkerne sind meist instabil und oft auch deren Tochtersubstanzen. Auf diese Weise entstehen *radioaktive Ketten*. Es gibt eine große

---

[1] SCHMIDT, K. R.: Nutzenergie aus Atomkernen, Bd. I, Tabelle VII, 4. Berlin: W. de Gruyter & Co. 1959.

Zahl von radioaktiven Ketten, von denen die längste der Zerfall des Spaltproduktes Xe^{143} darstellt. Erst $_{60}Nd^{143}$ in der Kette

$$_{54}Xe^{143} \rightarrow {}_{55}Os^{143} \rightarrow {}_{56}Ba^{143} \rightarrow$$
$$_{57}La^{143} \rightarrow {}_{58}Ce^{143} \rightarrow {}_{59}Pr^{143} \rightarrow$$
$$_{60}Nd^{143}$$

ist wieder ein stabiler Atomkern.

Wenn eine große Zahl von Uranspaltungen betrachtet wird, so zeigt sich, daß nicht alle Paare von radioaktiven Spaltprodukten mit gleicher Wahrscheinlichkeit entstehen. Dieses kann man aus Abb. 12 entnehmen, in welcher der Mengenanteil der einzelnen Spaltprodukte in Abhängigkeit von ihrer Massenzahl M aufgetragen ist. Die Werte schwanken, wie man sieht, um viele Zehnerpotenzen.

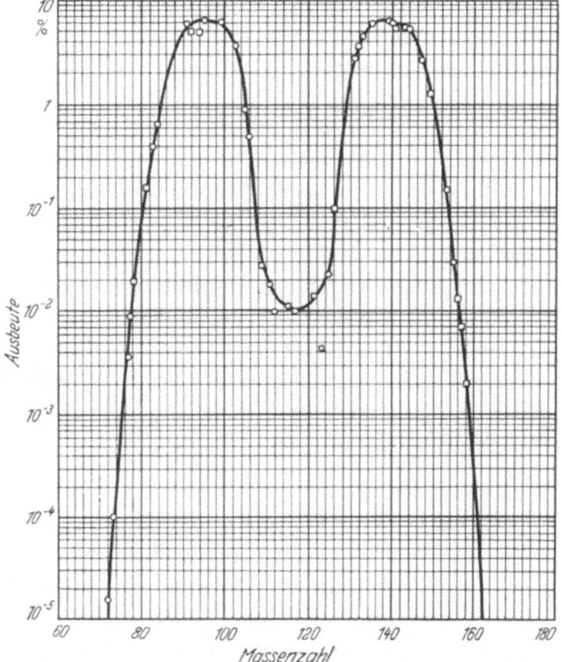

Abb. 12. Durchschnittliche Häufigkeit der Spaltprodukte von Uran 235 (nach L. A. Turner[1])

Pro Spaltung wird sofort eine Energie von etwa 174 MeV frei. Auf die beiden Spaltprodukte entfallen davon 162 MeV als kinetische Energie, die sich schnell in Wärme umsetzt. Die kinetische Energie der Neutronen beträgt durchschnittlich etwa 2 MeV (s. Energiespektrum der Spaltneutronen, Abb. 13). Eine gewisse Energie entfällt auf die im Augenblick der Spaltung frei werdende γ-Strahlung. Dazu kommt noch die Zerfallsenergie der β- und γ-Strahlung der radioaktiven Spaltprodukte mit etwa 6 bzw. 5 MeV und die Energie der Neutrinos mit etwa 10 MeV.

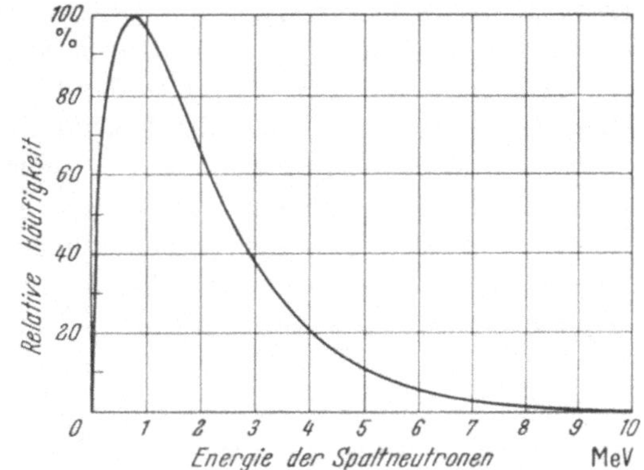

Abb. 13. Energieverteilung der bei der Spaltung von Uran 235 mit thermischen Neutronen entstehenden Spaltneutronen (nach W. Riezler und W. Walcher[2])

Zusammen wird also pro Spaltung von U^{235} eine Energie von 195 MeV frei, pro Gramm U^{235}: $8 \cdot 10^{11}$ erg $= 2,24 \cdot 10^4$ kWh[1]. Die von 1 g Anthrazitkohle (80% Kohlegehalt) frei werdende Energie beträgt vergleichsweise 0,0075 kWh.

---

[1] Turner, L. A.: Rev. Mod. Physics **12**, 1 (1940).

[2] Riezler, W., u. W. Walcher: Kerntechnik. Stuttgart: Teubner 1958.

Da die Trennung der einzelnen Spaltprodukte zum Teil große Schwierigkeiten bereitet und teilweise noch nicht gelungen ist, stehen nicht alle Spaltproduktarten für die Anwendung von Radionucliden in reiner Form zur Verfügung[1].

d) Erzeugung von Radionucliden durch Beschuß mit Neutronen

Im Jahre 1934 verwendeten FERMI u. Mitarb.[2] erstmalig Neutronen zur Umwandlung von stabilen Atomkernen in radioaktive Atomkerne (Fermi-Umwandlungen). Gegenüber geladenen Teilchen (z.B. α-Teilchen), haben die ungeladenen Neutronen den Vorteil, daß sie nicht von den starken Coulomb-Feldern der Atomkerne abgelenkt werden. Daher können sie mit größerer Wahrscheinlichkeit in Kernnähe gelangen und in innige Wechselwirkung mit dem Atomkern kommen.

Als *Neutronenquelle* dient Beryllium und Radiumemanation. Beim Beschuß der Berylliumatome mit α-Teilchen der Radiumemanation entstehen nach der Reaktionsgleichung

$$_4\mathrm{Be}^9 \ (\alpha, \ n) \ _6\mathrm{C}^{12}$$

Neutronen.

Auf diese Weise ist eine große Zahl von bis dahin unbekannten Radionucliden aus stabilen Atomkernen hergestellt worden. Die Methode ist besonders vorteilhaft, wenn es sich um die Umwandlung von Atomkernen mit hoher Ordnungszahl handelt, weil dann geladene Teilchen große Mühe haben, das starke Coulombsche Feld dieser Atomkerne zu durchdringen.

Zur Erzeugung der Radionuclide sind hier zwei hintereinander sich abspielende Kernprozesse notwendig. Beim Beschuß von Beryllium mit α-Teilchen entstehen Neutronen, die im eigentlichen Kernprozeß als Geschosse dienen.

Es gibt eine Reihe derartiger Neutronenquellen, die teilweise wesentlich ergiebiger sind als die *Radium-Berylliumquelle* (s. S. 177). Im allgemeinen werden heute Radionuclide im Kernreaktor (s. S. 29) erzeugt, wobei die bei der Uranspaltung frei werdenden Neutronen als Geschosse herangezogen werden. Die zu bestrahlende Substanz wird zu diesem Zweck in das Innere des Kernreaktors gebracht, wo die Neutronendichte und damit die Umwandlungswahrscheinlichkeit sehr hoch ist.

Zwei Kernumwandlungsarten, nämlich der (n, γ)-Prozeß und der (n, p)-Prozeß sind hier besonders zu erwähnen. Beim (n, γ)-Prozeß entsteht ein radioaktiver Atomkern des gleichen chemischen Elementes mit einer um eins erhöhten Massenzahl (Kernaufbau). Als Beispiel sei die Umwandlung von P^{31} in P^{32} gegeben mit der Reaktionsgleichung

$$_{15}\mathrm{P}^{31} \ (n, \gamma) \ _{15}\mathrm{P}^{32}.$$

Beim (n, p)-Prozeß wird nach der Umwandlung ein Proton ausgesandt, das eine positive Ladung aus dem Zwischenkern mitnimmt, so daß der entstehende Atomkern eine positive Ladung weniger trägt und damit einem Element zugeordnet werden muß mit einer um eins kleineren Ordnungszahl. Die Massenzahl bleibt erhalten.

Beispiel:

$$_{16}\mathrm{S}^{32} \ (n, p) \ _{15}\mathrm{P}^{32}.$$

---

[1] Siehe hierzu z.B. ROGGENBASS, A.: Chimia **14**, 262 (1960). — SEYB, K. E., u. G. HERRMANN: Z. Elektrochem. **64**, 1065 (1960).

[2] FERMI, E., F. AMALDI, O. D'AGOSTINO, F. RASETTI u. E. SEGRÈ: Proc. Roy. Soc. Lond. **146**, 483 (1934).

Auf die Bedeutung dieses Prozesses für die Anwendung von Radionucliden werden wir noch eingehen (s. S. 21).

Weniger ergiebig ist im allgemeinen eine dritte Umwandlungsart, nämlich der (n, α)-Prozeß.

e) Atomumwandlung mittels γ-Strahlen

Auch energiereiche γ-Strahlen vermögen Atomkerne umzuwandeln. Als Beispiel sei die Umwandlung von Beryllium 9 in Beryllium 8 nach der Reaktionsgleichung

$$_4Be^9 \; (\gamma, n) \; _4Be^8$$

genannt. Zum Beschuß wird entweder die γ-Strahlung von Radionucliden verwendet oder die γ-Strahlung aus Kernprozessen, z.B. die bei der Umwandlung von Lithium mittels Protonen erzeugte harte γ-Strahlung.

4. Gleichzeitige Erzeugung mehrerer Arten von radioaktiven Atomkernen

Zur Erzeugung von Radionucliden werden im allgemeinen Neutronen und hochbeschleunigte, geladene Teilchen verwendet. Je nach der Geschoßart und der betreffenden Kernreaktion wird ein und dieselbe Atomkernart in verschiedene andere umgewandelt, die meist radioaktiv sind, aber auch stabil sein können.

Tabelle 2. *Verschiedene Typen von Kernreaktionen.*
a) Umwandlungsmöglichkeiten von $_{15}P^{31}$;
b) Kernreaktionen, die alle zu $_{15}P^{32}$ führen

a	$_{15}P^{31} \; (\alpha, p)$	$_{16}S^{34}$	
	$_{15}P^{31} \; (\alpha, n)$	$_{17}Cl^{34}$	(32 Minuten)
	$_{15}P^{31} \; (p, n)$	$_{16}S^{31}$	(3,2 Sekunden)
	$_{15}P^{31} \; (p, \gamma)$	$_{16}S^{32}$	
	$_{15}P^{31} \; (d, p)$	$_{15}P^{32}$	(14,3 Tage)
	$_{15}P^{31} \; (n, \gamma)$	$_{15}P^{32}$	(14,3 Tage)
	$_{15}P^{31} \; (n, \alpha)$	$_{13}Al^{28}$	(2,4 Minuten)
	$_{15}P^{31} \; (n, p)$	$_{14}Si^{31}$	(2,5 Stunden)
	$_{15}P^{31} \; (n, 2n)$	$_{15}P^{30}$	(2 Minuten)
	$_{15}P^{31} \; (\gamma, n)$	$_{15}P^{30}$	(2 Minuten)
b	$_{14}Si^{29} \; (\alpha, p)$	$_{15}P^{32}$	(14,3 Tage)
	$_{16}S^{34} \; (d, \alpha)$	$_{15}P^{32}$	(14,3 Tage)
	$_{15}P^{31} \; (d, p)$	$_{15}P^{32}$	(14,3 Tage)
	$_{15}P^{31} \; (n, \gamma)$	$_{15}P^{32}$	(14,3 Tage)
	$_{17}Cl^{35} \; (n, \alpha)$	$_{15}P^{32}$	(14,3 Tage)
	$_{16}S^{32} \; (n, p)$	$_{15}P^{32}$	(14,3 Tage)

In Tabelle 2a sind einige Umwandlungsarten angeführt, bei denen jedesmal das stabile

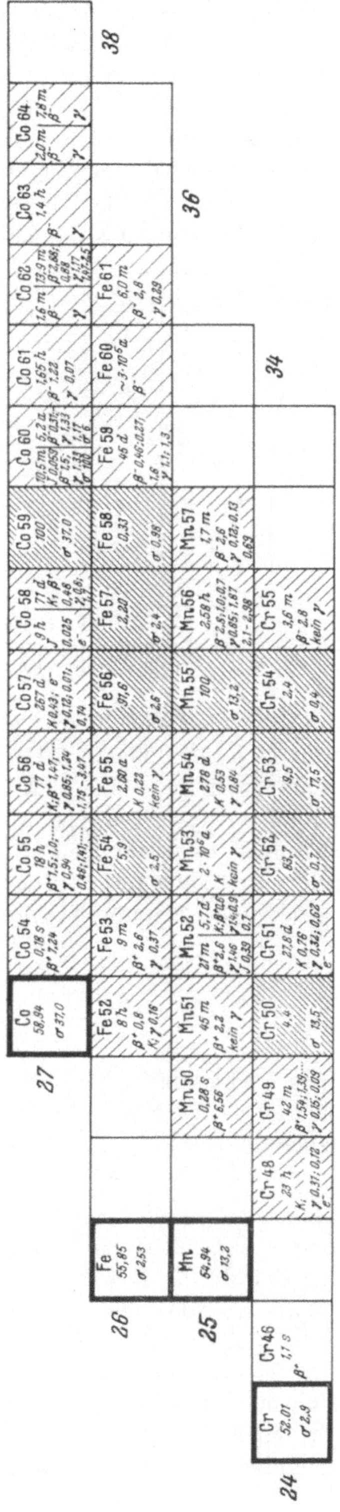

Phosphorisotop mit der Atommasse 31 als bestrahlte Ausgangssubstanz dient. Umgekehrt läßt sich das radioaktive Phosphorisotop mit der Masse 32 (P^{32}) auf verschiedene Arten herstellen, wie aus Tabelle 2 b hervorgeht.

Wenn man nun noch bedenkt, daß die meisten chemischen Elemente nicht aus einer einzigen Atomart, sondern häufig aus mehreren stabilen Isotopen bestehen und das Targetmaterial Verunreinigungen, also auch andere chemische Elemente enthält, überrascht es nicht, daß bei der Herstellung eines bestimmten Radionuclids eine mehr oder weniger große Zahl vielfach unerwünschter Radionuclide auftritt.

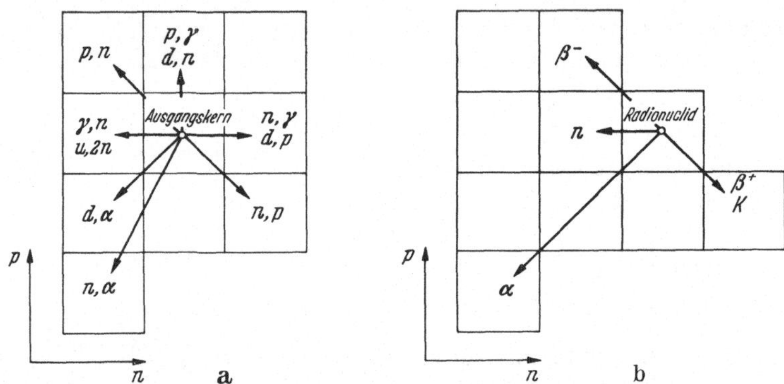

Abb. 15. Schema zum Auffinden eines Nuclids, das beim Beschuß eines bestimmten Atomkernes mit Neutronen, Protonen, Deuteronen, α-Teilchen oder γ-Quanten entstehen kann

Mit Hilfe einer Nuclidkarte (s. Abb. 14) lassen sich zusammen mit dem Schema der Abb. 15 leicht diejenigen Radionuclide festlegen, welche bei einer bestimmten Bestrahlungsart entstehen. Als Beispiel sei die Bestrahlung von Eisen mit Deuteronen im Cyclotron genannt. Wir nehmen den Ausschnitt aus der Nuclidkarte, wie er in Abb. 14 wiedergegeben wird, zu Hilfe und stellen fest, daß allein aus dem einen der vier stabilen Eisenisotope, die entsprechend ihrer relativen Häufigkeit in der zu bestrahlenden Eisenprobe vorhanden sind, aufgrund der Reaktionsgleichungen

$$_{26}\text{Fe}^{56} \; (d, p) \; _{26}\text{Fe}^{57} \quad \text{(stabil)}$$
$$(d, \alpha) \; _{25}\text{Mn}^{54}$$
$$(d, n) \; _{27}\text{Co}^{57} \quad \Big\} \text{(radioaktiv)}$$
$$(d, 2n) \; _{27}\text{Co}^{56}$$

drei verschiedene radioaktive Nuclide entstehen.

Die drei weiteren Eisenisotope liefern durch die Bestrahlung mit Deuteronen zusätzlich die Radionuclide

$$_{26}\text{Fe}^{55}; \; _{26}\text{Fe}^{59}; \; _{25}\text{Mn}^{52}; \; _{27}\text{Co}^{55}; \; _{27}\text{Co}^{58}.$$

Schon allein wegen der unterschiedlichen relativen Häufigkeit der einzelnen Atomarten erwartet man allerdings verschieden große Bestrahlungsausbeuten.

Die Vielzahl der Möglichkeiten bei der Herstellung von Radionucliden kann vorteilhaft sein, da man sich auf diese Weise eine Kernumwandlung aussuchen kann, bei welcher das gewünschte Radionuclid mit hoher Ausbeute erzeugt wird und eine leichte chemische Trennung von allen anderen gleichzeitig entstehenden Radionucliden und eventuell auch von der bestrahlten Substanz möglich ist.

Für den Fall, daß eine chemische Abtrennung schwierig oder aus Zeitmangel undurchführbar ist (z. B. bei kurzer Halbwertzeit des betreffenden Radionuclids), versucht man die Bestrahlung so einzurichten, daß störende Radionuclide gar nicht oder nur in unbedeutender Menge entstehen. Das kann geschehen durch Anreicherung des günstigsten Ausgangsisotops, wie auch durch richtige Wahl des Umwandlungsprozesses, der Geschoßenergie oder der Bestrahlungsdauer.

5. Trägerlose Substanzen

In der Praxis besteht eine radioaktive Probe in den seltensten Fällen aus reiner, aktiver Substanz *(trägerlos)*, also nur aus radioaktiven Atomkernen einer bestimmten Art. Meist liegt ein Gemisch von radioaktiver und inaktiver Substanz vor, wobei es offenbar für die Messung der Aktivität nicht gleichgültig ist, wieviel inaktive Substanz beigemischt ist. Als Kennzeichen gilt hier das Verhältnis der radioaktiven Substanzmenge zur Gesamtmenge (radioaktive + inaktive Menge). Dieses Verhältnis heißt *spezifische Aktivität*.

Beim P^{31} (n, γ) P^{32}-Prozeß wird ein relativ kleiner Bruchteil des inaktiven Phosphors in aktiven Phosphor umgewandelt. Die spezifische Aktivität [Gewichtsmenge $P^{32}:(P^{31}+P^{32})$] ist relativ klein. Für die Anwendung von Radionucliden bei medizinischen und biologischen Untersuchungen kann diese Tatsache recht störend sein, weil — z.B. aus toxischen Gründen — bei bestimmten Substanzen nur eine bestimmte maximale Substanzmenge verabreicht werden darf, und die Aktivitätsmessung dann schwierig sein kann.

Anders ist dieses beim (n, p)-Prozeß. Bei der Bestrahlung von Schwefel 32 entsteht wiederum radioaktiver Phosphor 32. Sicherlich sind auch bei diesem Prozeß die entstehenden Mengen radioaktiven Phosphors gewichtsmäßig sehr klein. Da aber keine andere Phosphorart anwesend ist, läßt sich die Phosphoraktivität vom Ausgangsmaterial Schwefel chemisch abtrennen, so daß dann P^{32} in *trägerloser* Form vorliegt. Die Gewichtsmengen an reiner radioaktiver Substanz sind sehr klein. Bei Phosphor 32 entsprechen einer Aktivität von 1 mC $3,6 \cdot 10^{-9}$ g. Die Substanzmenge pro Curie Aktivität ist für verschiedene Radionuclide verschieden. Allgemein gilt die Beziehung

$$Q = 0{,}32 \cdot 10^{-12} \cdot A \cdot D \cdot T_{1/2} \, \text{g} .$$

Hierbei sind $A =$ Atomgewicht bzw. Molekulargewicht, $D =$ Aktivität in Millicurie, $T_{1/2} =$ Halbwertzeit in Stunden. Diese Zahlenwerte gelten, das sei ausdrücklich betont, nur für die reine, aktive Substanz. Wird inaktive Substanz zugesetzt, wie in der Praxis üblich, so sinkt die spezifische Aktivität und mit ihr die Nachweisempfindlichkeit der Aktivität.

6. Umwandlungswahrscheinlichkeit

a) Definition des Wirkungsquerschnittes

Nach Abb. 9 läßt sich vermuten, daß die Umwandlung eines Stickstoffkernes in einen Sauerstoffkern mit Hilfe energiereicher α-Strahlung ein seltenes Ereignis ist. Tatsächlich sind etwa 10^5 α-Teilchen notwendig, um durchschnittlich eine einzige Umwandlung einzuleiten. Diese geringe *Umwandlungswahrscheinlichkeit* erklärt sich zunächst einmal aus den außerordentlich kleinen Dimensionen des Geschosses (α-Teilchen = Heliumatomkern) und der Zielscheibe *(Target)*, welche die bestrahlte Substanz (im Beispiel: Stickstoffkern) dem Geschoß (im Beispiel: α-Teilchen) entgegenstellt.

Da der Kernradius $r = 1{,}3 \cdot \sqrt[3]{A} \cdot 10^{-13}$ cm beträgt, hat die Zielscheibe ein Flächenausmaß von der Größenordnung 10^{-24} cm$^2 = 1$ *barn*. Genauer beträgt die so gedachte Fläche

$$F = r^2 \pi = 5{,}3 \cdot 10^{-26} \sqrt[3]{A^2} \text{ cm}^2 .*$$

Wenn nur die geometrischen Verhältnisse maßgebend wären, müßte dieser geometrische Querschnitt des Atomkernes ein Maß für die Umwandlungswahrscheinlichkeit *(Ausbeute)* darstellen. In Wirklichkeit schwankt diese aber in weiten Grenzen und ist abhängig von der Geschoßart, der kinetischen Energie der Geschosse und der Art und Form der umzuwandelnden Substanz und deren Schichtdicke.

Zur Definition des tatsächlichen *Wirkungsquerschnittes* unter Berücksichtigung dieser Einflüsse wird jedem Atomkern des Targetmaterials, das umgewandelt werden soll, eine ebene Fläche senkrecht zur Geschoßrichtung zugeordnet. Diese Fläche wird so groß gewählt, daß die Zahl der auf diese Fläche auftreffenden Geschoßteilchen eines parallelen Geschoßbündels gerade gleich der Zahl der zu erwartenden Kernumwandlungen ist. Die so definierte Fläche heißt Wirkungsquerschnitt. Je größer der Wirkungsquerschnitt ist, um so wahrscheinlicher ist die betreffende Atomumwandlungsart, um so größer unter sonst gleichen Bedingungen die Ausbeute. Sind in einer dünnen Schicht N Targetatomkerne pro cm^2 durchstrahlter Fläche vorhanden, so ist der gesamte Querschnitt, der sich den Geschossen entgegenstellt $N \cdot \sigma$. Treffen n Geschosse pro cm^2 und sec auf das Targetmaterial, so kann man nicht n, sondern $n \cdot \sigma \cdot N$-Atomumwandlungen erwarten. Wir kümmern uns dabei um den Umwandlungsakt im einzelnen nicht, also z. B. darum, daß dieser aus dem Einfang des Geschosses mit Bildung eines Zwischenkernes und der Emission eines Teilchens oder γ-Quants besteht. Der Wirkungsquerschnitt beinhaltet diese Vorgänge bereits insgesamt. Vorausgesetzt wurde bei dieser Definition allerdings, daß jedes Geschoßteilchen bis zu seinem Auftreffen auf die bewußte Fläche unbeeinflußt bleibt, d. h. die Schichtdicke des Targetmaterials genügend klein ist.

b) Erforderliche Mindestenergie von geladenen Teilchen

Soll eine Kernreaktion durch Beschuß mit geladenen Teilchen, z. B. $\text{Cu}^{65}(d, 2n)\,\text{Zn}^{65}$ ablaufen, so muß in diesem Falle das positiv geladene, hoch beschleunigte Deuteron wegen der abstoßenden Coulomb-Kräfte des stark positiv geladenen Cu^{65}-Kernes eine bestimmte Mindestenergie *(Schwellenenergie)* besitzen, um in den Cu^{65}-Kern eindringen zu können. Die Schwellenenergie ist um so größer, je stärker das Coulomb-Feld, d. h. je größer die Kernladungszahl Z des Targetmaterials ist. Wie quantentheoretische Überlegungen zeigen, ist diese Mindestenergie aber kleiner als man nach klassischen Vorstellungen berechnet. Es besteht nämlich auch für geladene Teilchen geringerer kinetischer Energie als der so berechneten Mindestenergie eine bestimmte Wahrscheinlichkeit, den *Coulombschen Potentialwall* zu durchdringen**.

---

* *Beispiel:* Für den Atomkern $_7\text{N}^{14}$ beträgt $F \sim 0{,}28$ barn.

** So wäre z. B. für eine Umwandlung von Lithium 7 mittels schneller Protonen nach klassischer Vorstellung eine Protonenmindestenergie von

$$E = \frac{Z \cdot e^2}{r} = \frac{3 \cdot (4{,}8 \cdot 10^{-10})^2}{1{,}3 \cdot 10^{-13} \sqrt[3]{7}} \sim 2{,}6 \text{ MeV}$$

notwendig, während COCKROFT und WALTON Umwandlungen von Lithium schon bei einer Protonenenergie von 0,28 MeV beobachtet haben.

Mit zunehmender Geschoßenergie nimmt die Wahrscheinlichkeit einer Kernumwandlung zu. Trägt man den Wirkungsquerschnitt einer Kernumwandlung in Abhängigkeit von der Geschoßenergie auf, so erhält man eine *Anregungskurve*. Für die Kernreaktion

$$_{29}\mathrm{Cu}^{63}\ (d,\ p)\ _{29}\mathrm{Cu}^{64}$$

erhält man die in Abb. 16 gezeigte Anregungskurve. Die Schwellenenergie ist etwa 2 MeV. Die spätere Abnahme des Wirkungsquerschnittes bei höheren Deuteronenenergien läßt sich damit erklären, daß die Geschosse zu kurz in Kernnähe verweilen. Für den konkurrierenden Umwandlungsprozeß $_{29}\mathrm{Cu}^{63}\ (d,\ 2n)\ _{30}\mathrm{Zn}^{63}$ ist die Schwellenenergie wesentlich größer (etwas mehr als 6 MeV). Wenn wir also Kupfer

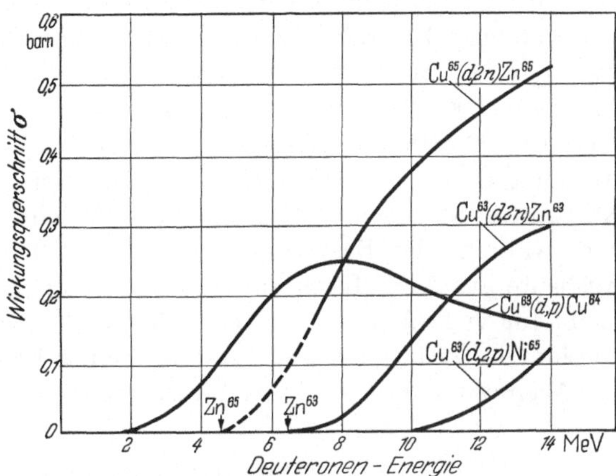

Abb. 16. Anregungskurven für Kernreaktionen, die beim Beschuß von Kupfer mit Deuteronen nebeneinander ablaufen können (nach W. J. WHITEHOUSE und J. L. PUTMAN [1])

bestrahlen und radioaktives Kupfer 64 allein wünschen, muß die Geschoßenergie niedrig genug gehalten werden, z.B. etwa unter 5 MeV. Die drei anderen radioaktiven Nuclide ($_{28}\mathrm{Ni}^{65}$, $_{30}\mathrm{Zn}^{63}$, $_{30}\mathrm{Zn}^{65}$) haben dann gar keine Chance, erzeugt zu werden. Das geschieht allerdings auf Kosten einer verminderten Ausbeute an Kupfer 64, da der Wirkungsquerschnitt bei so niedrigen Deuteronenenergien verhältnismäßig klein ist.

Mit Hilfe der Abb. 17 soll gezeigt werden, daß eine Bevorzugung des einen oder anderen der bei einer Umwandlung eines chemischen Elementes gleichzeitig entstehenden Radionuclide auch durch Wahl der Bestrahlungsdauer gesteuert werden kann.

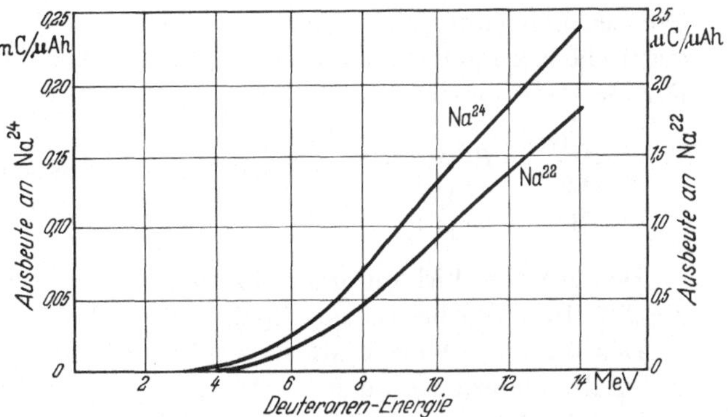

Abb. 17. Ausbeutekurven für die bei der Bestrahlung von Magnesium mittels energiereicher Deuteronen entstehende Na²²- und Na²⁴-Aktivität

So entstehen beim Beschuß von Magnesium mit energiereichen Deuteronen aufgrund der beiden Kernreaktionen

$$_{12}\mathrm{Mg}^{24}\ (d,\ \alpha)\ _{11}\mathrm{Na}^{22}\quad \text{und}$$
$$_{12}\mathrm{Mg}^{26}\ (d,\ \alpha)\ _{11}\mathrm{Na}^{24}$$

nebeneinander $_{11}\mathrm{Na}^{22}$ und $_{11}\mathrm{Na}^{24}$. Beide Kernreaktionen haben etwa dieselbe

---

[1] WHITEHOUSE, W. J., u. J. L. PUTMAN: Radioactive isotopes, S. 147. Oxford: Clarendon Press 1953.

Schwellenenergie. Die Ausbeute an $_{11}Na^{24}$ ist bei gleicher Deuteronenenergie, gleicher Geschoßdichte und relativ kurzer Bestrahlungsdauer etwa zehnmal so groß wie für $_{11}Na^{22}$. Bei einem Deuteronenstrom von 500 μA (entsprechend $\sim 3 \cdot 10^{15}$ Deuteronen pro Sekunde), einer Deuteronenenergie von 10 MeV und zweistündiger Bestrahlung würde man, den zwischenzeitlichen Aktivitätsabfall von $_{11}Na^{24}$ nicht berücksichtigt, $0,13 \cdot 500 \cdot 2 = 130$ mC Na^{24}, aber nur $0,9 \cdot 10^{-3} \cdot 500 \cdot 2 = 0,9$ mC Na^{22} erhalten. Bei kleiner Bestrahlungsdauer von etwa 10—20 Stunden bleibt die Na^{24}-Aktivität vorherrschend. Bei längerer Bestrahlungsdauer wird aber die Na^{22}-Aktivität größer und größer, während die Na^{24}-Aktivität einen Sättigungswert erreicht, weil bereits entstandenes Na^{24} noch während der Bestrahlung wieder zerfällt. Na^{24} läßt sich mit viel größerer Ausbeute aus Na^{23} durch einen (d, p)-Prozeß im Cyclotron erzeugen. Trotzdem bleibt für viele Anwendungen die Erzeugung von Na^{24} durch Beschuß von Magnesium die wichtigere, weil dann nach einer Trennung des radioaktiven Natriums von Magnesium, die Na-Aktivität in trägerloser Form vorliegt*.

c) Wirkungsquerschnitt von Neutronen

Bei elastischen Zusammenstößen mit Atomkernen verlieren Neutronen einen Teil ihrer kinetischen Energie. Sie werden bei jedem Stoß langsamer und besitzen schließlich Geschwindigkeiten von Gasatomen bei Raumtemperatur (etwa 2200 m/sec entsprechend 0,025 eV). Man spricht dann von *thermischen Neutronen*.

Der Wirkungsquerschnitt für thermische Neutronen schwankt in sehr weiten Grenzen und kann auch Werte annehmen, welche weit größer sind als der geometrische Kernquerschnitt des beschossenen Materials. Wir bringen drei Beispiele. Für die Reaktionen

$$_7N^{14} \ (n, p) \ _6C^{14} \qquad\qquad\qquad\qquad\qquad\qquad 2 \text{ barn}$$
$$_3Li^6 \ (n, \alpha) \ _1H^3 \qquad \text{sind die Wirkungsquerschnitte} \qquad 860 \text{ barn}$$
$$_5B^{10} \ (n, \alpha) \ _3Li^7 \qquad \text{für thermische Neutronen} \qquad 3830 \text{ barn}$$

Den größten Wirkungsquerschnitt gegenüber thermischen Neutronen, nämlich $\sigma = 2,6 \cdot 10^6$ barn, besitzt das Spaltprodukt Xe^{135}.

Der Wirkungsquerschnitt schwankt nicht nur von Targetmaterial zu Targetmaterial, sondern ist auch stark abhängig von der Geschwindigkeit bzw. der Energie der Neutronen. Abb. 18 zeigt diesen Sachverhalt für Indium.

---

* *Beispiel.* Eine dünne Kupferfolie von 50 mg werde in ihrer ganzen Fläche einem Deuteronenstrom von 50 μA ausgesetzt. Die Deuteronenenergie betrage 12 MeV. Wieviel radioaktive Zink 65-Kerne entstehen dabei?

Da die relative Häufigkeit von Cu^{65} 30,9 % und das Atomgewicht von Kupfer 63,54 beträgt, enthalten 50 mg Kupfer

$$N = \frac{50 \cdot 10^{-3}}{63,54} \cdot 6,02 \cdot 10^{23} \cdot 0,309 = 1,47 \cdot 10^{20} \ Cu^{65}\text{-Atome.}$$

Für die Erzeugung von Zn^{65} mittels Deuteronen kommt die Reaktion Cu^{65} $(d, 2n)$ Zn^{65} in Betracht. Einem Deuteronenstrom von 50 μA entsprechen $n = 3 \cdot 10^{14}$ Deuteronen pro sec. Da der Wirkungsquerschnitt für diese Reaktion nach Abb. 16 bei 12 MeV $\sigma = 0,45$ barn beträgt, entstehen

$$n \cdot \sigma \cdot N = 3 \cdot 10^{14} \cdot 0,45 \cdot 10^{-24} \cdot 1,47 \cdot 10^{20} = 2 \cdot 10^{10}$$

Zn^{65}-Atomkerne pro Sekunde.

Für langsame Neutronen zwischen 0,001 eV und 100 eV, zu denen auch die thermischen Neutronen gehören ($E \sim 0{,}025$ eV), wächst der Wirkungsquerschnitt mit abnehmender Neutronengeschwindigkeit v (größere Verweilzeit in Kernnähe). In diesem Energiebereich gilt das $1/v$-Gesetz. Für schnelle Neutronen (3 MeV

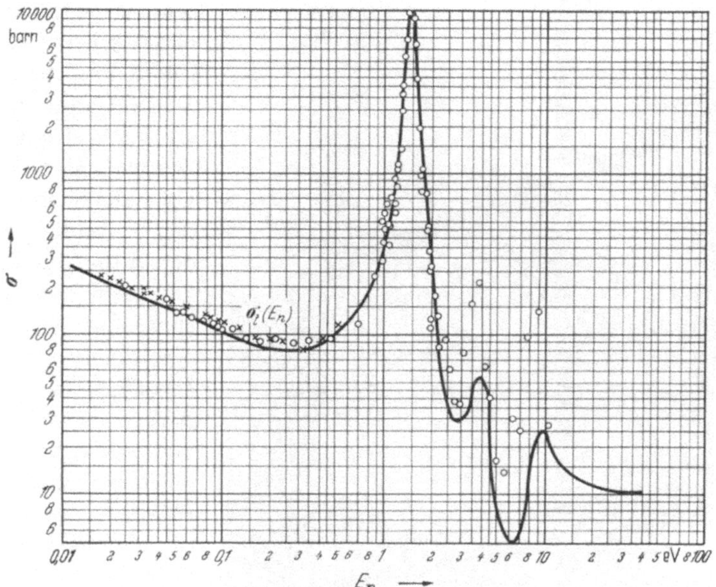

Abb. 18. Wirkungsquerschnitt von Indium für Neutronen verschiedener Energie (nach G. J. GOLDSMITH, H. W. IBSEN und B. T. FELD[1])

und mehr) ist der Wirkungsquerschnitt nahezu konstant. Für einen mittleren Energiebereich (mittelschnelle Neutronen) gibt es bestimmte Neutronengeschwindigkeiten, bei welchen bevorzugt eine Wechselwirkung *(Resonanz)* mit dem Targetmaterial zustande kommt. Im Falle von Indium erkennen wir drei Resonanzstellen, an denen der Wirkungsquerschnitt teilweise sehr hohe Werte annimmt.

7. Van de Graaff-Generator, Kaskadengenerator

Will man mit geladenen Teilchen Atomkernumwandlungen durchführen, so müssen diese Teilchen sehr hohe kinetische Energie besitzen. Der naheliegendste Weg ist der, die geladenen Teilchen (z. B. Protonen) zunächst in einer Ionenquelle zu erzeugen und sie dann einem hohen elektrischen Feld auszusetzen, in dem sie entsprechend der Spannung zwischen zwei Elektroden beschleunigt werden.

Beim Van de Graaff-Generator[2] wird die Hochspannung mit Hilfe einer Art Influenzmaschine erzeugt (s. Abb. 19 und 20). Auf ein mit hoher Geschwindigkeit umlaufendes, isolierendes Band 1 wird an der Stelle 2 von einer Hochspannungsquelle 3 elektrische Ladung aufgesprüht. Das Band führt die aufgesprühte Ladung nach oben zum Punkt 4, dort wird sie abgenommen und einem Kondensator 5, der

[1] GOLDSMITH, G. J., H. W. IBSEN u. B. T. FELD: Rev. Mod. Phys. **19**, 261 (1947).
[2] GRAAFF, R. J. VAN DE: Physiologic. Rev. **38**, 1919 (1931).

die Form eines großen Metallzylinders hat, zugeführt. Auf diese Weise nimmt die Spannung des Kondensators gegen Erde immer mehr zu bis zu einem Maximalwert, welcher im wesentlichen durch Sprüh- und Isolationsverluste begrenzt ist. Innerhalb des großen Metallzylinders befindet sich über der Entladungsröhre 6 eine Ionenquelle 7, welche die zu beschleunigenden elektrischen Teilchen (meist Protonen) erzeugt. Die Substanz, welche bestrahlt und umgewandelt werden soll, befindet sich am anderen, unteren Ende der Entladungsrohre, in der Nähe des Punktes 8. Die erreichbare Hochspannung beträgt etwa 1,5 Millionen Volt. Beim Druckgenerator (bis 10 Atm.) werden Sprühverluste weitgehendst vermieden, so daß wesentlich höhere Spannungen erreichbar sind. Die Bereitstellung hochbeschleunigter, geladener Teilchen mit Hilfe eines Kaskadengenerators nach COCKROFT und WALTON[2] (s. Abb. 21) unterscheidet sich davon durch die Art der Erzeugung der hohen elektrischen Spannung. Der Beschleunigungsvorgang selbst ist prinzipiell identisch. Die hohe Gleichspannung (etwa 3 Millionen Volt) wird hier durch geeignete Hintereinanderschaltung gleichartiger elektrischer Einheiten erreicht.

Abb. 19. Photographische Ansicht des Heidelberger Van de Graaff-Generators (nach W. GENTNER[1])

8. Das Cyclotron als Teilchenbeschleuniger

Im Van de Graaff-Generator und Kaskadengenerator erhalten die zu beschleunigenden, elektrischen Teilchen ihre Grenzenergie zwischen zwei Elektroden in einem einzigen Beschleunigungsakt. Anders ist dies beim Cyclotron der Fall, dessen Konstruktion auf LAWRENCE[3] zurückgeht. Hier werden geladene Teilchen

---

[1] GENTNER, W.: Ergebn. exakt. Naturw. **19**, 122 (1940).
[2] COCKROFT, J. D., u. E. WALTON: Proc. Roy. Soc. Lond., Ser. A **129**, 477 (1930).
[3] LAWRENCE, E. O., u. N. E. EDLEFSEN: Science **72**, 376 (1930).

(Protonen, Deuteronen oder α-Teilchen) in einem verhältnismäßig kleinen Spannungsgefälle (100000 Volt) beschleunigt. Den geladenen Teilchen wird aber die Möglichkeit gegeben, dieselbe Beschleunigungsstrecke viele Male (etwa 200mal) zu durchlaufen, so daß sie schließlich ebenfalls sehr hohe Geschwindigkeit annehmen (etwa $^1/_{10}$-Lichtgeschwindigkeit entsprechend einer kinetischen Energie von 10 MeV bei Protonen bzw. 20 MeV bei Deuteronen).

Anhand von Abb. 22 soll die Beschleunigung der geladenen Teilchen beschrieben werden. An der Stelle 0 befindet sich die Ionenquelle. Ein glühender Wolframdraht sendet Elektronen aus, welche das umgebende Gas (Wasserstoff, Deuterium, Helium ......) ionisieren.

Die positiv geladenen Ionen (Protonen, Deuteronen, α-Teilchen) werden von der negativ geladenen Elektrode D_1 angezogen. Diese Elektrode ist so ausgebildet, daß sie für die zu diesem Zeitpunkt bereits etwas beschleunigten Teilchen frei passierbar ist. Senkrecht zum elektrischen Feld wirken magnetische Kräfte auf die positiv geladenen Teilchen ein (Magnetfeld senkrecht zur Zeichenebene). Diese beschreiben deshalb Kreisbahnen und gelangen, von hinten her kommend, wieder an die frei passierbare Elektrode D_1. Wenn nichts weiter passieren würde, müßten die positiv geladenen Teilchen nunmehr gegen eine positive Spannung zwischen den beiden Elektroden, dieses Mal in umgekehr-

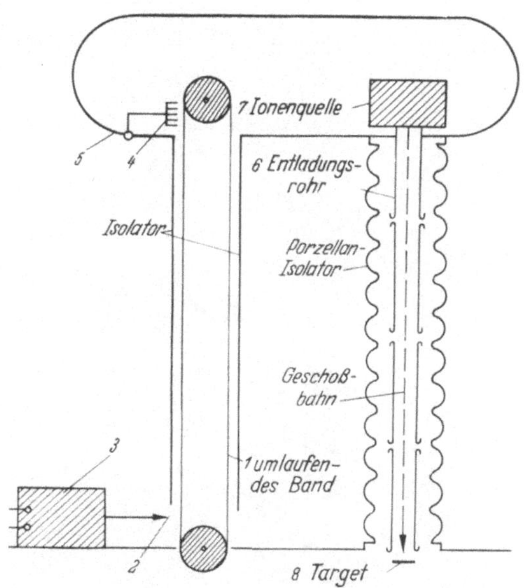

Abb. 20. Prinzipschema eines Van de Graaff-Generators

ter Richtung, anlaufen, würden ihre gerade gewonnene Energie wieder einbüßen und so zur Ruhe kommen. Um dies zu vermeiden, erfolgt im richtigen Augenblick eine automatische Umpolung des elektrischen Feldes, zwischen D_1 und D_2. Dadurch wird die Elektrode D_2 negativ, eine weitere Beschleunigung der geladenen Teilchen findet statt. Wegen des konstanten magnetischen Feldes (15000—25000 Oersted) beschreiben die geladenen Teilchen weiterhin Kreisbahnen (angenähert), deren Radius wegen der größeren Geschwindigkeit aber größer ist. In P_4 wiederholt sich der Vorgang der Umpolung des elektrischen Feldes usw. Die Teilchen werden schneller und schneller, die Bahnradien größer und größer. Die automatische Umpolung wird durch Verwendung eines Hochfrequenzfeldes erreicht, dessen Frequenz (10—30 MHz) so gewählt werden muß, daß der Wechsel in dem Augenblick erfolgt, zu dem die geladenen Teilchen gerade wieder in die Beschleunigungsstrecke zwischen den beiden Elektroden D_1 und D_2 einlaufen. Nur dann wird die Möglichkeit zur Beschleunigung maximal ausgenutzt. Daß dieser Wechsel für Teilchen auf verschiedenen Kreisbahnen, also auch verschieden hoch beschleunigte Teilchen gleich richtig ist, hat seinen Grund darin, daß die geladenen Teilchen zwar größere Wege (angenähert Kreise) zu durchlaufen

Abb. 21. Photographische Ansicht eines Philips-Kaskadengenerators

haben, bis sie die Beschleunigungsstrecke wieder erreichen, aber auch entsprechend schneller geworden sind*.

An der Stelle A ist im Inneren der Beschleunigungskammer ein Ablenker angebracht, der die Aufgabe hat, die Teilchen mit Höchstgeschwindigkeit aus der

---

* Die Umlaufzeit

$$\tau = 2\,\frac{\pi r}{v} = 2\,\frac{\pi \cdot m}{e \cdot H}$$

ist bei konstanter Masse m der beschleunigten Teilchen und konstantem Magnetfeld H für alle am Beschleunigungsvorgang teilnehmenden Teilchen gleicher Ladung konstant. Die

spiralförmigen Bahn herauszuziehen, um sie außerhalb der Beschleunigungskammer als Geschosse verwenden zu können. Der Beschuß eines Targets im Inneren der Beschleunigungskammer hat den Vorteil, daß die gesamte Energie der beschleunigten Teilchen ausgenutzt werden kann. Das Target befindet sich dann am Ende einer Sonde S. Da beim Auftreffen der hochbeschleunigten Ionen ein Teil der Energie in Wärme umgewandelt wird, muß der Sondenkopf gekühlt werden, was bei großen Ionenströmen nicht unbedeutende Schwierigkeiten bereitet.

Häufig wird die Bestrahlung außerhalb der Kammer vorgenommen. Der Energieverlust beim Passieren eines dünnen Austrittfensters (z.B. eine dünne Kupferfolie) wird dabei hingenommen.

Abb. 23 gibt zwei photographische Aufnahmen des Heidelberger Cyclotrons wieder.

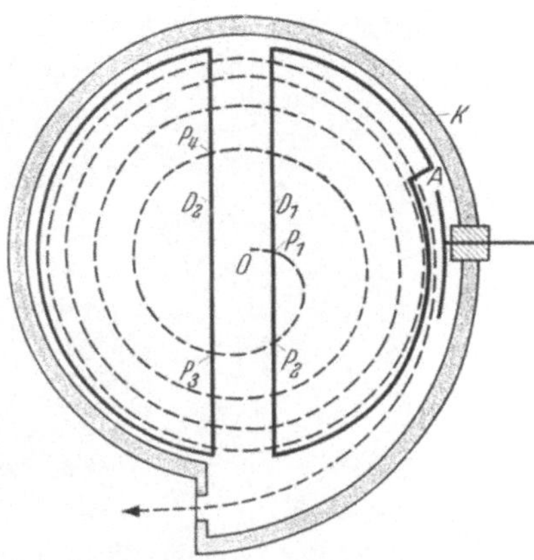

Abb. 22. Schematischer Schnitt durch die Beschleunigungskammer eines Cyclotrons

Im oberen Bild ist der Elektromagnet zu sehen und die Beschleunigungskammer zwischen dessen beiden Polschuhen. Das untere Bild zeigt das Resonanzsystem (links) und die Vakuumapparatur (rechts).

9. Physikalische Vorgänge im Kernreaktor

Die Spaltung von Uran 235 wird durch langsame Neutronen eingeleitet. Bei der Spaltung entstehen neben den Spaltprodukten durchschnittlich 2,46 Neutronen. Wenn es gelingt, diese überschüssigen Neutronen ausreichend zu verlangsamen, ehe sie durch Einfang mit nachfolgender Kernumwandlung aufgebraucht werden oder durch Diffusion aus dem Bereich des spaltbaren Materials gelangen, können neue Spaltprozesse eingeleitet werden. Wiederum entstehen dann freie Neutronen mit ähnlichen Möglichkeiten für weitere Kernspaltungen usf.

Wenn man vereinfachend annimmt, daß einmal drei, das nächste Mal zwei Neutronen frei werden, und jeweils zwei Neutronen weitere Kernspaltungen auslösen, kommt man zur Abb. 24, welche den Ablauf einer *Kettenreaktion* schematisch wiedergibt **.

Grenzenergie kann aus der Beziehung

$$E = \frac{1}{2}\, mv^2 = \frac{1}{2}\, m \left(r \cdot H\, \frac{e}{m}\right)^2 = \frac{e^2\, r^2\, H^2}{2\,m}$$

berechnet werden. Der Beschleunigungsvorgang nach dem Cyclotronprinzip kann nicht beliebig fortgesetzt werden, da die Teilchen dann so hohe Geschwindigkeiten besitzen, daß sich die relativistische Massenvergrößerung bereits störend bemerkbar macht. Eine Kompensation durch entsprechende Zunahme der Magnetfeldstärke wäre an sich denkbar. Die notwendige Fokussierung der beschleunigten Teilchen auf eine Beschleunigungsebene während des gesamten Beschleunigungsvorganges verlangt in den äußeren Bezirken der Beschleunigungskammer aber eine Abnahme des Magnetfeldes.

** Aus 1 kg Uran entstehen etwa 989 g Spaltprodukte, 10 g Neutronen, 700 mg kinetische Energie, 100 mg γ-Quanten.

In Wirklichkeit gelingt es nicht so vielen Neutronen, neue Spaltprozesse auszulösen: Einmal besteht nicht alles Material aus spaltbarem U^{235}, zum anderen

Abb. 23. Vorder- und Rückansicht des Heidelberger Cyclotrons

geht ein Teil der Neutronen je nach Größe des vorhandenen Materials mehr oder
weniger durch Diffusion oder durch Wechselwirkung mit nicht spaltbarem
Material verloren.

Es gibt eine *kritische Größe* der Uranmenge. Wird diese unterschritten, so bricht die Kettenreaktion ab, wird sie überschritten, so setzt sie sich unbegrenzt fort (Uran-Atombombe).

Im Kernreaktor sorgt man dafür, daß gerade die richtige Zahl von Neutronen zur Verfügung steht, den Reaktorbetrieb in Gang zu halten. Der Neutronenfluß wird geregelt, indem man stark Neutronen absorbierendes Material, z. B. Cadmium, zwischen das spaltbare Material einschaltet. Da die Spaltvorgänge sehr schnell ablaufen und sich die Zahl der Spaltneutronen entsprechend rasch ändern kann, ist eine Regelung mit diesen *prompten Neutronen* nicht denkbar. Bei der Spaltung von Uran 235 tritt aber eine Reihe von Spaltprodukten auf, die ihren Neutronenüberschuß teilweise direkt durch Emission eines Neutrons abgeben. Die Emission erfolgt mit einer für diese Spaltprodukte charakteristischen

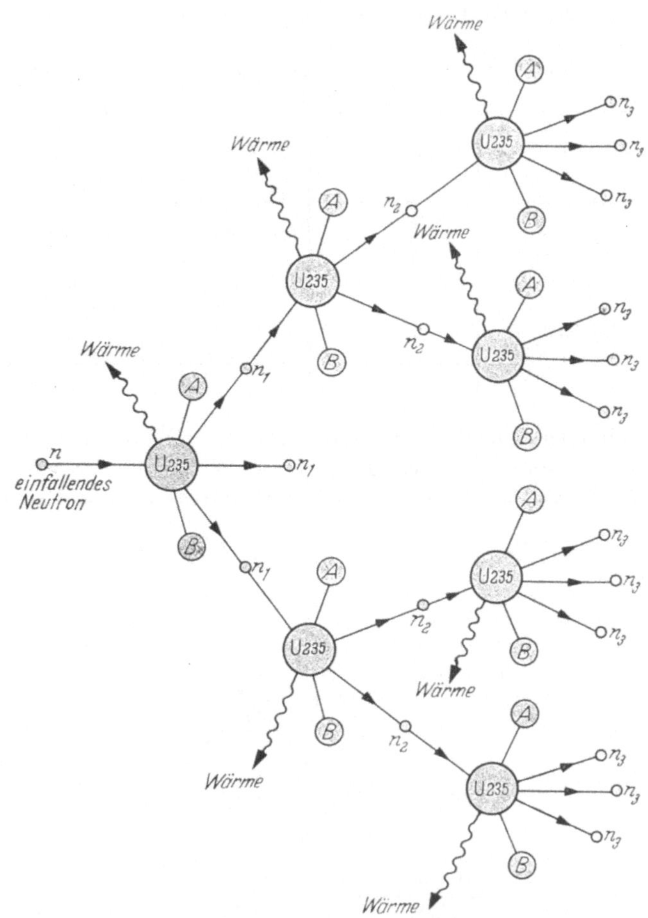

Abb. 24. Schematische Darstellung einer Kettenreaktion bei U 235 (nach Chr. Hinton[1])

Halbwertzeit, die — je nach Spaltprodukt — etwa zwischen 0,5 und 56 sec liegt (s. Tabelle 3). Erst das Auftreten dieser *verzögerten Neutronen* ermöglicht die Steuerung eines Kernreaktors, obwohl ihr Anteil nur etwa 0,75% der gesamten Neutronen ausmacht.

Zur Spaltung von Uran 235 werden an sich langsame Neutronen benötigt. Da die Spaltneutronen zunächst aber sehr große Energie besitzen (s. Abb. 13), müssen sie verlangsamt werden, ohne daß sie dabei einem Kernprozeß unterliegen.

Im natürlichen Uran ist vorwiegend Uran 238 (99,28%) vertreten und nur etwa 0,7% Uran 235. Um zu vermeiden, daß die Neutronen mit Uran 238 reagieren — die Wahrscheinlichkeit eines Neutroneneinfangs durch U^{238} ist für

---

[1] Hinton, Chr.: Nuclear reactors and power production. London 1954.

schnelle Neutronen relativ hoch — muß man die Neutronen möglichst schnell abbremsen. Als Bremsmittel *(Moderator)* eignen sich leichtatomige Stoffe, weil dann der Energieverlust pro Stoß groß ist. Außerdem muß die Stoßwahrscheinlich-

Tabelle 3. *Halbwertzeit und Energie der bei der thermischen Kernspaltung auftretenden ver-zögerten Neutronen. (Nach G. R. Keepin und T. F. Wimett[1])*

Halbwertzeit [s]	Zuordnung	Energie [keV]	Prozentsatz bezogen auf 100 insgesamt emittierte Neutronen		
			U^{235}	Pu^{239}	U^{233}
$55,6 \pm 0,2$	Br^{87}	250	0,025	0,014	0,023
$22,0 \pm 0,2$	J^{137}	570	0,166	0,105	0,074
$4,51 \pm 0,1$	Br^{89} oder Br^{90}	412	0,213	0,126	0,094
$1,52 \pm 0,5$		670	0,241		0,067
$0,43 \pm 0,05$		400	0,085	0,119	0,018
$0,5 \ \pm 0,02$			0,029		
			0,759	0,364	0,276

keit hoch, die Wahrscheinlichkeit eines Neutroneneinfangs aber gering sein. Als Moderator eignen sich Graphit, Beryllium, schweres Wasser u. a. Auch auf andere Weise kann ein Teil der zu neuen Spaltprozessen notwendigen Neutronen auf-

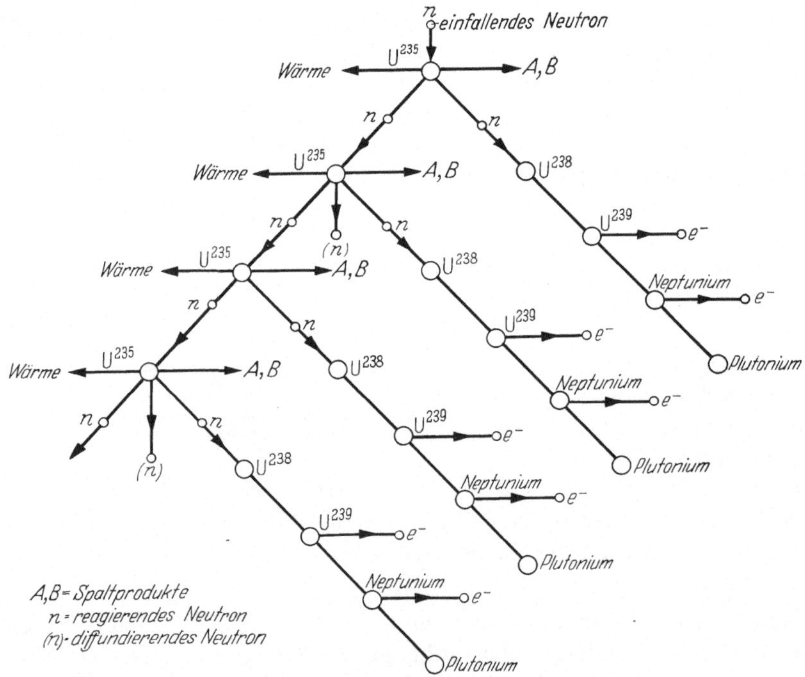

Abb. 25. Schematische Darstellung der Vorgänge in einem Brutreaktor (nach Chr. Hinton[2])

gebraucht werden. Bei jeder Spaltung entstehen zwei Spaltprodukte, die zunächst im Reaktor verbleiben und als Reaktionspartner für Neutronen angesehen werden müssen. Diese *vergiften* die Reaktorfüllung. Ein relativ häufiges

[1] Keepin, G. R., u. T. F. Wimett: A/Conf 8/P 831. S. V. Girshfeld: A/Conf 8/P 648.
[2] Hinton, Chr.: Nuclear Reactors and power production. London 1954.

Spaltprodukt (mit 0,3% als direktes Spaltmaterial, mit 5,6% aus dem Zerfall von Te^{135} über J^{135}) ist Xenon 135, besonders störend, weil es einen sehr großen Wirkungsquerschnitt für Neutroneneinfang besitzt ($\sigma = 2,6 \cdot 10^6$ barn für Neutronenenergien zwischen 0,01 und 0,1 MeV). Auch das mit 1,4% entstehende Samarium 149 ($\sigma = 4,6 \cdot 10^4$ barn) reduziert die Zahl der verfügbaren Neutronen.

Mit jeder Spaltung nimmt die Menge des spaltbaren Materials ab. Nun liefert das den normalen Ablauf an sich störende Uran 238 nach der Reaktion mit schnellen Neutronen nach dem Schema

$$U^{238} + n \to U^{239} \quad \text{(Zwischenkern)}$$
$$\downarrow \; ; \; T_{1/2} = 23{,}5 \text{ min}$$
$$Np^{239}$$
$$\downarrow \; ; \; T_{1/2} = 2{,}3 \text{ d}$$
$$Pu^{239}$$
$$; \; T_{1/2} = 24360 \text{ y}$$

spaltbares Plutonium 239. Es gibt Möglichkeiten, etwas mehr spaltbares Plutonium 239 zu erzeugen und dem eigentlichen Reaktor zuzuführen, als Uran 235 durch Spaltung darin verlorengeht (*Brutreaktor*, s. Abb. 25).

II. Wechselwirkung von α-, β- und γ-Strahlung mit Materie

A. Anregung und Ionisation

1. Anregung von Atomen

Bisher wurde über die Eigenschaften von Atomkernen bzw. über die Herstellung radioaktiver Atomkerne berichtet. Der folgende Abschnitt behandelt den Aufbau der Atomhülle und deren Wechselwirkung mit radioaktiver Strahlung. Der an sich umfangreiche Stoff wird allerdings nur soweit besprochen, wie es zum Verständnis der späteren Ausführungen notwendig erscheint.

Auf S. 1 ist festgestellt worden, daß das neutrale Atom aus einem Atomkern und Atomelektronen besteht, welche die positive Kernladung nach außen kompensieren. Die Atomelektronen sind auf *Elektronenschalen* anzutreffen (s. Abb. 1), die nicht ohne äußere Einwirkung verlassen werden können. So befindet sich das eine Atomelektron des Wasserstoffatoms, das nach dem anschaulichen Modell den Atomkern (Proton) umkreist, ebenso die beiden Atomelektronen des Heliumatoms in der sog. *K-Schale*. Von den drei Atomelektronen des Lithiumatoms sind zwei Atomelektronen in der *K*-Schale, das dritte in einer vom Atomkern weiter entfernten Schale, der *L-Schale* anzutreffen. Auch zwei der insgesamt vier Atomelektronen des Berylliumatoms gehören der *K*-Schale an, die beiden anderen wiederum der L-Schale. In der K-Schale befinden sich niemals mehr als zwei Atomelektronen (beim Edelgas Helium), die L-Schale ist mit acht Atomelektronen beim Edelgas Neon abgeschlossen. Beim nächsten Element nach Neon, nämlich Natrium, wird eine neue Schale, die sog. *M-Schale*, angefangen, die wiederum bei einem Edelgas, nämlich Argon, voll besetzt ist usf.

Nach den Gesetzen der klassischen Elektrodynamik müßten die um den Atomkern kreisenden Elektronen laufend Energie verlieren und sich immer mehr dem Atomkern nähern. Beides widerspricht dem experimentellen Befund.

Nach BOHR sind den Atomelektronen ganz bestimmte stationäre Bahnen um den Atomkern zugewiesen, welche sie ohne äußere Einwirkung nicht verlassen können. Jede dieser Bahnen, die für die einzelnen Atomelektronen verschieden sind, ist charakterisiert durch einen Energiewert. Solange eine Bahn eingehalten wird, ändert sich die Energie des betreffenden Atomelektrons nicht. Gelangt es aber durch einen äußeren Anlaß auf eine andere Bahn mit anderem Energieniveau, so kann dieses nur geschehen durch Aufnahme oder Abgabe eines diskreten Energiebetrages, welcher der Differenz der beiden Energiewerte von Ausgangsbahn und neuer Bahn um den Atomkern entspricht. Der Übergang von einer Bahn zur anderen erfolgt sprunghaft. Die hierzu erforderliche Energiezufuhr kann z.B. durch Stoß eines freien Elektrons mit dem betreffenden Atomelektron übertragen werden. Das Atomelektron wird bei ausreichender Energiezufuhr dann auf eine weiter vom Atomkern entfernte, energiereichere Bahn gebracht, das Atom befindet sich damit in einem angeregten Zustand. Den Vorgang nennt man *Anregung*, der hierzu erforderliche Energiebetrag ($E = E_2 - E_1$), welcher vom stoßenden Elektron auf das Atomelektron übergeht *Anregungsenergie* (gemessen in eV).

Der angeregte Zustand hält sich im allgemeinen nicht lange. Das Atomelektron springt nach etwa 10^{-8} sec wieder in eine energieärmere Bahn zurück, die mit dem *Grundzustand* vor der Anregung identisch sein kann. Bei diesem Übergang wird Energie in Form eines Strahlungsquants frei, dessen Wellenlänge aufgrund der Beziehung

$$E = E_2 - E_1 = h\,\nu$$

von den beiden Energiewerten E_1 und E_2 abhängt. Manche Atomarten können einen angeregten Zustand über eine längere, meßbare Zeit einnehmen. Das betreffende Atom befindet sich dann in einem *metastabilen Zustand*.

2. Ionisation

Ist die einem neutralen Atom übertragene Energie groß, so kann mitunter ein Atomelektron völlig aus dem Atomverband gelöst werden, so daß ein positiver Atomrest, ein sog. *positives Ion* und ein freies Elektron übrigbleibt. Beide zusammen bilden ein *Ionenpaar*. Der Vorgang wird *Ionisation* genannt. Ionisation ist nur möglich, wenn die kinetische Energie des stoßenden Elektrons mindestens gleich der *Ionisationsenergie* ist, die zur Abtrennung des Atomelektrons aus dem Atomverband erforderlich ist.

3. Primäre, sekundäre und totale Ionisation

Das primäre, freie Elektron erfährt bei jedem Anregungs- und Ionisationsvorgang einen Energieverlust, es wird langsamer. Bei entsprechender Energiereserve kann es weiter wirksam bleiben, bis seine Energie durch Anregung oder Ionisation aufgebraucht ist. Die Gesamtzahl der dabei entstehenden Ionen wird *primäre Ionisation* genannt.

Wird bei der Ionisation dem Atomelektron ein Energiebetrag übertragen, welcher größer ist als die Ionisationsenergie, so erscheint der Überschuß als kinetische Energie des durch den Ionisationsakt frei gewordenen Elektrons *(Sekundärelektron)*. Der überschüssige Energiebetrag ist mitunter größer als die Ionisationsenergie, so daß das Sekundärelektron ein oder mehrere andere neutrale Atome ionisieren kann. Man spricht dann von *sekundärer Ionisation*. Die Gesamtzahl aller Ionen, gleichgültig, ob sie primär, sekundär oder tertiär entstanden sind, wird *totale Ionisation* genannt.

4. Energieverlust von Elektronen durch Ionisation

Der Energieverlust, den das primäre Elektron bei der Erzeugung eines Ionenpaares erleidet, ist unabhängig von der Elektronenenergie und nahezu unabhängig von der Art der durchsetzten Materie*.

5. Ionisationsdichte, spezifische Ionisation

Die räumliche Ionisationsfolge hängt von der Art der geladenen Teilchen ab. So verlieren z.B. α-Teilchen, die etwa 7500mal schwerer sind als Elektronen und zweifach geladen sind, ihre Energie innerhalb einer relativ kurzen Wegstrecke. Wird gleiche Anfangsenergie vorausgesetzt, so bedeutet dieses, daß bei α-Teilchen die gleiche Zahl von Ionen auf einer wesentlich kürzeren Wegstrecke gebildet werden, also eine dichtere Ionisation erfolgt. Die *Ionisationsdichte* ist etwa 100mal so groß wie bei Elektronen, und deren Ionisation wiederum etwa 100mal so dicht als die auf dem Umweg über Sekundärelektronen wirksame γ-Strahlung (s. S. 41).

Als Maß für die Ionisationsdichte ist die *spezifische Ionisation* gebräuchlich. Sie gibt an, wieviel Ionenpaare pro cm Bahnlänge des primären, geladenen Teilchens erzeugt werden. Man bezieht sich bei der Angabe der spezifischen Ionisation vielfach nicht mehr auf die Bahnlänge des geladenen Teilchens (in cm), sondern auf das sog. *Flächengewicht* der durchsetzten Materie, gemessen in mg/cm². Die spezifische Ionisation ist abhängig von der Energie des geladenen Teilchens. So erzeugt nach Abb. 26 ein Elektron von 1 MeV etwa 28 Ionenpaare pro mg/cm² Luft. Bei kleinerer Elektronenenergie nimmt die spezifische

---

* Aus dem Energieverlust pro Ionenpaar und der Zahl der insgesamt erzeugten Ionenpaare läßt sich auf die Anfangsenergie eines Elektrons schließen. Erzeugt z.B. ein Elektron auf seinem Weg durch eine Luftschicht bis zur vollständigen Abbremsung 50 000 Ionenpaare, so war seine Anfangsenergie etwa $50\,000 \cdot 32{,}5 = 1{,}6$ MeV. Die Rechnung stimmt nur ganz grob, weil an der Reduzierung der Elektronenenergie auch Anregungsprozesse beteiligt sind, die ebenfalls Energie verbrauchen.

Ionisation, also die Zahl der pro cm (oder pro mg/cm²) erzeugten Ionenpaare, und damit der Energieverlust (Zahl der erzeugten Ionenpaare pro cm mal Ionisationsenergie) zu. Die Ionisationsvorgänge erfolgen also am Ende der Bahn, räumlich gesehen, immer häufiger (s. Abb. 27).

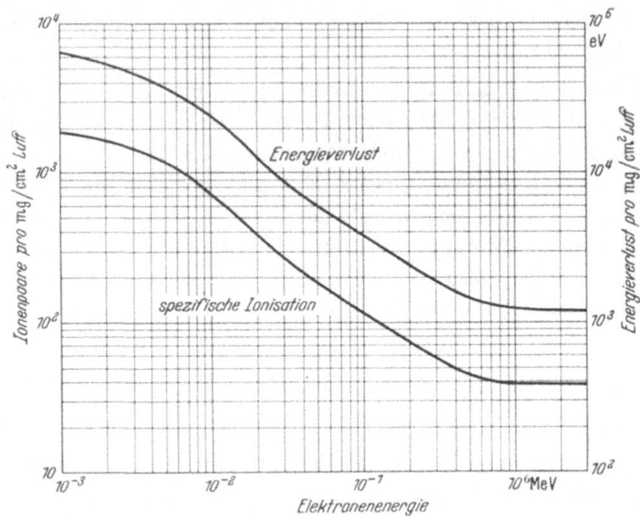

Abb. 26. Spezifische Ionisation und Energieverlust (pro mg/cm²) für Elektronen in Luft in Abhängigkeit von der Elektronenenergie

Die spezifische Ionisation und ihre Abhängigkeit von der Energie ist z. B. für die Abschätzung der Strahlendosis von Bedeutung.

6. Bildung von negativen Ionen

Die Bildung von negativen Ionen erfolgt durch Anlagerung von Elektronen an neutrale Atome. Es gibt eine Reihe von Gasen, die sehr zur Bildung von negativen Ionen neigen, z. B. Chlor, Sauerstoff und Wasserdampf.

B. Streuung und Absorption von Elektronen

1. Streuung von Elektronen

Wie man der Abb. 9 entnimmt, sind die Bahnspuren von α-Teilchen im allgemeinen geradlinig. Ganz anders ist dieses bei β-Teilchen (= Elektronen, s. Abb. 27). Elektronen werden sehr häufig und teilweise auch sehr stark von ihrer jeweiligen Bahnrichtung abgelenkt *(gestreut)*.

Bei sehr dünner Absorberdicke beobachtet man vorzugsweise große Einzelablenkungen *(Einzelstreuung)*. Mit zunehmender Schichtdicke des zu durchdringenden Materials wird die Wahrscheinlichkeit für viele, aber kleinere Ablenkungen immer größer *(Vielfachstreuung)*. Nach Durchlaufen noch größerer Schichtdicken läßt sich eine bevorzugte Richtung der Elektronen nicht mehr feststellen *(Diffusion)*.

Es kann auch vorkommen, daß ein Elektron entgegen seiner ursprünglichen Richtung, also nach rückwärts, gestreut wird *(Rückstreuung)*.

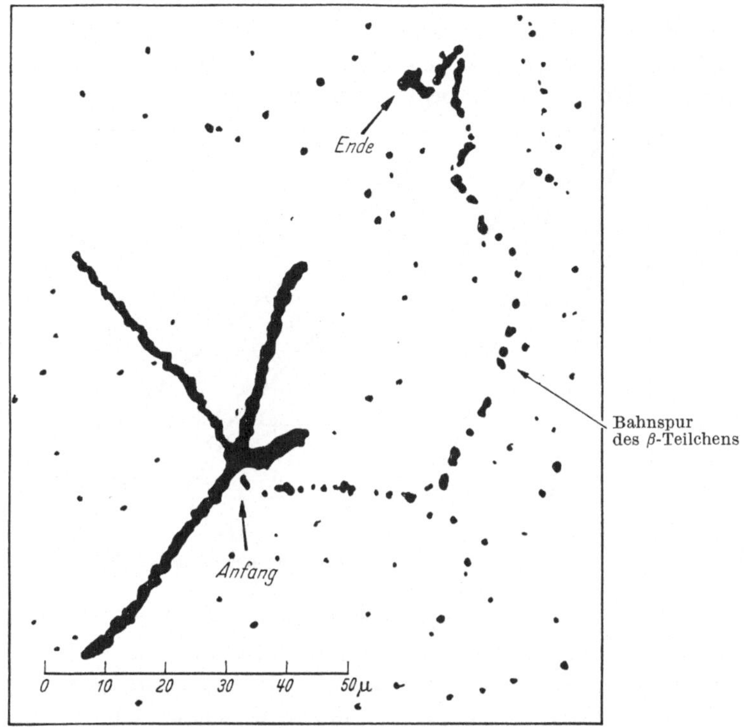

Abb. 27. Bahnspur eines Zerfallselektrons ($E_\beta \sim 0,1$ MeV) in einer photographischen Emulsion (nach einem Prospekt der Firma Ilford, London)

2. Absorption monoenergetischer Elektronen

Beim Durchgang durch Materie werden Elektronen nicht nur gestreut, sie erleiden auch Energieverluste durch Anregung oder Ionisation eines Atoms (s. oben). Streuung, Anregung und Ionisation wechseln in bunter Reihenfolge, so daß nur eine statistische Aussage möglich ist, in welcher Weise die Elektronen eines Elektronenbündels eine gewisse Materieschicht durchdringen. Einige der Elektronen erleiden schon sehr früh so starke Energieverluste, daß sie bereits in dünner Materieschicht hängenbleiben, andere werden rückgestreut und entgehen auf diese Weise dem Nachweis. Mit wachsender Schichtdicke verliert ein immer größerer Prozentsatz der Elektronen die volle Energie. Man kann zu einer quantitativen Abschätzung dieser Absorption kommen, wenn man zwischen eine Elektronenquelle und ein Nachweisgerät für diese Elektronen Materie verschiedener Dicke bringt. Trägt man die Meßeffekte gegen die Dicke des Absorbers auf, so erhält man eine sog. *Absorptionskurve* (s. Abb. 28). Zweckmäßigerweise wird der Meßeffekt, also die nachgewiesene Anfangsintensität der Elektronen ohne Absorber mit 100 bezeichnet. Aus Abb. 28 kann direkt abgelesen werden, wieviel Prozent der ohne Absorber von dem Meßgerät erfaßten Elektronen eine Materieschicht bestimmter Dicke durchdringen und das Meßgerät erreichen*.

---

* Die Schichtdicke wurde wiederum als Flächengewicht angegeben (hier in g/cm²; z.B. entspricht 1 cm Aluminium 2,7 g/cm², 30 mm Luft 3,9 mg/cm²).

In Abb. 28 ist eine Schar von Absorptionskurven wiedergegeben. Als Parameter erscheint die Anfangsenergie der betreffenden Elektronengruppe, welche jeweils aus monoenergetischen Elektronen besteht. Mit steigender Elektronenenergie verlaufen die Absorptionskurven flacher. Es ist schwer festzustellen,

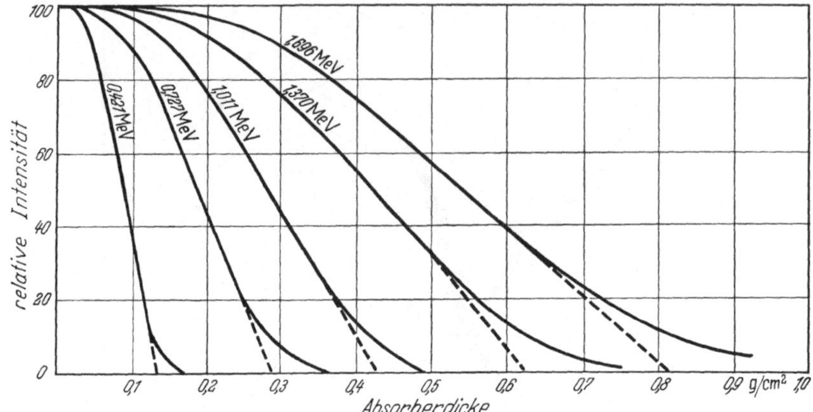

Abb. 28. Absorptionskurven für monoenergetische Elektronen

in welchem Punkt die einzelnen Kurven die Abscisse schneiden, d.h. bei welcher Absorberdicke alle Elektronen eines Bündels von ursprünglich monoenergetischen Elektronen im Absorber zur Ruhe kommen.

Zur Charakterisierung des Durchdringungsvermögens monoenergetischer Elektronen könnte man den Abscissenabschnitt, die sog. *extrapolierte Reichweite*, wählen, die sich durch Verlängerung des nahezu geradlinigen Mittelteils der Absorptionskurven bis zum Schnitt mit der Abscisse ergibt.

3. Veränderung der Energieverteilung von Elektronen

Daß selbst bei Elektronen gleicher Anfangsenergie (monoenergetische Elektronen) eine Reichweite nicht ohne weiteres angegeben werden kann, liegt an der statistischen Unregelmäßigkeit, mit welcher Streuung und Energieverluste von Elektronen stattfinden. Die ursprüngliche Energieverteilung (s. Abb. 29) wird schon nach Durchdringen relativ dünner Absorberschichten völlig verändert. Die Energieverteilungskurve ist um so flacher, je größer die durchsetzte Absorberschicht wird.

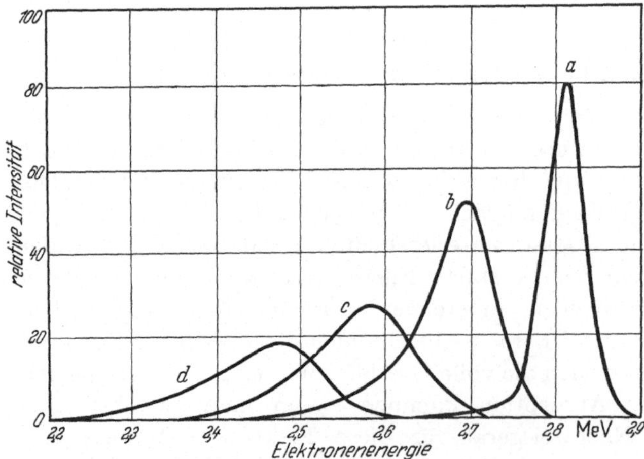

Abb. 29. Energieverteilung von ursprünglich monoenergetischen Elektronen nach Durchsetzen verschiedener Absorptionsdicken: *a* ursprüngliche Energieverteilung; *b* Energieverteilung hinter 0,475 mm; *c* Energieverteilung hinter 0,895 mm; *d* Energieverteilung hinter 1,33 mm Graphit

C. Verhalten von Zerfallselektronen beim Durchgang durch Materie

1. Vergleich mit monoenergetischen, geladenen Teilchen

Die geschilderten Verhältnisse sind bei Zerfallselektronen, die beim Zerfall radioaktiver Atomkerne emittiert werden, noch wesentlich verwickelter, weil die Zerfallselektronen von vornherein weder einheitliche Richtung noch einheitliche Energie besitzen (s. S. 37). In Abb. 30 vergleichen wir die Absorptionskurven von α-Strahlen (Abb. 30a), eines Bündels monoenergetischer Elektronen von 3 MeV

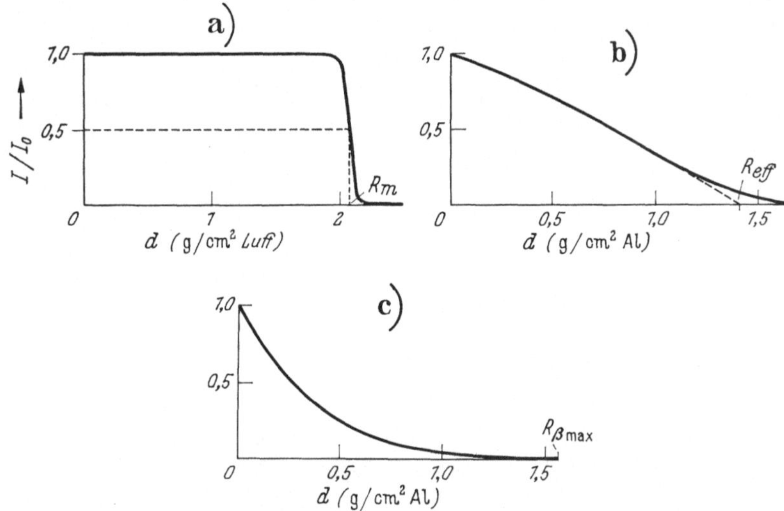

Abb. 30a—c. Absorptionskurven. a für α-Teilchen von 3 MeV; b für monoenergetische Elektronen von 3 MeV; c für Zerfallselektronen mit einer maximalen β-Energie von 3 MeV (nach E. BLEULER und G. J. GOLDSMITH [1])

(Abb. 30b) und diejenige von Zerfallselektronen mit einer maximalen β-Energie von 3 MeV (Abb. 30c). Die Unterschiede sind deutlich. Bei α-Strahlen vermindert sich die Zahl mit zunehmender Absorberschicht zunächst überhaupt nicht, dann aber fast sprunghaft. Bei monoenergetischen Elektronen und — wegen des verhältnismäßig hohen Anteils an energiearmen β-Teilchen — stärker noch bei Zerfallselektronen nimmt die Zahl der Elektronen bereits bei kleiner Absorberschicht merklich ab.

2. Maximale Reichweite von Zerfallselektronen

Wenn wir in Abb. 27 die einzelnen geradlinigen Wegstrecken eines Zerfallselektrons (β-Teilchen) addieren, so gelangen wir zu einer *wahren Reichweite* dieses Zerfallselektrons. Ähnlich wie bei monoenergetischen Elektronen könnte man durch Verlängerung des linearen Anteils der Absorptionskurve bis zum Schnitt mit der Abscisse die *extrapolierte Reichweite* bestimmen. Für praktische Anwendungen ist aber die sog. *maximale Reichweite* von größerer Bedeutung. Die

---

[1] BLEULER, E., u. G. J. GOLDSMITH: Experimental Nucleonics. London: Sir Isaac Pitman and Sons 1952.

maximale Reichweite ist als diejenige Absorberschicht definiert, nach welcher alle Zerfallselektronen absorbiert sind. Häufig genügt es schon zu wissen, nach welcher Absorberdicke die β-Intensität auf ein Prozent oder auf ein Promille abgesunken ist.

Für die weiteren Betrachtungen soll die beobachtete β-Intensität in Abhängigkeit von der Schichtdicke des Absorbers, also die Absorptionskurve, nicht wie in Abb. 31

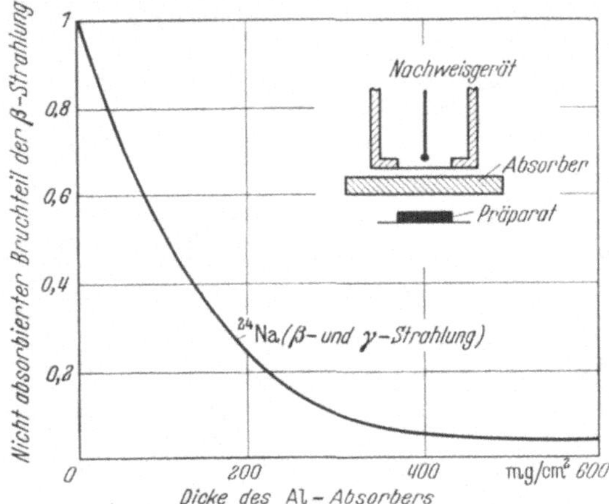

Abb. 31. Gemessene Absorptionskurve der β-Strahlung von P³² in linearem Maßstab

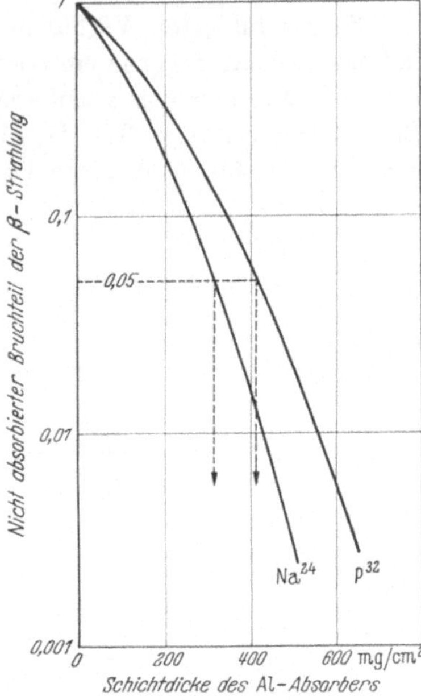

Abb. 32. Absorptionskurve von P³² und Na²⁴ in halblogarithmischer Darstellung

in linearem, sondern in halblogarithmischem Maßstab wie in Abb. 32 dargestellt werden.

Es ist schwer, aus Abb. 32 (oder Abb. 31) die maximale Reichweite der Zerfallselektronen festzustellen.

Gleichzeitige Anwesenheit von γ-Strahlung kann dies noch mehr erschweren. In diesem Falle muß zunächst eine Zerlegung der Absorptionskurve in β- und γ-Anteil vorgenommen werden (s. Abb. 33).

Nach einem Vorschlag von FEATHER[1] findet man ausreichend genaue Werte für die maximale Reichweite von Zerfallselektronen durch einen Vergleich der Absorptionskurve (halblogarithmisch) mit der Absorptionskurve eines Eichstrahlers, dessen maximale Reichweite genau bekannt ist. Als Eichstrahler dienen z.B. P³², $RaDE$ oder UX_2. Man bildet das Verhältnis der Absorberdicken, für welche die Intensität der beiden β-Strahler auf jeweils $^1/_5$, $^1/_{10}$, $^1/_{50}$, $^1/_{100}$, $^1/_{500}$, $^1/_{1000}$ usw. abgesunken ist. Dieses Verhältnis strebt im allgemeinen einem Grenzwert zu. Die gesuchte maximale Reichweite ist dann das Produkt dieses Zahlenwertes und der bekannten maximalen Reichweite des Eichstrahlers. Nach GLENDENIN[2] besteht folgender empirischer Zusammenhang zwischen der maximalen Reichweite der β-Teilchen ($R_{\max}$) und deren Grenzenergie ($E_{\max}$):

$$R_{\max} = 542\,E_{\max} - 133; \quad (R_{\max} \text{ in mg/cm}^2; \quad E_{\max} \geqq 0,8 \text{ MeV}).$$

[1] FEATHER, N.: Proc. Cambridge Phil. Soc. **34**, 599 (1948).
[2] GLENDENIN, W. F., u. C. D. CORYELL: Atomic energy commission report MDDC-19, 1946.

Für Energien zwischen Null und 3 MeV gilt nach FLAMMERSFELD[1]

$$E_{\max} = 1{,}92 \sqrt{R^2_{\max} + 0{,}22\,R_{\max}} \qquad (E_{\max}\ \text{in MeV}) \quad \text{und}$$

$$R_{\max} = 0{,}11\,(\sqrt{1 + 22{,}4\,E^2_{\max}} - 1) \qquad (R_{\max}\ \text{in g/cm}^2).$$

Von BLEULER und ZÜNTI[2] ist eine andere Vergleichsmethode angegeben worden, welche unter anderen KÖSTER[3] zur Bestimmung der Zerfallsenergien eines β-Strahlers aus der Absorptionskurve herangezogen hat. Der Zusammenhang zwischen der maximalen Reichweite und der maximalen Energie der Zerfallselektronen ist in Abb. 34 graphisch dargestellt.

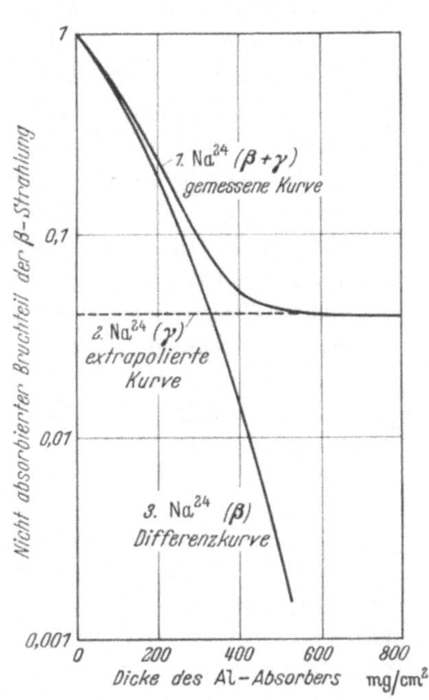

Abb. 33. Zerlegung der Absorptionskurve von Na²⁴ in β- und γ-Anteil

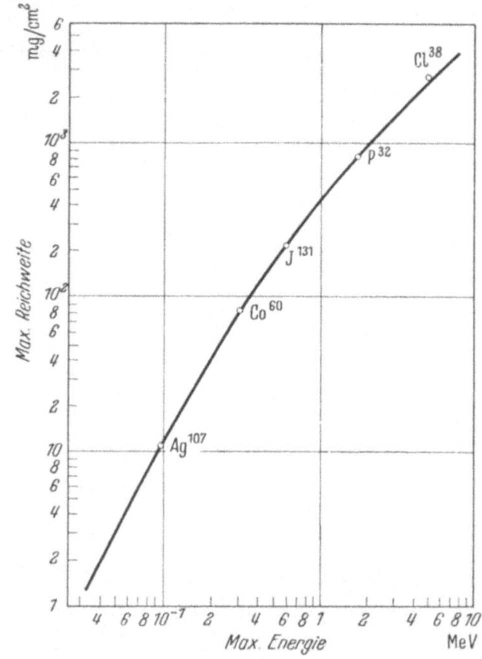

Abb. 34. Energie-Reichweitebeziehung für Zerfallselektronen (nach GLEASON, TAYLOR und TABERN[4])

D. Verhalten von γ-Strahlung beim Durchgang durch Materie

1. Absorption und Streuung von γ-Strahlung

γ-Strahlung ist nicht direkt nachweisbar, sondern nur über Sekundärelektronen, welche sie beim Durchgang durch Materie erzeugt. Wenn γ-Strahlung in Wechselwirkung mit Atomelektronen tritt, kann sie gestreut oder absorbiert werden. In dem hier interessierenden Bereich der γ-Energie, sind folgende drei Prozesse von Bedeutung: *Photoelektrische Absorption, Compton-Effekt und Paarbildung.* Je nach Größe der γ-Energie und Art der durchsetzten Materie sind

[1] FLAMMERSFELD, A.: Naturwissenschaften **33**, 280 (1946).
[2] BLEULER, E., u. W. ZÜNTI: Helv. phys. Acta **19**, 375 (1946). — HARLEY, J., u. N. HALLDEN: Nucleonics **13** (1), 32 (1955).
[3] KÖSTER, L.: Z. Naturforsch. **9**a, 104 (1954).
[4] GLEASON, G. J., J. D. TAYLOR u. D. L. TABERN: Nucleonics **8**, (5), 12 (1951).

diese Vorgänge verschieden stark an der Gesamtabsorption der γ-Energie beteiligt, wobei aber für den Nachweis der Strahlung stets ein Sekundärelektron vorliegt.

a) Photoelektrischer Effekt

Bei der *photoelektrischen Absorption* gibt das γ-Quant seine volle Energie an ein Atomelektron ab, mit dem es in Wechselwirkung geraten ist (s. Abb. 35). Das Atomelektron wird dabei aus dem Atomverband gelöst (Ionisation) und existiert nunmehr als freies Elektron *(Sekundärelektron, Photoelektron)*. Das zurückbleibende Atomion sucht den Verlust des Elektrons auszugleichen, was nach außen hin durch Aussendung einer *sekundären Fluorescenzstrahlung* in Erscheinung tritt. Bei der Ablösung des Atomelektrons wird Ionisierungsarbeit (P) geleistet. Der Rest der γ-Energie $h \cdot v$ erscheint als kinetische Energie E des Sekundärelektrons (Photoelektrons). Es gilt:

$$E = h \cdot v - P.$$

Absorptionsprozeß	Schema	Energiebilanz
Photo-Effekt	$h \cdot v \to e_-$	$E_\beta = h \cdot v - P$
Compton-Effekt	$h \cdot v \to e_-$, $h \cdot v'\,(v' < v)$	$E_{e_-} + h \cdot v' = h \cdot v$
Paarbildung	$h \cdot v \to e_-,\ e_+$	$E_{e_-} + E_{e_+} = h \cdot v - 2\,mc^2$ $(= 1{,}02\ \mathrm{MeV})$

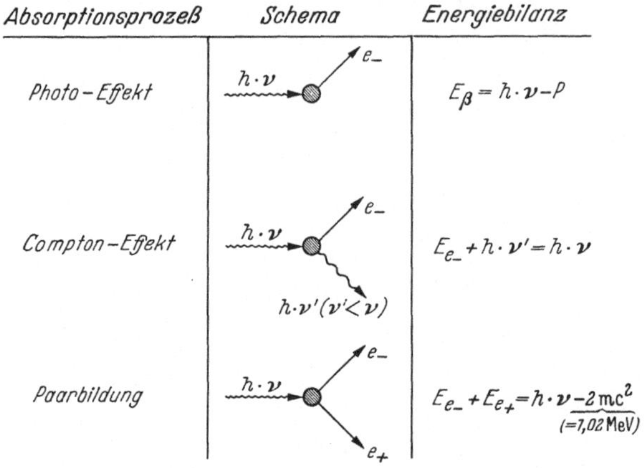

Abb. 35. Schematische Darstellung des Photoeffektes, des Compton-Effektes und der Paarerzeugung

Diese Gleichung bringt zum Ausdruck, daß photoelektrische Absorption nur erfolgen kann, wenn die γ-Energie mindestens gleich der Ionisierungsarbeit des betreffenden Atomelektrons ist. Für Blei beträgt dieser Wert, sofern es sich um die Befreiung eines Atomelektrons aus der K-Schale handelt, 88 keV *(Absorptionskante)* *. Für ein Atomelektron der L_1-Schale sind nur 14,7 eV notwendig usf. (s. Abb. 36). Für Absorbermaterial mit kleinerer Ordnungszahl wandert die Absorptionskante nach kleineren Energien.

Bei der photoelektrischen Absorption wird die Zahl der ursprünglichen γ-Quanten entsprechend der Zahl der eintretenden Absorptionsakte vermindert. Die Energie der nicht betroffenen γ-Quanten ändert sich natürlich nicht.

b) Compton-Effekt

Beim *Compton-Effekt* stößt das γ-Quant auf ein Elektron, wobei ein Teil der γ-Energie an dieses Elektron übertragen wird. Das γ-Quant existiert aber noch nach dem unelastischen Stoß, so daß sich die Zahl der γ-Quanten beim Compton-Effekt *nicht* ändert, allerdings, wie gesagt, die γ-Energie. Das γ-Quant ist langsamer geworden, außerdem hat sich seine Bahnrichtung geändert (s. Abb. 35).

---

* Besitzt ein γ-Quant z. B. 364 keV, so beträgt die kinetische Energie des in Blei durch photoelektrischen Effekt aus der K-Schale losgelösten Elektrons nach obiger Gleichung
$$E = 364 - 88 = 276\ \mathrm{keV}.$$

Die Energie der erzeugten Sekundärelektronen *(Compton-Elektronen)* ist abhängig von der vor dem Stoß gegebenen γ-Energie (s. Abb. 41).

c) Paarbildung

Bei der *Paarbildung* verschwindet das γ-Quant, es entsteht ein Elektronenpaar (*Positron* und Elektron, Abb. 35). Nach dem Äquivalenzgesetz zwischen Masse und Energie (s. S. 7) entspricht der Masse eines Elektrons die Energie von 0,51 MeV. Somit muß zur Paarbildung die γ-Energie mindestens 1,02 MeV betragen. Besitzt das γ-Quant mehr als 1,02 MeV, so erscheint der Überschuß als kinetische Energie des erzeugten Positrons und Elektrons.

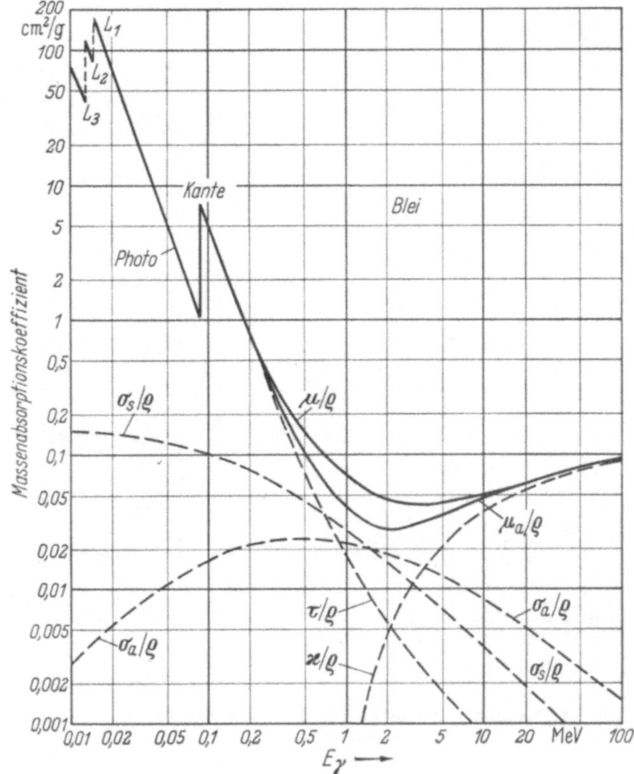

Abb. 36. Massenabsorptionskoeffizient von γ-Strahlungen verschiedener Energie in Blei [1]

2. Absorptionsgesetz

Die Intensitätsverminderung eines engen Parallelbündels von γ-Quanten erfolgt nach dem Exponentialgesetz

$$J = J_0\, e^{-\mu_0\, x}.$$

Hierin bedeutet μ_0 der lineare *Schwächungskoeffizient*. Auch bei γ-Strahlung ist es üblich, die Absorberdicke als Flächengewicht (in g/cm²) anzugeben. Obige Gleichung heißt dann:

$$J = J_0\, e^{-\mu\, x'},$$

wobei $\mu_0/\varrho = \mu = \tau_{\text{Photoeffekt}} + \sigma_{\text{Compton-Effekt}} + \varkappa_{\text{Paarbildung}}$ [cm²/g] als *Massenabsorptionskoeffizient* bezeichnet wird ($\varrho =$ spezifisches Gewicht des Absorbermaterials).

3. Abhängigkeit der γ-Absorption von der γ-Energie und der Art des Absorbermaterials

In Abb. 36—38 sind für Blei, Aluminium und Wasser als Absorber die Massenabsorptionskoeffizienten für photoelektrische Absorption (τ), Compton-Effekt

---

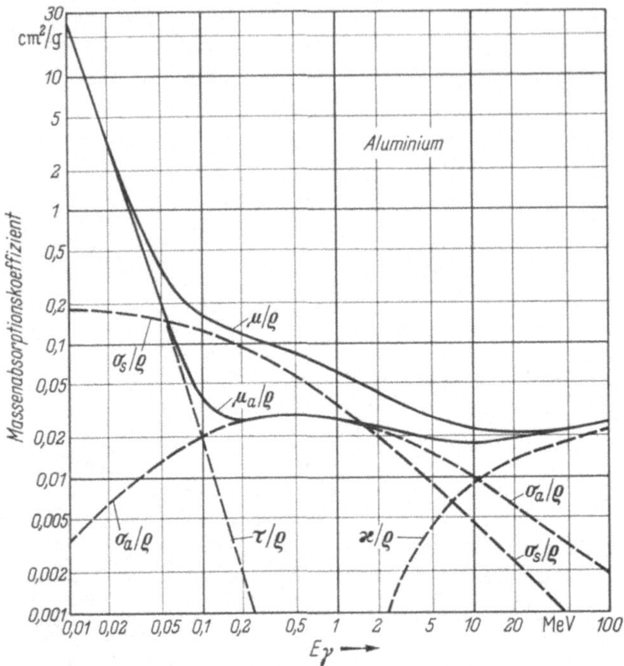

Abb. 37. Massenabsorptionskoeffizient von γ-Strahlung verschiedener Energie in Aluminium [1]

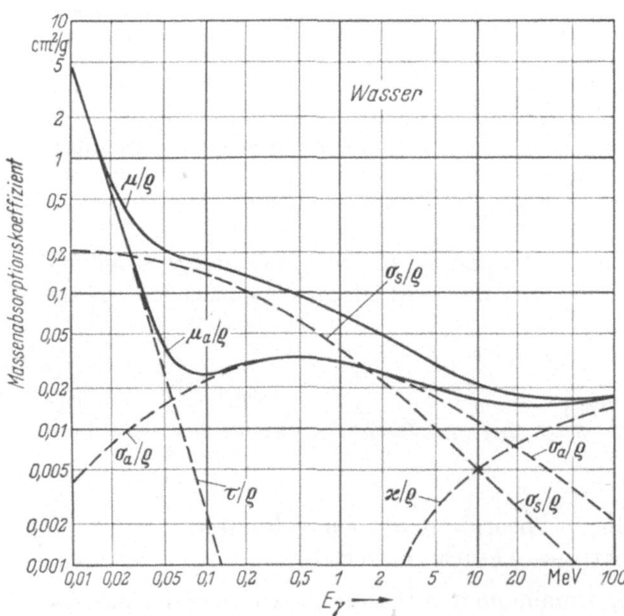

Abb. 38. Massenabsorptionskoeffizient von γ-Strahlung verschiedener Energie in Wasser [1]

(σ_a und σ_s) und Paarbildung ($\varkappa$) als Funktion der γ-Energie wiedergegeben.

Für kleine γ-Energien überwiegt die photoelektrische Absorption, für mittlere γ-Energie ist der Compton-Effekt vorherrschend; die Paarbildung ist erst bei γ-Energien von mehr als 1,02 MeV möglich und gewinnt mit größeren γ-Energien an Bedeutung [2] (s. Tabelle 4 und Abb. 39).

Die photoelektrische Absorption ist in dem ihr zugewiesenen Energiebereich um so ausgeprägter, je schwerer das Absorbermaterial.

Der Massenabsorptionskoeffizient für Compton-Effekt, der als Summe von zwei Koeffizienten erscheint (s. S. 43), ist nahezu unabhängig von der Art des Absorbermaterials.

Die Wahrscheinlichkeit für Paarbildung ist wiederum vom Absorbermaterial abhängig.

Der resultierende Massenabsorptionskoeffizient ist von Material zu Material verschieden. Dieses geht aus Abb. 36—38 hervor, im einzelnen aber besser aus Abb. 40, in welcher die γ-Energie als Parameter erscheint und die Ordnungszahl Z als Abscisse.

[1] WHITE, G. R.: X-Ray attenuation coefficients from 10 keV to 500 MeV, NBS report 1003 (1952). — ROSENBLUM, E. S.: AECU-1825 (1951).

[2] EVANS, R. D.: The atomic nucleus. New York: McGraw-Hill Book Co. 1955.

Tabelle 4. *Relative Wahrscheinlichkeit der verschiedenen Absorptionsprozesse in Wasser in Abhängigkeit von der Energie der γ-Strahlen*

Energie der γ-Quanten	Photo-effekt	Comp-ton-Effekt	Paarbildung
10 keV	100%	0	
40 keV	75%	25%	
200 keV	1%	99%	
400 keV	0	100%	
1 MeV		100%	= 0 (Einsatz)
10 MeV		50%	50%
100 MeV		0	100%

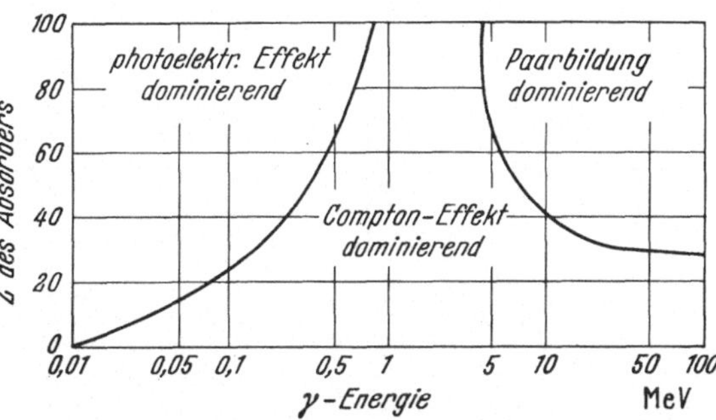

Abb. 39. Relative Bedeutung von Photoeffekt, Compton-Effekt und Paarbildung für verschiedene Absorbermaterialien und verschiedene γ-Energie (nach EVANS)

4. Compton-Absorption und Compton-Streuung

Beim Compton-Effekt findet eine Aufteilung der γ-Energie auf das Elektron und das γ-Quant statt. Der Absorptionskoeffizient für Compton-Effekt erscheint daher als Summe eines Absorptionskoeffizienten σ_s, der allein die Compton-Streuung umfaßt, und eines Absorptionskoeffizienten σ_a, der ein Maß ist für die absorbierte γ-Energie, also:

$$\sigma = \sigma_s + \sigma_a.$$

Bei einer Dosismessung (s. S. 252) ist hier nur der in einem bestimmten Volumenelement absorbierte Teil der γ-Energie maßgebend, welcher dem Compton-Elektron mitgeteilt wird. Der Gesamtabsorptionskoeffizient ist in diesem Falle:

$$\mu_{\text{Dosis}} = \tau_{\text{Photoeffekt}} + \sigma_{\text{Compton-Absorption}} + \varkappa_{\text{Paarbildung}}.$$

5. Energieverteilung der γ-Quanten

Bei der photoelektrischen Absorption verliert das beteiligte γ-Quant seine volle Energie. Die γ-Intensität wird dadurch verringert, die γ-Energie der nicht absorbierten γ-Quanten bleibt gleich. Dasselbe gilt bei der Paarbildung. Anders beim Compton-Effekt. Hier verringert sich die γ-Energie schrittweise. Je nach Art des Stoßes mit dem Elektron geht ein mehr oder weniger großer Teil der γ-Energie auf das Compton-Elektron über.

Da photoelektrische Absorption, Compton-Effekt und Paarbildung in statistischer Folge abwechselnd am Absorptionsvorgang von γ-Quanten beteiligt sind, entsteht mit zunehmender Schichtdicke eine immer stärker ausgeprägte Energieverteilung der ursprünglich monoenergetischen γ-Quanten. Für den γ-Nachweis ist dieses von großer Bedeutung, da z.B. der heute zur Messung von γ-Strahlung bevorzugte Szintillationszähler auf γ-Quanten verschiedener Energie sehr unterschiedlich anspricht (s. S. 148).

6. Energieverteilung der Sekundärelektronen

Die erzeugten Sekundärelektronen (Photoelektronen, Compton-Elektronen, Positronen und Elektronen aus Paarbildungsprozessen) unterliegen selbstverständlich den gleichen Absorptions- und Streuprozessen, die auf S. 36 besprochen

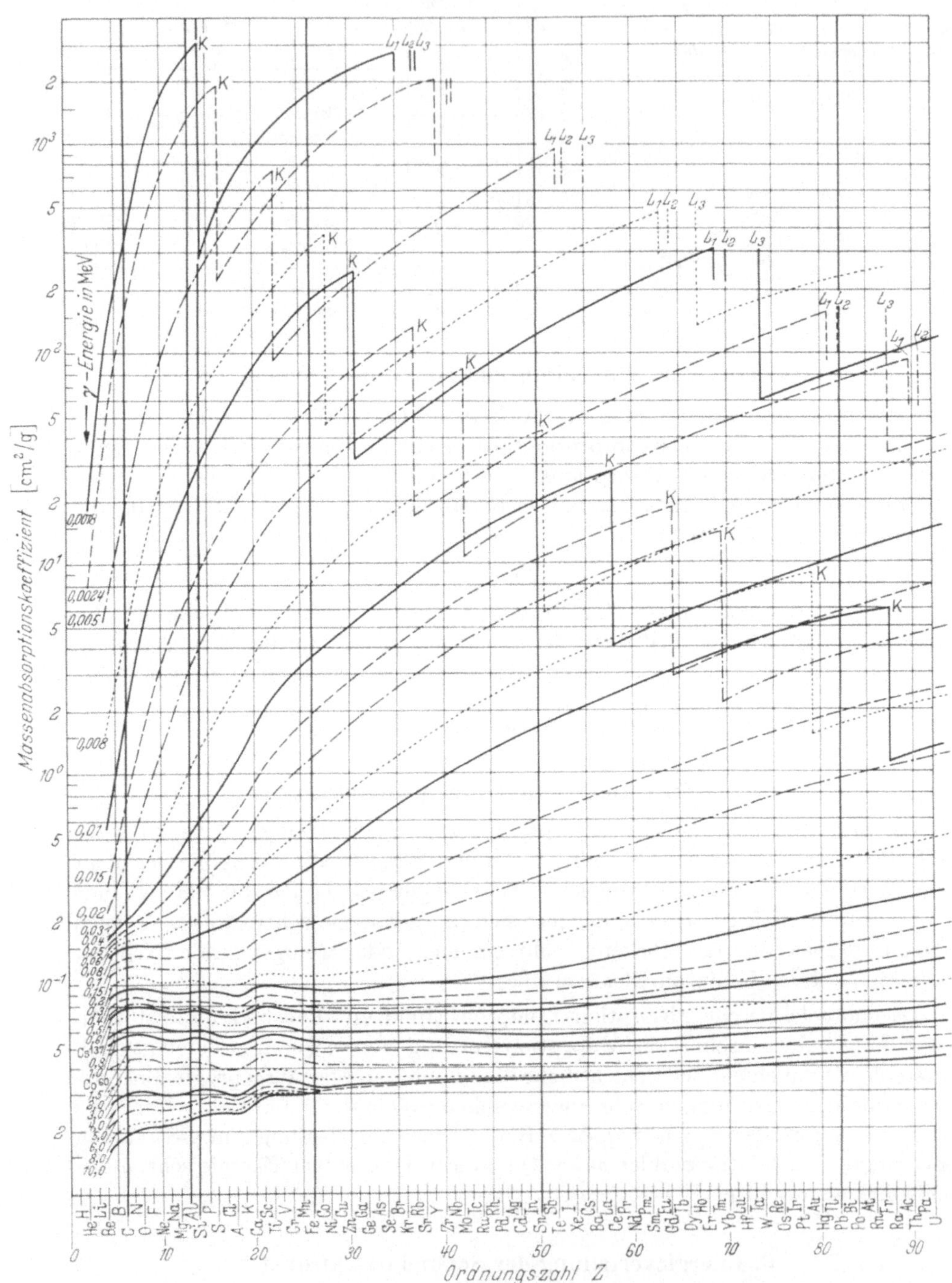

Abb. 40. Massenabsorptionskoeffizient für γ-Strahlung (nach P. F. BERRY [1])

[1] BERRY, P. F.: Nucleonics **19** (6), 62 (1961).

worden sind. Aus diesem Grunde ist die Energie der Sekundärelektronen von Wichtigkeit.

Die Energie der Photoelektronen ist einheitlich, wenn es die Energie der primären γ-Quanten ist. Bei kleiner γ-Energie werden die befreiten Photoelektronen nahezu senkrecht zur ursprünglichen Richtung der γ-Strahlung emittiert. Mit zunehmender γ-Energie wird die Vorwärtsrichtung bevorzugt. Diese Tatsache kann von großer Bedeutung für den zahlenmäßigen Nachweis von γ-Strahlung, z.B. mit Hilfe eines Zählrohres sein.

Compton-Elektronen weisen Energien auf zwischen Null und einer maximalen Energie. Letztere hängt von der Energie des primären γ-Quants ab und läßt sich mittels der Beziehung

$$E_{\max} = \frac{2r}{1 + 2r}\, E_\gamma$$

berechnen, wobei r das Verhältnis

$$r = \frac{E_\gamma}{m_0 c^2},$$

mit $m_0 c^2 = 0{,}511\,\mathrm{MeV}$ ist.

Die mittlere Energie der Compton-Elektronen bei verschiedener Energie der primären γ-Quanten kann der Abb. 41 entnommen werden*.

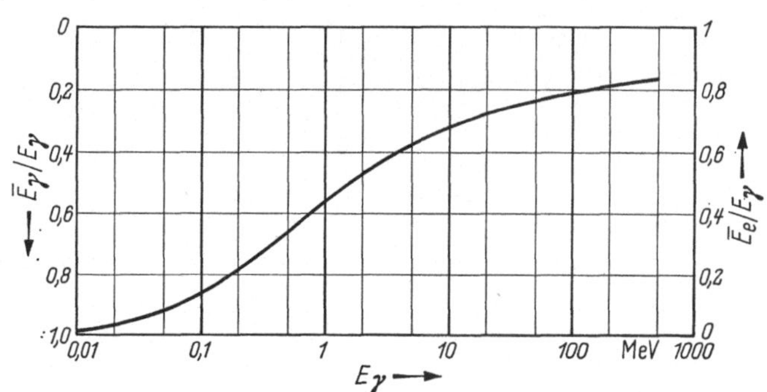

Abb. 41. Mittlere (relative) Energie des gestreuten γ-Quants (linke Ordinatenbezeichnung) und des Comptonelektrons (rechte Ordinatenbezeichnung) (nach W. RIEZLER und W. WALCHER [1])

Auch bei der Paarbildung ist die Energie der erzeugten Sekundärelektronen uneinheitlich. Außerdem besitzt das Positron durchschnittlich etwas mehr Energie als das gleichzeitig erzeugte Elektron und weist eine andere Energieverteilung auf.

7. Zuwachsfaktor

Wenn die γ-Intensität in Abhängigkeit von der Dicke des Absorbers in halblogarithmischem Maßstab aufgetragen wird, so muß sich nach dem auf S. 43 genannten Absorptionsgesetz eine gerade Linie ergeben, deren Neigung durch den Absorptionskoeffizienten festgelegt ist. Der rein exponentielle Abfall der γ-Intensität mit zunehmender Absorberschichtdicke (s. Abb. 42, jeweils Kurve 1) läßt sich experimentell nur dann feststellen, wenn eine sog. *ideale Geometrie* vorliegt, d.h. wenn die γ-Strahlung in einem engen Parallelbündel auf den Absorber auftrifft, wie dies bei einer Meßanordnung nach Abb. 42a geschieht.

Durch einen Kanal K wird ein schmales Strahlenbündel der insgesamt nach allen Richtungen gleichmäßig emittierten γ-Quanten ausgesiebt, so daß diese

---

* Wenn ein γ-Quant von z.B. 0,160 MeV vorliegt, so ist die Wahrscheinlichkeit für die Erzeugung von Sekundärelektronen zwischen 20 und 30 keV $60{,}1 \cdot 10^{-27}$ pro cm² Eintrittsfläche. Bei 1 cm³ Wasser mit $3{,}34 \cdot 10^{23}$ Elektronen müssen danach 50 γ-Quanten dieser Energie pro cm² eindringen, um ein Sekundärelektron $(50 \cdot 60{,}1 \cdot 10^{-27} \cdot 3{,}34 \cdot 10^{23})$ von 20—30 keV zu erzeugen.

Die Gesamtzahl der Sekundärelektronen ergibt sich zu $436 \cdot 10^{-27} \cdot 3{,}34 \cdot 10^{23} = 0{,}146$, d.h. jedes siebente γ-Quant von 0,16 MeV erzeugt durch Compton-Effekt in 1 cm³ Wasser ein Sekundärelektron.

[1] RIEZLER, W., u. W. WALCHER: Kerntechnik. Stuttgart: Teubner 1958.

γ-Quanten nahezu senkrecht auf den Absorber A auftreffen. Von Ausnahmen abgesehen, liegen in der Praxis solche definierten Verhältnisse meist nicht vor. Die γ-Quanten, welche vom Präparat P nach allen Richtungen ausgehen, treffen den Absorber A (s. Abb. 42b) in mehr oder weniger schräger Richtung. Ohne Absorber laufen diese γ-Quanten meist am Nachweisgerät vorbei, werden also nicht registriert. Ist aber ein Absorber vorhanden, so werden die γ-Quanten beim

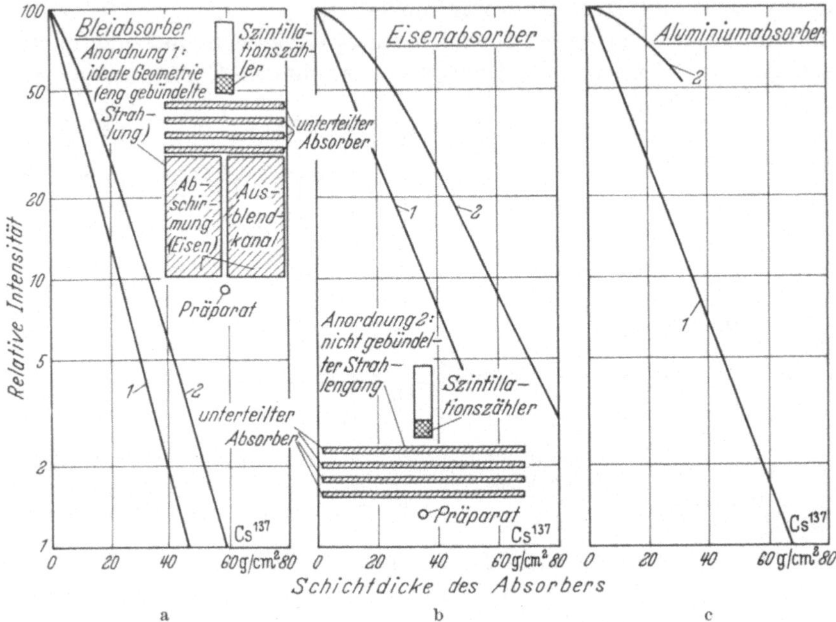

Abb. 42a—c. Absorptionskurven für γ-Strahlung bei Blei, Eisen und Aluminium als Absorber (Kurve 1 ideale Geometrie, Kurve 2 nicht gebündelte Strahlung)

Durchlaufen des Absorbers gestreut und es ist möglich, daß sie jetzt das Nachweisgerät treffen. Der Meßeffekt wird damit größer als dem exponentiellen Absorptionsgesetz entspricht. Es scheint so, als ob eine um einen gewissen Faktor B größere Anfangsintensität vorläge, und wir ein modifiziertes Absorptionsgesetz annehmen können, nämlich:

$$N = B \cdot N_0 \cdot e^{-\mu x}.$$

Der Faktor B wird *Zuwachsfaktor* genannt, der Vorgang der verzögerten Abnahme der γ-Intensität (s. Abb. 42, Kurve 2) als *built-up* bezeichnet[1, 2]. Laut Definition ist der Zuwachsfaktor der Quotient der beiden normierten Intensitätsraten für ungebündelten und gebündelten Strahlengang. Wie aus Abb. 43 hervorgeht, ist der Zuwachsfaktor, der z.B. für die Beurteilung des Strahlenschutzes von größter Wichtigkeit ist, eine Funktion der Absorberdicke. Er ist

---

[1] TAYLOR, J. J.: Application of Gamma-Ray built-up data to shield design. WAPD-RM-217, 25. Januar 1954. — FANO, U.: Nucleonics 11, (8), 8 (1953); (9), 55 (1953). — CHAPPELL, D. G.: Nucleonics 15 (1), 52 (1957).

[2] EVANS, R. D.: The atomic nucleus. New York: McGraw Hill Book Co. 1955.

aber auch abhängig von der Art des Absorbermaterials (s. Abb. 43), von der γ-Energie des radioaktiven Strahlers (s. Abb. 44), von der Strahlenempfindlichkeit des Meßgerätes und nicht zuletzt von der geometrischen Anordnung von Strahlenquelle, Absorber und Nachweisgerät.

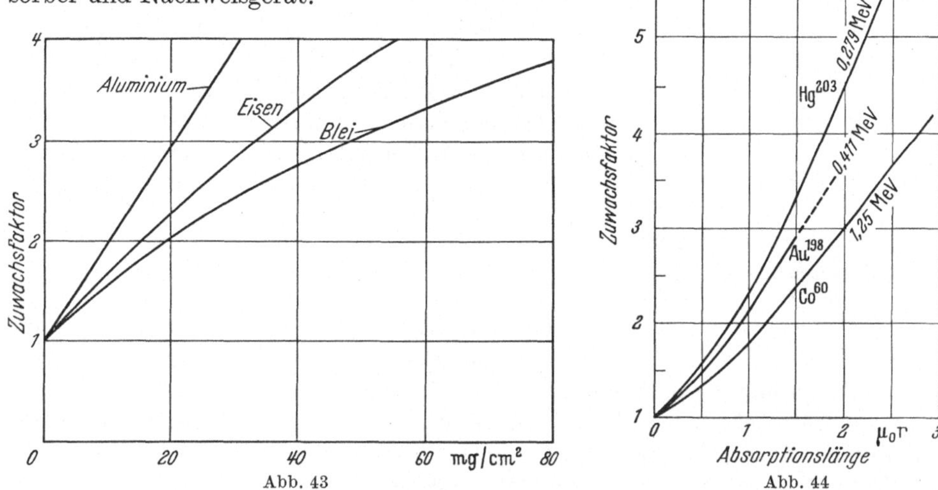

Abb. 43. Zuwachsfaktor als Funktion der Schichtdicke und des Absorbermaterials
Abb. 44. Zuwachsfaktor für verschiedene γ-Energien in einem *unendlich großen* Wasserabsorber. Abscisse: Produkt aus Abstand und Schwächungskoeffizient bei idealer Geometrie (nach W. RIEZLER und W. WALCHER [1])

E. Wechselwirkung von α-Strahlung mit Materie

Beim Vergleich der Abb. 9 und 27 wird deutlich, daß sich α-Teilchen beim Durchsetzen von Materie ganz anders verhalten als Elektronen (Zerfallselektronen). Während Elektronen sehr häufig von ihrer Bahnrichtung abgelenkt werden, ist dies bei α-Teilchen wegen ihrer etwa 7500fachen Masse nicht oder nur selten der Fall. Die α-Bahn ist im allgemeinen geradlinig. Der Energieverlust ΔE von α-Teilchen (Masse M) ist bei zentralem Stoß mit einem Elektron (Masse m)

$$\Delta E = 4\,\frac{m}{M}\,E \sim 5 \cdot 10^{-4}\,E.$$

Das α-Teilchen erzeugt mehrere hunderttausend Ionenpaare, ehe seine Energie (einige MeV) aufgebraucht ist. Die Ionisation ist für kleinere Energien, d.h. am Ende der α-Bahn, verhältnismäßig groß. Beim Vergleich der Absorptionskurve von α-Teilchen und β-Teilchen (oder monoenergetischen Elektronen) nach Abb. 30 stellten wir fest, daß die Absorptionskurve für α-Teilchen, anders als bei Elektronen, zunächst horizontal verläuft, d.h. beim Durchsetzen von Materie bleibt die Zahl der α-Teilchen zunächst unverändert. Man betrachte hierzu auch Abb. 45 und beachte dabei, daß hier ein Großteil der Kurve für kleinere Abscissenwerte unterdrückt ist. Nach einer gewissen Schichtdicke, die von der Energie der α-Teilchen abhängt, vermindert sich die Zahl der α-Teilchen sehr plötzlich, die Reichweite ist also für alle α-Teilchen eines bestimmten α-Strahlers nahezu gleich groß *.

Der Abfall der Absorptionskurve für α-Teilchen ist zwar wesentlich schärfer als bei Elektronen, der Schnittpunkt mit der Abscisse und damit die Reichweite

---

* Die Abweichungen betragen maximal etwa 3 %.
[1] RIEZLER, W., u. W. WALCHER: Kerntechnik. Stuttgart: Teubner 1958.

der α-Teilchen ist aber ebenfalls experimentell schwer feststellbar. Man verzichtet daher auf die Angabe der *wahren Reichweite* und definiert statt dessen eine *extrapolierte Reichweite*. Man versteht darunter die Abscisse des Schnittpunktes der Tangente im Wendepunkt der Absorptionskurve mit der Abscissenachse (s. Abb. 45). Diejenige Wegstrecke, nach welcher noch die Hälfte der ursprünglich vorhandenen α-Teilchen meßbar ist, wird *mittlere Reichweite* genannt. Um diese mittlere Reichweite streuen die Reichweiten der einzelnen α-Teilchen.

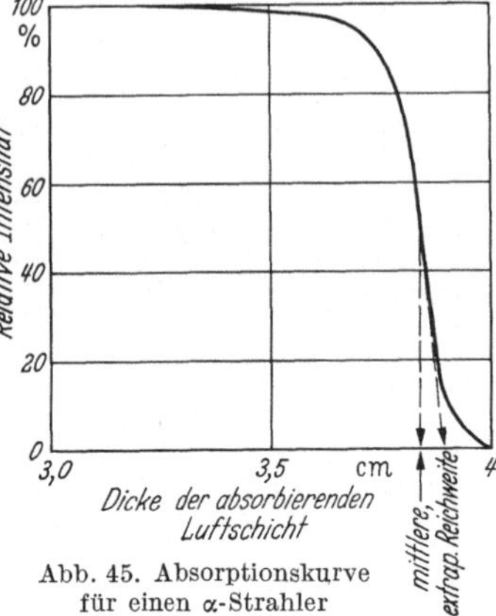

Abb. 45. Absorptionskurve für einen α-Strahler

Zwischen der extrapolierten und der mittleren Reichweite besteht die Beziehung

$$R_{\text{extrap.}} = R_{\text{mittel}} + \sqrt{\frac{\pi}{2\alpha}} \,*.$$

Da α-Teilchen sehr leicht absorbiert werden, müssen für Reichweitebestimmungen sehr dünne Präparate vorliegen. Anderenfalls erleidet ein Teil der α-Teilchen schon innerhalb des Präparates einen merklichen Energieverlust, der einen früher einsetzenden Abfall der Absorptionskurve verursacht. Damit führt die Bestimmung der mittleren Reichweite auf einen zu kleinen Wert.

Die Reichweite von α-Teilchen ist abhängig von der Art des Absorbermaterials. Als charakteristische Größe dient hier das *Luftäquivalent*, das angibt, um wieviel größer der Energieverlust der α-Teilchen pro mg/cm² eines Absorbers ist als der Energieverlust, welchen das α-Teilchen beim Durchqueren einer Luftschicht von 1 cm bei 15° C und 760 mm Hg erleidet (s. Tabelle 5).

Tabelle 5. *Luftäquivalent einiger Substanzen für α-Teilchen von rund 6 MeV*

Substanz	Luftäquivalent in mg/cm²
Glimmer	1,43
Al	1,51
Cu	2,09
Ag	2,71
Au	3,74

Bei anderer Temperatur oder anderem Luftdruck errechnet sich die Reichweite von α-Teilchen aus der Beziehung

$$R_{15°\,C,\,760\,\text{mm Hg}} = R_{t,\,b} \cdot \frac{288}{273 + t} \cdot \frac{b - 0{,}145\,p_w}{760},$$

dabei bedeutet p_w den Partialdruck des Wasserdampfes.

Die Energie der α-Teilchen kann mit Hilfe der Čerenkov-Strahlung sehr exakt gemessen werden. Immer wenn die Bahngeschwindigkeit eines geladenen Teilchens größer ist als die Phasengeschwindigkeit des Lichtes (z.B. innerhalb von durchsichtigem Plexiglas), entsteht Čerenkov-Strahlung, die in einen ganz bestimmten Raumwinkel ausgesandt wird. Die Größe dieses Raumwinkels ist ein eindeutiges Maß für die Geschwindigkeit und damit auch für die Energie des geladenen Teilchens (α-Teilchens).

---

* Für Polonium 210 mit $E_0 = 5{,}303$ MeV,

$$R_{\text{mittel}} = (3{,}842 \pm 0{,}006) \text{ cm Luft und}$$

$$\alpha = 0{,}062$$

ergibt sich für die extrapolierte Reichweite

$$R_{\text{extrap.}} = 3{,}897 \text{ cm Luft (s. Abb. 46).}$$

Diese ist also um 1,4% größer als die mittlere Reichweite.

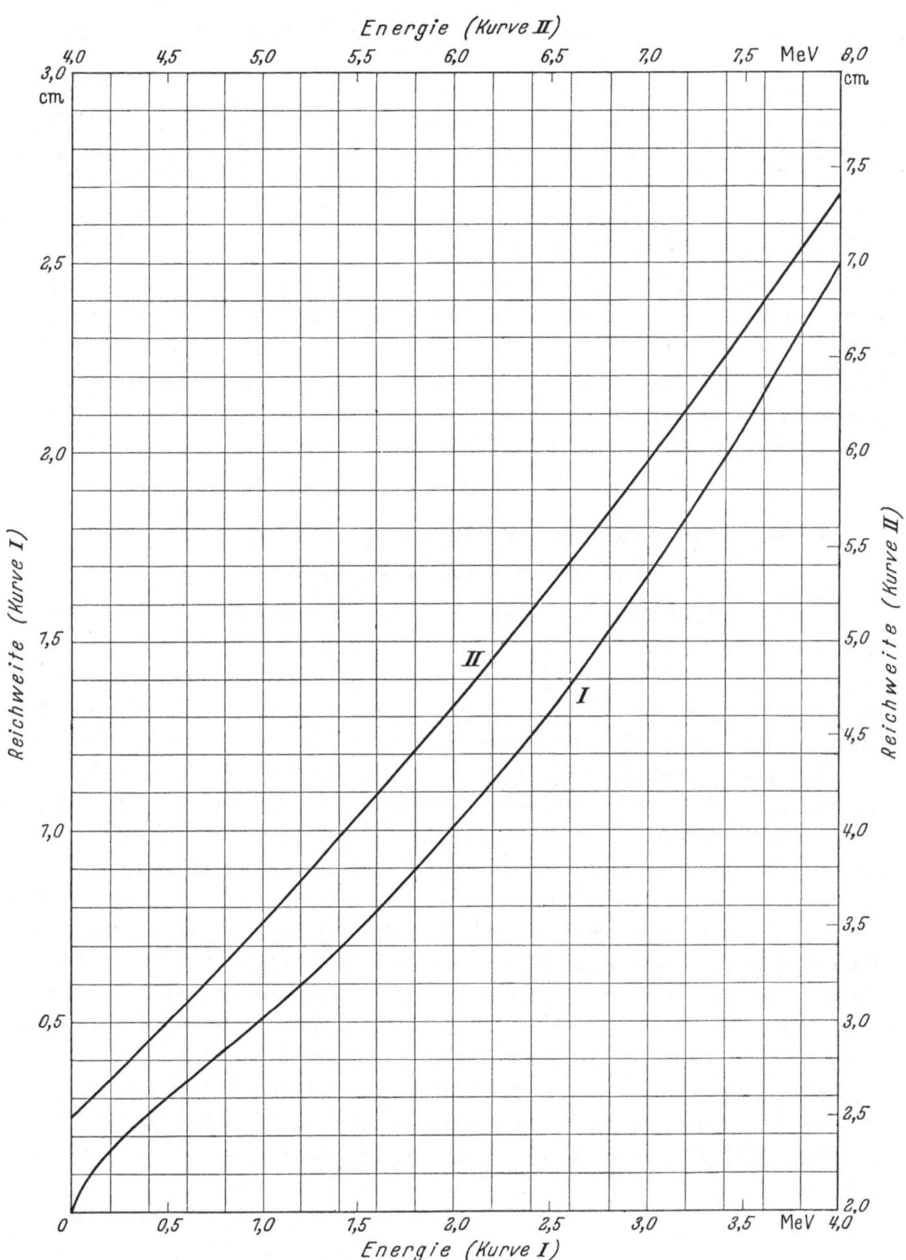

Abb. 46. Energie-Reichweite-Beziehung für α-Teilchen von 0—8 MeV in Luft von 15° C und 760 mm Hg
(nach E. Segrè [1])

Aus der experimentell bestimmten Größe der Reichweite und der nach diesem Verfahren ermittelten Energie der α-Teilchen sind die in Abb. 46 wiedergegebenen Energie-Reichweitekurven entstanden[1].

---

[1] Segrè, E.: Experimental nuclear physics, S. 180. New York 1952.

4*

III. Nachweisgeräte für radioaktive Strahlung

Es gibt heute eine große Zahl von Firmen, welche zuverlässig arbeitende Strahlenmeßgeräte mit allem Zubehör herstellen, so daß man sich nicht wie früher auch mit dem Selbstbau solcher Geräte befassen muß. Im Rahmen dieses Buches wird daher das Grundsätzliche besprochen, und dies nur so weit, als es für eine Planung von Untersuchungen mit radioaktiven Substanzen, die radioaktive Messung und die Auswertung der Meßergebnisse notwendig ist.

Der Nachweis radioaktiver Strahlung beruht auf der Wechselwirkung der Strahlung mit Materie (im wesentlichen Ionisation und Anregung neutraler Atome).

Im folgenden wird zunächst der Aufbau und die Wirkungsweise der Ionisationskammer, des Proportionalzählers und des Geiger-Müller-Zählrohres besprochen, daran anschließend die Eigenschaften des Szintillationszählers.

A. Ionisationskammer, Elektroskop, Proportionalzähler und Geiger-Müller-Zählrohr

Alle diese Strahlungsnachweisgeräte besitzen ein abgeschlossenes, meist sehr gut definiertes Gasvolumen, in welchem die radioaktive Strahlung oder deren Sekundärstrahlung zur Wirkung kommt und somit erfaßt werden kann. Gelangt ein geladenes Teilchen in dieses Gasvolumen, so ionisiert es neutrale Gasatome oder Gasmoleküle (s. S. 34). Es entstehen positive Ionen und (negative) Elektronen. Zwischen zwei Elektroden, welche den effektiven Gasraum definieren und zwischen welchen eine elektrische Spannung angelegt ist, wandern die positiven Ionen in Richtung der negativen Elektrode *(Kathode)*, die gleichzeitig entstandenen Elektronen in Richtung der positiv geladenen Elektrode *(Anode)*. Ist die Spannung klein, so werden nicht alle Ionen und Elektronen die Kathode bzw. Anode erreichen. Je nach Spannungshöhe gelingt es einem mehr oder weniger großen Teil derselben, aus dem effektiven Gasraum zwischen den beiden Elektroden zu *diffundieren*. Andere Ionen *rekombinieren*, d.h. das betreffende Ion sucht sich ein freies Elektron und wird so wieder zu einem neutralen Atom oder Molekül.

Diffusion und Rekombination der durch ein geladenes Teilchen erzeugten Ionen vermindert die Nachweiswahrscheinlichkeit. Sollen alle erzeugten Ionen zur Messung gelangen, so muß die Spannung am Elektrodenpaar entsprechend erhöht werden.

In Abb. 47 ist für zwei Arten radioaktiver Strahlung (β-Strahlung Kurve 1 und α-Strahlung Kurve 2) die Zahl der bei verschiedener Elektrodenspannung erfaßten Ionen aufgezeichnet. Wie man erkennt, ist der Meßeffekt außerordentlich stark abhängig von der Elektrodenspannung. Für Spannungen zwischen 0 und etwa 50 Volt (Bereich 0 bis A) gelangt nur ein Teil der erzeugten Ionen N_1 (bzw. N_2) an die Elektroden. Der Rest diffundiert aus dem Zählvolumen oder rekombiniert. Bei Spannungen zwischen 50 und 200 Volt (im Bereich A bis B) werden alle N_1 (bzw. N_2) Ionen registriert. In diesem Spannungsbereich arbeitet die *Ionisationskammer*. In dem horizontalen Kennlinien-Bereich ist der Meßeffekt unabhängig von Spannungsschwankungen und proportional der Energie des ionisierenden Teilchens, sofern dieses innerhalb des effektiven Gasvolumens zur Ruhe kommt, also dort seine gesamte kinetische Energie verliert*.

Bei größerer Elektrodenspannung werden die Elektronen stärker beschleunigt und können dann von sich aus neue Ionenpaare erzeugen. Neben primären Ionen entstehen, je nach Höhe der angelegten Spannung, mehr oder weniger viel Sekundärelektronen. Im Spannungsbereich B bis C ist die Zahl der insgesamt erzeugten Ionenpaare, wie man der Abb. 47 entnimmt, proportional der primären Ionenzahl (*Proportionalbereich*). An den Proportionalbereich schließt sich der sog. *begrenzte Proportionalbereich* an (Bereich C bis D). Im Geiger-Müller-Bereich D bis E ist die Gesamtzahl der Ionenpaare pro einfallendes Teilchen außerordentlich groß und unabhängig von der Zahl der primären Ionenpaare, außerdem weitgehend unabhängig von der angelegten Spannung.

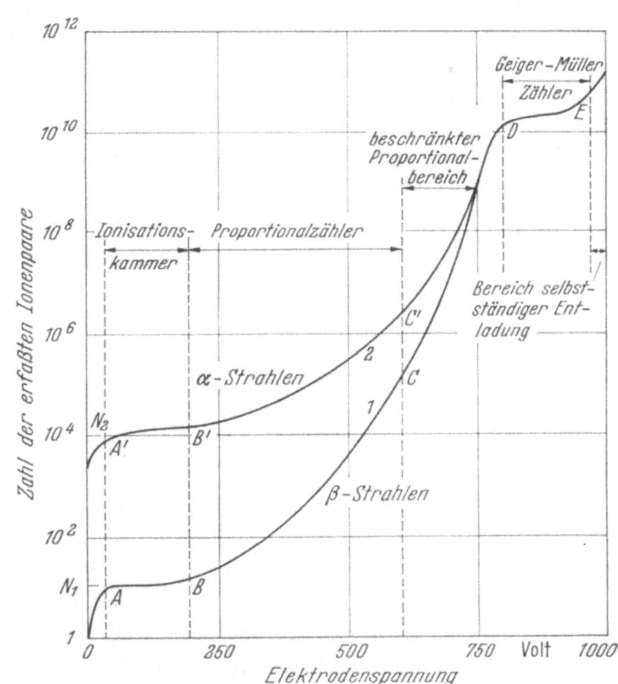

Abb. 47. Zahl der insgesamt gemessenen Ionenpaare bei verschiedener Zählrohrspannung (nach C. G. und D. D. Montgomery[1])

1. Ionisationskammer

a) Aufbau und Wirkungsweise

Die Ionisationskammer wird in neuerer Zeit besonders bei technischen Anwendungen (z. B. bei Dickenmessungen und Dosismessungen) häufig benutzt.

Zwei Haupttypen sind gefragt. Bei der sog. Parallel-Platten-Kammer herrscht zwischen den beiden parallelen Elektroden ein homogenes, elektrisches Feld (s. Abb. 48a). Um frei von Randstörungen zu sein, befindet sich um die Sammelelektrode ein Schutzring, dessen Halterung gegen diese isoliert und geerdet ist. Damit ist außerdem das Zählvolumen gut definiert.

Bei der zylindrischen Ionisationskammer herrscht zwischen der Sammelelektrode und dem Gehäuse (s. Abb. 48b) kein homogenes elektrisches Feld. Die Feldstärke in Nähe der Sammelelektrode ist höher als in Wandnähe.

---

* Mit entsprechend geeignetem apparativen Aufwand lassen sich deshalb z. B. die α-Teilchen von Plutonium 239 mit ihrer einheitlichen Energie von etwa 5,1 MeV von den α-Teilchen von U^{235} mit $E = 4{,}4$ MeV gut unterscheiden.

[1] Montgomery, C. G., u. D. D. Montgomery: J. Franklin Inst. **231**, 447 (1941).

Die Elektronen erreichen wegen ihrer kleineren Masse und damit wegen ihrer größeren *Beweglichkeit* die Anode wesentlich schneller als die wegen ihrer relativ großen Masse weniger beweglichen positiven Ionen die Kathode. Der gemessene Ionenstrom nimmt deshalb zunächst sehr rasch, dann langsam zu[2].

Wie bereits erwähnt, muß die angelegte Elektrodenspannung ausreichend groß bemessen sein, um Diffusion und Rekombination zu vermeiden. Rekombination tritt bevorzugt bei örtlich starker Ionisationsdichte (z.B. bei der *Kolonnen-Ionisation* durch α-Strahlung) auf und ist größer bei höherem Gasdruck innerhalb der Ionisationskammer. Auch eine Anlagerung von Elektronen an neutrale Atome oder Moleküle kann den Meßeffekt verändern, da so gebildete negative Ionen eine wesentlich geringere Beweglichkeit als Elektronen besitzen und damit die Anode im Durchschnitt später erreichen.

Der Meßeffekt ist proportional der Zahl der primär erzeugten Ionenpaare. Doppelte bzw. dreifache Ionenzahl ergibt den doppelten bzw. dreifachen Meßeffekt. Bei weiterer Erhöhung der Spannung bleibt der Meßeffekt zunächst konstant, weil alle entstehenden Ionen bereits gesammelt werden *(Sättigungsspannung)*, die Spannung aber nicht zur Erzeugung von Sekundärelektronen ausreicht. Die Proportionalität zwischen Ionisation und Meßeffekt erlaubt eine Unterscheidung zwischen geladenen Teilchen mit verschiedenem Ionisierungsvermögen (z.B. α- und β-Teilchen).

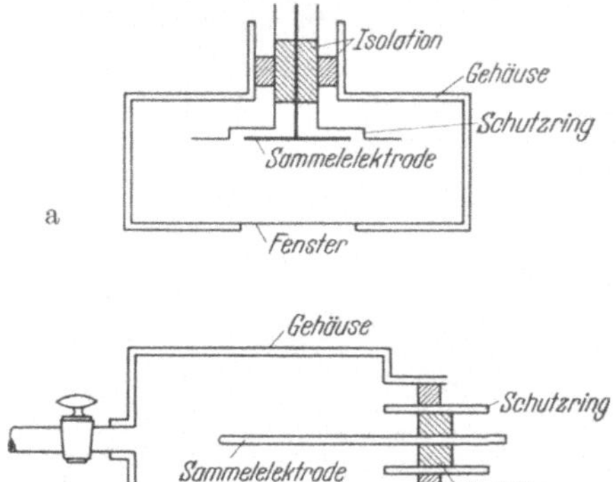

Abb. 48a u. b. Schematische Darstellung einer Parallel-Platten-Ionisationskammer und einer zylindrischen Ionisationskammer (nach W. E. SIRI und C. J. BORKOWSKI[1])

b) Messung der gesammelten elektrischen Ladung

Die an der Sammelelektrode auftretende Ladungsmenge kann entweder mit einem Elektrometer oder mit einem Röhrenvoltmeter beobachtet werden (siehe Abb. 49a). Im Ausmaß der zugeführten elektrischen Ladung verschiebt sich im ersten Falle das freibewegliche System des Elektrometers aus seiner Ruhelage. Der Ausschlagwinkel ist ein Maß der Strahlungsintensität. Die Meßanordnung hat den Vorteil der Einfachheit, aber den Nachteil, daß sich bei Bewegung des Elektrometersystems die Kapazität des Elektrometers und damit die Gesamtkapazität der Meßanordnung ändert. Dann besteht aber nicht mehr der einfache Zusammenhang zwischen der gesammelten Ladungsmenge (integrale Messung) und der Größe der Auslenkung des Elektrometersystems aus der Ruhelage. Um dieses zu erreichen, wird gemäß Abb. 49b die Drehung des Elektrometersystems mit Hilfe einer zusätzlichen Spannungsquelle kompensiert, so daß das Elektrometersystem in seine Ausgangslage zurückkehrt. Die Größe der Kompensationsspannung gibt dann den Meßeffekt. Man kann die auftretende Ladungsmenge auch über einen

---

[1] SIRI, W. E.: Isotopic tracers and nuclear radiations. New York: McGraw Hill Book Co. 1949. — BORKOWSKI, C. J.: Report of US AEC MDDC-1099.
[2] CORSON, D. R., u. R. R. WILSON: RSI **19**, 207 (1948).

hochohmigen Widerstand mit einem Elektrometer, einem Röhrenvoltmeter oder mit einem Schwing-Kondensator-Verstärker (vibrating reed electrometer)[1] messen. Um einen beobachtbaren Impuls zu erhalten, muß die sog. *Zeitkonstante* $R \cdot C$ (R = äußerer Widerstand, C = Kapazität der Ionisationskammer) groß sein, wesentlich größer als die Laufzeit der Ionen und Elektronen in der Kammer. Die Ionisationskammer kann auch zur Messung einzelner Impulse dienen. Der apparative Aufwand ist aber im allgemeinen groß.

c) Nulleffekt

Auch ohne radioaktives Präparat ist ein Meßeffekt *(Nulleffekt)* beobachtbar, welcher von geladenen Teilchen aus der Umgebung der Ionisationskammer, von der Höhenstrahlung oder von geladenen Teilchen aus dem Kammermaterial herrührt. Der Nulleffekt soll niedrig gehalten werden, weil er die Meßgenauigkeit bzw. die erforderliche Meßdauer ungünstig beeinflußt; er ist vernachlässigbar, wenn er gegenüber dem Meßeffekt relativ klein ist. Der Nulleffekt kann durch Panzerung der Ionisationskammer mit Blei reduziert werden.

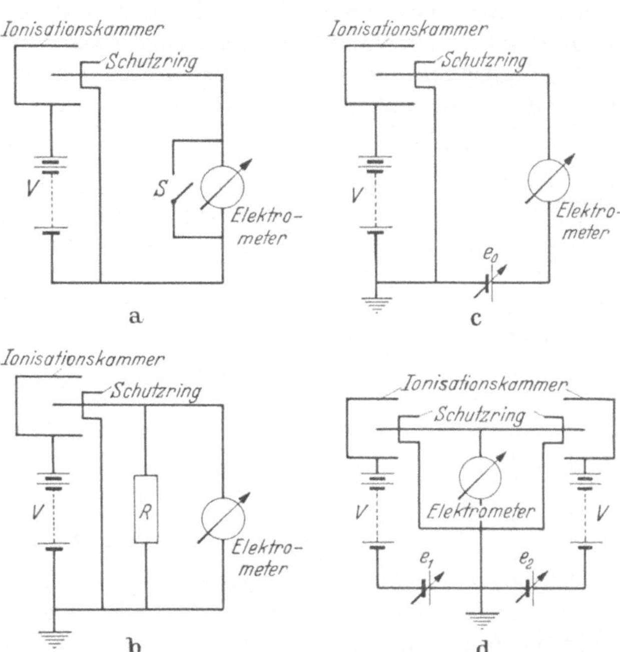

Abb. 49 a—d. Elektrische Schaltungen bei Ionisationskammermessungen. a Auflademethode; b Messung bei zeitlich konstanten Elektrometerausschlag; c Nullmethode; d Schaltung zur Kompensation des Nulleffektes

Die Verwendung einer Kompensationsschaltung nach Abb. 49 d unter Verwendung von zwei Ionisationskammern wirkt in gleichem Sinne. Die eine Kammer gilt als Meßkammer (Meßeffekt + Nulleffekt), die andere als Vergleichskammer (nur Nulleffekt), die Differenz beider Größen, also der Meßeffekt allein, wird registriert.

2. Elektroskop

Wenn stärkere radioaktive Präparate zur Messung vorliegen, kann ein relativ einfaches Meßgerät, das *Elektroskop*, eine Kombination von Ionisationskammer und Elektrometer, eingesetzt werden.

a) Aufbau und Wirkungsweise

Das Elektroskop besteht aus einem Metallgehäuse (s. Abb. 50), in welchem die Ionen erzeugt werden. In diesen Meßraum ragt ein Goldplättchen und eine

---

[1] FAIRES, R. A., u. B. H. PARKS: Radioisotope laboratory techniques. London: George Newnes Limited 1960.

metallische Unterlage hinein, beides gegen das Metallgehäuse isoliert gehaltert. Zu Beginn der Messung wird das Meßsystem durch eine Spannungsquelle aufgeladen. Infolge elektrostatischer Abstoßung hebt sich das Goldplättchen von der gleichnamig geladenen Metallunterlage ab. Nähert man dieser Anordnung ein radioaktives Präparat, so erfolgt durch Ionisation eine Entladung des Meßsystems, d.h. das Goldplättchen kehrt wieder in seine ursprüngliche Lage zurück. Die Geschwindigkeit, mit welcher dieses geschieht, ist ein Maß für die erfolgte Ionisation bzw. ein Maß für die Strahlungsintensität des radioaktiven Präparates.

α-Strahler und weiche β-Strahler werden in die Kammer gebracht, energiereiche β-Strahler und γ-Strahler kommen außerhalb der Kammer zur Messung.

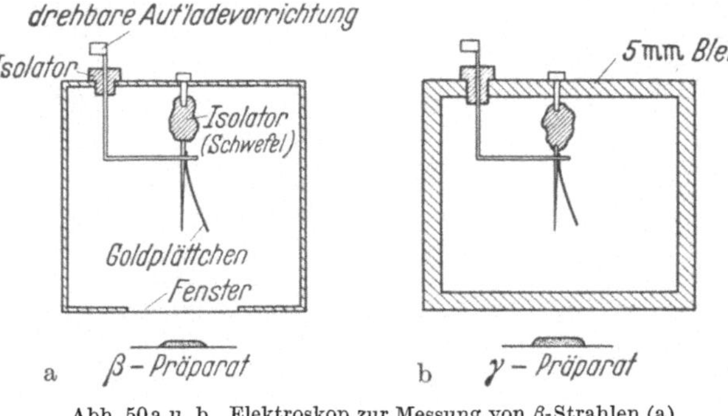

Abb. 50a u. b. Elektroskop zur Messung von β-Strahlen (a) und γ-Strahlen (b)

Bei β-Präparaten besitzt das Gehäuse ein dünnes Glimmerfenster, um die Absorption der β-Strahlung zu vermindern. Bei der Messung von γ-Strahlung bestehen die Wände des Elektroskops aus 5 cm dickem Blei.

Aufbau und Herstellung des Elektroskops sind in der Literatur eingehend beschrieben worden [1, 2].

b) Durchführung der Messungen

Die Messung geht folgendermaßen vor sich: Zunächst wird das Meßsystem mit einer äußeren Spannungsquelle aufgeladen. Der Quarzfaden oder das Goldplättchen hebt sich dabei von seiner Auflage ab. Es ist vorteilhaft, durch Anlegen der richtigen und stets gleichen Spannung dafür zu sorgen, daß der gespreizte Quarzfaden noch im Gesichtsfeld bleibt. Bringt man nun das radioaktive Präparat in seine Meßlage, so geht der Quarzfaden je nach Stärke des Präparates mehr oder weniger schnell in seine Null-Lage zurück. Das wird im Fernrohr beobachtet. Zweckmäßigerweise erfolgt die Beobachtung der Quarzfadenbewegung stets zwischen zwei festen Skalenteilen (z.B. zwischen 100 und 10 Skalenteilen), weil die Bewegung nicht immer gleichmäßig über die ganze Skala erfolgt. Zu messen ist die Zeit t_1, welche vergeht zwischen den beiden einmal festgelegten Durchgängen (Skalenteilen) des Quarzfadens. Die so bestimmte Zeit ist ein Maß für die Aktivität des Präparates. Je kleiner die gemessene Zeitdauer, um so stärker ist das Präparat. Zusätzlich ist die Messung des Nulleffektes (charakterisiert durch eine Zeitdauer t_0) vorzunehmen, es sei denn, der Nulleffekt ist vernachlässigbar klein. Unter Beachtung des Nulleffektes errechnet sich die *Aktivität* aus

$$A = K\left(\frac{1}{t_1} - \frac{1}{t_0}\right),$$

wobei der Proportionalitätsfaktor K sich durch Vergleich mit der Messung eines radioaktiven Präparates bekannter Aktivität ergibt.

[1] Bothe, W.: Physico-Chemische Messungen. Leipzig: Ostwald-Luther 1925. — Garner, C. S.: J. Chem. Educat. **26**, 542 (1941).
[2] Lauritsen, C. C., u. T. Lauritsen: RSI **8**, 438 (1937).

c) Meßgenauigkeit und Nachweisempfindlichkeit

Die Meßgenauigkeit hängt im wesentlichen von der Reproduzierbarkeit des Nulleffektes ab, dessen Messung man aus diesem Grunde mehrfach wiederholen muß. Der Nulleffekt wird hier durch Ladungsverluste verursacht. Als Ursache sind neben kosmischer Höhenstrahlung und Umgebungsstrahlung nicht ideale Isolation des Meßsystems, Feuchtigkeit u. a. anzugeben. Man muß sicher sein, daß zwischen der Wanderung des Quarzfadens und der Beobachtungszeit Linearität herrscht (s. Abbildung 51). Die erwähnte Beziehung zwischen Aktivität und Entladungszeit gilt in sehr weiten Grenzen. Bei einem α-Elektroskop[1] konnten keine Unterschiede in der Meßgenauigkeit festgestellt werden für Präparatstärken zwischen 20000 und 5000000 Zerfällen (entsprechend etwa 0,5 µC bzw. 0,15 mC).

Durch Veränderung der Gerätekapazität kann die Meßempfindlichkeit in weiten Grenzen an die zu messende Präparatstärke angepaßt werden. Mit einer Konstruktion nach LAURITZEN[2] haben HENRIQUES u. Mitarb.[3](s. Abb. 52) noch 10^{-4} µC Schwefel 35 mit ausreichender Genauigkeit (1—2%) nachgewiesen.

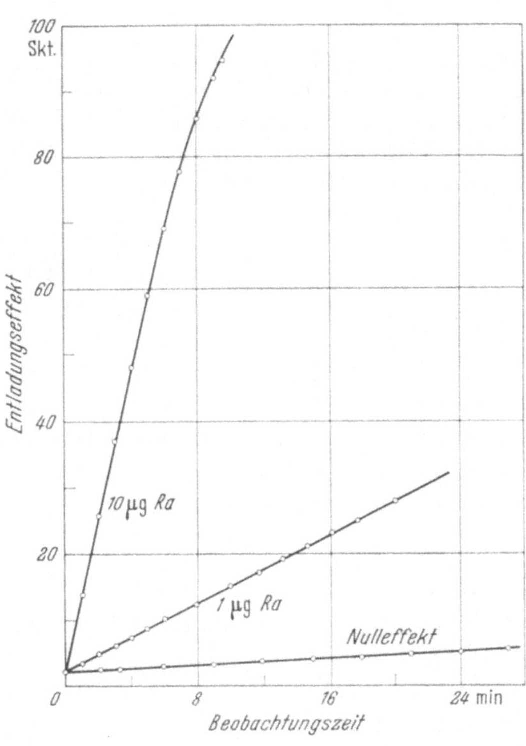

Abb. 51. Linearität zwischen Meßzeit und Ausmaß der Entladung beim Quarzfaden-Elektroskop (nach R. T. OVERMAN und H. M. CLARK[4])

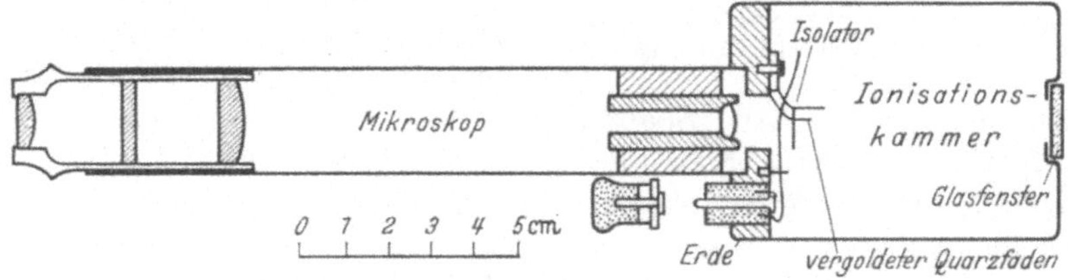

Abb. 52. Schematische Darstellung eines Elektroskops nach LAURITSEN[2] (nach C. S. GARNER)

---

[1] HURST, R., u. G. R. HALL: Analyst **77**, 790 (1952).

[2] LAURITZEN, C. C., u. T. LAURITZEN: RSI **8**, 438 (1937).

[3] HENRIQUES, F. C., G. B. KISTIAKOWSKY, C. H. MARGRIETTI u. W. G. SCHNEIDER: Ind. Engng. Chem., Analyt. Edit. **18**, 349 (1946).

[4] OVERMAN, R. T., u. H. M. CLARK: Radioisotope techniques. New York: McGraw-Hill Book Co. 1960.

Um diese Meßgenauigkeit zu erreichen, muß bereits die Luftdichte innerhalb des Elektroskops, also Druck und Temperatur berücksichtigt werden. Der korrigierte Wert ergibt sich aus

$$\frac{1}{t_{\text{korr.}}} = \frac{1}{t_{\text{beob.}}} \cdot \left(\frac{T}{273} \cdot \frac{760}{P} \right),$$

wobei T die absolute Temperatur (in °K), P der Druck (in mm Hg) bedeutet. Bei den üblichen Schwankungen beider Größen während einer längeren Meßreihe ist der Einfluß der Temperatur die wichtigere Größe von beiden.

Der Meßeffekt ist auch abhängig von der Lage, der Größe und der Art der Unterlage des Präparates[1].

3. Geiger-Müller-Zählrohr

a) Prinzipieller Aufbau eines Zählrohres, Zählrohrcharakteristik

Das Geiger-Müller-Zählrohr besteht aus einem Metallrohr (Messing, Aluminium u. a.), in welchem axial ein dünner, von dem Metallrohr isolierter Draht (Wolfram, V 2 A u. a.) gespannt ist. Das nach außen dicht abgeschlossene Zählrohrvolumen enthält ein geeignetes Gas, das beim Einfall radioaktiver Strahlung ionisiert wird. Zwischen der Zählrohrwand und dem *Zähldraht* liegt während des Betriebes eine Spannung von 800—1200 Volt. Der Zähldraht ist über einen hochohmigen Widerstand R mit dem positiven Pol einer Spannungsquelle Q verbunden. Sobald ein Zählrohrimpuls ausgelöst wird, fließt ein Strom über den Widerstand R und erzeugt einen meßbaren Spannungsabfall.

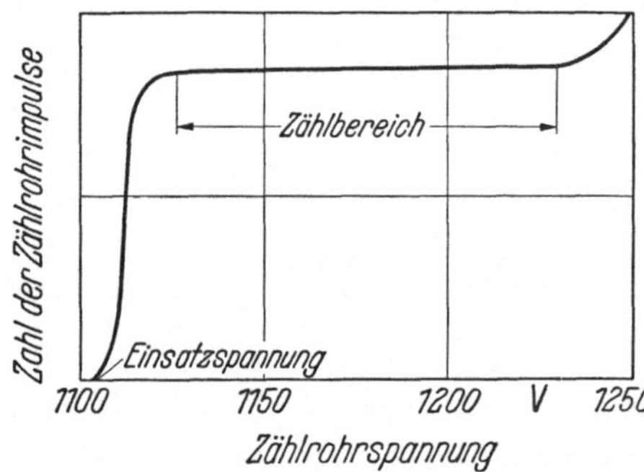

Abb. 53. Zählrohrkennlinie *(Charakteristik)*. Impulshäufigkeit in Abhängigkeit von der Zählrohrspannung

Ein anderer, heute sehr viel benutzter Zählrohrtyp wird in Abb. 83 gezeigt. Bei diesem Zählrohr besteht die eine Stirnfläche aus einem je nach Verwendungszweck mehr oder weniger dicken Fenster (z. B. aus Glimmer), so daß auch weichere, d. h. energieärmere Strahlung ins Zählrohrinnere gelangen kann. Man nennt solche Zählrohre *Fensterzählrohre* (end window counter).

Wir bringen ein radioaktives Präparat in die Nähe des Zählrohres. Solange die angelegte Spannung klein ist, läßt sich kein Strom- bzw. Spannungsimpuls beobachten, der von einer aus dem Präparat emittierten Strahlung herrührt. Das Zählrohr beginnt erst bei einer bestimmten Mindestspannung *(Einsatzspannung)* zu arbeiten. Die dann zunächst kleine Zahl von Impulsen nimmt mit weiterer Erhöhung der Spannung sehr rasch, dann etwas langsamer zu (s. Abb. 53) und bleibt bei noch höherer Zählrohrspannung über einen ausgedehnten Spannungsbereich, den *Zählrohrbereich*, mehr oder weniger konstant. Die Neigung und Ausdehnung dieses Konstanzbereiches charakterisiert die Güte des Zählrohres. Einige hundert Volt Ausdehnung und eine Zunahme der Impulszahl um etwa 1—2% pro 100 V Spannungsänderung sind üblich. Je kleiner die Neigung, um so geringer sind die Anforderungen an die Spannungskonstanz der Hochspannungsquelle.

---

[1] MANDLEBERG, C. J.: A.E.R.E. Report C/R, 582, 1950.

Am Ende des Konstanzbereiches nimmt die Impulszahl wieder stark zu. Da in diesem Spannungsbereich die unselbständige Zählrohrentladung in eine nicht mehr kontrollierbare, selbständige Entladung übergeht, welche das Zählrohr unbrauchbar macht, sind solche Überspannungen zu vermeiden.

b) Entladungsmechanismus beim Geiger-Müller-Zählrohr

Was geschieht, wenn ein geladenes Teilchen, z.B. ein Zerfallselektron, das Zählrohr durchsetzt? Der primäre Vorgang besteht in der Ionisation neutraler Gasatome im Innern des Zählrohres. Das Zerfallselektron befreit durch Stoß mit einem neutralen Gasatom eines seiner Hüllenelektronen. Zurück bleibt ein positives Ion, das sich im elektrischen Feld zwischen Zähldraht und Zählrohrwand in Richtung auf die (negativ geladene) Zählrohrwand bewegt. Das befreite Atomelektron wandert auf den Zähldraht zu.

Für die elektrische Feldstärke innerhalb eines zylindrischen Zählrohres gilt die Beziehung

$$E = \frac{V}{r \ln \dfrac{r_1}{r_2}} \, .$$

Dabei bedeuten: E die elektrische Feldstärke in Volt/cm an einer Stelle innerhalb des Zählrohres, welche von der Zählrohrachse einen Abstand r hat. r_1 und r_2 sind Drahtradius und Zählrohrradius. Wie sich aus obiger Beziehung errechnen läßt, herrscht in unmittelbarer Nähe des Zählrohrdrahtes eine sehr hohe Feldstärke. Wenn ein Atomelektron, das bei der Ionisation eines neutralen Atoms durch Einwirkung radioaktiver Strahlung frei geworden ist, dieses Gebiet hoher Feldstärke durchläuft, wird es stark beschleunigt und kann von sich aus neue freie Elektronen (und positive Ionen) erzeugen. Bei dem üblichen Gasdruck eines Zählrohres von etwa 100 mm Hg beträgt die dem Elektron zwischen zwei Stößen vermittelte kinetische Energie durchschnittlich etwa 50 eV. Der beschriebene Vorgang sukzessiver Ionisation setzt sich fort, so daß in kürzester Zeit in Drahtnähe eine große Zahl von Elektronen und positiven Ionen gebildet werden. Wir sprechen von einer *Elektronenlawine*. Der Verstärkungsfaktor *(Gasfaktor)* beträgt etwa 10^8, d.h. die Zahl der von dem Zerfallsteilchen erzeugten primären Ionenpaare (Elektronen und positive Ionen) wird durch den Entladungsmechanismus um diesen Faktor vergrößert. Der Verstärkungsfaktor ist unabhängig von der Art des Primärteilchens und dessen Ionisierungsvermögens. Aus diesem Grunde ist beim Geiger-Müller-Zählrohr keine Unterscheidung zwischen verschiedenen Teilchenarten (z.B. α- und β-Strahlung) möglich.

Die Elektronen wandern zum positiven Zähldraht, die positiven Ionen zur negativen Zählrohrwand. Infolge der großen Beweglichkeit der Elektronen ist der erste Vorgang in verhältnismäßig kurzer Zeit (etwa 10^{-6} sec) abgeschlossen.

Die Wanderung der wesentlich weniger beweglichen positiven Ionen dauert länger (etwa 10^{-4} sec). Es baut sich in dieser Zeit um den Zähldraht, mehr oder weniger weit von diesem entfernt, eine positive Raumladung auf, welche das elektrische Feld in der Nähe des Zähldrahtes abschwächt und die Zählrohrentladung zum Erliegen bringen kann.

c) Zeitlicher Verlauf des Zählrohrimpulses und der Zählrohrspannung.
Begriff der Totzeit und Erholungszeit

Abhängig von der Art und dem Ort der Entstehung der Sekundärelektronen und Ionen innerhalb des Zählrohres dauert es verschieden lang, bis alle Elektronen den Zähldraht erreicht haben. Der Strom durch den Außenwiderstand erreicht also seinen Maximalwert nicht sofort, sondern erst nach einer bestimmten Zeit (s. Abb. 54).

Zu Beginn der Entladung ist die Spannung am Zählrohr etwa 100 V größer als die Einsatzspannung. Im gleichen Ausmaße, wie durch die abfließende Ladung am äußeren Widerstand ein Spannungsabfall entsteht, verringert sich die Zählrohrspannung und sinkt schließlich unter die Einsatzspannung. Von diesem Zeitpunkt an ist das Zählrohr unempfindlich. Wenn die positiven Ionen an die Zählrohrwand gelangen, nimmt die Spannung langsam wieder zu, weil sich die entstandenen Spannungsunterschiede am hochohmigen Widerstand wieder ausgleichen. Nach einer bestimmten Zeit wird die Einsatzspannung wieder erreicht, so daß neue Impulse gezählt werden können. Die Zeitdauer von Beginn der Zählrohrentladung bis zu diesem Zeitpunkt nennt man *Totzeit* (s. Tabelle 6). Nach Ablauf der Totzeit ist das Zählrohr, wie gerade gesagt, wieder einsatzbereit, jedoch vergeht noch eine *Erholungszeit* (s. Tabelle 6), bis die Zählrohrspannung wieder den ursprünglichen Wert erreicht hat und damit die Impulse wieder maximale Größe besitzen (s. Abb. 54).

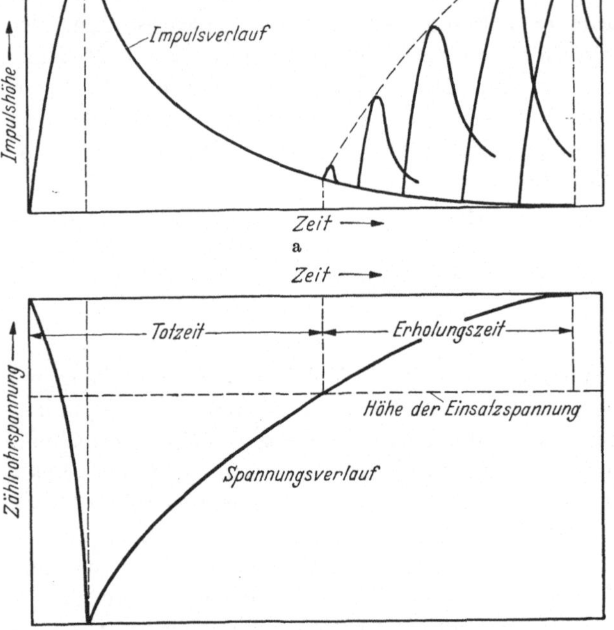

Abb. 54a u. b. Zur Definition der Totzeit (dead time) und Erholungszeit (discovery time) eines Geiger-Müller-Zählrohres. a Zeitlicher Verlauf eines Zählrohrimpulses; b zeitlicher Verlauf der Zählrohrspannung

Tabelle 6. *Totzeit und Erholungszeit* (nach STEVEN[1])

Gasmischung	Druck in cm Hg	Totzeit in sec	Erholungszeit in sec
Argon (95%): Xylol (5%)	13,4	$2{,}6 \cdot 10^{-4}$	$4{,}3 \cdot 10^{-4}$
	11,0	$2{,}4 \cdot 10^{-4}$	$4{,}3 \cdot 10^{-4}$
	9	$2{,}1 \cdot 10^{-4}$	$3{,}7 \cdot 10^{-4}$
	7	$1{,}8 \cdot 10^{-4}$	$3{,}6 \cdot 10^{-4}$
Argon (80%): C_2H_5OH (20%)	10,1	$1{,}4 \cdot 10^{-4}$	$2{,}3 \cdot 10^{-4}$
Argon (90%): Amylacetat (10%)	15	$2 \ \cdot 10^{-4}$	$4 \ \cdot 10^{-4}$

[1] STEVEN, H. G.: Phys. Rev. **59**, 765 (1941).

d) Nachentladung beim Geiger-Müller-Zählrohr

Im Laufe einer Zählrohrentladung können sich innerhalb des Zählrohres Vorgänge abspielen, die den normalen Ablauf des Entladungsmechanismus stören.

Nicht jeder Stoß eines Elektrons auf ein neutrales Gasatom führt zur Ionisation. Häufig reicht die Elektronenenergie nur aus, das Atom anzuregen. Angeregte Zustände besitzen im allgemeinen sehr geringe Lebensdauer. Unter Aussendung eines Photons fällt das angeregte Atom in den Grundzustand zurück. Auf diese Weise entsteht in einem Zählrohr eine große Zahl von energiereichen Photonen, welche mit großer Wahrscheinlichkeit tertiäre Photoelektronen im Kathodenmaterial (Zählrohrwand) erzeugen und damit den Entladungsvorgang verlängern oder sogar neu aufleben lassen. Es kommt zu *Nachentladungen*, welche die Zahl der echten Zählrohrimpulse verfälschen (erhöhen).

Bei manchen Gasen führt der Zusammenstoß mit einem Elektron zu einem angeregten Zustand von verhältnismäßig langer Lebensdauer (etwa 10^{-4} sec). Das angeregte, *metastabile*, neutrale Atom bleibt vom elektrischen Feld innerhalb des Zählrohres unbeeinflußt und verharrt im wesentlichen an seinem Entstehungsort. Nach einer bestimmten Zeit, welche der Lebensdauer des metastabilen Zustandes entspricht, strahlt die Anregungsenergie ab. Das angeregte Atom kann auch zufällig auf die Zählrohrwand auftreffen. In beiden Fällen entstehen verspätet Elektronen, welche eine neue Zählrohrentladung (Nachentladung) starten.

Ebenso unangenehm ist die Bildung von negativen Ionen im Zählrohrraum durch Anlagerung von Elektronen an neutrale Atome. Hierdurch wird die Spannungserniedrigung durch die positive Raumladung in Zähldrahtnähe, welche für die zeitliche Begrenzung des Entladungsvorganges verantwortlich ist, teilweise kompensiert. Ebensogut kann das negative Ion sein Elektron verlieren, welches wiederum Anlaß geben kann zu einer nachträglichen Entladung. Luft, Sauerstoff, Wasserdampf sind Gase, die bevorzugt zur Bildung von negativen Ionen neigen. Durch sorgfältiges Auspumpen, mitunter auch durch Ausheizen des Zählrohres vor der Gasfüllung, wird der störende Einfluß beseitigt.

e) Nicht selbstlöschende und selbstlöschende Zählrohre

Zählrohre, welche mit reinen Inertgasen, z.B. Argon, gefüllt sind, nennt man *nichtlöschende Zählrohre*. Da solche Zählrohre zu Nachentladungen neigen, unterbricht man nach einer bestimmten Zeitdauer den Entladungsvorgang durch äußere Schaltmittel.

Nach Trost[1] lassen sich Nachentladungen weitgehendst vermeiden durch Zusatz bestimmter organischer Dämpfe.

Die Löschwirkung der organischen Dampfzusätze (z.B. Alkohol) zum Zählgas (z.B. Argon) besteht einmal darin, daß die während der Zählrohrentladung entstehenden energiereichen Photonen (s. oben) möglichst schnell absorbiert werden und damit keine Gelegenheit haben, im Wandmaterial des Zählrohres Photoelektronen auszulösen. Der Entladungsvorgang beschränkt sich, bedingt auch durch andere Effekte, auf die unmittelbare Umgebung des Zähldrahtes. Es bildet sich um den Zähldraht herum ein positiver Ionenschlauch aus, welcher die Entladung löscht.

---

[1] Trost, A.: Phys. Z. **36**, 801 (1936).

Ein während des Entladungsvorganges erzeugtes, positives Ion des Zählgases kann in unmittelbarer Nähe der Kathode (Zählrohrwand) zusammen mit einem Elektron aus der Zählrohrwand zum neutralen Atom werden. Wenn im allgemeinen die Ionisierungsenergie dabei nicht aufgebraucht wird, verbleibt das Atom im angeregten Zustand, trifft schließlich auf die Kathode und kann, wenn die Anregungsenergie dazu ausreicht, ein neues freies Elektron in den Gasraum bringen. Durch den Zusatz von organischen Dämpfen tritt einmal ein Ionisierungsaustausch zwischen dem positiven Ion des Zählgases und dem neutralen Molekül des organischen Dampfes auf, sofern die Ionisierungsenergie des Dampfes wesentlich kleiner ist als die des Zählgases. Wenn nun die so gebildeten Molekülionen in Nähe der Kathode neutralisiert werden, besteht für sie eine große Wahrscheinlichkeit, ihre Anregungsenergie noch früh genug durch Dissoziation aufzubrauchen, ehe sie die Kathode erreichen. Damit kann kein Elektron aus der Wand geworfen werden.

Wegen des kleineren Ionisierungspotentials der organischen Moleküle, die sich als Dampfzusatz eignen, besitzen solche *selbstlöschenden* Zählrohre eine niedrigere Einsatz- und Betriebsspannung als Zählrohre mit reiner Edelgasfüllung. Die Gasfüllung besteht z.B. aus einer Mischung von Argon (Partialdruck 100 mm Hg) und Äthylalkohol (Partialdruck 10 mm Hg).

f) Der Nulleffekt eines Geiger-Müller-Zählrohres

Auch beim betriebsbereiten Zählrohr beobachtet man einen Nulleffekt, also eine gewisse Zahl von Zählrohrimpulsen, ohne daß ein radioaktives Präparat in der Nähe ist. Diese Zählrohrimpulse können ausgelöst werden durch Umgebungsstrahlung, durch Verseuchung mit radioaktivem Material, durch die natürliche K^{40}-Aktivität von Glas[1], aus welchem Zählrohre hergestellt werden, oder durch kosmische Strahlung. Der Nulleffekt ist besonders lästig bei der Ausmessung sehr schwacher Präparate. Über Maßnahmen zu seiner Reduzierung wird auf S. 164 berichtet.

g) Lebensdauer von selbstlöschenden Zählrohren

Das vielatomige Zusatzgas verbraucht sich im Laufe der Zeit. Wenn pro Zählrohrimpuls eine Beteiligung von etwa 10^{10} Molekülen angenommen wird, deren Zahl im Zählraum zu Beginn etwa 10^{20} betragen hat, so kann die Lebensdauer der Gasfüllung maximal 10^{10} Entladungen betragen. In den meisten Fällen zeigt sich schon bei 10^7 bis 10^8 Impulsen eine Verschlechterung der Zählereigenschaften. Es treten Nachentladungen auf, welche die Neigung des horizontalen Konstanzbereiches verändern. Verbrauchte Zählrohre müssen neu gefüllt werden. Im allgemeinen überläßt man die Neufüllung aber dem Zählrohrhersteller. Die Verwendungsdauer von teilweise verbrauchten Dampfzählrohren kann verlängert werden durch geeignete äußere Schaltmittel im Impulsverstärker, welche die Zählrohrentladung nach einer vorgegebenen Zeit zwangsweise löschen. Dabei treten zwar Impulsverluste ein, diese können aber recht genau abgeschätzt werden.

Um ein selbstlöschendes Zählrohr möglichst lange verwenden zu können, verringert man bei größeren Meßpausen die Zählrohrspannung, schaltet aber zweckmäßigerweise den Impulsverstärker nicht aus.

---

[1] Trost, A.: Phys. Z. **36**, 801 (1930).

h) Halogenzähler

Größere Lebensdauer besitzen *Halogenzähler*, deren Edelgasfüllung (z.B. Argon oder Neon-Argon) etwas Chlor oder Brom zugemischt wird (z.B. 200 mm Hg Neon, 0,2 mm Hg Argon und 2 mm Hg Brom). Die bei einer Zählrohrentladung entstehenden Chlor- oder Brom-Molekülionen rekombinieren unter Rückbildung von Chlor oder Brom, so daß kein Verbrauch des Halogens stattfindet. Die Zähleigenschaften bleiben daher unverändert.

Ein weiterer Vorteil von Halogenzählrohren ist die relativ niedrige Betriebsspannung. Halogenzähler sind allerdings nur für Zählspannungen, welche nur wenig höher sind als die Einsatzspannung, selbstlöschend. Wie bereits erwähnt wurde, kann man aber das Löschen und damit die Unterdrückung von Nachentladungen durch äußere Schaltmittel erzwingen[1].

i) Impulsverstärker zur Registrierung von Zählrohrimpulsen

Es gibt heute eine große Zahl von Firmen, welche sehr zuverlässige Verstärkereinrichtungen (und Zählrohre) herstellen, so daß es sich erübrigt, auf technische Einzelheiten solcher Einrichtungen einzugehen. Wir wollen hier nur die Aufgaben der verschiedenen Schalteinheiten andeuten, damit eine zweckmäßige Anschaffung solcher Geräte etwas erleichtert wird[2].

Ein *Impulsverstärker* besteht im allgemeinen aus einer *Eingangsstufe*, einer ausreichenden Zahl von *Untersetzern*, der *Endstufe* mit einem *Zählwerk* oder einem *Integrator* mit angeschlossenem Anzeigegerät oder Schreiber. Die Bereitstellung der Anoden- und Heizspannungen geschieht durch ein stabilisiertes Netzgerät. Die Zählrohrspannung wird von einer Hochspannungsanlage geliefert.

Multivibrator. Bei Zählrohren ohne Zusatz von vielatomigen Molekülen oder bei gekitteten Zählrohren ist es vorteilhaft, die Zählrohre durch äußere Mittel zu löschen. Bei selbstlöschenden Zählrohren ist eine Löschung an sich nicht notwendig, es genügt eine normale Eingangsstufe. Da sich aber die Gasfüllung im Laufe der Zeit verbraucht und die Löscheigenschaften dadurch verschlechtert werden, leitet man zur Verlängerung der Lebensdauer der Zählrohre den Zählrohrimpuls auch bei selbstlöschenden Zählrohren einer Löschstufe zu. Die aufgezwungene Löschung erfolgt dadurch, daß für eine stets gleiche Zeitdauer (etwa $4 \cdot 10^{-4}$ sec), welche durch die Laufdauer der positiven Ionen bis zur Zählrohrwand gegeben ist, die Zählrohrspannung um ungefähr 200 V gesenkt wird. Die Zählrohrspannung sinkt unter die Einsatzspannung, die Zählung von Impulsen (z.B. Nachentladungen) ist nicht möglich. Die Empfindlichkeit der Eingangsstufe beträgt $0,1-1$ V.

---

[1] GEBAUER, H.: Kerntechnik **2**, 121 (1960). Weitere Einzelheiten über Halogenzähler kann man nachlesen bei: FÜNFER, E., u. H. NEUERT: Zählrohre und Szintillationszähler. Karlsruhe: G. Braun 1959. — DUUREN, K. VAN, A. J. M. JASPERS u. J. HERMSEN: Nucleonics 17 (6), 86 (1959).

[2] Empfehlenswerte Literatur:
ELMORE, W., u. M. SANDS: Electronics experimental techniques. New York 1949.
RIEZLER-WALCHER: Kerntechnik. Stuttgart: B. G. Teubner 1958.
FÜNFER, E., u. H. NEUERT: Zählrohre und Szintillationszähler. Karlsruhe: Braun 1959.
KMENT, V., u. A. KUHN: Technik des Messens radioaktiver Strahlung. Leipzig: Akademische Verlagsgesellschaft 1960.

Die Multivibratorstufe macht außerdem aus den in Form und Länge ungleichen Zählrohrimpulsen durch geeignete Wahl von Schaltmitteln Rechteckimpulse gleicher Höhe und Zeitdauer ($4 \cdot 10^{-4}$ sec).

Untersetzerstufe. An sich könnte der Rechteckimpuls gleich an eine Endstufe mit angeschlossenem Zählwerk oder an einen Oscillographen weitergeleitet werden. Wegen der mechanischen Trägheit eines Zählwerkes kann dieses jedoch nur eine begrenzte Impulshäufigkeit pro Zeiteinheit registrieren. Andernfalls werden Impulse ausgelassen oder überhaupt keine Impulse registriert. Um dieses zu vermeiden, schaltet man zwischen Eingangs- und Endstufe *Untersetzerstufen* ein. Bei Verwendung einer einzigen dualen Untersetzerstufe wird nur jeder zweite Impuls an die Endstufe und das Zählwerk weitergegeben, bei Hintereinanderschaltung von zwei (drei, vier ...) nur jeder vierte (achte, sechzehnte ...). Vielfach wählt man Dekadenuntersetzer, welche die Zahl der Zählimpulse auf jeweils den zehnten Teil herabsetzen.

Endstufe und Zählwerk. Die Endstufe hat die Aufgabe, den Zählrohrimpuls so weit zu verstärken, daß er registriert werden kann. In vielen Fällen, besonders bei hohen Ausschlagszahlen, ist es bequemer, auf ein Zählwerk zu verzichten und statt dessen an einem Meßinstrument einen mittleren Strom abzulesen, der in weiten Grenzen der Ausschlagszahl proportional ist *(Ratemeter)*.

Netzgerät und Hochspannungsanlage. Zur Erzeugung der Röhrenspannung benötigt man ein stabilisiertes Netzgerät. Die Wechselspannung von 220 V wird durch eine Röhrengleichrichteranordnung in Gleichspannung verwandelt. Die Zählrohrspannung wird von einer besonderen, gut stabilisierten Hochspannungsanlage geliefert. Vorteilhaft ist es, bereits die Netzspannung mit Hilfe eines ebenfalls käuflichen Netzspannungs-Konstanthalters zu stabilisieren.

4. Proportionalzähler

Der *Proportionalzähler* arbeitet im Spannungsbereich B bis C der Abb. 47. Die im Zähler herrschende elektrische Feldstärke reicht bereits aus, sekundäre Elektronen und Ionen zu bilden. Die beobachtete Gesamtionisation ist daher nicht mehr wie bei der Ionisationskammer gleich der von einem geladenen Teilchen erzeugten Primärionisation, sie ist aber noch immer proportional der Zahl der primär gebildeten Ionen. Das ist wichtig, weil so die Möglichkeit besteht, geladene Teilchen mit unterschiedlichem Ionisierungsvermögen (z.B. α-Teilchen und β-Teilchen) voneinander zu unterscheiden bzw. getrennt zu messen.

Die Zahl der insgesamt von einem primären, geladenen Teilchen erzeugten Ionenpaare beträgt bei einem Proportionalverstärker etwa 10^2 bis 10^4 *(Gasverstärkung)*. Der Entladungsstrom ist also wesentlich kleiner als beim Geiger-Müller-Zählrohr. Der Impuls muß verstärkt werden und zwar mit einem *Linearverstärker*, damit die Größe der Ausgangsimpulse proportional der Größe der Eingangsimpulse bleibt.

Da der Entladungsstrom beim Proportionalzähler relativ klein ist und damit pro Zählimpuls wesentlich weniger Moleküle verbraucht werden als beim Geiger-Müller-Zählrohr, ist die Lebensdauer des Proportionalzählers größer[1]. Außerdem

---

[1] KOESTER, L., u. H. MAIER-LEIBNITZ: Sitzgsber. Heidelberg. Akad. Wiss., math.-nat. Kl. **1951**, 5.

KOESTER und MAIER-LEIBNITZ haben allerdings nachgewiesen, daß sich nach etwa 10^9 Impulsen auf dem Zähldraht feste Zerfallsprodukte des Methan-Zählgases festsetzen, welche eine Verdickung des Zähldrahtes (Reduzierung der elektrischen Feldstärke in Drahtnähe) und damit eine höhere Zählrohrspannung erforderlich machen.

ist die Impulsdauer kleiner, nämlich etwa 10^{-6} sec statt etwa 10^{-4} sec, d. h. es können entsprechend stärkere Präparate ausgemessen werden, ohne daß Zählverluste (s. S. 96) eintreten. Auch beim Proportionalzähler erleichtert man energieärmerer radioaktiver Strahlung, welche stärker absorbiert wird, das Eindringen ins Zählerinnere durch Einbau eines dünnen Fensters. Beim *Durchströmzähler* (flow counter, s. Abb. 55), der im Proportionalbereich arbeitet, strömt ein geeignetes Zählgas (z. B. Methan) bei atmosphärischem Druck kontinuierlich in

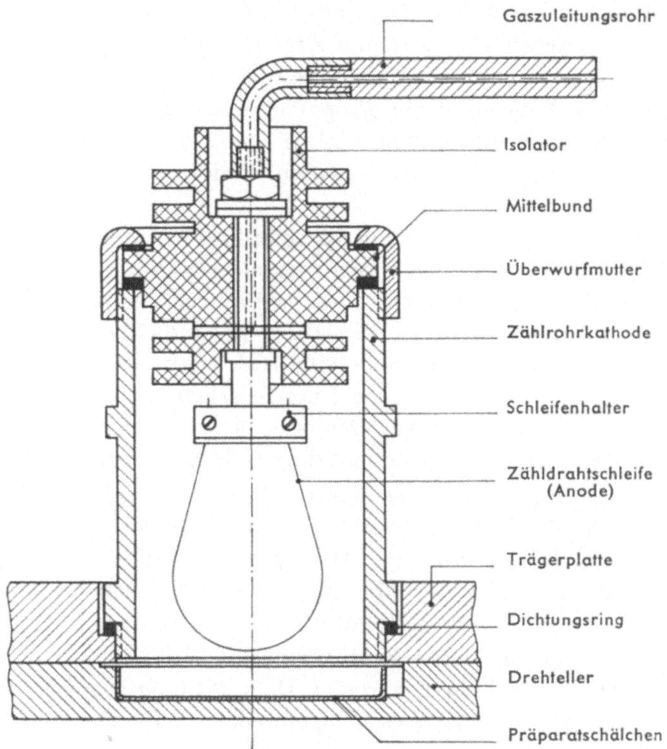

Abb. 55. Aufbau eines Methan-Durchströmzählers (FRIESECKE und HÖPFNER)

schwachem Strom durch den Zähler. Das Zählerfenster kann beliebig dünn sein, weil es keinerlei mechanischer Belastung ausgesetzt wird. Man kann auf das Fenster auch ganz verzichten, wenn die Meßprobe gasdicht unter den eigentlichen Zähler gebracht wird. Vorher erfolgt eine Spülung mit dem Zählgas, so daß keine Luftreste zurückbleiben, welche die Messung beeinflussen bzw. unmöglich machen würden.

Ist kein Fenster vorhanden, so muß statt dessen ein Drahtgitter angebracht werden. Ohne dieses Drahtgitter treten je nach Abstand der Präparatoberfläche vom Zählvolumen, je nach Größe und Beschaffenheit (leitend, nichtleitend) des Präparates, unkontrollierbare und wechselnde Feldänderungen in der Umgebung der Drahtschleife (Zähldraht) auf, welche Einfluß auf die Zähleigenschaften haben.

Statt ein Drahtgitter zu verwenden, das das Eindringen der radioaktiven Strahlung in das Zählerinnere natürlich etwas behindert, überzieht man häufig die Präparatoberfläche mit einer dünnen, elektrisch leitenden Schicht. Die Form der Drahtschleife hat Einfluß auf die Empfindlichkeit des Zählers[1].

Die erreichbare Meßgenauigkeit ist beim Proportionalzähler sehr groß. Bei der Prüfung der Zählkonstanz ihrer Apparatur haben KOESTER und MAIER-LEIBNITZ bei einer Gesamtzahl von 10^9 Ausschlägen eine systematische Änderung in der Zählhäufigkeit von 1% beobachtet. Die Änderungen ließen sich als Dichteänderungen der zwischen Präparat und Zähler liegenden, nur 2 cm dicken Luftschicht infolge Barometerschwankungen deuten.

Der apparative Aufwand beim Proportionalzähler ist größer, weil die Verstärkereinrichtung komplizierter ist und an die Konstanz der Zählerspannung höhere Anforderungen gestellt werden müssen als dies beim Geiger-Müller-Zählrohr der Fall ist.

Die Zählerspannung beträgt beim Durchströmzähler einige tausend Volt. Da der Durchströmzähler bei Atmosphärendruck arbeitet, ist die freie Weglänge von Elektronen, d.h. die Wegstrecke zwischen zwei aufeinanderfolgenden Zusammenstößen mit neutralen Atomen oder Molekülen des Zählergases wesentlich kleiner als beim Geiger-Müller-Zählrohr. Sollen die Elektronen auf dieser kürzeren Wegstrecke trotzdem genügend kinetische Energie erhalten, um Sekundärionisation auszulösen und damit den Nachweis der radioaktiven Strahlung zu ermöglichen, so muß zwangsläufig die Feldstärke und damit die Zählerspannung höher sein.

Da α-Teilchen wesentlich stärker ionisieren als β-Strahlen, benötigt man zur Registrierung von α-Teilchen kleinere Zählerspannungen, um die gleiche Größe des Entladungsimpulses zu erhalten. Da dann eventuell gleichzeitig vorhandene β-Impulse entsprechend klein ausfallen und somit nicht gemessen werden, bleibt der Meßeffekt der α-Strahlung unbeeinflußt.

In eingehenden Versuchen haben FÜNFER und NEUERT[2] vor einiger Zeit den Mechanismus von Zählrohren mit reiner Dampffüllung studiert. Solche Zählrohre arbeiten im sog. *beschränkten Proportionalbereich* (Abb. 47). Durch einen besonderen Entladungsmechanismus entsteht eine sehr große Zahl von Ionen und Elektronen, man erhält sehr große Zählerimpulse, wie sie sonst nur im Geiger-Bereich auftreten. Der reine Dampfzähler vereinigt die Vorteile des Geiger-Müller-Zählrohres (große Impulse) mit den Vorzügen des Proportionalzählers (kurze Impulsdauer).

B. Szintillationszähler

1. Prinzipieller Aufbau und Wirkungsweise eines Szintillationszählers

Bereits 1908 haben CROOKES und REGENER[3] zum Nachweis von α-Strahlen geringer Intensität Zinksulfidschirme verwendet. Die beim Auftreffen der α-Strahlen auf den Zinksulfidschirm erzeugten Lichtblitze wurden damals mit bloßem

---

[1] MÜNZEL, H., u. M. HOLLSTEIN: Atompraxis **7**, 176 (1961).

[2] FÜNFER, E., u. H. NEUERT: Z. Physik **128**, 530 (1950). — NEUERT, H.: Ann. Physik **8**, 341 (1950). — Z. Naturforsch. **5a**, 231 (1950).

[3] CROOKES, W., u. E. REGENER: Proc. Roy. Soc. Lond., Ser. A **71**, 405 (1903). — Verh. dtsch. phys. Ges. **10**, 78 (1908).

Auge wahrgenommen. Diese Meßmethode war recht mühsam und nur bei schwachen α-Präparaten (Nachweis von etwa 60 Szintillationen/min) anwendbar. Die Existenz des Geiger-Müller-Zählrohres ließ sie deshalb wieder in Vergessenheit geraten, bis BROSER und KALLMANN[1] im Jahre 1948 das visuelle Auszählen der Lichtblitze durch ein Meßgerät, nämlich eine Photozelle mit daran angeschlossenem Verstärker, ersetzte.

Wie aus Abb. 56 entnehmbar, besteht eine derartige Meßeinrichtung *(Szintillationszähler)* aus einem *Leuchtkristall (Leuchtstoff)* und einer Photozelle, welche gleichzeitig den Eingang eines *Sekundärelektronenvervielfachers* bildet. Photozelle und Verstärker als Einheit aufgefaßt, heißen *Photomultiplier.* An den Ausgang des Multipliers ist ein Impulsverstärker angeschlossen. Die absorbierte Energie der auf den Szintillationszähler fallenden Strahlung (elektrisch geladene Teilchen oder γ-Strahlen) wird im Leuchtstoff in Luminescenzstrahlung umgewandelt. Die Luminescenzstrahlung erzeugt auf der lichtempfindlichen Photokathode des Photomultipliers durch photoelektrischen Effekt Photoelektronen, deren Zahl im Sekundärelektronenvervielfacher (Multiplier) um einen Faktor von etwa 10^6 vergrößert wird. In vielen Fällen ist trotzdem noch eine Nachverstärkung notwendig oder sogar erwünscht, um die im Szintillationszähler erzeugten Impulse mit einem Zählwerk oder einer anderen geeigneten Registriereinrichtung zu erfassen.

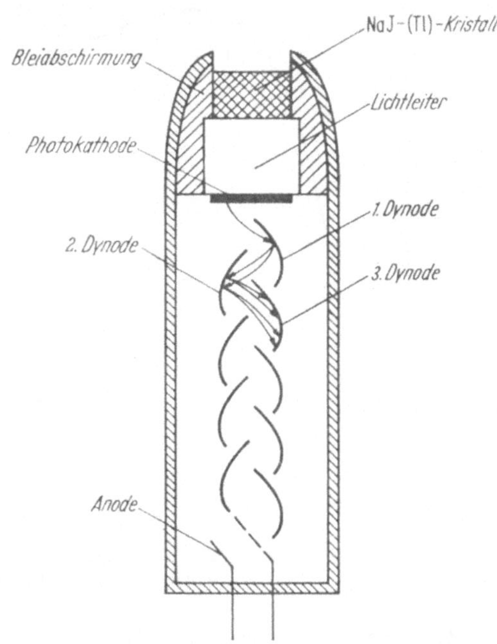

Abb. 56. Schematischer Aufbau eines Szintillationszählers

2. Nachweisempfindlichkeit des Szintillationszählers

Mit einem Szintillationszähler kann man prinzipiell alle Arten von ionisierenden Teilchen nachweisen. Besondere Bedeutung hat der Szintillationszähler aber wegen seiner großen γ-Empfindlichkeit und der Möglichkeit, γ-Spektren aufzunehmen (lineare Abhängigkeit zwischen beobachteter Impulsgröße und γ-Energie) für den Nachweis von γ-Strahlung (über Sekundärelektronen) erhalten. In den letzten Jahren wird der Szintillationszähler aber auch häufig bei α- und β-Strahlung eingesetzt. Die Nachweisempfindlichkeit eines Szintillationszählers, hier als derjenige Bruchteil der auf den Zähler auffallenden geladenen Teilchen oder γ-Quanten aufgefaßt, welcher in einen meßbaren Impuls umgewandelt wird, hängt von verschiedenen Faktoren ab:

---

[1] BROSER, J., u. H. KALLMANN: Z. Naturforsch. **29**, 439 (1947).

a) Strahlenabsorption im Leuchtkristall

Zunächst ist es wichtig, daß die radioaktive Strahlung möglichst ergiebig in Luminescenzlicht umgewandelt wird. Die Absorption der radioaktiven Strahlung im Kristall ist verschieden je nach Art des Kristalles, der Art und Energie der nachzuweisenden Strahlung.

Zum Nachweis von α-Strahlen eignen sich Zinksulfid- oder Cadmiumsulfidkristalle mit Spuren von Silber oder Kupfer. Wegen der kleinen Reichweite der α-Teilchen reicht eine relativ geringe Dicke des Kristalls bereits zur vollständigen Absorption der α-Teilchen aus (s. Abb. 57).

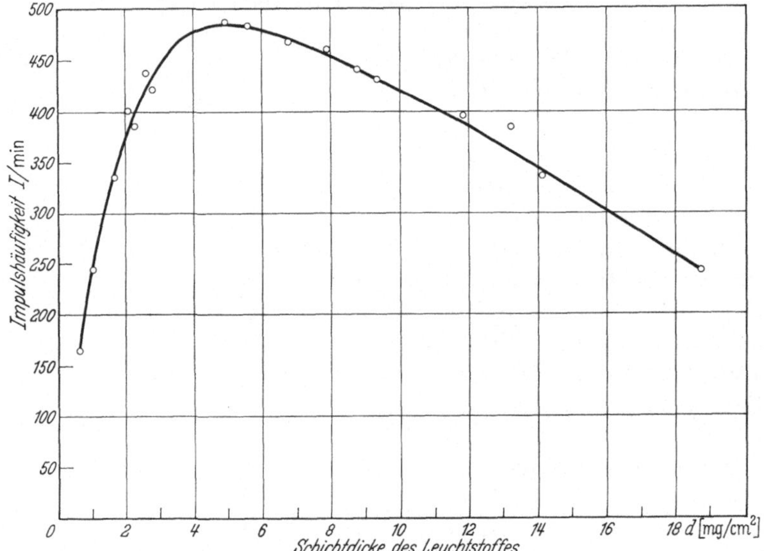

Abb. 57. Empfindlichkeit eines α-Szintillationszählers für verschiedene Leuchtstoff-Schichtdicken (nach L. HERFORTH und H. KOCH[1])

Zum Nachweis der β-Strahlung haben sich organische Leuchtstoffe in fester Form bewährt. In Frage kommen fluorescierende, organische Verbindungen, die als Einkristalle (z.B. Anthracen) oder als Lösungsszintillatoren vorliegen können. In Kunststoff eingebettete Szintillatoren haben den Vorteil der Verformbarkeit und damit den Vorteil einer guten Formanpassung an das zu messende Präparat, wodurch die Nachweisempfindlichkeit erheblich gesteigert werden kann. In letzter Zeit werden auch flüssige Szintillatoren verwendet, hauptsächlich für die Messung sehr energiearmer β-Strahlung (bei C^{14}, H^3). Versuche, gasförmige Szintillatoren einzusetzen, sind bisher noch zu keinem endgültigen Abschluß gekommen.

Wegen der geringeren Absorbierbarkeit von γ-Strahlung braucht man zu ihrer Messung mit dem Szintillationszähler dickere Kristalle aus möglichst schweratomigem Material. Vorwiegend werden NaJ-Kristalle (spezifisches Gewicht 3,67 g/cm³), neuerdings auch CsJ-Kristalle (spezifisches Gewicht 4,50 g/cm³) verwendet. Caesiumkristalle sind weniger feuchtigkeitsempfindlich als NaJ-Kristalle

---

[1] HERFORTH, L., u. H. KOCH: Radiophysikalisches und radiochemisches Grundpraktikum. Berlin: VEB Deutscher Verlag der Wissenschaften 1959.

und wegen ihres etwas höheren spezifischen Gewichtes etwas strahlenempfindlicher. Die Lichtausbeute beim NaJ-(Tl)-Kristall ist ungefähr 2,5mal größer als beim CsJ-Kristall. Die geringere Lichtausbeute kann durch größere Kristalle ausgeglichen werden. Der hohe Jodgehalt der Leuchtkristalle (etwa 85 Gew.-% Jod, $\sim$1 Gew.-% Thallium) ist maßgebend für die starke Absorption der γ-Quanten. Die Erzeugung des Luminescenzlichtes erfolgt durch die von den γ-Quanten ausgelösten Photo- und Compton-Elektronen, wobei bei kleiner γ-Energie die photoelektrische Absorption überwiegt.

Allgemein läßt sich sagen, daß größere Kristalle höhere γ-Empfindlichkeit zeigen, einmal aus rein geometrischen Gründen, dann aber wegen der größeren Absorptionswahrscheinlichkeit*.

b) Geringe Intensitätsverluste des entstehenden Luminescenzlichtes auf dem Wege zur Photozelle (Photomultiplier)

Das bei der Absorption radioaktiver Strahlung entstehende Luminescenzlicht soll möglichst vollständig auf die Photokathode des Photomultipliers auftreffen. Dazu wird eine große optische Durchlässigkeit (Durchsichtigkeit, Transparenz) für das bei der Absorption der γ-Quanten erzeugte Luminescenzlicht gefordert. Lichtverluste durch Streuung und Diffusion aus dem Leuchtstoff werden durch einen Reflektor um den Kristall (z.B. Magnesiumoxyd) und durch guten optischen Kontakt zwischen Leuchtstoff und Photokathode (Kontaktflüssigkeit: Siliconöl) verringert. Wenn Leuchtstoff und Photokathode aus meßtechnischen Gründen (z.B. bei der Messung an schlecht zugänglichen Stellen, z.B. Körperhöhlen) räumlich voneinander getrennt sein müssen, werden sog. *Lichtleiter* aus Quarz, Plexiglas, Polystyrol u. a. zwischen Leuchtstoff und Photokathode eingeschaltet. Wegen der großen Durchlässigkeit solcher Lichtleiter für das Luminescenzlicht tritt nur ein relativ geringer Intensitätsverlust ein. In gleicher Richtung wirkt Totalreflexion von schräg, nicht in Richtung Kathode verlaufende Lichtstrahlen an den inneren Wandflächen des Lichtleiters.

c) Eigenschaften des Photomultipliers

Aus Tabelle 7 entnehmen wir die Tatsache, daß verschiedene Leuchtstoffe Luminescenzstrahlung verschiedener Wellenlänge abgeben. Die Auswahl der Photozelle (Photokathode des Vervielfachers) muß deshalb so getroffen werden, daß ihr Empfindlichkeitsmaximum in das Wellenlängengebiet des Luminescenzlichtes fällt (s. Abb. 58).

Die einfallenden Photonen des im Leuchtstoff ausgelösten Lichtblitzes treffen auf die Photokathode und lösen dort, wie schon gesagt, Photoelektronen aus. Zwischen der Photokathode 0 des Photomultipliers der Abb. 56 und der nachfolgenden, geeignet angeordneten Elektrode 1 besteht eine Spannungsdifferenz von etwa 150 V, so daß die Photoelektronen in Richtung der Elektrode 1

---

* Die Empfindlichkeit von drei Kristallen verschiedener Größe (12,5; 25; 75 mm $\varnothing$ und beziehentlich 12,5; 25; 75 mm Dicke) gegenüber γ-Strahlung von 1 MeV verhält sich wie 1:10:100 bei großem Präparatabstand ($\sim$20 cm) und wie 1:6:36 bei kleinerem Abstand ($\sim$1 cm).

Tabelle 7. *Eigenschaften von anorganischen und organischen Leuchtstoffen*

	Emissions-maximum [Å]	Relative Licht-ausbeute für β	Abklingzeit in 10^{-9} sec	Dichte g/cm³	Brechungs-index
NaJ (Tl)	4100	∼2,0	250	3,67	1,775
CsJ (Tl)	—	1,5	550	4,58	—
ZnS (Ag).	4500	2,0	200	4,09	2,356
CaWO₄	4300	∼1,0	60	6,0	1,9
Anthracen	4470	1,0	36	1,25	1,59
Stilben	4100	0,6	6	1,16	1,62
Naphthalin	3450	0,25	60	1,13	1,58
Terphenyl	4000	0,65	12	1,23	—
Xylol + Terph. + Diphenylhexatrien .	4500	—	5	0,86	1,50
Xylol + Terphenyl	4000	—	3	0,86	1,50

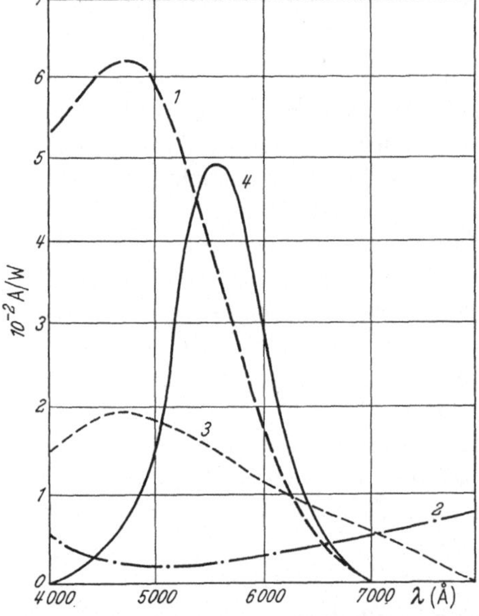

Abb. 58. Spektrale Empfindlichkeit von Photokathoden. *1*: SbCS₃; *2*: AgOCs; *3*: BiOAgCs; *4*: Auge

beschleunigt werden. Jedes der dort auftreffenden Elektronen löst eine bestimmte Zahl Sekundärelektronen aus (z.B. $n=5$). Jedes dieser Sekundärelektronen vermag nun an der nächsten Elektrode 2 wiederum n (im Beispiel $n=5$) Sekundärelektronen zu erzeugen usf. Der Vervielfachungsvorgang wiederholt sich bis zur letzten Elektrode m (z. B. $m=9$), die Zahl der Sekundärelektronen pro Photoelektron beträgt n^m (im Beispiel $5^9 \sim 2 \cdot 10^6$). Dieser Verstärkungsfaktor (im Beispiel $2 \cdot 10^6$) hängt von der Größe der Spannung am Vervielfacher (im Beispiel $9 \cdot 150 = 1350$ V) ab.

d) Großes zeitliches Auflösungsvermögen des Szintillationszählers

Neben der großen Nachweisempfindlichkeit des Szintillationszählers ist das hohe Auflösungsvermögen, bedingt durch die kurze Zeitdauer der Luminescenz, zu erwähnen. Da dieses um mehrere Zehnerpotenzen besser ist als beim Geiger-Müller-Zählrohr, können mit dem Szintillationszähler auch starke Präparate ohne wesentliche Zählverluste ausgemessen werden (10^6 bis 10^7 I/sec).

3. Nulleffekt des Szintillationszählers

Dem Nulleffekt des Szintillationszählers kommt große Bedeutung zu. Auch hier rufen kosmische Höhenstrahlung und radioaktive Verseuchung des den Zähler umgebenden Materials meßbare Impulse hervor. Durch Abschirmung des Szintillationszählers kann dieser Anteil auf ein gewisses Mindestmaß herabgedrückt werden. Bei Abschirmung des Zählers [NaJ-(Tl)-Kristall von 2,5 cm Dicke und 2,5 cm ⌀] mit z. B. 4 cm Blei wird der Nulleffekt von etwa 1000 auf 100 Impulse pro Minute verkleinert.

Viel schwieriger ist die Unterdrückung des *thermischen Nulleffektes*. Da die Photokathode des Photomultipliers geheizt wird, treten mit einer bestimmten Wahrscheinlichkeit Elektronen spontan aus der Photokathode aus und führen bei der hohen Verstärkung im Multiplier zu einem unechten, aber meßbaren Impuls.

In Abb. 59 ist der Meßeffekt (Impuls pro Minute) in Abhängigkeit von der Spannung am Multiplier aufgetragen, einmal bei Anwesenheit eines radioaktiven Präparates, das andere Mal für den Nulleffekt. Man erkennt, daß der Nulleffekt je nach Höhe der Multiplierspannung und Art der radioaktiven Strahlung mehr

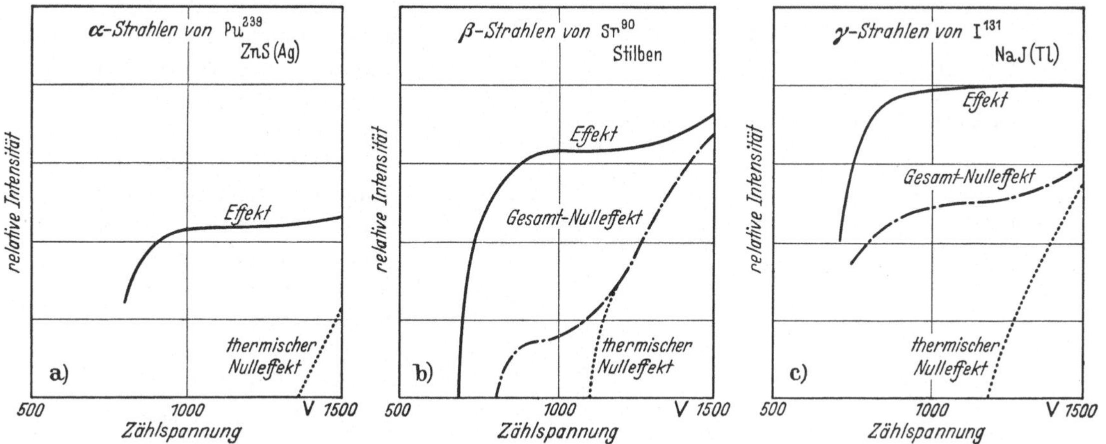

Abb. 59a—c. Kennlinien von Szintillationszählern für α-, β- und γ-Strahlung (Tracerlab-Katalog)

oder weniger stark ins Gewicht fällt, besonders stark bei γ-Strahlung. Da der Nulleffekt die Genauigkeit der Meßergebnisse beeinflußt (s. S. 90), muß man versuchen, ihn weitgehend zu verkleinern. Dazu gibt es mehrere Möglichkeiten.

Beim Nulleffekt entstehen mehr kleinere Impulse als beim Meßeffekt. Diese Tatsache wird ausgenutzt zur Reduzierung des Nulleffektes. Man schaltet einen *Diskriminator* ein, der alle Impulse, welche kleiner sind als eine bestimmte Mindestgröße, unterdrückt. Die Mindestgröße kann am Diskriminator variiert werden. Es gibt nach Abb. 112 offenbar eine Einstellung, für welche das Verhältnis von Meßeffekt zu Nulleffekt optimal wird (s. S. 129). Die Impulse, welche durch die Höhenstrahlung ausgelöst werden, sind andererseits häufig sehr groß. Eine Reduzierung ist hier durch Einbau einer oberen Schwelle möglich.

Je mehr Photoelektronen pro einfallendes Photon in der Photokathode des Photomultipliers erzeugt werden, um so größer ist der Unterschied zwischen der Größe der echten und thermisch ausgelösten, unechten Impulse. Bei dem Versuch, die Lichtempfindlichkeit der Photokathode zu steigern, sind in den letzten Jahren beachtliche Fortschritte erzielt worden. Man verwendet Photokathoden, welche gleichzeitig Alkalielemente enthalten, z.B. Sb-K-Na-Kathoden.

Eine weitere Reduzierung des thermischen Nulleffektes kann durch Kühlung des Photomultipliers erreicht werden. Kühlung auf — 40° C ergibt eine Verminderung des Nulleffektes um den Faktor 10. Durch Kühlung mit flüssiger Luft kann die spontane thermische Emission von Elektronen aus der Photokathode nahezu

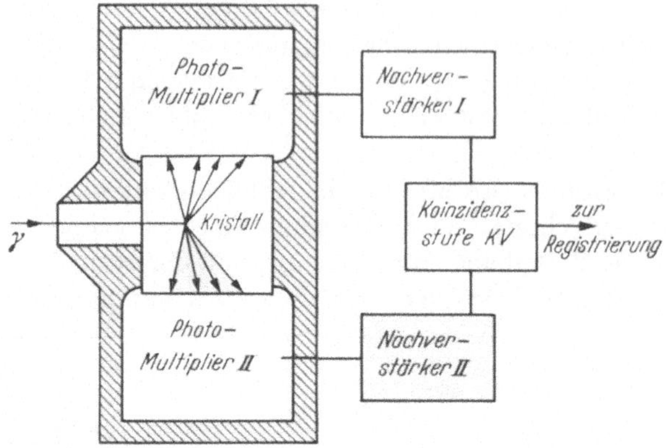

Abb. 60. Koinzidenzanordnung mit zwei Photoelektronenvervielfachern zur Unterdrückung des thermischen Nulleffektes

vollständig unterdrückt werden (Faktor etwa 2000). Allerdings erfordert dies einen erheblichen Aufwand.

Ein anderer Weg zur Reduzierung des thermischen Nulleffektes führt über eine kleinere Multiplierspannung. Der kleinere Ausgangsimpuls am Multiplier wird durch entsprechende äußere, proportionale Verstärkung kompensiert. Da der Nulleffekt stärker als proportional mit der Spannung am Multiplier steigt, der Meßeffekt aber proportional mit dieser, wird der relative Anteil des thermischen Nulleffektes an der gemessenen Impulshäufigkeit vermindert.

In Abb. 60 ist schematisch das Prinzip einer Koinzidenzmethode dargestellt, mit welcher ebenfalls eine Reduzierung des thermischen Nulleffektes gelingt. Die nachzuweisende γ-Strahlung trifft auf den allseitig mit Blei gepanzerten Kristall auf. Die nach allen Seiten emittierten Photonen des Lichtblitzes gelangen zum Teil auf zwei räumlich getrennte Photomultiplier 1 und 2, werden dort und in den beiden Nachverstärkern 1 und 2 in Spannungsimpulse umgewandelt und in einer Koinzidenzstufe wieder zusammengeführt. Diese Koinzidenzstufe sorgt dafür, daß nur dann ein Impuls

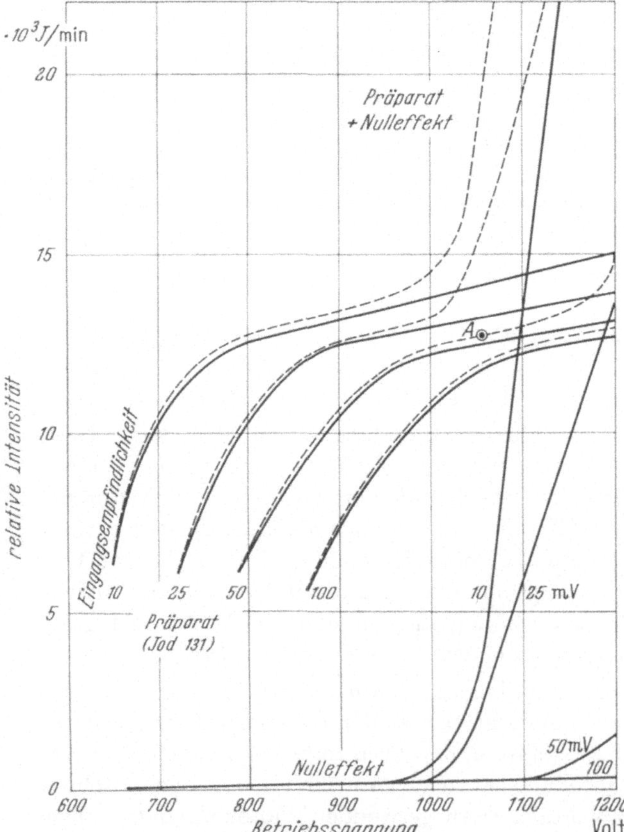

Abb. 61. Kennlinien eines Szintillationszählers für verschiedene Eingangsempfindlichkeiten

zur Registrierung weitergegeben wird, wenn beide Photomultiplier gleichzeitig angesprochen haben. Auf diese Weise werden im wesentlichen nur Koinzidenzimpulse erfaßt, welche von radioaktiver Strahlung, nicht aber vom thermischen Nulleffekt der einzelnen Photomultiplier ausgelöst werden. Wegen des hohen Auflösungsvermögens der Koinzidenzanordnung ist nämlich eine Koinzidenz zweier voneinander unabhängiger thermischer Impulse der beiden Photomultiplier sehr unwahrscheinlich.

4. Charakteristik des Szintillationszählers

Die Form der Kennlinie (Charakteristik) eines Szintillationszählers wird stark beeinflußt von der Eingangsempfindlichkeit des Linearverstärkers (s. Abb. 61)[1]. Bei käuflichen Geräten kann man mit einer Ausdehnung des Konstanzbereiches über mehrere hundert Volt bei 2% Steigung pro 100 V rechnen. Die Multiplierspannung muß deshalb gut konstant gehalten werden[*]. Dasselbe gilt nach dem oben Gesagten für die Temperatur des Gerätes[2].

Man erkennt aus Abb. 61 deutlich den stärkeren Einfluß des Nulleffektes für kleinere Eingangsempfindlichkeit.

IV. Der radioaktive Zerfall

A. Zerfallsgesetz und Zerfallskurven

1. Natürliche und künstliche Radionuclide

Neben stabilen Isotopen gibt es in der Natur auch radioaktive Isotope (Radionuclide), welche sich unter Aussendung von Strahlung spontan in andere Atomarten umwandeln. Dieser Vorgang wird *radioaktiver Zerfall* genannt.

Die natürliche Radioaktivität ist zuerst von BECQUEREL[3] im Jahre 1896 an Uran gefunden worden. Es stellte sich später heraus, daß alle in der Natur vorkommenden Atomkerne mit einer Ordnungszahl $Z > 83$ radioaktiv sind. Außerdem gibt es in der Natur einige radioaktive Nuclide, die chemischen Elementen kleinerer Ordnungszahl zugeordnet sind. Es sind dies: $_{19}K^{40}$, $_{37}Rb^{87}$, $_{49}In^{115}$, $_{57}La^{138}$, $_{60}Nd^{144}$, $_{60}Nd^{150}$, $_{62}Sm^{147}$, $_{71}Lu^{176}$, $_{75}Re^{187}$. Bei der Spaltung von Atomkernen entstehen ebenfalls radioaktive Nuclide. Die Spaltung erfolgt manchmal auch spontan. So kommt z.B. bei Uran 238 auf etwa 2 Millionen radioaktive Zerfälle eine *spontane Spaltung* ($6,9 \cdot 10^{-3}$ Spaltungen pro g und sec). Das künstlich herstellbare Californium 254 zerfällt dagegen fast ausschließlich durch Spaltung ($2,6 \cdot 10^{14}$ Spaltungen pro g und sec).

Seit längerer Zeit kann man auf künstlichem Wege eine große Zahl von Radionucliden herstellen.

2. Verschiedene Zerfallsarten

RUTHERFORD[4] konnte bald nach der Entdeckung der Radioaktivität zeigen, daß die ausgesandte Strahlung von Radium komplexer Natur ist und aus α-Teil-

---

[*] Eine Spannungsänderung von 1% ergibt eine Verstärkungsänderung von etwa 7%.
[1] Beilage 017, Atompraxis **4** (11) (1958).
[2] SCHNEIDER, H., u. H. WASSEL: Atomenergietechnik **6** (3), 98 (1961).
[3] BECQUEREL, H.: C. R. Acad. Sci. Paris **122**, 501, 689 (1896).
[4] RUTHERFORD, E.: Phil. Mag. **5**, 177 (1903).

chen (Heliumkern), β-Teilchen (Elektronen) und γ-Strahlung ($=$ kurzwellige Strahlung, ähnlich sehr harter Röntgenstrahlung) besteht.

a) α-Zerfall

Beim α-Zerfall wird ein α-Teilchen (Heliumkern) emittiert. Nach der für den α-Zerfall charakteristischen Beziehung

$$_Z\mathrm{E}^M \to _{Z-2}\mathrm{E}^{M-4} + \alpha \qquad (\alpha = {}_2\mathrm{He}^4)$$

bedeutet dies, daß wir es nach Ablauf der α-Emission mit einem ganz anderen Atomkern zu tun haben. Die Kernladung hat sich um zwei, die Kernmasse um vier Einheiten verringert. Als Beispiel sei der α-Zerfall von Radium in Radiumemanation genannt:

$$_{88}\mathrm{Ra}^{226} \xrightarrow{\alpha} {}_{86}\mathrm{Rn}^{222}.$$

Radium 226 sendet zwei Gruppen von α-Teilchen aus. Die α-Teilchen der einen Gruppe besitzen eine einheitliche Energie von 4,881 MeV. Die α-Teilchen der zweiten Gruppe, die allerdings intensitätsschwächer ist, weisen eine Energie von 4,697 MeV auf. In beiden Fällen führt der α-Zerfall zu Radon 222, im zweiten Fall aber zu einem *angeregten Zwischenkern* von $_{86}\mathrm{Rn}^{222}$, der unter Ausstrahlung eines γ-Quants mit einer Energie von $4,881 - 4,697 = 0,184$ MeV in den Folgekern $_{86}\mathrm{Rn}^{222}$ übergeht.

b) β-Zerfall

Der radioaktive β^--Zerfall ist gekennzeichnet durch die Beziehung

$$_Z\mathrm{E}^M \to _{Z+1}\mathrm{E}^M + \beta^- \qquad (\beta^- = \text{negatives Elektron}).$$

Da die Elektronenmasse relativ klein ist, ändert sich beim β^--Zerfall die Massenzahl nur unwesentlich. Dagegen erhöht sich die Ordnungszahl um eine Einheit; es entsteht also ein Atomkern, welcher im periodischen System dem nächst höheren Element zugeordnet ist.

Beispiel:

$$_{88}\mathrm{MsTh}_1^{228} \xrightarrow{\beta^-} {}_{89}\mathrm{MsTh}_2^{228}.$$

Beim β^+-Zerfall, dem das Schema

$$_Z\mathrm{E}^M \to _{Z-1}\mathrm{E}^M + \beta^+ \qquad (\beta^+ = Positron)$$

zugrunde liegt, entsteht dagegen ein Atomkern des vorhergehenden chemischen Elementes.

Beispiel:

$$_6\mathrm{C}^{11} \xrightarrow{\beta^+} {}_5\mathrm{B}^{11}.$$

3. Radioaktives Zerfallsgesetz

Wenn wir eine größere Zahl von radioaktiven Atomkernen betrachten, so läßt sich nicht sagen, welcher dieser Atomkerne zu einem bestimmten Zeitpunkt zerfällt. Es läßt sich lediglich angeben, wieviele Atomkerne im Durchschnitt pro Zeiteinheit einem Zerfall unterliegen. Der radioaktive Zerfall erfolgt spontan und läßt sich nicht beeinflussen.

Jeder radioaktive Atomkern, der seinen Zerfall z. B. durch Emission von Strahlung kundgetan hat, existiert als solcher nicht mehr, sondern ist in eine andere Atomkernart übergegangen (s. oben), deren Eigenschaften andere sind. Der entstehende Atomkern kann stabil oder radioaktiv sein.

Die pro Zeiteinheit zerfallenden radioaktiven Atomkerne, die *Aktivität D* oder Zerfallshäufigkeit dN/dt eines radioaktiven Präparates ist proportional der Zahl der zu diesem Zeitpunkt vorhandenen radioaktiven Kerne N. Es gilt also die Beziehung

$$\frac{dN}{dt} = -\lambda N = D.$$

In der Praxis wird nur selten die Aktivität D gemessen, sondern eine ihr proportionale Größe, also

$$C = a \cdot D.$$

Die Größe C wird *Meßeffekt* genannt. Meist wird der Meßeffekt als Impulszahl pro Minute (I/min) angegeben. Die Konstante a hängt von einer Reihe von Faktoren ab (s. S. 167).

Aus obiger Beziehung ergibt sich durch Integration das Zerfallsgesetz

$$N = N_0\, e^{-\lambda t}.$$

N bedeutet die zum Zeitpunkt t vorhandene Strahlungsintensität, N_0 die Strahlungsintensität zur Zeit $t = 0$.

4. Zerfallskonstante, Halbwertzeit, mittlere Lebensdauer

Der Proportionalitätsfaktor λ obiger Gleichung heißt *Zerfallskonstante*, er ist *eine* der charakteristischen Größen eines Radionuclids. Die Zerfallskonstante λ beträgt z. B. bei

$$_{7}\mathrm{N}^{16}: \quad 9{,}4 \cdot 10^{-2} \ \text{sec}^{-1}$$
$$_{11}\mathrm{Na}^{24}: \quad 1{,}3 \cdot 10^{-5} \ \text{sec}^{-1}$$
$$_{15}\mathrm{P}^{32}: \quad 5{,}6 \cdot 10^{-7} \ \text{sec}^{-1}$$
$$_{6}\mathrm{C}^{14}: \quad 4 \quad \cdot 10^{-12} \ \text{sec}^{-1}.$$

Im Falle von $_{11}\mathrm{Na}^{24}$ z. B. zerfallen demnach pro Sekunde 0,0013 % der gerade vorhandenen $_{11}\mathrm{Na}^{24}$-Atomkerne.

Meist wird statt der Zerfallskonstanten die sog. *Halbwertzeit* $T_{1/2}$ angegeben. Man versteht darunter diejenige Zeitspanne, während welcher die Strahlungsintensität auf die Hälfte abgesunken ist. Je nachdem, ob die betrachtete radioaktive Substanz kurz- oder langlebig ist, wird die Halbwertzeit in Sekunden (sec), Minuten (min), Stunden (h), Tagen (d) oder Jahren (y) angegeben.

Die Halbwertzeit für die vier oben genannten Radionuclide N^{16}, Na^{24}, P^{32} und C^{14} beträgt 7,35 Sekunden, 15 Stunden, 14,3 Tage und 5568 Jahre.

Wenn wir, wie in Abb. 62 geschehen, die Intensität als Ordinate in logarithmischem Maßstab auftragen, die Zeit t als Abscisse in linearem Maßstab, so ergibt sich für den Abfall der Strahlungsintensität (Aktivität) eine gerade Linie. Je langsamer eine bestimmte radioaktive Substanz zerfällt, je langlebiger sie also ist, um so flacher verläuft die Kurve.

Es läßt sich leicht zeigen, daß zwischen der Halbwertzeit $T_{1/2}$ und der Zerfallskonstanten die Beziehung besteht

$$T_{1/2} = \frac{\ln 2}{\lambda} = \frac{0{,}693}{\lambda} \quad \text{bzw.} \quad \lambda = \frac{0{,}693}{T_{1/2}}.$$

Die Zerfallsgleichung hat unter Verwendung der Halbwertzeit das Aussehen

$$N = N_0\, e^{-0{,}693\,\frac{t}{T_{1/2}}}.$$

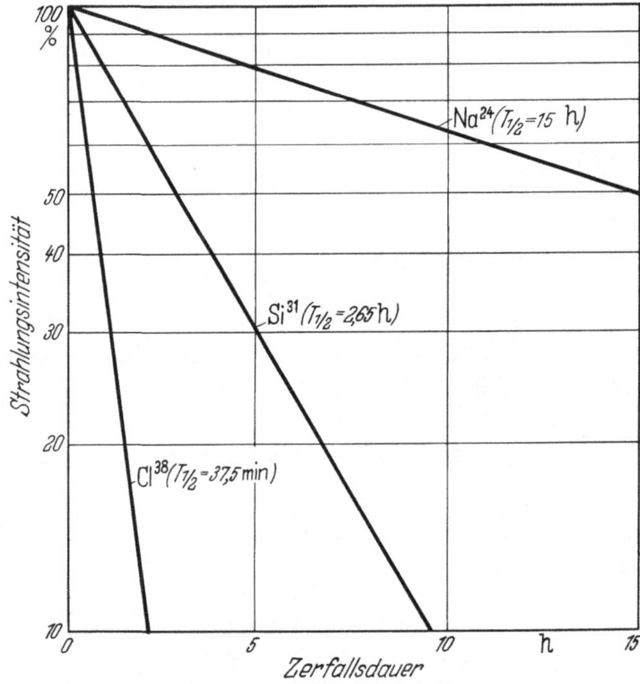

Abb. 62. Zerfallskurven für drei β-Strahler mit verschiedener Halbwertzeit (halblogarithmische Darstellung)

Abb. 63 stellt ein Nomogramm dar, welches auf einfache Weise die Berechnung der Aktivitätsverminderung eines radioaktiven Präparates durch Zerfall gestattet. Man muß hierzu nur die Größe der Halbwertzeit des betreffenden Radionuclids in der linken Zahlenreihe mit dem Zahlenwert der Zerfallszeit t (mittlere Zahlenreihe) mit Hilfe einer Geraden verbinden, um als Schnittpunkt mit der rechten Zahlenreihe (linker Teil) den Zerfallsfaktor

$$e^{-0{,}693\,\frac{t}{T_{1/2}}}$$

zu erhalten, der angibt, auf welchen Bruchteil die Aktivität im Laufe der Zeit t abgesunken ist.

In der Literatur begegnet man häufig dem Begriff der *mittleren Lebensdauer*:

$$T = \frac{1}{\lambda}.$$

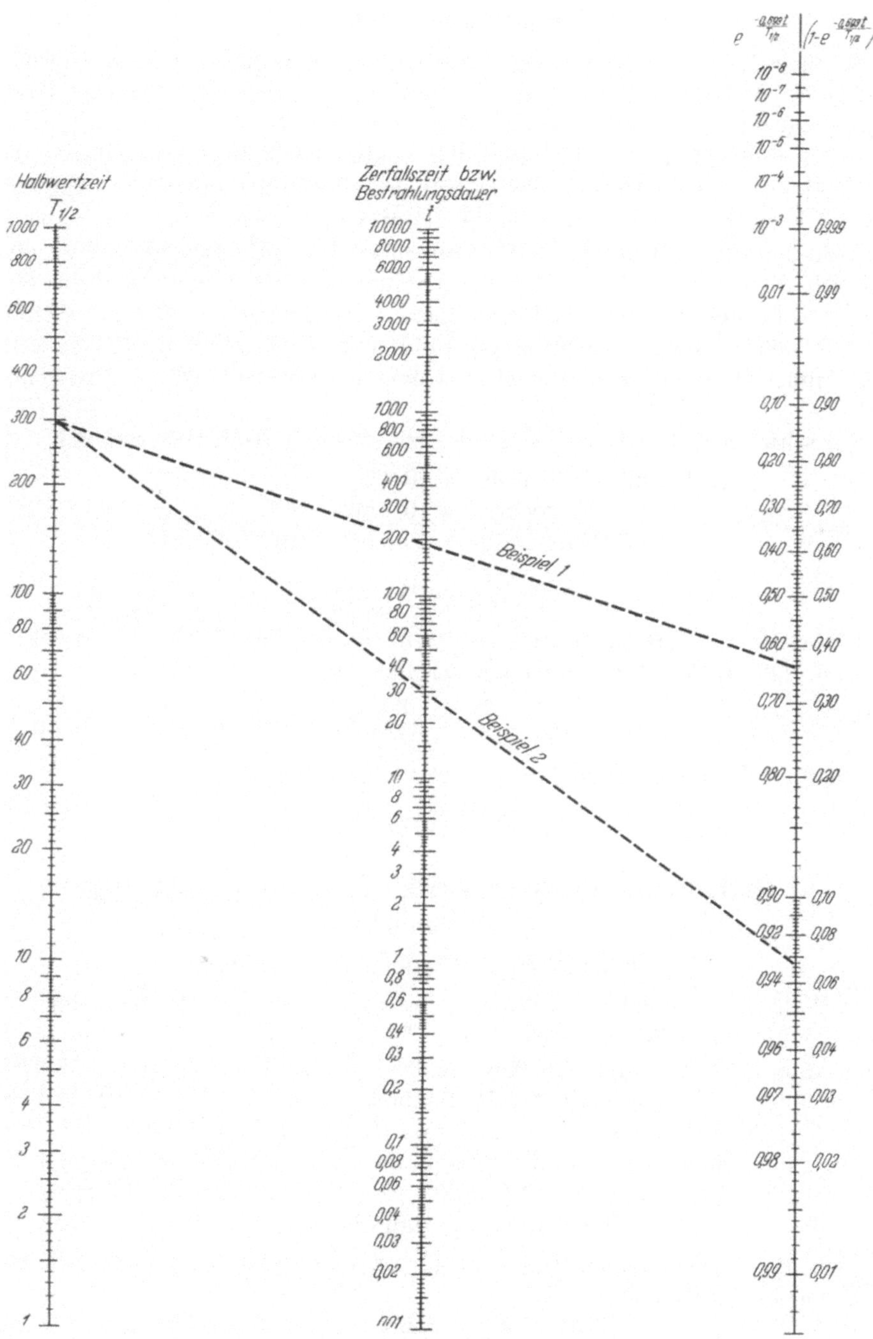

Abb. 63. Nomogramm zur bequemen Berechnung des Intensitätsabfalls durch Zerfall bzw. der Intensitätsvergrößerung bei Bestrahlung eines bestimmten Atomkernes. Beispiel 1: Die Intensität einer Strahlungsquelle, deren Radionuclid eine Halbwertzeit von 300 Std hat, wird in 190 Std auf 64% ihres Anfangswertes reduziert. Beispiel 2: Die Intensität des gleichen Radionuclids beträgt bei einer 30stündigen Bestrahlung mit Neutronen 6,6% des maximalen Wertes *(Sättigungswert)*

5. Radioaktive Einheiten

Zu einer Zeit, als man nur die natürliche Radioaktivität kannte, wurde die *Einheit der Aktivität 1 Curie* genannt. Man verstand darunter diejenige Radonmenge, die mit 1 g Radium im Gleichgewicht steht*.

Heute mißt man die Aktivität aller Radionuclide in Curie, obwohl diese Aktivität nicht einem Gramm der betreffenden Substanz entspricht. Man sagt, daß ein radioaktives Präparat die Aktivität von 1 Curie besitzt, wenn es pro Sekunde $3{,}7 \cdot 10^{10}$ radioaktive Zerfälle aufweist. Das bedeutet, wie gesagt, nicht, daß sich diese Zahl auf die Menge 1 Gramm bezieht. Wie an späterer Stelle (s. S. 167) festgestellt wird, bedeutet dieses außerdem nicht, daß pro Sekunde $3{,}7 \cdot 10^{10}$ Teilchen oder γ-Quanten pro Curie ausgesandt werden, weil pro Zerfall nicht immer ein β-Teilchen oder ein γ-Quant (durchschnittlich) in Erscheinung tritt.

Für schwächere Präparate verwendet man kleinere Einheiten, nämlich:

$$1 \text{ mC (Millicurie)} = 10^{-3} \text{ C}$$
$$1 \text{ μC (Mikrocurie)} = 10^{-3} \text{ mC} = 10^{-6} \text{ C}$$
$$1 \text{ nC (Nanocurie)} = 10^{-3} \text{ μC} = 10^{-6} \text{ mC} = 10^{-9} \text{ C}.$$

6. Gesamtzahl der radioaktiven Atomkerne eines Präparates

In der Praxis (z.B. bei Dosismessungen) interessiert oft die Gesamtzahl der bis zum völligen Zerfall auftretenden Zerfallsakte. Diese Zahl beträgt:

$$N_\infty = \frac{N_0}{\lambda} = \frac{T_{1/2}}{0{,}693} N_0 \;**.$$

Die Zahl der im Zeitraum t zu erwartenden Zerfälle ist

$$N_t = \frac{N_0}{\lambda} (1 - e^{-\lambda t}).$$

7. Zerfallskurve für ein Gemisch von zwei oder mehr Arten von Radionucliden

a) Genetisch unabhängige Radionuclide

Enthält eine radioaktive Substanz mehrere Arten von Radionucliden, die genetisch nicht voneinander abhängen, so kann man aus dem beobachteten Meßeffekt unter anderem durch eine Analyse der Zerfallskurve auf den Teil-Meßeffekt der einzelnen Arten der beteiligten Radionuclide schließen. Das geschieht folgendermaßen. In Abb. 64 ist der beobachtete Meßeffekt im Falle von zwei Radionucliden in Abhängigkeit von der Zeit (Zerfallskurve) aufgetragen, wiederum in halblogarithmischem Maßstab. Für große Zerfallszeiten verläuft die Kurve, wie man sieht, linear. Wir schließen daraus, daß dieser Teil der Kurve ausschließlich

---

* Mit $T_{1/2} = 1590$ Jahren für Radium ergibt sich die Zahl der pro Sekunde zerfallenden Atomkerne von 1 g Radium (Ra^{226}) zu:

$$\frac{dN}{dt} = -\lambda N = -N \frac{\ln 2}{T_{1/2}}$$
$$= \frac{6{,}02 \cdot 10^{23}}{226} \cdot \frac{0{,}693}{1590 \cdot 365 \cdot 24 \cdot 3600} = 3{,}7 \cdot 10^{10}.$$

** *Beispiel:* Bei 1 μC Na^{24} sind bis zum völligen Zerfall der Aktivität $\sim 3 \cdot 10^{9}$ Zerfälle zu erwarten, bei 1 μC P^{32} sind es $\sim 6{,}6 \cdot 10^{10}$ Zerfälle.

der Aktivität A einer langlebigen Radionuclidenart zugeordnet werden muß. Die zugehörige Anfangsaktivität A_0 zum Zeitpunkt $=0$, ergibt sich durch Verlängerung des geradlinigen Kurvenastes bis zum Abscissenwert 0. In Abb. 64 ist diese Extrapolation gestrichelt eingezeichnet. Man liest für A_0 den Wert 2000 I/min ab. Da die beobachtete Zerfallskurve die Summe $A + B$ beider Aktivitäten darstellt, erhält man die Zerfallskurve B für die zweite Radionuclidenart durch Subtraktion der Zerfallskurve A (teilweise gestrichelt) von der beobachteten Kurve $A + B$ und damit gleichzeitig auch B_0 mit 12000 I/min.

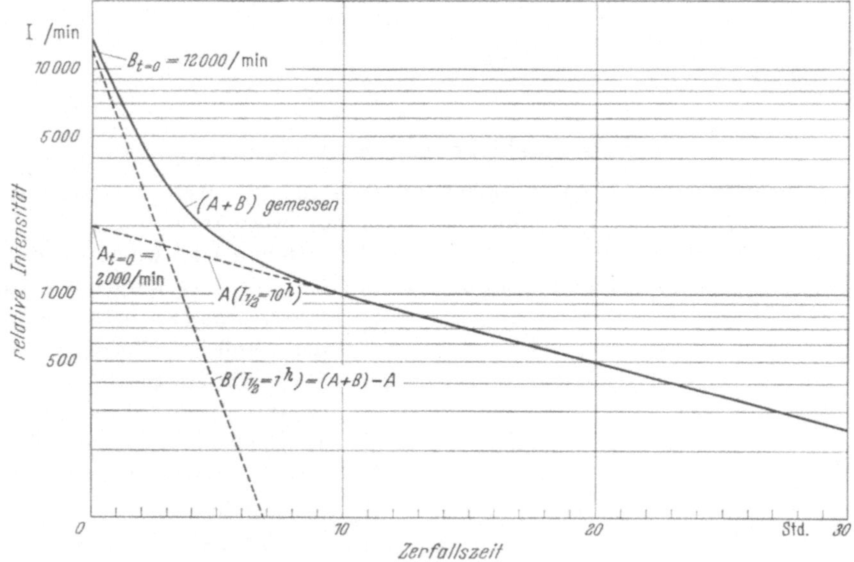

Abb. 64. Graphische Ermittlung der Anfangsaktivitäten zweier Radionuclide verschiedener Halbwertzeiten aus der beobachteten Zerfallskurve des Strahlungsgemisches

b) Genetisch voneinander abhängige Radionuclide

Eine derartige Analyse ist nicht mehr statthaft, wenn die betreffenden Radionuclidenarten genetisch voneinander abhängig sind. So bilden z.B. die Uran-Spaltprodukte wegen ihres großen Neutronenüberschusses radioaktive Ketten. Derartige radioaktive Ketten gibt es auch in der Natur. Im letzteren Falle spricht man von *radioaktiven Familien*.

Bei genetisch abhängigen Radionucliden folgt der zeitliche Abfall der Aktivität, wie gesagt, nicht mehr dem einfachen Zerfallsgesetz. Abhängig von den Halbwertzeiten der beteiligten Substanzarten (Mutter- und Tochtersubstanz) hat die Aktivitätskurve ein verschiedenartiges Aussehen.

Die Tochtersubstanz vermindert sich pro Zeiteinheit um

$$\frac{dN_2}{dt} = - \lambda_2 N_2.$$

Hinzu kommen die pro Zeiteinheit zerfallenden Atomkerne der Muttersubstanz, weil diese in Atomkerne der Tochtersubstanz übergehen. Die Änderung der Aktivität beträgt also für die Tochtersubstanz

$$\frac{dN_2}{dt} = - \lambda_2 N_2 + \lambda_1 N_1,$$

woraus sich für die Zahl N_2 der zur Zeit t vorhandenen Atomkerne der Tochtersubstanz ergibt

$$N_2 = \frac{T_2}{T_1 - T_2}\, N_0 \left\{ e^{-\frac{0,693\,t}{T_1}} - e^{-\frac{0,693\,t}{T_2}} \right\}.$$

N_0 gibt die Zahl der zur Zeit $t = 0$ vorhandenen Atomkerne der Muttersubstanz an. T_1 und T_2 sind die Halbwertzeiten von Mutter- bzw. Tochtersubstanz. Sofern die anfängliche Aktivität der Tochtersubstanz nicht Null, sondern N_{20} beträgt, ist zu der obigen Größe noch der Summand

$$N_{20} \cdot e^{-\frac{0,693\,t}{T_2}}$$

hinzuzufügen *.

8. Radioaktives Gleichgewicht

Die Tochtersubstanz kann schneller zerfallen als die Muttersubstanz und umgekehrt. Der Fall $T_1 = T_2$ kommt praktisch nur angenähert vor.

Für den Fall, daß die Tochtersubstanz schneller zerfällt als die Muttersubstanz, sei der Zerfall von Barium 140 in Lanthan 140 und der daran anschließende Zerfall von Lanthan 140 in Cerium 140, das stabil ist, angegeben. Die Halbwertzeit der Muttersubstanz Barium 140 beträgt 12,8 Tage, diejenige der Tochtersubstanz Lanthan 140 nur 40 Stunden.

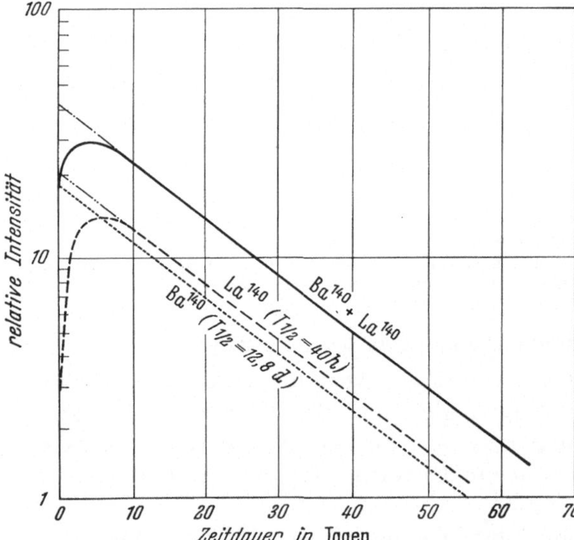

Abb. 65. Vorübergehendes radioaktives Gleichgewicht
(nach R. T. Overman und H. M. Clark[1])

Unter der Voraussetzung, daß zum Zeitpunkt $t = 0$ die Muttersubstanz allein vorhanden war, ergibt die Beobachtung eine zeitlich veränderliche Summenaktivität (Ba^{140} + La^{140}), wie sie in Abb. 65 gezeigt ist.

Wie man sieht, entspricht der Abfall dieser Kurve nach einer bestimmten Zeit der Halbwertzeit der Muttersubstanz. Da zu Beginn keine Tochtersubstanz vorhanden gewesen sein soll, ergibt sich die Zerfallskurve für die Muttersubstanz sehr einfach. Sie entspricht der gestrichelten Kurve, die durch den Anfangswert zur Zeit $t = 0$ geht und die Neigung der Summenkurve für größere Zeit-Werte hat. Die Differenz beider Kurven ergibt die Aktivität der Tochtersubstanz Lanthan 140.

---

* Ist auch die Tochtersubstanz radioaktiv, so gelten für die Aktivität der weiteren Zerfallsprodukte Formeln, die man z.B. bei Overman und Clark[1] nachlesen kann.

[1] Overman, R. T., u. H. M. Clark: Radioisotope techniques. New York: McGraw-Hill Book Co. 1960.

Die Aktivität der Tochtersubstanz wächst zunächst, erreicht einen maximalen Wert und nimmt nach einiger Zeit mit der Halbwertzeit der Muttersubstanz ab.

Zum Zeitpunkt des Maximums

$$t_{\max} = 3{,}32 \, \frac{T_1 \cdot T_2}{T_1 - T_2} \, \log_{10}\left(\frac{T_2}{T_1}\right)$$

herrscht *radioaktives Gleichgewicht*. In diesem Augenblick zerfallen ebenso viele Atomkerne der Muttersubstanz wie Atomkerne der Tochtersubstanz, d.h. die Zahl der Atomkerne der Tochtersubstanz ändert sich nicht. Dieses Gleichgewicht herrscht nur *vorübergehend (transsient equilibrium)*, streng genommen nur während einer unendlich kurzen Zeitdauer. Für den Fall, daß die Muttersubstanz sehr viel langlebiger ist als die Tochtersubstanz, also für $T_1 \gg T_2$ ($\lambda_1 \ll \lambda_2$), zeigt die Aktivitätskurve der Tochtersubstanz Sättigungscharakter. Das radioaktive Gleichgewicht wird erst nach einer gewissen (theoretisch unendlich langen) Zeit erreicht, bleibt aber dann ohne äußeren Eingriff in die Substanz des radioaktiven Präparates über beliebig lange Zeit erhalten. Man spricht hier von *säkularem Gleichgewicht (secular equilibrium)*. Als Beispiel sei hierzu der Zerfall von Radium 226 in Radium-Emanation 222 mit den Halbwertzeiten von 1590 Jahren und 3,82 Tagen angeführt (s. Abb. 66).

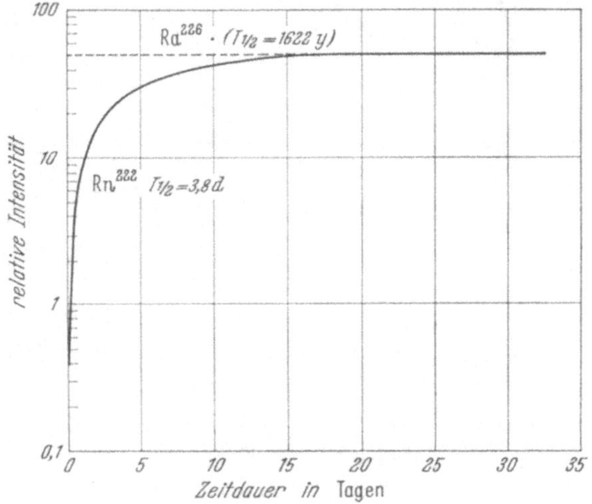

Abb. 66. Säkulares radioaktives Gleichgewicht (nach R. T. OVERMAN und H. M. CLARK)

B. Umwandlungsarten eines Radionuclids beim β-Zerfall

1. Energieverteilung der Zerfallselektronen beim β⁻- und β⁺-Zerfall

Der β-Zerfall kann unter Aussendung von negativen Elektronen oder unter Aussendung positiver Elektronen *(Positronen)* vor sich gehen. Die Lebensdauer von Positronen in Materie ist sehr kurz. Unter Vereinigung mit einem negativen Elektron zerstrahlt es in zwei γ-Quanten, das Elektronenpaar verschwindet damit völlig. Die Massen der beiden Elektronen erscheinen als kinetische Energie der beiden γ-Quanten *(Vernichtungsstrahlung)* wieder. Jedes γ-Quant besitzt 0,51 MeV. Mit dem Positronen-Zerfall verringert sich die Kernladung um eine Einheit. Da nach dem Zerfall ein neutrales Atom vorliegt, muß auch ein Hüllenelektron verloren gehen, so daß insgesamt zwei Elektronenmassen eingebüßt werden.

Beim β-Zerfall geht das Radionuclid in eine stabilere Atomart geringerer Energie über. Man sollte meinen, daß die Differenzenergie vollständig von den Zerfallselektronen übernommen wird und die Zerfallsteilchen einer Zerfallsart alle die gleiche kinetische Energie besitzen. Der experimentelle Befund ist indessen anders. Wohl ist die pro Zerfallsakt vom Ausgangskern stammende Energie *(Zerfallsenergie, maximale Energie)* stets gleich, jedoch wird dem Zerfallsteilchen nur in seltenen Fällen diese maximale Energie zuteil. Es existiert vielmehr für die Energie der β-Teilchen eine kontinuierliche Energieverteilung (s. Abb. 67). Die β-Teilchen besitzen Energien zwischen Null und der Größe der maximalen Energie, wobei β-Teilchen mit mittleren Energien bevorzugt ausgesandt werden. Die Differenz zwischen der maximalen Energie (Zerfallsenergie) und der kinetischen Energie des β-Teilchens *(β-Energie)* übernimmt ein *Neutrino*, ein neutrales Teilchen mit verschwindend kleiner Masse, welches gleichzeitig mit dem β-Teilchen ausgesandt wird *. Aus Abb. 67 entnehmen wir für die β-Teilchen von P³² eine maximale Energie von 1,71 MeV. Für manche Anwendungen ist die *mittlere Energie* der β-Teilchen wichtig, die angenähert ein Drittel der maximalen Energie ausmacht (im Beispiel von P³² beträgt die mittlere Energie 0,69 MeV).

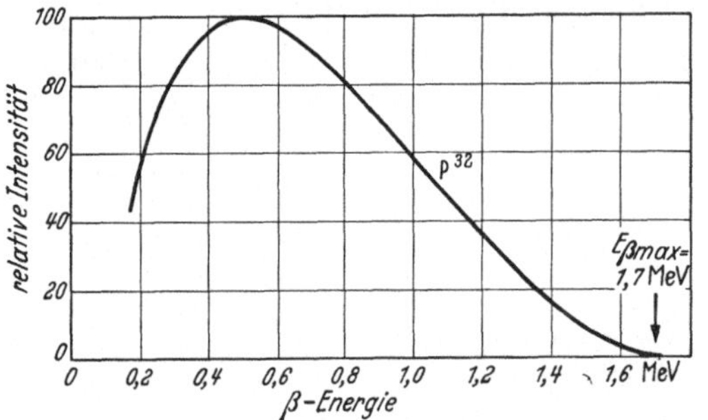

Abb. 67. Energieverteilung der Zerfallselektronen von P³²

2. *K*-Einfang

Mit dem β^+-Zerfall konkurriert der *K-Einfang*. Das Radionuclid versucht in diesem Falle, seinen Protonenüberschuß nicht durch Emission eines Positrons auszugleichen, sondern durch Einfang eines Atomelektrons aus der Atomhülle. Es entsteht dabei derselbe Folgekern wie bei der Emission eines Positrons. Das eingefangene Atomelektron stammt meist aus der *K*-Schale (daher der Name *K*-Einfang). Beim *K*-Einfang wächst die Kernmasse um die Masse des eingefangenen Elektrons, bei Positronenemission verliert der Kern eine Elektronenmasse. Gegenüber β^+-Zerfall besteht also ein Massenunterschied von zwei Elektronenmassen, der zusätzlich als Zerfallsenergie ($2 \cdot 0{,}51 = 1{,}02$ MeV) zur Verfügung steht und *K*-Einfang in vielen Fällen begünstigt. *K*-Einfang tritt gegenüber β^+-Zerfall bevorzugt bei schwereren, wegen eines Protonenüberschusses instabilen Kernen auf und immer dann, wenn die Energie des radioaktiven Kerns um weniger als 1 MeV über derjenigen des Folgekerns liegt.

Wie schon gesagt, holt sich der radioaktive Atomkern, der zu *K*-Einfang neigt, ein Elektron aus der *K*-Schale, seltener aus der *L*- oder *M*-Schale. Der dadurch freie Platz wird ersetzt, was aus Energiegründen unter Emission einer Röntgen-*K*-Strahlung geschieht. Diese ist charakteristisch für den zu diesem Zeitpunkt bereits existierenden Folgekern. Die Messung dieser *charakteristischen Röntgenstrahlung*, welche meist allein für den Nachweis eines *K*-Einfanges zur Verfügung steht, ist schwierig[1]. In manchen Fällen, z. B. bei Beryllium 7, führt *K*-Einfang nicht direkt zum stabilen Grundzustand des Folgekernes, sondern zu einem angeregten Zustand, der anschließend unter Aussendung eines leicht nachzuweisen-

---

* Praktisch kann man absehen von der Rückstoßenergie des Folgekernes, weil die Masse des β-Teilchens (Elektron) gegenüber der Kernmasse sehr klein ist.

[1] Siehe z. B. DROUIN, J. R. S., u. L. JAFFE. Canad. J. Chem. **39**, 717 (1961).

den γ-Quants (im Beispiel ist $E = 0{,}47$ MeV) in den Grundzustand übergeht. Dann ist der Nachweis des radioaktiven Zerfalls wesentlich einfacher.

3. γ-Emission, Kern-γ-Strahlung

Bei der Besprechung des α-Zerfalls (s. S. 74) wurde darauf hingewiesen, daß der radioaktive Kern bei seinem Zerfall zunächst in einen angeregten Zustand des Folgekernes übergehen kann und dann erst, allerdings in der sehr kurzen Zeit von etwa 10^{-13} sec unter Aussendung eines oder mehrerer γ-Quanten den Grundzustand des Folgekernes erreicht. Die Energiedifferenz zwischen dem angeregten Zwischenkern und dem stabilen Folgekern übernimmt das γ-Quant oder die γ-Quanten *(Kern-γ-Strahlung)* in Form von kinetischer Energie.

4. Kernisomerie

Der angeregte Kern existiert in vielen Fällen wesentlich länger, je nach Atomart 10^{-6} sec bis zu einigen Tagen. Für eine gewisse Zeit bestehen dann zwei Arten von Atomkernen, der angeregte Kern und der Folgekern nebeneinander. Beide Arten von Atomkernen unterscheiden sich weder durch ihre Kernladungszahl (das emittierte γ-Quant verändert die Kernladung nicht), noch durch ihre Kernmasse, sondern lediglich durch verschiedenen Energiezustand (der angeregte Zustand besitzt zusätzlich die γ-Energie) und durch die verschiedene Stabilität (verschiedenartige Konfiguration der Kernbausteine). Ein derartiges Paar von Atomkernen nennt man *isomeres Paar*, die Erscheinung selbst *Kernisomerie*.

Als Beispiel sei der K-Einfang von Cadmium 109 betrachtet. Mit einer Halbwertzeit von 470 Tagen geht Cadmium 109 in einen isomeren, metastabilen, angeregten Zustand des stabilen Folgekernes Silber 109 und erst nach Emission eines γ-Quants mit einer Energie von 0,089 MeV in den stabilen Grundzustand von Silber 109 über. Letzteres geschieht mit einer Halbwertzeit von 39,2 Sekunden.

5. Innere Umwandlung

Wenn angeregte Atomkerne in Wechselwirkung mit Elektronen ihrer Atomhülle treten, kann es zur Loslösung eines Hüllenelektrons kommen. Statt eines γ-Quants wird dann ein sog. *Konversionselektron* nachweisbar, das einheitliche Energie besitzt. Gleichzeitig wird eine charakteristische Röntgenstrahlung beobachtet, die beim Auffüllen der in der betreffenden Elektronenschale (meist K-Schale) entstandenen Lücke frei wird. *Innere Umwandlung*, so nennt man diesen Vorgang insgesamt, tritt bevorzugt bei kleinerer γ-Energie und schweren Kernen auf. Der *Konversionskoeffizient*, als Maß für die relative Häufigkeit dieses Konkurrenzvorganges, ist definiert als das Durchschnittsverhältnis der Zahl der Konversionselektronen e^- und der Summe der Anzahl der beobachteten γ-Quanten und Konversionselektronen, also das Verhältnis

$$\alpha = \frac{e^-}{\gamma + e^-}.$$

Für den Nachweis radioaktiver Strahlung ist der Vorgang der inneren Umwandlung insofern von Bedeutung, als z.B. bei einem β-Strahler, welcher gleichzeitig eine energiearme γ-Strahlung aussendet, neben Zerfallselektronen monoenergetische Konversionselektronen gemessen werden. Dadurch kann sich z.B.

bei J^{131} die Zahl der Elektronen um einige Prozent erhöhen. Um denselben Wert steigt der Meßeffekt, es sei denn, die relativ energiearmen Konversionselektronen werden auf dem Wege zum Nachweisgerät absorbiert.

6. Zerfallsschemata

Bei der Anwendung radioaktiver Strahlung ist es unter anderem notwendig, zu wissen, welche Arten von Strahlung ausgesandt werden, welche Häufigkeit anteilmäßig die einzelnen Strahlungsarten haben und welche Energien sie besitzen. Auskunft darüber gibt das *Zerfallsschema*. Einige charakteristische Zerfallsschemata sollen anhand der Abb. 68 besprochen werden. Phosphor 32 ist ein reiner β-Strahler, der unter Aussendung eines β^--Teilchens mit einer maximalen Energie (Zerfallsenergie) von 1,71 MeV in den stabilen Kern Schwefel 32 übergeht mit einer den radioaktiven Phosphor 32 kennzeichnenden Halbwertzeit von 14,3 Tagen. In dem in Abb. 68a gezeigten Zerfallsschema sind diese Angaben verankert. Der β^--Zerfall selbst wird durch einen Pfeil gekennzeichnet, der nach rechts unten auf den stabilen Folgekern (im Beispiel S^{32}) deutet. Der Höhenunterschied der beiden waagerechten Linien soll ein Maß sein für die ebenfalls als Zahlenwert eingetragene Zerfallsenergie der β^--Teilchen (Unterschied des Energieniveaus des radioaktiven Ausgangskernes und des Energieniveaus des durch den Zerfall entstehenden Folgekernes).

Beim Positronenzerfall (s. Abb. 68b) zeigt der Pfeil nach links unten, was andeuten soll, daß ein Folgekern (im Beispiel $_5B^{11}$) entsteht, der im periodischen System vor dem Ausgangskern (im Beispiel $_6C^{11}$) anzutreffen ist.

Abb. 68c gibt ein Beispiel eines β^--Zerfalls, bei dem nach der Emission des β^--Teilchens nicht sofort der stabile Folgekern, sondern zunächst ein angeregter Zwischenzustand dieses Folgekernes erreicht wird. Die Anregungsenergie wird, wie bereits oben erwähnt, in sehr kurzer Zeit abgestrahlt in Form von Kern-γ-Strahlung. Die gesamte Zerfallsenergie des radioaktiven $_{23}V^{52}$ ist gleich der Summe von maximaler β-Energie und γ-Energie (im Beispiel $2{,}47 + 1{,}44 = 3{,}91$ MeV). Bei Natrium 24 ($_{11}Na^{24}$, s. Abb. 68d) werden neben einem β-Teilchen je Zerfall sogar zwei γ-Quanten beobachtet. Beide γ-Quanten werden unmittelbar hintereinander ausgesandt. Die Zeitspanne zwischen der Emission der β^--Strahlung und der beiden γ-Quanten ist so kurz, daß man meßtechnisch gesehen von gleichzeitiger Emission eines β-Teilchens und zweier γ-Quanten sprechen kann *(koinzidente Strahlung)*.

Häufig treten bei einem Zerfall zwei Gruppen von β-Teilchen auf, wobei nur die eine Gruppe oder beide Gruppen über angeregte Zwischenzustände führen mit sofort daran anschließender Emission von γ-Quanten (s. Abb. 68e). Noch komplizierter ist das Zerfallsschema von $_{26}Fe^{59}$ (s. Abb. 68f).

Es gibt auch Radionuclide, die Elektronen und Positronen aussenden. Ein wichtiges Beispiel ist $_{29}Cu^{64}$ (s. Abb. 68i). Ein kleiner Bruchteil der Zerfälle ($\sim 0{,}5\%$) verläuft über K-Einfang. Bei $_{26}Fe^{55}$ liegt ausschließlich K-Einfang vor (s. Abb. 68h), so daß der Zerfall von $_{26}Fe^{55}$ nur durch die dabei emittierte, aber schwer meßbare, charakteristische Röntgenstrahlung nachweisbar ist.

Mangan 54 ist ein 100%iger K-Strahler. Der K-Einfang führt aber über einen angeregten Zustand zum stabilen Chrom 54 (s. Abb. 68g), so daß der Nachweis hier einfacher ist. Wie Abb. 68m zeigt, gibt es recht verwickelte Zerfallsschemata.

In Abb. 68k und 68n werden zwei Isomerie-Beispiele angeführt. Caesium 137 (s. Abb. 68k) geht unter Aussendung eines β^--Teilchens (HZ = 33 Jahre) in Barium 137 (isomerer Zustand von Ba^{137}) über, das eine Halbwertzeit von 2,63 Minuten

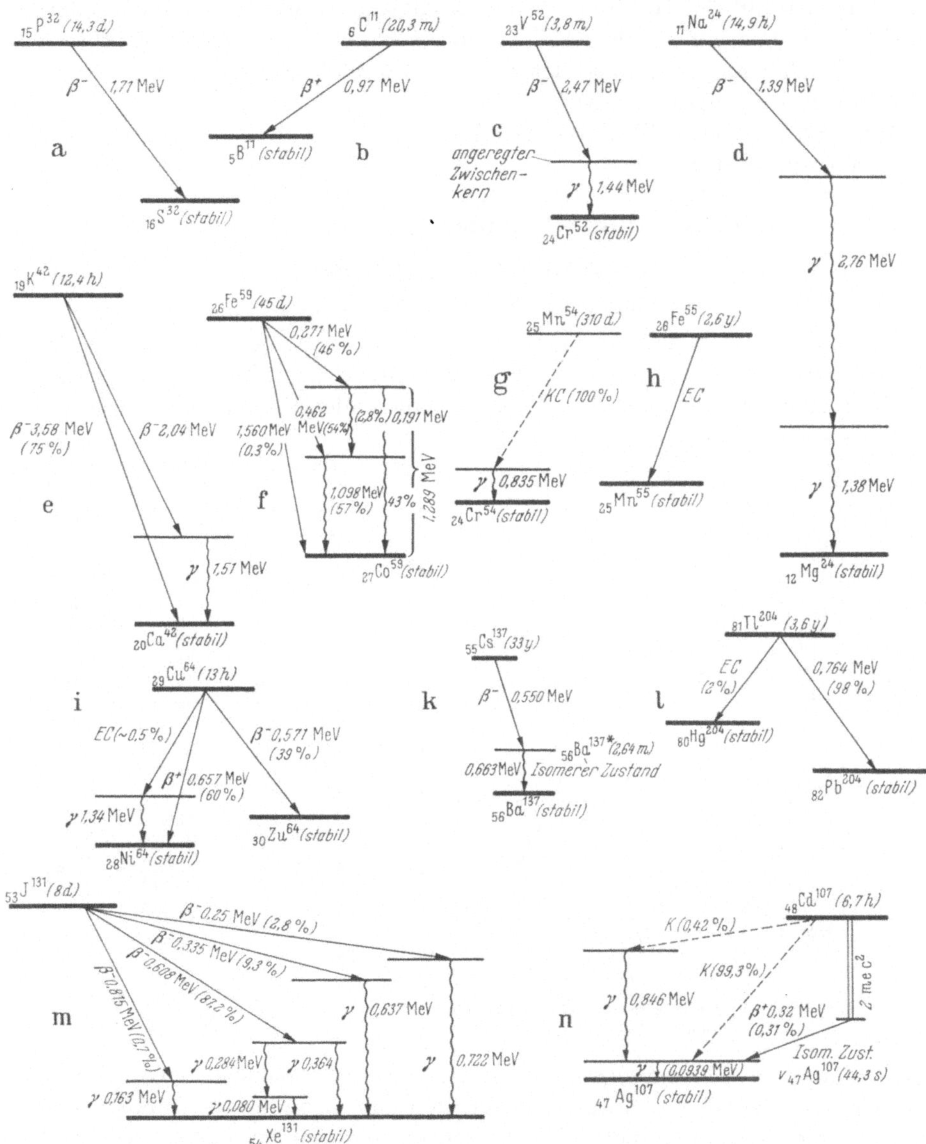

Abb. 68a—n. Zerfallsschemata für verschiedene Radionuclide

aufweist*. Der Übergang in den Grundzustand von Barium macht sich durch Aussendung energiereicher γ-Strahlung bemerkbar, welche sehr häufig für Bestrahlungszwecke, z.B. bei Materialprüfungen (s. später) ausgenutzt wird. Wir haben früher schon darauf hingewiesen (s. S. 80), daß bei einem sukzessiven

---

* Das Zerfallschema von Cs^{137} wurde in Abb. 68k vereinfacht dargestellt.

Zerfall (hier Caesium 137 in Barium 137 — metastabil, und dann durch die γ-Strahlung in Barium 137 — stabil) die Intensität der kurzlebigeren Tochtersubstanz (Barium 137 — metastabil) nach einer gewissen Zeit ein Maximum erreicht, dann aber sehr bald mit der Halbwertzeit der langlebigeren Muttersubstanz abnimmt. Im Falle von Caesium 137 haben wir also einen sehr langlebigen γ-Strahler vor uns. Neben diesem β^--Zerfall erfolgt mit etwa 8 % relativer Häufigkeit ein direkter β^--Zerfall in den Folgekern $_{56}\mathrm{Ba}^{137}$*.

Abb. 68n zeigt schließlich den Zerfall von $_{48}\mathrm{Cd}^{107}$ in $_{47}\mathrm{Ag}^{107}$, der ebenfalls über einen isomeren Zustand führt.

C. Genauigkeit radioaktiver Messungen
1. Statistische Meßgenauigkeit
a) Statistische Natur der Radioaktivität

Der radioaktive Zerfall unterliegt statistischen Gesetzen. Wenn wir ein langlebiges radioaktives Präparat, dessen Aktivität sich während des Versuches praktisch nicht ändert, mehrere Male hintereinander messen, und zwar unter

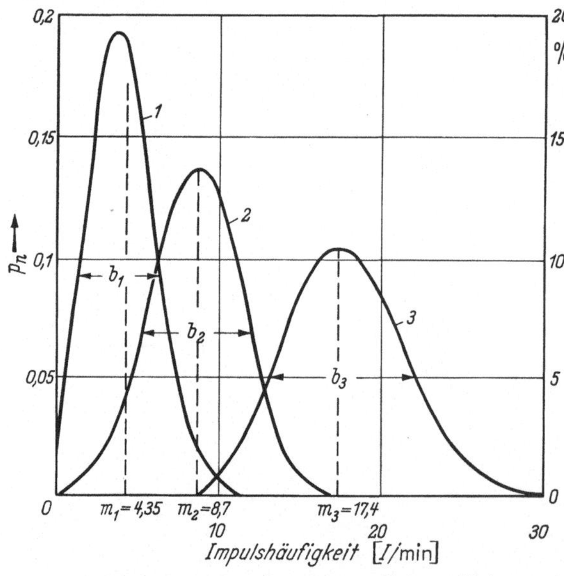

Abb. 69. Beobachtete Verteilungskurven für verschieden große Meßeffekte

Tabelle 8. *Schwankungen der Impulshäufigkeit bei mehrfacher Messung eines radioaktiven Präparates*

n	Beobachtete Häufigkeit	p_n beob.	$p_n = \dfrac{m^n}{n!}e^{-m}$ (POISSON)
0	5	0,014	0,0129
1	28	0,077	0,0561
2	42	0,116	0,1220
3	65	0,179	0,1770
4	67	0,184	0,1920
5	64	0,176	0,1670
6	42	0,116	0,1210
7	28	0,077	0,0750
8	10	0,028	0,0410
9	7	0,019	0,0200
10	5	0,014	0,0086
11	1	0,003	0,0034
12	0	0	0,0012
13	0	0	0,0004

364 = Zahl der Einzelmessungen
$m = 4{,}35$

völlig identischen Meßbedingungen, so ergeben sich verschiedene Meßeffekte. Die beobachteten Meßeffekte (Impulshäufigkeiten pro Zeiteinheit) gruppieren sich aber um einen mittleren Wert. Die prozentualen positiven oder negativen Abweichungen der einzelnen Werte von diesem *Mittelwert* sind um so kleiner, je größer die beobachteten Einzelmeßeffekte sind. Eine hohe Gesamtimpulszahl erhält man mit starken Präparaten, bei hoher Nachweisempfindlichkeit der Meßanordnung oder durch entsprechend lange Meßdauer.

Zur Erklärung dieses Sachverhaltes werden in Tabelle 8 und Abb. 69 die Ergebnisse dreier Meßreihen wiedergegeben und besprochen. Drei relativ schwache

---

* Das Zerfallsschema von Cs^{137} wurde in Abb. 68k vereinfacht dargestellt.

Präparate, deren Präparatstärken sich wie 1:2:4 verhielten, wurden jeweils 364mal gemessen. Wie nicht anders zu erwarten, waren die Meßeffekte jeder Meßreihe verschieden groß. So wurde z.B. bei der ersten Meßreihe der Meßeffekt $n = 0$ unter 364 Messungen 5mal beobachtet, der Meßeffekt $n = 1$ 28mal usw. (s. Tabelle 8, Spalte 1 und 2). Die beobachtete relative Häufigkeit

$$p_{n\,\text{beob}} = \frac{\text{Häufigkeit eines bestimmten Meßeffektes}}{\text{Gesamtzahl der Messungen}}$$

für den Meßeffekt $n = 1$ berechnet sich zu

$$p_{1\,\text{beob}} = \frac{28}{364} = 0{,}077$$

(s. Tabelle 8, Spalte 3).

Diese Zahlenwerte, aufgetragen als Funktion der Größe des Meßeffektes, ergeben Kurve 1 der Abbildung 69. Die Auswertung der beiden anderen Meßreihen mit doppelt bzw. vierfach so starken Präparaten ergeben Kurve 2 und 3 der Abb. 69. Man sieht, daß bestimmte Meßeffekte häufiger, andere weniger häufig auftreten, und daß sich die beobachteten Meßeffekte um einen Mittelwert der Größe $\bar{n} = 4{,}35$ bzw. 8,7 bzw. 17,4 I/min gruppieren, der am häufigsten auftritt.

Dieser Mittelwert $\bar{n}$ errechnet sich für die erste Meßreihe aus der Gesamtzahl der beobachteten Impulse $(5 \cdot 0 + 28 \cdot 1 + 42 \cdot 2 + \cdots) = 1547$, dividiert durch die Gesamtzahl der Messungen $(= 364)$.

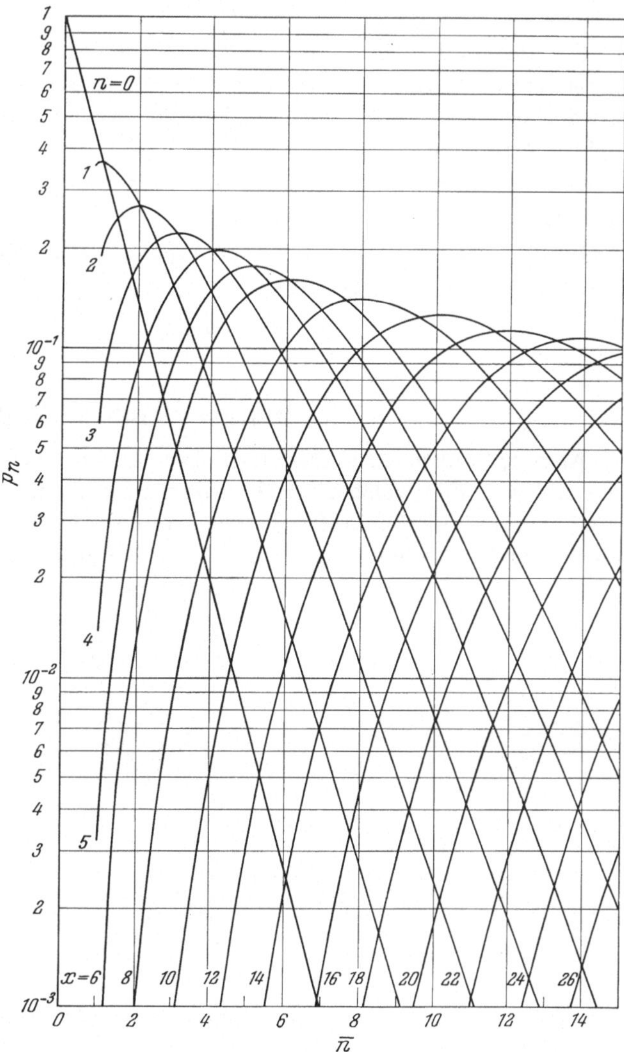

Abb. 70. Die Poissonsche Funktion, $\bar{n} =$ erwartete, $n =$ beobachtete Zahl der Ereignisse

Welche Aussagen erlaubt nun der Vergleich der drei in Abb. 69 wiedergegebenen Meßreihen? Bei der ersten Meßreihe tritt ein Meßeffekt, der nur halb so groß wie der Mittelwert $(n = \frac{1}{2}\bar{n} = 2{,}18$ I/min) mit einer Wahrscheinlichkeit von etwa $p_{2,18} = 0{,}15$ auf, kommt also etwa gegenüber dem Mittelwert $\bar{n}$ $(p_{\bar{n}} = 0{,}19)$ relativ häufig vor.

Für die zweite Meßreihe ergibt sich das Zahlenpaar $p_{4,35}=0{,}04$ $p_{\bar{n}}=0{,}13$. Meßeffekte, die halb so groß sind wie der Mittelwert, kommen also gegenüber dem Mittelwert hier wesentlich weniger häufig vor, d.h. die Messung ist genauer.

Bei bekanntem Mittelwert $\bar{n}$ läßt sich die Wahrscheinlichkeit p_n berechnen, mit welcher ein anderer, davon abweichender Meßwert n beobachtet wird. Nach POISSON gilt für diese Wahrscheinlichkeit die Beziehung

$$p_n = \frac{\bar{n}^n}{n!}\, e^{-\bar{n}}.$$

Für das in Tabelle 8 angegebene Beispiel sind die berechneten Zahlenwerte in der letzten Spalte der Tabelle 8 angegeben. Daß diese Zahlenwerte nicht ganz mit den beobachteten Werten (in Tabelle 8 vorletzte Zeile) übereinstimmen, darf nicht überraschen.

Die Poissonsche Formel ist für die Auswertung recht unhandlich. Aus diesem Grunde wird Abb. 70 eingeschoben.

In der Praxis wird das *Poissonsche Gesetz* durch das *Gaußsche Fehlergesetz*

$$p_n = \frac{1}{\sqrt{2\pi\bar{n}}}\, e^{-\frac{(n-\bar{n})^2}{2\bar{n}}}$$

ersetzt.

b) Mittlerer statistischer Fehler

Aus der Gaußschen Verteilungskurve (s. Abb. 71) läßt sich die Wahrscheinlichkeit ablesen, mit welcher ein bestimmter, vom Mittelwert abweichender Meßeffekt durchschnittlich auftritt. Die Summe aller Wahrscheinlichkeiten, also die Fläche der Gaußschen Kurve, muß natürlich gleich Eins sein.

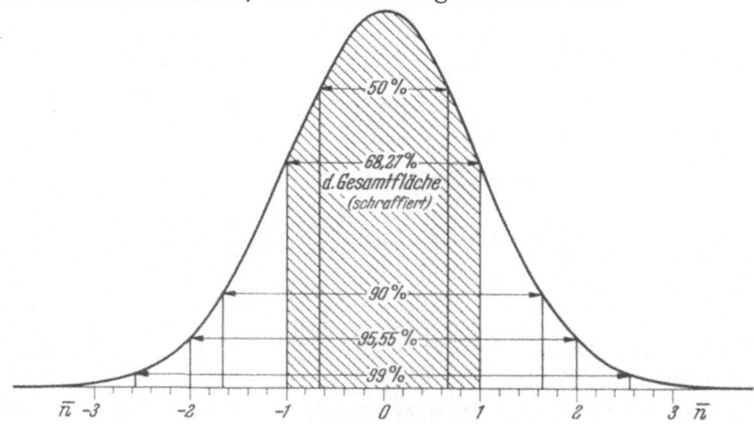

Abb. 71. Gaußsche Verteilungskurve

Man kann nun die Genauigkeit eines Meßeffektes N dadurch charakterisieren, daß man die Abweichung desselben vom Mittelwert mehrerer Meßeffekte mit einer Streuungsweite um den Mittelwert vergleicht, innerhalb welcher z.B. 68% aller Meßwerte liegen. Diese Streuung nennt man den *mittleren statistischen Fehler M*. Für ihn gilt die Beziehung

$$M = \pm\,\sqrt{N}.$$

Der Meßeffekt N einer radioaktiven Messung liegt also in durchschnittlich 68%
der Fälle innerhalb der Werte

$$N - \sqrt{N} \quad \text{und} \quad N + \sqrt{N}.$$

Liegen zwei an sich vergleichbare, ihrer Größe nach aber verschiedene Meßeffekte vor, so läßt sich die Wahrscheinlichkeit angeben, mit welcher diese
— statistisch betrachtet — als gleich oder verschieden anzusehen sind. Im allgemeinen werden diese als ungleich betrachtet, wenn sie sich um mehr als das
Dreifache des mittleren statistischen Fehlers ($3\sqrt{N}$) unterscheiden (s. später). Die
Wahrscheinlichkeit einer Fehlentscheidung beträgt dann nur etwa 0,27%, d.h.
von 300 Meßeffekten fällt durchschnittlich nur ein einziger aus dem Rahmen.

In der Literatur findet man häufig auch den sog. $^{9}/_{10}$- und $^{99}/_{100}$-Fehler. 90
bzw. 99% der Meßwerte liegen dann durchschnittlich innerhalb, entsprechend
10 bzw. 1% außerhalb der Grenzen:

$$N - 1{,}6449\sqrt{N} \quad \text{und} \quad N + 1{,}6449\sqrt{N}$$

bzw.

$$N - 2{,}5758\sqrt{N} \quad \text{und} \quad N + 2{,}5758\sqrt{N}.$$

Statt des mittleren statistischen Fehlers M gibt man häufig den *prozentualen,
mittleren statistischen Fehler* f an:

$$f = \frac{1}{\sqrt{N}}\,100\%.$$

Meist ist die Impulshäufigkeit pro Zeiteinheit (im allgemeinen pro Minute)
von Interesse, also die Größe

$$n = \frac{N}{t}.$$

Die vollständige Angabe eines Meßwertes (I/min) zusammen mit dem mittleren
statistischen Fehler lautet:

$$E = \frac{N}{t} \pm \frac{\sqrt{N}}{t} = \frac{N}{t} \pm \sqrt{\frac{N}{t^2}},$$

$$E = n \pm \sqrt{\frac{n}{t}}.$$

c) Gaußsches Fehler-Fortpflanzungsgesetz

Sehr häufig hängt die Meßgröße von mehreren Einzelmessungen ab, die teilweise oder alle statistischen Schwankungen unterliegen. Zum Beispiel ist bei allen
Meßgeräten zum Nachweis radioaktiver Strahlung ein mehr oder weniger großer
Nulleffekt vorhanden, der von dem Meßeffekt des Präparates subtrahiert werden
muß. Der gesuchte Nettowert ist also von dem Ergebnis zweier Messungen abhängig, welche beide statistischen Schwankungen unterliegen.

Wenn die gewünschte Größe E allgemein eine Funktion mehrerer Einzel-
meßwerte ist, also

$$E = f(E_1, E_2, \ldots),$$

wobei jeder Einzelwert E_k aus der Messung einer Impulszahl N_k in t_k Minuten zu
n_k/t_k berechnet wird, so gilt nach dem *Gaußschen Fortpflanzungsgesetz* für den
mittleren statistischen Fehler m der Größe E die Beziehung

$$m = \pm\sqrt{\left(m_1\frac{\partial E}{\partial n_1}\right)^2 + \left(m_2\frac{\partial E}{\partial n_2}\right)^2 + \cdots},$$

wobei $\dfrac{\partial E}{\partial n_1}$; $\dfrac{\partial E}{\partial n_2}$; ... durch Differentiation der Funktion $E = f(E_1, E_2, ...) = f(n_1, n_2, ...)$ nach n_1, n_2, ... erhalten werden. Die zur Berechnung von m notwendigen mittleren statistischen Fehler der Einzelmessungen ergeben sich (s. oben) aus

$$m_k = \pm \sqrt{\frac{n_k}{t_k}} = \pm \sqrt{\frac{N_k}{t_k^2}}\,.$$

d) Mittlerer statistischer Fehler einer Differenzmessung

Wenn die Impulshäufigkeit des Präparates nicht wesentlich größer ist als diejenige des Nulleffektes, so muß der Nulleffekt berücksichtigt werden. Dasselbe gilt für die Berechnung des mittleren statistischen Fehlers der gesuchten Meßgröße. Wir wollen annehmen, daß mit einem Präparat in t_1 Minuten insgesamt N_1 Impulse beobachtet werden, für den Nulleffekt dagegen in t_0 Minuten N_0 Impulse. Der mittlere statistische Fehler m für den Differenzwert der beiden Meßeffekte, nämlich:

$$E = \frac{N_1}{t_1} - \frac{N_0}{t_0} = n_1 - n_0$$

ist

$$m = \pm \sqrt{\frac{N_1}{t_1^2} + \frac{N_0}{t_0^2}} = \pm \sqrt{\frac{n_1}{t_1} + \frac{n_0}{t_0}}\,*.$$

Der prozentuale statistische Fehler läßt sich direkt aus der Abb. 72 ablesen.

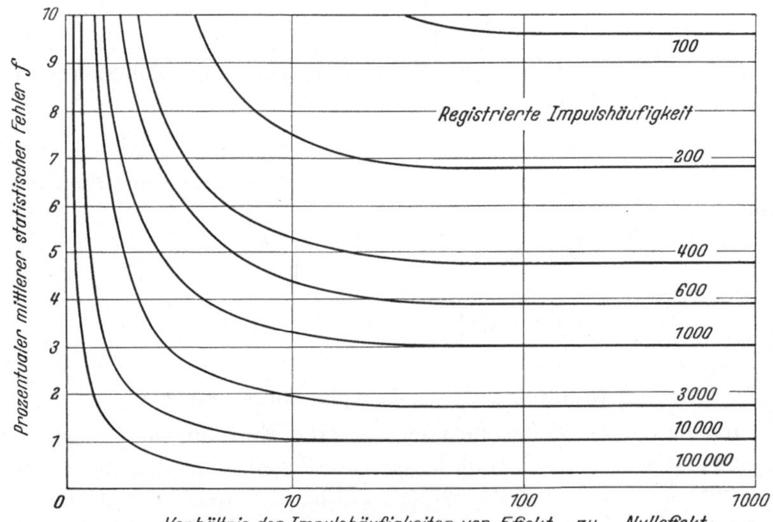

Abb. 72. Prozentualer mittlerer statistischer Fehler in Abhängigkeit von der Größe des Effektes und des Nulleffektes

---

Zahlenbeispiel:

$$N_1 = 2746 \text{ Impulse in } t_1 = 20 \text{ Minuten}; \quad n_1 = 137,3 \text{ I/min}$$
$$N_0 = 389 \text{ Impulse in } t_0 = 10 \text{ Minuten}; \quad n_0 = 38,9 \text{ I/min}.$$

Damit ergibt sich:

$$E = n_1 - n_0 = 98,4 \text{ I/min}.$$

Der zugehörige mittlere statistische Fehler ist:

$$m = \pm \sqrt{\frac{2746}{400} + \frac{389}{100}} = \pm 3,3\,.$$

Damit lautet die vollständige Meßgrößenangabe:

$$E = (98,4 \pm 3,3) \text{ I/min}.$$

e) Mittlerer statistischer Fehler für den Quotienten zweier Differenzen

Bei allen Relativmessungen, bei welchen eine bestimmte Meßprobe mit einem Vergleichspräparat verglichen wird, sind dreierlei Messungen erforderlich: Die Messung der Meßprobe $n_1 = \dfrac{N_1}{t_1}$, die Messung des Ausgangs- oder Vergleichspräparates $n_2 = \dfrac{N_2}{t_2}$ und die Messung des Nulleffektes $n_0 = \dfrac{N_0}{t_0}$. Der Wert

$$E = \frac{n_1 - n_0}{n_2 - n_0}$$

gibt an, wieviel mal stärker das zu messende Präparat ist als das Vergleichspräparat*. Der mittlere, statistische Fehler von E ist:

$$m = \pm \frac{1}{(n_2 - n_0)^2} \sqrt{\frac{n_1}{t_1}(n_2 - n_0)^2 + \frac{n_2}{t_2}(n_0 - n_1)^2 + \frac{n_0}{t_0}(n_1 - n_2)^2} \; **$$

und der prozentuale, statistische Fehler

$$f = \pm \frac{100}{(n_1 - n_0)(n_2 - n_0)} \sqrt{\frac{n_1}{t_1}(n_2 - n_0)^2 + \frac{n_2}{t_2}(n_0 - n_1)^2 + \frac{n_0}{t_0}(n_1 - n_2)^2} .\; **$$

* Voraussetzung für diesen Vergleich sind natürlich völlig identische Meßbedingungen. Anderenfalls müssen an die Werte $(n_1 - n_0)$ bzw. $(n_2 - n_0)$ Korrektionen angebracht werden (s. später).

** *Zahlenbeispiel:*

$$N_1 = 1058 \text{ Impulse in } t_1 = 35 \text{ min}; \quad n_1 = \frac{N_1}{t_1} = 30{,}2 \text{ I/min}$$

$$N_2 = 956 \text{ Impulse in } t_2 = 20 \text{ min}; \quad n_2 = \frac{N_2}{t_2} = 47{,}8 \text{ I/min}$$

$$N_0 = 216 \text{ Impulse in } t_0 = 15 \text{ min}; \quad n_0 = \frac{N_0}{t_0} = 14{,}4 \text{ I/min}$$

$$\begin{aligned}
n_1 - n_0 &= 15{,}8 & n_1 : t_1 &= 0{,}86 \\
n_2 - n_0 &= 33{,}4 & n_2 : t_2 &= 2{,}39 \\
n_2 - n_1 &= 17{,}6 & n_0 : t_0 &= 0{,}96
\end{aligned}$$

$$m = \pm \frac{1}{33{,}4^2} \sqrt{0{,}86 \cdot 1116 + 2{,}39 \cdot 243 + 0{,}96 \cdot 310} = \pm \frac{\sqrt{1838}}{33{,}4^2} = \pm 0{,}04.$$

Das Meßpräparat ist also $(0{,}47 \pm 0{,}04)$mal so stark wie das Vergleichspräparat. Der prozentuale Fehler dieser Zahlenangabe ist $\dfrac{0{,}04 \cdot 100}{0{,}47} = 8{,}5\%$. Die entsprechenden Fehler für die Einzelmessungen n_1, n_2 bzw. n_0 betragen vergleichsweise 3; 3,2 bzw. 6,8%.

Die Berechnung des prozentualen statistischen Fehlers für die Größe E kann näherungsweise (der so errechnete Fehler ist größer als nach obiger Formel) wie folgt berechnet werden:

Man errechnet die prozentualen Fehler des Zählers und Nenners (die der beiden Nettoeffekte), also:

$$f_Z = \frac{\sqrt{\dfrac{n_1}{t_1} + \dfrac{n_0}{t_0}}}{n_1 - n_0} \, 100\% \quad \text{bzw.} \quad f_N = \frac{\sqrt{\dfrac{n_2}{t_2} + \dfrac{n_0}{t_0}}}{n_2 - n_0} \, 100\%$$

und aus

$$f = \sqrt{f_Z^2 + f_N^2} \, \%$$

den gesuchten prozentualen Fehler der Größe E. Im Zahlenbeispiel also:

$$f_Z = \frac{\sqrt{0{,}86 + 0{,}96}}{15{,}8} \cdot 100\% = 8{,}6\%$$

$$f_N = \frac{\sqrt{2{,}39 + 0{,}96}}{33{,}4} \cdot 100\% = 5{,}5\% \quad \text{und}$$

$$f = \sqrt{74 + 30} = 10{,}2\% \quad \text{(statt 8,5\% nach der exakten Rechnung).}$$

f) Günstige Aufteilung der Gesamtmeßdauer auf Präparatmessung und Nulleffektmessung

Wenn eine begrenzte Meßdauer zur Verfügung steht, sei es, daß eine große Zahl von Proben ausgemessen werden soll oder die Halbwertzeit des betreffenden Radionuclids entsprechend klein ist, so muß man, um zu einem möglichst kleinen statistischen Fehler zu kommen, die Gesamtmeßdauer auf die Messung des Effektes bzw. Nulleffektes günstig aufteilen. Betrachten wir nochmals das Zahlenbeispiel 1 im letzten Abschnitt. Wäre der Nulleffekt nicht 10 min, sondern genau so lange wie das Präparat, also 20 min gemessen worden, so wäre die Genauigkeit nur unwesentlich, nämlich von 3,4% auf 2,9% verbessert worden[1].

Zur überschlägigen Einteilung der Gesamtmeßdauer auf die beiden Einzelmessungen kann man sich des in Abb. 73 wiedergegebenen Nomogramms bedienen. Man verwendet hierzu Näherungswerte für die Meßeffekte von Präparat und Nulleffekt. Die Verbindungslinie der entsprechenden Zahlenwerte ergibt auf der mittleren

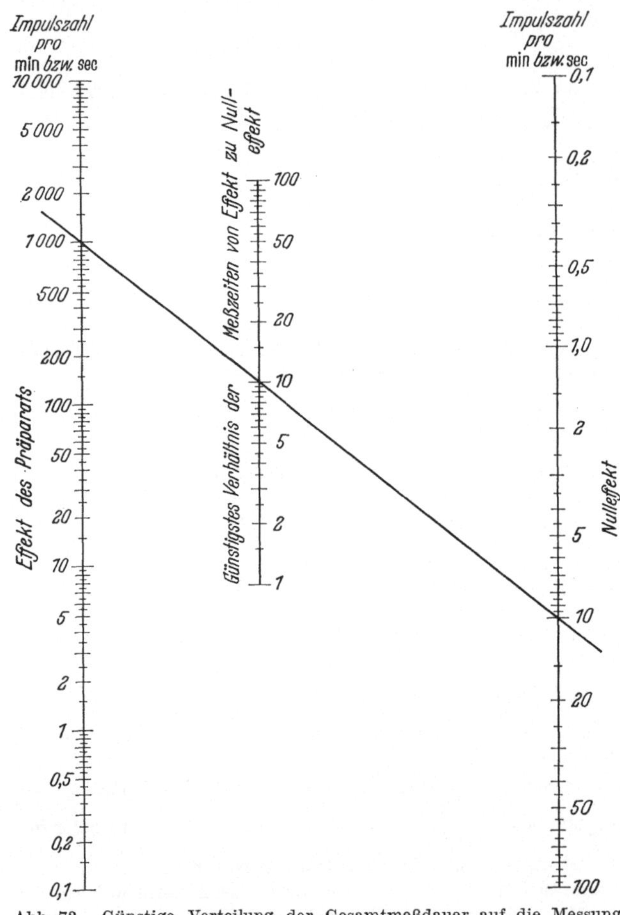

Abb. 73. Günstige Verteilung der Gesamtmeßdauer auf die Messung von Präparat und Nulleffekt (nach A. A. JARETT[1])

Zahlenskala das optimale Zeitverhältnis. Bei einem Meßeffekt von 137 I/min und einem Nulleffekt von 39 I/min genügt es nach Abb. 73, für die Messung des Nulleffektes nur die halbe Zeit aufzuwenden wie für die Messung des Präparates. Als Faustregel gilt: Ist das Verhältnis der beiden Meßeffekte für Präparat und Nulleffekt kleiner als 5, so können etwa gleich große Meßzeiten gewählt werden. Für Verhältniswerte über 5 wird das Präparat fünfmal so lange gemessen wie der Nulleffekt. Für sehr große Verhältniswerte ($>$ 150) spielt der Nulleffekt keine Rolle mehr, so daß seine Messung entfallen kann.

---

[1] JARETT, A. A.: USA. E. C. Rept. — AECU-262 (1946).

g) Mittlerer statistischer Fehler für Ratemeter und Ionisationskammer

Bei vielen Messungen wird nicht die Impulszahl pro Minute bestimmt, sondern ein mittlerer Strom, der sich dadurch ergibt, daß die Impulse in gleichartige Impulse umgewandelt und einer sog. Integratorschaltung zugeleitet werden. Diese besteht aus einer Kapazität C und einem Ohmschen Widerstand R, über den der Meßstrom fließt. Der dabei an diesem Widerstand entstehende Spannungsabfall ist proportional der mittleren Impulszahl. Die RC-Kombination muß der Impulshäufigkeit angeglichen sein. Ist das Produkt $R \cdot C$ (*Zeitkonstante*) zu klein, so sind starke Schwankungen der Meßgröße vorhanden. Wird die Zeitkonstante z. B. bei kleinerer Präparatstärke größer gewählt, dann dauert es länger, bis bei einer Änderung der Impulshäufigkeit die Meßgröße sich ändert. Die Anzeige erscheint verzögert. Ehe eine Messung gemacht werden kann, muß man den Gleichgewichtszustand abwarten. Das dauert um so länger, je größer die Änderung der Impulshäufigkeit und je größer die Zeitkonstante ist.

Nach KIP u. Mitarb.[1] beträgt der mittlere statistische Fehler bei einem integrierenden Meßgerät für radioaktive Strahlung

$$\tau = \pm\, 0{,}71 \sqrt{\frac{n}{R \cdot C}}\,.$$

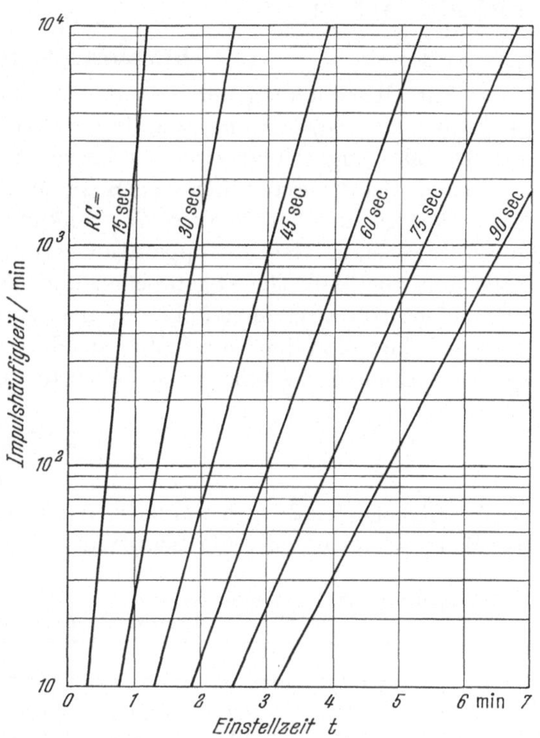

Abb. 74. Einstellzeit eines integrierenden Gerätes bis zum Gleichgewichtszustand

Dabei bedeutet n die Impulshäufigkeit pro Minute, welche dem abgelesenen Stromwert aufgrund einer einmal vorgenommenen Eichung entspricht, $R \cdot C$ die Zeitkonstante des Systems.

Die Zeitkonstante $R \cdot C$ läßt sich leicht bestimmen. Sie ist die Zeit, nach welcher der Stromausschlag bei Entfernung des Präparates auf den e-ten Teil, d. h. auf etwa 37 % des abgelesenen Wertes zurückgegangen ist.

Häufig registriert man den Meßeffekt mit einem Schreiber. Für diesen Fall gilt als mittlerer statistischer Fehler der Wert

$$\tau(T) = \tau\, \frac{\sqrt{1 + \dfrac{2T}{RC}}}{1 + \dfrac{T}{RC}},$$

---

[1] KIP, A., A. BOUSQUET, R. D. EVANS u. W. TUTTLE: RST 17, 323 (1946).

wobei τ der in der letzten Beziehung angegebene mittlere statistische Fehler für eine einmalige Ablesung ist, während T die Zeitspanne bedeutet, während welcher die Mittelung vorgenommen wird.

Beide Gleichungen sind nur gültig, wenn sich der Ausschlag am integrierenden Gerät im Gleichgewichtszustand befindet. Das ist nach einer Einstellzeit von

$$t = R \cdot C \left(\tfrac{1}{2}\ln 2\, N\,R\,C + 0,394\right)$$

der Fall (s. Abb. 74[1]).

h) Statistische Reinheit

α) Zur Überwachung der gesamten Meßeinrichtung wird ein sog. Standard-präparat (s. S. 166) mitgemessen, dessen Aktivität bekannt und relativ langlebig ist. Die Messung erfolgt zweckmäßigerweise während einer längeren Meßreihe mehrfach. Selbstverständlich zeigen die Meßeffekte statistische Schwankungen. Es ist aber festzustellen, ob diese Schwankungen statistisch bedingt sind oder z.B. durch Inkonstanz der Meßapparatur verursacht werden. In diesem letzteren Falle muß die Meßreihe abgebrochen und als ungültig erklärt werden. Um zu entscheiden, ob zwei Meßeffekte n_1 und n_2 als verschieden angesehen werden müssen, bildet man den Quotienten aus der Differenz der beiden Werte und dem leicht errechenbaren statistischen Fehler der Differenz, also

$$q = \frac{n_1 - n_2}{\sqrt{\dfrac{n_1}{t_1} + \dfrac{n_2}{t_2}}}\,.$$

Aus Tabelle 9 läßt sich dann die Wahrscheinlichkeit p dafür entnehmen, daß der Wert q erreicht oder überschritten wird. Wenn p größer ausfällt als 0,1, so

Tabelle 9. *Wahrscheinlichkeit p dafür, daß die Verschiedenheit zweier Meßwerte statistische Ursachen hat*[2]

q	0	1	2	3	4	5	6	7	8	9
1	0,159	0,136	0,115	0,097	0,081	0,067	0,055	0,045	0,036	0,029
2	0,023	0,018	0,014	0,011	0,008	0,006	0,005	0,003	0,003	0,002
3	0,00135	0,00097	0,00068	0,00048	0,00034	0,00023	0,00016	0,00011	0,00007	0,00005
4	0,0000317	0,0000207	0,0000133	0,0000085	0,0000054	0,0000034	0,0000021	0,0000013	0,0000008	0,0000005

sind die gemessenen Unterschiede statistischer Natur. Wird $p < 0,05$, so bestehen bereits Zweifel an dieser Annahme. Für $p < 0,01$ muß man Gründe für die Abweichung suchen*.

Beispiel:

$$N_1 = 9\,600 \text{ Impulse} \qquad t_1 = 8 \text{ min} \qquad n_1 = 1200 \text{ I/min}$$
$$N_2 = 13\,900 \text{ Impulse} \qquad t_2 = 12 \text{ min} \qquad n_2 = 1160 \text{ I/min}$$
$$n_1 - n_2 = 40 \text{ I/min}$$

$$m = \pm\sqrt{\frac{n_1}{t_1} + \frac{n_2}{t_2}} = \pm\sqrt{150 + 96} = \pm 15,6; \qquad q = \frac{40}{15,6} = 2,8; \qquad p = 0,003.$$

Es besteht also in diesem Falle Veranlassung, die Verschiedenheit der beiden Meßeffekte auf *nicht statistische* Ursachen zurückzuführen.

[1] OVERMAN, R. T., u. H. M. CLARK: Radioisotope techniques. New York: McGraw-Hill Book Co. 1960.

[2] JARETT, A. A.: Statistical methods used in the measurements of radioactivity USA, E.C.-Rept.-AECU-262 (1946).

Der beschriebene Test ist relativ einfach und schnell vorzunehmen. Er ist aber nur statthaft, wenn eine gewisse Mindestzahl an Impulsen (mehr als 30 Impulse) je Messung registriert worden ist.

β) Wenn eine größere Zahl von Einzelmessungen ein und desselben Präparates vorliegt, nach deren Glaubwürdigkeit gefragt wird, nimmt man den sog. χ^2-Test zu Hilfe. Man bildet

$$\chi^2 = \frac{(n_1 - \bar{n})^2 + (n_2 - \bar{n})^2 + \cdots + (n_k - \bar{n})^2}{\dfrac{n}{t}},$$

wobei $n_1, n_2, \ldots, n_k$ die Impulszahlen der k Einzelmessungen bedeuten und das arithmetische Mittel der Einzelmessungen

$$\bar{n} = \frac{n_1 + n_2 + \cdots + n_k}{k}$$

ist. Die Zeitdauer t ist dabei für alle Einzelmessungen gleich groß.

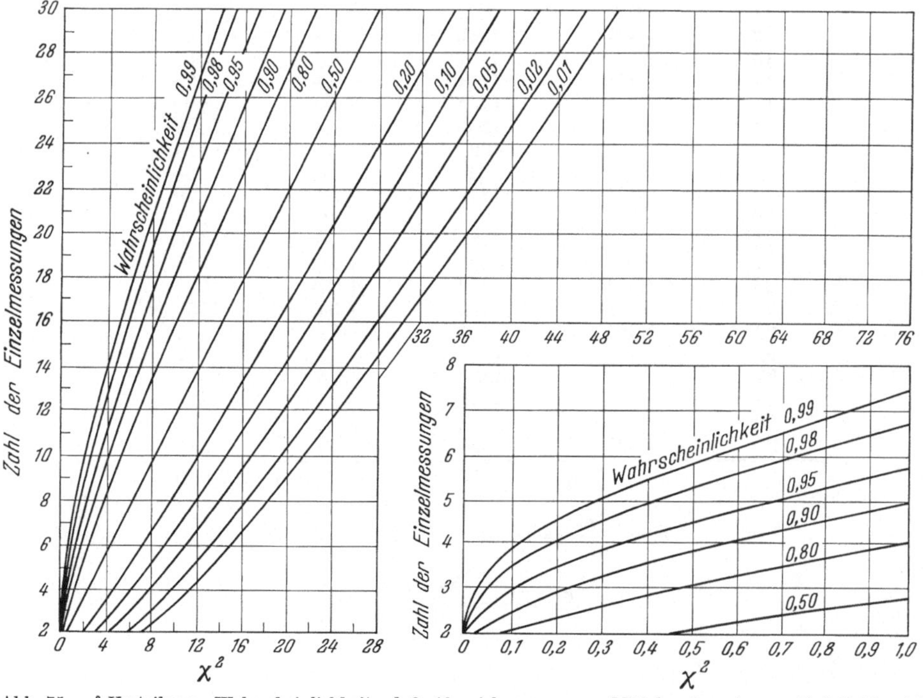

Abb. 75. χ^2-Verteilung. Wahrscheinlichkeit, daß Abweichungen vom Mittelwert mehrerer Meßeffekte nicht statistischer Natur sind

Mit dem errechneten χ^2-Wert läßt sich aus Abb. 75 die Wahrscheinlichkeit p entnehmen, ob die beobachteten Schwankungen statistischer Natur sind oder andere Gründe haben*.

---

* *Beispiel:* Durch 30 Einzelmessungen sind die in Tabelle 10, Spalte 3, zusammengestellten Einzel-Meßeffekte n_k erzielt worden. Als arithmetisches Mittel $\bar{n}$ findet man $\bar{n} = 4255$ I/min. Die Abweichungen der einzelnen Meßeffekte vom Mittelwert $n_k - \bar{n}$ sind in Spalte 4, deren Quadrate in Spalte 5 der Tabelle 10 zusammengestellt

Mit dem daraus errechneten χ^2-Wert von $25,8 \cong 26$ und der Zahl der Einzelmessungen (hier 30) findet man mit Hilfe der Abb. 75 die Wahrscheinlichkeit $p = 0,6$. Hieraus läßt sich schließen, daß die Abweichungen der Einzelmessungen vom Mittelwert mit großer Sicherheit statistischer Natur sind.

γ) Bei einer anderen Prüfung wird eine graphische Methode mit Hilfe von Beckelschem Wahrscheinlichkeitspapier angewendet*.

Tabelle 10. *Überprüfung der Glaubwürdigkeit einer Meßreihe*

Nummer k der Messung	Impuls-häufigkeit	I/min (n_k)	$n_k - \bar{n}$	$(n_k - \bar{n})^2$
1	8636	4318	$+63$	3969
2	8458	4229	-26	676
3	8461	4231	-24	576
4	8616	4308	$+53$	2809
5	8638	4319	$+64$	4096
6	8488	4244	-11	121
7	8477	4239	-16	256
8	8467	4234	-21	441
9	8483	4242	-13	169
10	8491	4246	-9	81
11	8534	4267	$+12$	144
12	8492	4246	-9	81
13	8393	4197	-58	3364
14	8482	4241	-14	196
15	8390	4195	-60	3600
16	8403	4202	-53	2809
17	8453	4227	-28	784
18	8477	4239	-16	256
19	8495	4248	-7	49
20	8547	4274	$+19$	361
21	8398	4199	-56	3136
22	8561	4281	$+26$	676
23	8564	4282	$+27$	729
24	8578	4289	$+34$	1156
25	8387	4194	-61	3721
26	8505	4253	-2	4
27	8705	4353	$+98$	9604
28	8697	4349	$+94$	8836
29	8583	4292	$+37$	1369
30	8452	4226	-29	841

$$\sum n_k = 127664 \qquad \sum (n_k - \bar{n})^2 = 54910$$

$$\bar{n} = \frac{\sum n_k}{k} = 4255; \qquad t = 2$$

$$\chi^2 = \frac{\sum (n_k - \bar{n})^2}{\dfrac{\bar{n}}{t}} = \frac{54910}{2128} = 25{,}8$$

nach Abb. 75 damit $p = 0{,}6$

2. Zählverluste durch begrenztes Auflösungsvermögen des Meßgerätes

a) Ermittlung der Zählverluste bei bekanntem Auflösungsvermögen

Bei der Ausmessung stärkerer radioaktiver Präparate werden nicht alle Zählrohrimpulse registriert. Infolge der Totzeit des Zählers, der endlichen Zeitkonstante des Verstärkers und der mechanischen Trägheit des Zählwerkes wird ein um so größerer Bruchteil der Zählimpulse unterdrückt, je stärker das Präparat ist.

---

* Einzelheiten zusammen mit einem Beispiel findet man bei HERFORTH, L., und H. KOCH, Radiophysikalisches und radiochemisches Praktikum, Deutscher Verlag der Wissenschaften, Berlin 1959.

Bei Zählrohrmessungen unter Verwendung von Untersetzern und nichtmechanischen Zählern ist die Totzeit des Zählrohres maßgebend. Beim Szintillationszähler

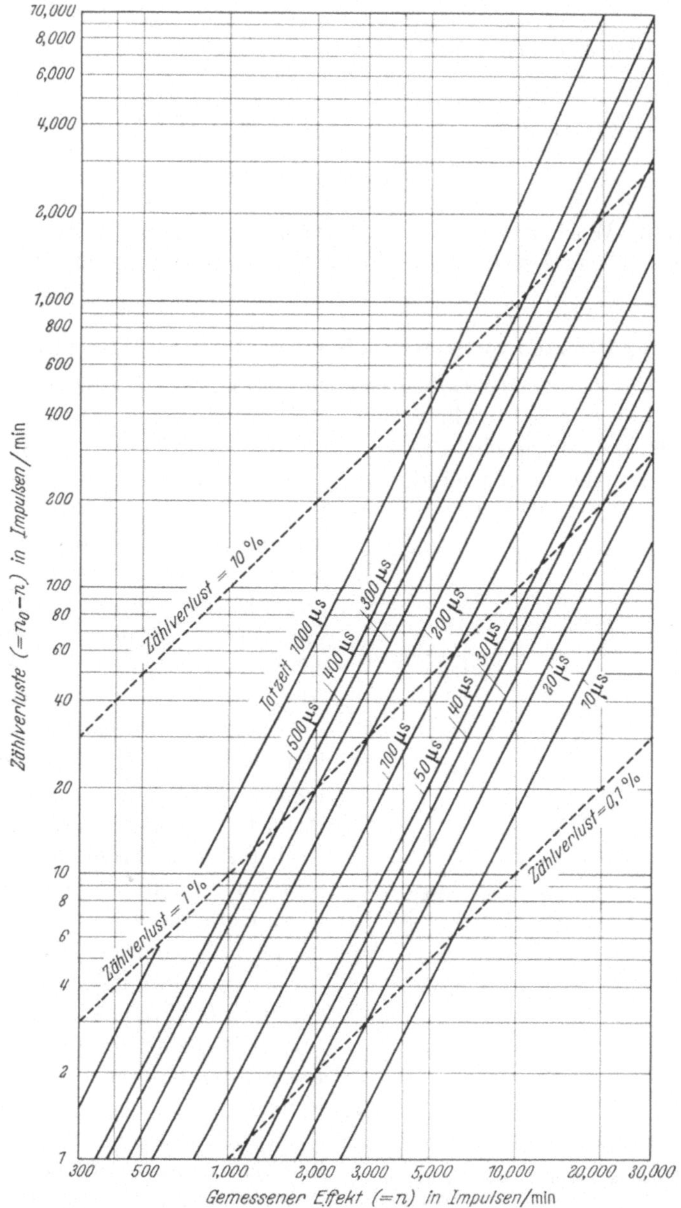

Abb. 76. Zählverluste in Abhängigkeit von der Größe des Effektes und für verschiedene Totzeiten
(nach W. J. WHITENHOUSE und J. L. PUTMAN [1])

mit seinem wesentlich besseren Auflösungsvermögen kann auch der Verstärkerteil die Größe beeinflussen.

[1] WHITEHOUSE, W. J., u. J. L. PUTMAN: Radioactive isotopes. Oxford: Clarendon Press 1953.

Wenn n_0 die tatsächliche Impulshäufigkeit darstellt und n die beobachtete Impulshäufigkeit, gilt die Beziehung

$$n_0 = \frac{n}{1 - n\tau}.$$

Der absolute *Zählverlust* ist damit

$$n_0 - n = \frac{n^2 \tau}{1 - n\tau},$$

der prozentuale Zählverlust

$$\frac{n_0 - n}{n_0} \cdot 100 = n \cdot \tau \cdot 100\,\%.$$

Bei bekanntem Wert τ läßt sich der absolute Zählverlust aus Abb. 76 ablesen. Unterhalb der gestrichelten Linien beträgt er weniger als 10 bzw. 1 bzw. 0,1 % *.

b) Direkte experimentelle Bestimmung der Zählverluste

Da in der Praxis das Auflösungsvermögen häufig nicht genügend gut bekannt ist, versucht man, die Zählverluste möglichst direkt zu bestimmen. Dieses kann auf verschiedene Arten geschehen.

1. Man stellt sich durch Verdünnung einer radioaktiven Ausgangsaktivität Präparate her, deren Intensität sich jeweils um den Faktor 2 unterscheiden. Die schwächsten Präparate müssen in ihrer Stärke so ausgewählt sein, daß keine Zählverluste eintreten. Aus den gemessenen Impulshäufigkeiten der schwachen Präparate lassen sich durch Vergleich mit den Impulshäufigkeiten der starken Präparate die Zählverluste festlegen. Die Anwendung dieser Methode ist immer dann vorteilhaft, wenn flüssige Präparate vorliegen. Sie ist bei jedem Radionuclid anwendbar und bei γ-Strahlern besonders einfach.

2. Ein starkes radioaktives Präparat, das ein kurzlebiges Radionuclid enthält, z. B. Dysprosium 165 ($T_{1/2} = 2,14\,\text{h}$) oder Thorium C ($T_{1/2} = 1\,\text{h}$), wird in Zählrohrnähe gebracht und die zeitliche Intensitätsabnahme verfolgt (s. Abb. 77, Kurve 1). Die Impulshäufigkeit muß anfänglich so groß sein, daß mit Sicherheit Zählverluste auftreten. Wegen der Zählverluste bei hohen Impulshäufigkeiten ist die Kurve 1 zunächst gekrümmt, geht aber später in einen ge-

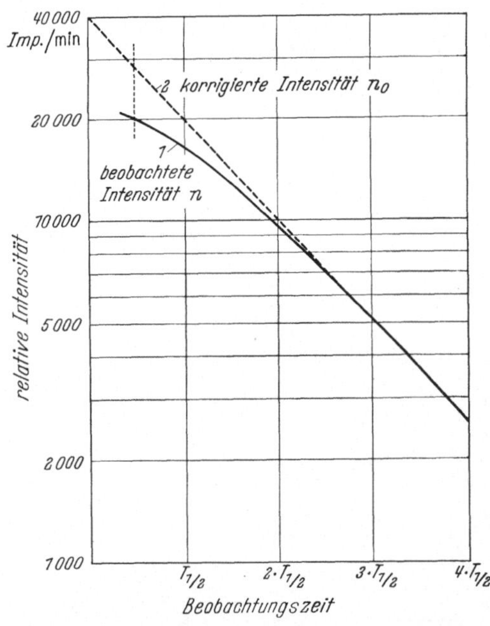

Abb. 77. Experimentelle Bestimmung der Zählverluste einer Gesamtmeßanordnung durch Messung der zeitlichen Intensitätsabnahme eines relativ kurzlebigen radioaktiven Präparates

---

* *Beispiel:* Die Totzeit des verwendeten Zählrohres betrage 400 μsec. Beobachtet wurden 3000 (bzw. 10000) I/min. Aus der Abb. 76 liest man als Schnittpunkt der Senkrechten bei 3000 (10000) und der schräg laufenden Totzeitparameterlinie für 400 μsec den Zählverlust 60 (bzw. 700) I/min ab.

raden Teil über, dessen Neigung zur Abscisse durch die Halbwertzeit des betreffenden Radionuclids bestimmt ist. Dieser gerade Teil der Kurve 1 wird nach links verlängert. Die Differenz $n_0 - n$ der beiden Kurven gibt die Zählverluste für die zugehörige gemessene Impulszahl N wieder. Für $n = 20000\,\text{I/min}$ beträgt nach Abb. 77 die wahre Teilchenzahl $n_0 = 29000\ \text{I/min}$. Wenn man will, kann man mittels eines so bestimmten Zahlenpaares aus Abb. 76 die Totzeit bestimmen. Im Beispiel ergibt sich bei dem Zählverlust von $n_0 - n = 9000\ \text{I/min}$ und dem Beobachtungswert von 20000 I/min die Totzeit $\tau = 1000$ µsec. Nachteil dieser zweiten Methode ist die Notwendigkeit eines kurzlebigen Präparates.

c) Totzeitbestimmung mit Hilfe von zwei Präparaten

Zur Bestimmung der Zählverluste mit Hilfe der Abb. 78 oder nach der in Abschnitt a angegebenen Formel benötigt man die Größe der Totzeit τ. Die Totzeit τ läßt sich mit der sog. Zweiquellenmethode bestimmen. Zwei Präparate P_1 und P_2 können nach Abb. 78 einzeln und zusammen gemessen werden. Die Präparate P_1 und P_2 werden dabei in Schieber eingesetzt, so daß eine gut reproduzierbare Meßlage garantiert ist. Die beobachteten Meßeffekte für die Einzelmessungen seien n_1 und n_2, der Meßeffekt für beide Präparate gleichzeitig n_{12}. Der Nulleffekt sei n_0. Da die Summe der beiden wahren Nettoeffekte der Präparate P_1 und P_2 gleich dem wahren Nettoeffekt der gemeinsamen Messung sein muß, gilt die Beziehung

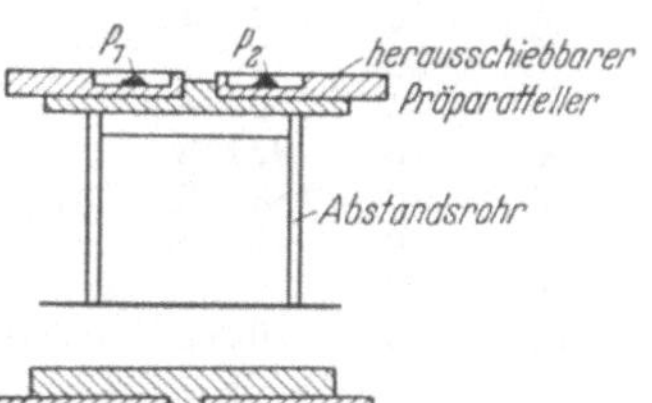

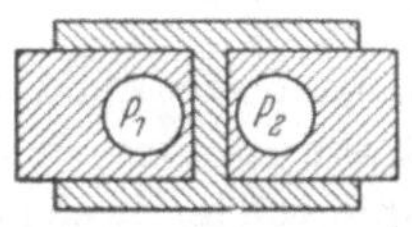

Abb. 78. Anordnung zur Messung der Totzeit (nach K. SCHMEISER[1])

$$\left(\frac{n_1}{1 - n_1\,\tau} - \frac{n_0}{1 - n_0\,\tau}\right) + \left(\frac{n_2}{1 - n_2\,\tau} - \frac{n_0}{1 - n_0\,\tau}\right) = \left(\frac{n_{12}}{1 - n_{12}\,\tau} - \frac{n_0}{1 - n_0\,\tau}\right).$$

Daraus folgt für die Totzeit:

$$\tau = \frac{n_1 + n_2 - n_{12} - n_0}{2\,(n_1 - n_0)\,(n_2 - n_0)}\left(1 + \frac{n_1 + n_2 - n_{12} - n_0}{4\,(n_1 - n_0)\,(n_2 - n_0)}\,(n_{12} - 3n_0)\right).$$

Als Näherung gilt einfacher:

$$\tau = \frac{n_1 + n_2 - n_{12} - n_0}{n_{12}^2 - n_1^2 - n_2^2},$$

allerdings auch nur in einem beschränkten Anwendungsbereich, nach BLEULER und GOLDSMITH[2] nur für Zählverluste kleiner als 10%. Ein Vorschlag, die Totzeit τ mit der Zweiquellenmethode genauer zu bestimmen, wurde von SCHULZE[3] gemacht. Die einzelnen Meßeffekte n_1, n_2 und n_{12} müssen mit großer Genauigkeit bestimmt werden. Werden die Meßeffekte sehr groß, so ist die Totzeit nicht mehr konstant, sondern von der Größe des Meßeffektes abhängig.

Beispiel: Tabelle 11, Spalte 1 bis 3, ist ein Auszug aus einem Meßprotokoll. Außer den drei hier besonders interessierenden Meßeffekten N_1, N_2 und N_{12} wurden der Nulleffekt (N_0) und der Meßeffekt eines Standardpräparates (Sta) in der angegebenen Reihenfolge bestimmt (Spalte 1). In Spalte 2 und 3 finden

---

[1] SCHMEISER, K.: Nachweis radioaktiver Isotope. In SCHWIEGK, Künstliche radioaktive Isotope. Berlin-Göttingen-Heidelberg 1953 u. 1961.

[2] BLEULER, E., u. G. J. GOLDSMITH: Experimental nucleonics. New York 1952.

[3] SCHULZE, W.: Z. Elektrochem. **64** (8, 9) 1089 (1960).

Tabelle 11. *Bestimmung des Auflösungsvermögens einer Zählanordnung mittels der Zweipräparatemethode*

Art der Messung	Meßdauer der Einzelmessung in Minuten	Impulszahl der Einzelmessung	Gesamtmeßdauer in Minuten	Gesamtimpulszahl N	I/sec $[n]$	Auflösungsvermögen $\tau = \dfrac{n_1 + n_2 - n_{12}}{n_{12}^2 - n_1^2 - n_2^2}$	Korrigierte Impulszahl pro Minute	Zählverlust I/min	Einzelfehler $\Delta n = \pm \sqrt{\dfrac{n}{t_{\text{sec}}}}$	$\dfrac{\partial \tau}{\partial n} \cdot 10^6$	$\Delta \tau$
Sta	5	10524	—	—	—						
N_0	5	404	10	841	1,4				0,048		
N_1	10	97423	20	194989	162,5	$\Big\}241\,\mu s$	10150	400	0,368	25,2	$\Big\}\pm 33\,\mu s = 14\%$
N_{12}	10	182331	20	365500	304,6		19750	1475	0,504	26,8	
N_2	10	92347	20	184534	153,8		9600	373	0,358	25,2	
Sta	5	10476									
N_2	10	92178									
N_{12}	10	183169									
N_1	10	97566									
N_0	5	437									
Sta	5	10813									

sich die zugehörige Meßdauer und die in dieser Zeit beobachteten Impulshäufigkeiten. Spalte 4 gibt die Gesamtmeßdauer, Spalte 5 die zugehörigen Impulshäufigkeiten wieder, welche in Spalte 6 auf die Meßdauer von 1 Sekunde bezogen werden. Mit Hilfe dieser Zahlenwerte und der angegebenen Formel für das Auflösungsvermögen ergibt sich der Wert

$$\tau = 241 \ \mu\text{sec}.$$

Die korrigierten Impulshäufigkeiten

$$n' = \frac{n}{1 - n\tau}$$

findet man in Spalte 7, die berechneten Zählverluste $n' - n$ in Spalte 8. Den maximalen Fehler für den Wert τ findet man mit Hilfe der Beziehung

$$\Delta \tau = \left|\frac{\partial \tau}{\partial n_1}\right| \Delta n_1 + \left|\frac{\partial \tau}{\partial n_2}\right| \Delta n_2 + \left|\frac{\partial \tau}{\partial n_{12}}\right| \Delta n_{12} + \left|\frac{\partial \tau}{\partial n_0}\right| \Delta n_0,$$

wobei Δn_1, Δn_2, Δn_{12} und Δn_0 die Fehler der zugehörigen Einzelmessungen (s. Tabelle 11) bedeuten. $\dfrac{\partial \tau}{\partial n_1}$, $\dfrac{\partial \tau}{\partial n_2}$, $\dfrac{\partial \tau}{\partial n_{12}}$ und $\dfrac{\partial \tau}{\partial n_0}$ bedeuten die partiellen Differentialquotienten der Funktion (s. oben).

Die Werte n_1, n_2, n_{12}, n_0, welche auch zur Berechnung des mittleren, statistischen Fehlers von τ verwendbar sind, finden sich in der vorletzten Spalte von Tabelle 11. Der maximale Fehler von τ ist damit:

$$10^6 \, \Delta \tau = 25{,}2 \cdot 0{,}368 + 25{,}1 \cdot 0{,}358 + 26{,}8 \cdot 0{,}504 + 23{,}4 \cdot 0{,}048$$

$$= 9{,}3 + 9{,}0 + 13{,}5 + 1{,}1$$

$$\Delta \tau = 32{,}9 \ \mu\text{sec}.$$

d) Verminderung der Zählverluste durch Verwendung von Untersetzern

Das Auflösungsvermögen einer Zählanordnung ist vom Auflösungsvermögen des Zählers, des Verstärkers und vom Auflösungsvermögen des Zählwerkes abhängig. Das schlechteste Auflösungsvermögen hat ein mechanisches Zählwerk. Um hohe Zählverluste zu vermeiden, verwendet man Untersetzerstufen, die dem Zählwerk pro Zeiteinheit weniger Impulse zugehen lassen. Es gibt Dualuntersetzer, bei welchen nur jeder zweite Impuls weitergeleitet wird, bei Hintereinanderschaltung von n Dualuntersetzern (z.B. 5) also nur jeder 2^n-te Impuls (im Beispiel jeder 32. Impuls). Gebräuchlich sind heute Zehneruntersetzer, bei denen nur jeder zehnte Impuls weitergegeben wird. Da durch Einbau von Untersetzern die Impulse zeitlich gesehen gleichmäßiger erfolgen als ohne Untersetzer, wird eine zusätzliche Reduzierung der Zählverluste erreicht.

3. Systematische Fehlerquellen

Es gibt eine Reihe von Fehlern, die bei Untersuchungen mit Hilfe von radioaktiven Stoffen auftreten, aber nichts zu tun haben mit den Meßfehlern der eigentlichen radioaktiven Messung.

Man kann sich sehr viel Mühe, Zeit und Enttäuschungen ersparen, wenn der Ablauf der Untersuchung vorher sehr sorgfältig überlegt und auf eventuelle Fehlermöglichkeiten hin geprüft wird. Es hat offenbar keinen Sinn, die Genauigkeit der radioaktiven Messung besonders weit zu treiben, wenn damit nicht eine gleichzeitige Reduzierung anderer Fehler einhergeht. Solche Fehler können auftreten z.B. beim Abfassen der Radioaktivität, beim Verdünnen, Injizieren der Probe, bei der Probenahme, bei präparativen Arbeiten, bei notwendigen chemischen Operationen u. a. m. Vielfach sind auch die Versuchsbedingungen (z.B. das Gewicht eines Versuchstieres) schwankend, so daß auch hierdurch Streuungen der Meßwerte eintreten können.

Verseuchungen des Meßplatzes oder des Gesamtlabors sind weitgehend vermeidbare Fehlerquellen. Sie machen sich allein schon unangenehm bemerkbar durch einen erhöhten Nulleffekt. Wegen der hohen Empfindlichkeit der radioaktiven Methode genügen schon sehr schwache Aktivitätsreste. Da meist nicht zu übersehen ist, inwieweit z.B. Restaktivitäten auf der Präparatunterlage bei der späteren Verwendung derselben in die Messung eingehen, empfiehlt es sich, alle Präparatunterlagen sorgfältig zu säubern und diese Maßnahme durch eine zusätzliche, radioaktive Messung zu überprüfen. Wenn möglich, sollten für die Messung starker und schwacher Aktivitäten verschiedene Meßplätze vorgesehen werden.

Kurzlebige, radioaktive Verseuchungen kann man abklingen lassen, bei langlebigen muß der erhöhte Nulleffekt mit entsprechend größerem Zeitaufwand vor und nach jeder Aktivitätsmessung bestimmt werden. Trotzdem bleibt in vielen Fällen die Glaubhaftigkeit der Meßwerte eingeschränkt. Um Verseuchungen oder Unfälle zu vermeiden, sollte der Gesamtversuch mindestens einmal vorher inaktiv durchgeführt werden. Hierdurch wird auch die Gefahr einer Strahlenbelastung des Experimentators durch einen nicht immer richtig einkalkulierbaren Ablauf der Versuche eingeschränkt.

Aktivitätsverluste können auf mannigfache Weise eintreten, z.B. durch Verschütten von radioaktiven Lösungen, beim Filtrieren oder Zentrifugieren derselben, bei der Herstellung oder Messung flüchtiger Substanzen (z.B. bei Substanzflecken auf Papierchromatogrammen). Besondere Schwierigkeiten treten bei trägerlosen Substanzen auf, weil dann die Konzentration des nachzuweisenden Radionuclids außerordentlich klein ist. Es hat sich gezeigt, daß hier die Adsorption an Glaswänden und die Bildung von Kolloiden eine wichtige Rolle spielen. Der große Einfluß der Adsorption wird verständlich, wenn man die große Zahl der in der obersten Schicht einer Glaswand vorhandenen Atome (Atomionen) mit der bei trägerlosen Substanzen sehr kleinen Zahl von radioaktiven Atomkernen, welche mit dieser obersten Schicht in Wechselwirkung kommen, vergleicht. Wenn man annimmt, daß nur $1^o/_{oo}$ der in trägerloser Form vorliegenden Aktivität an den Glaswänden hängen bleibt, und derartige Verluste treten in der Praxis auf, so bedeutet dies bei Präparatstärken von 1 mC bereits einen Aktivitätsverlust von 1 μC. Selbstverständlich sind solche Gefäße dann nicht mehr für die Auf-

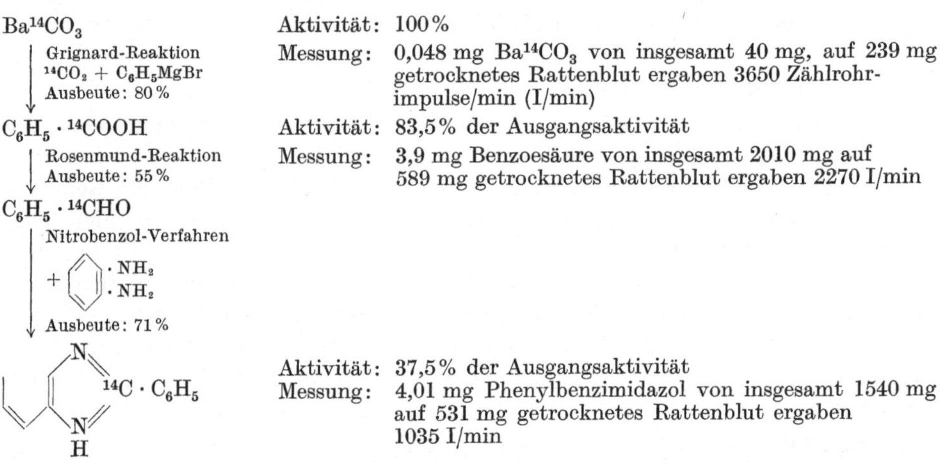

Abb. 79. Radioaktive Überwachung der 2-Phenyl-benzimidazol-(2-C^{14}-)Synthese (nach D. JERCHEL, H. BECKER und K. SCHMEISER[1])

arbeitung von Aktivitäten im Mikrocurie-Bereich verwendbar. Alle diese Verluste sind so gut wie nicht kontrollierbar und lassen die Meßergebnisse unsicher erscheinen.

Es lohnt sich immer, die Herstellung des radioaktiven Präparates oder den Weg der Radioaktivität während des Versuches laufend zu verfolgen (s. Abb. 79). Da die Ausbeute vieler Prozesse nicht 100%ig ist, kann man dann einen eventuellen Verlust bei der Auswertung der Meßergebnisse berücksichtigen.

An sich läßt sich ein Präparat bei bestimmtem Zeitaufwand um so genauer ausmessen, je größer die Präparatstärke ist. Hier sind aber Grenzen gesetzt. Die Messung sehr starker Präparate kann mitunter lästig sein, weil dann je nach Typ des Strahlennachweisgerätes mehr oder weniger große Zählverluste auftreten, welche Korrektionen der Meßeffekte notwendig machen. Außerdem kann der erforderliche Strahlenschutz zu aufwendig sein. Es muß mit Sicherheit ausgeschlossen werden, daß durch eine zu große Präparatstärke das Versuchsergebnis in irgendeiner Weise verfälscht wird, z.B. dadurch, daß eine Zerstörung der verabreichten radioaktiv markierten Verbindung (bevorzugt ungesättigte Kohlenwasserstoffe für allerdings sehr hohe Strahlendosis von etwa 10^7 rad) eintritt oder

---

[1] JERCHEL, D., H. BECKER u. K. SCHMEISER: Z. Naturforsch. 8b, 294 (1953).

eine Strahlenschädigung gewisser Organe, verbunden mit einem andersartigen Versuchsablauf. Im Zweifelsfalle muß der Versuch mit verschiedener Präparatstärke wiederholt werden.

Auch die dargebotene Menge radioaktiver oder inaktiver Substanz kann den Versuchsablauf beeinflussen. So beträgt z.B. die tägliche Jodaufnahme des Menschen maximal etwa 200 mg. Aus diesem Grunde wird der Patient vor dem Versuch auf jodarme Kost gesetzt. Außerdem wird ihm das radioaktive Jod in hoher spezifischer Aktivität, also zusammen mit nur sehr kleinen Mengen inaktiven Jods angeboten. Radioaktiver Phosphor 32 wird heute in einer spezifischen Aktivität von 10^6 mC/g geliefert. Ein Nanocurie (1 nC) P^{32} befindet sich damit in 10^{-12} g inaktivem Phosphor, während der Mensch täglich etwa einige Gramm Phosphor aufzunehmen vermag. 1 nC, entsprechend 2200 Zerfällen pro Minute, ergibt aber einen gut meßbaren Effekt.

Die Indicatormethode mit Hilfe radioaktiver Substanzen beruht wesentlich auf der Voraussetzung, daß sich das radioaktive Nuclid (z.B. C^{14}) während des Versuches genau so verhält wie das stabile Isotop (im Beispiel C^{12}). Je größer die Massenunterschiede der Isotopen sind (im Beispiel $\sim 17\%$), um so deutlicher ist ein verschiedenes Verhalten *(Isotopeneffekt)*. Am ausgeprägtesten ist der Isotopeneffekt bei den Wasserstoffisotopen, weil hier die Massenunterschiede am größten sind.

Da der beobachtete Meßeffekt mitunter stark abhängig von der an das Nachweisgerät (z.B. Proportionalzähler oder Szintillationszähler) angelegten Hochspannung ist, muß die Hochspannungsquelle gut stabilisiert sein. Da sich die Hochspannung erfahrungsgemäß während der ersten Stunde nach Einschalten des Gerätes noch verändert, ist erst nach Ablauf dieser Zeit mit den Messungen zu beginnen. Bei Messungen, die sich über Tage erstrecken, ist es zweckmäßig, die Meßapparatur eingeschaltet zu lassen, die Hochspannung aber zu reduzieren. Die Fabrikationsgüte der heute käuflichen Geräte erlaubt diese nützliche Maßnahme.

Szintillationszähler sind stark temperaturabhängig, weil die thermische Emission von Elektronen an der Photokathode mit der Temperatur stark schwankt. Um dies zu vermeiden, kann man z.B. um den Multiplier des Szintillationszählers eine Kühlwasserspirale legen und zur Konstanthaltung der Kühlwassertemperatur einen handelsüblichen Thermostaten einsetzen. Auch die Verstärkung und damit die Größe der Ausgangsimpulse ist temperaturabhängig. Zur Sicherheit wird auch hier ein Standardpräparat von Zeit zu Zeit mitgemessen, außerdem immer wieder eine Messung des Nulleffektes eingeschoben.

Die Eingangsempfindlichkeit des Verstärkers beeinflußt die Form der Zählerkennlinie. Besonders ist dies beim Szintillationszähler der Fall (s. Abb. 61). Auch die Größe des Nulleffektes ist von der Eingangsempfindlichkeit abhängig. Die Form der Kennlinie ist für verschiedene Strahlerarten verschieden (s. Abb. 59). Es ist anzuraten, diese Verhältnisse an der eigenen Meßapparatur zu studieren. Da sich die Zähleigenschaften des Nachweisgerätes im Laufe der Zeit ändern, muß vor jeder größeren Meßreihe die Zählerkennlinie aufgenommen werden.

Die richtige Wahl der Zählerspannung ist von Bedeutung, besonders beim Szintillationszähler, wo das Verhältnis von Effekt und Nulleffekt durch passende

Wahl der Eingangsempfindlichkeit optimal eingestellt werden soll. Zeitaufwendig ist mitunter die Festlegung der günstigsten Betriebsspannung bei Koinzidenzmessungen mit zwei verschiedenen Zählern, für welche aber nur ein einziges Hochspannungsgerät zur Verfügung steht.

Beim Methan-Durchströmzähler befindet sich zwischen Präparat und effektivem Zählvolumen meist kein Fenster. Das hat den Vorteil, daß auch sehr weiche Strahlung in das effektive Zählvolumen ohne nennenswerte Absorption gelangen kann und damit die Nachweisempfindlichkeit nicht beeinträchtigt wird. Im allgemeinen ist es aber zweckmäßig, den Zähler gegen das Präparat mit einem Drahtgitter abzuschließen. Dieses Drahtgitter verhindert Verzerrungen des elektrischen Feldes innerhalb des Zählvolumens, besonders in Nähe des Zähldrahtes (Zählschleife) und eine damit verbundene Reduzierung des Gasverstärkungsfaktors. Auch wechselnde Feuchtigkeit des Präparates gibt zu Schwankungen des Meßeffektes Anlaß. Es sind eingehende Messungen über den Einfluß solcher Feldverzerrungen bzw. Feldschwächungen auf die beobachtete Impulshäufigkeit angestellt worden[1]. Es geht daraus hervor, daß ein relativ großer zeitlicher Aufwand getrieben werden muß, wenn wirklich reproduzierbare Verhältnisse geschaffen werden sollen. Die Benutzung eines Drahtgitters, das natürlich den Strahlengang in den Zähler etwas stört, ist das kleinere Übel.

In bezug auf die statistische Meßgenauigkeit ist es gleichgültig, ob ein radioaktives Präparat in einem Zuge oder mehrfach hintereinander ausgemessen wird, wenn nur die Gesamtmeßdauer in beiden Fällen gleich ist. Trotzdem ist die letztere Methode vorzuziehen, weil bestimmte Meßfehler, bedingt z.B. durch Inkonstanz der Meßapparatur, besser erkennbar werden.

Bei starken Präparaten spielt die Meßdauer keine so große Rolle. Bei schwachen Präparaten lohnt es sich jedoch, eine Zeitaufteilung der vorgesehenen Gesamtmeßdauer (s. S. 92) zu machen. Das wird besonders wichtig, wenn kurzlebige Strahler vorliegen. Es empfiehlt sich, die einzelnen Aktivitätsmessungen, die Messung des Nulleffektes und des Standardpräparates in passender Reihenfolge, vielleicht am besten von schwachen zu stärkeren Präparaten ansteigend, zu bestimmen und anschließend, ohne zeitliche Unterbrechung, die gleichen Messungen in umgekehrter Reihenfolge zu wiederholen. Empfindlichkeitsänderungen der Meßanordnung lassen sich auf diese Weise oft ohne jede Korrektion der Meßwerte ausschalten. Bei relativen Messungen von Präparaten, die das gleiche Radionuclid mit verhältnismäßig kurzer Halbwertzeit enthalten, braucht man bei der so vorgenommenen zeitlichen Reihenfolge der einzelnen Messungen den radioaktiven Zerfall während der Meßdauer nicht zu berücksichtigen, sofern auch das Ausgangspräparat oder ein bekannter Teil desselben mitgemessen worden ist. Ein Präparat, dessen Aktivität das erste Mal sehr früh bestimmt wurde, kommt bei der rückläufigen Messung entsprechend spät an die Reihe. Das Mittel aus beiden Messungen wird bei allen Präparaten automatisch auf den Zeitpunkt bezogen, zu welchem die Umkehr der Reihenfolge einsetzt. Diese vereinfachte Methode ist nicht statthaft bei Radionucliden, die im Vergleich zur Versuchsdauer kurzlebig sind. Hier ist die Berücksichtigung des Abfalls der Aktivität während

---

[1] SPANG, A., u. W. GEBAUHR: Nukleonik 1 (4), 160 (1959).

der Messung notwendig. Mit Hilfe der Abb. 80 läßt sich der Korrektionsfaktor, mit welchem der Meßeffekt versehen werden muß, ablesen*.

Wichtig ist die Vergleichbarkeit verschiedener Messungen. Das betrifft die Meßeinrichtung insgesamt ebenso wie die Gleichartigkeit der Präparate und deren Lage gegenüber dem Meßgerät. Die Genauigkeit hängt ab von der Reproduzierbarkeit der Meßbedingungen. Als Beispiel sei die Messung von mehreren Präparaten genannt, welche sich durch verschiedene Schichtdicke des radioaktiven Materials unterscheiden. Wenn jedes Mal Sättigungsdicke (s. S. 119) vorliegt, braucht man an sich die Schichtdicke selbst nicht mehr zu beachten. Wenn aber die Präparate aus Intensitätsgründen sehr nahe an das Nachweis-gerät gebracht werden, so muß zur Vermeidung von teils großen Meß-fehlern darauf geachtet werden, daß nicht die Präparatunterlage, sondern die Präparatoberfläche stets den gleichen Abstand vom Nachweisgerät hat. Auch Unter-schiede in der Größe der Ober-fläche der einzelnen Präparate be-dingen Meßfehler.

Mitunter enthält ein Präparat zwei Radionuclide, also zwei ver-schiedene radioaktive Kernarten des gleichen chemischen Elementes. Wenn z. B. Magnesium im Cyclo-tron mit Deuteronen bestrahlt wird, entsteht sowohl Na^{22} als auch Na^{24} (s. S. 23), ersteres allerdings

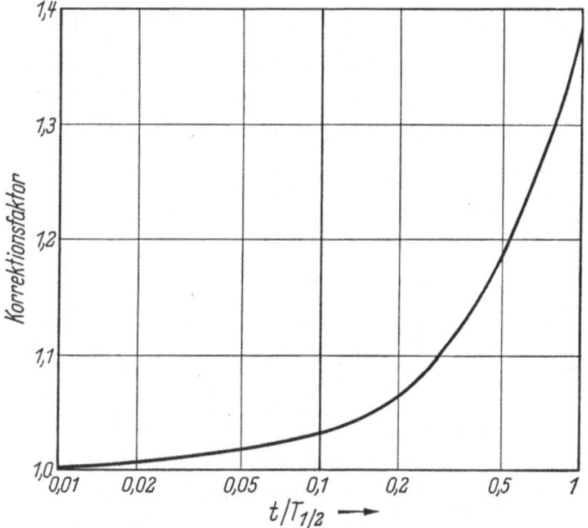

Abb. 80. Korrektion des Meßeffektes wegen radioaktiven Zerfalls während der Messung

mit geringerer Aktivität. Erstreckt sich nun die Messung der radioaktiven Präparate über längere Zeit (z. B. einige Tage), so ist die Abnahme der Na^{24}-Aktivität bereits sehr groß, während die Na^{22}-Aktivität während dieser Zeit praktisch konstant bleibt. Damit verschiebt sich das Aktivitätsverhältnis Na^{24}/Na^{22} im Laufe der Zeit zugunsten von Na^{22}. Dadurch bedingte, teilweise beträchtliche Meßfehler können in vorliegendem Falle vermieden werden, wenn ein aliquoter Teil der Ausgangsaktivität immer wieder nachgemessen wird, bei welchem sich das Aktivitätsverhältnis Na^{24}/Na^{22} natürlich in gleichem Ausmaß ändert.

Wichtig ist auch die *radioaktive Reinheit*. Eine Verunreinigung kann gegeben sein durch Anwesenheit eines anderen Radionuclids. Dadurch entstehende Fehler lassen sich nicht wie im vorigen Beispiel einfach durch Mitmessen der Ausgangs-aktivität vermeiden, weil sich die beteiligten Substanzmengen während des Versuches anteilmäßig ändern. Bei kurzlebigen radioaktiven Verunreinigungen

---

* Wenn z. B. ein Präparat mit Jod 132 (Halbwertzeit 2,28 Stunden) 10 Minuten lang ge-messen wird, so tritt bei Nichtbeachtung der Präparatabnahme während der Messung bereits ein Fehler von etwa 2% auf. Bei dem noch schneller zerfallenden Kohlenstoff 11 (mit $T_{1/2} = 20{,}4$ Minuten und damit $t/T_{1/2} = 0{,}49$), beträgt die notwendige Korrektion bereits 19% des Meßeffektes.

hilft man sich dadurch, daß man diese vor Beginn der Versuche oder Messungen abklingen läßt. Bei langlebigen kann man die Fehler mitunter reduzieren, indem man die langlebigen Verunreinigungen nach Abklingen der zu untersuchenden Hauptaktivität getrennt mißt und von dem Meßeffekt der vorangehenden Messung abzieht. Es gibt auch schwierigere Fälle. Caesium 137 ist ein Spaltprodukt. Im Kernreaktor entsteht unter anderem eine radioaktive Kette mit der Atommasse 133, deren letztes Glied das stabile Cs^{133} ist. Wenn Cs^{133} im Reaktor verbleibt, entsteht durch Neutronbestrahlung Cs^{134}. Der Wirkungsquerschnitt beträgt 26 barn, ist also verhältnismäßig groß. Da eine chemische Trennung von Cs^{137} und Cs^{134} nicht durchführbar ist, erscheint dann Cs^{134} als radioaktive Verunreinigung von Cs^{137}. Auf 1 mC Cs^{137} kommen etwa 22 µC Cs^{134}, also ein beträchtlicher Bruchteil der Cs^{137}-Aktivität. Da die Halbwertzeit von Cs^{134} (2,3 Jahre) wesentlich kleiner ist als diejenige von Cs^{137} mit etwa 30 Jahren, fällt die Präparatstärke des radioaktiven Caesium-Gemisches schneller ab als eine reine Cs^{137}-Aktivität. Das kann zu erheblichen Meßfehlern führen.

Mitunter entstehen bei der Bestrahlung im Reaktor außer dem gewünschten Radionuclid andere Radionuclide in mehr oder minder störender Konzentration. So erscheinen bei der Herstellung von Natrium 24, mit NaCl als bestrahlte Substanz, aus dem stabilen Chlor aufgrund der konkurrierenden Kernreaktionen $_{17}Cl^{35}$ (n, γ) $_{17}Cl^{36}$; $_{17}Cl^{35}$ (n, p) $_{16}S^{35}$ und $_{17}Cl^{35}$ (n, α) $_{15}P^{32}$ gleichzeitig $_{17}Cl^{36}$, $_{16}S^{35}$ bzw. $_{15}P^{32}$. Es gibt gewisse Maßnahmen, in solchen Fällen Fehler zu vermeiden. S^{35} läßt sich durch eine dünne Absorberfolie ausschalten. Um dann auch den Anteil der beiden anderen Aktivitäten von Cl^{36} und P^{32} zu ermitteln, müssen die Messungen wiederholt werden zu einem Zeitpunkt, wo die Cl^{36}-Aktivität bereits stark reduziert ist. Die Cl^{36}- bzw. P^{32}-Aktivitäten lassen sich dann aus beiden Meßergebnissen ermitteln. Je nach Größe der störenden Aktivität ist dieses Verfahren umständlich und ungenau.

Bekanntlich entsteht J^{131} aus Tellur nach der Reaktionsgleichung

$$_{52}Te^{130}\,(n, \gamma)\,_{52}Te^{131} \xrightarrow[25\ \mathrm{min}]{\beta^-} {}_{53}J^{131} \quad \text{mit } T_{1/2} = 8 \text{ Tage}$$

nach Beschuß von Tellur mittels Neutronen und anschließendem Zerfall des dabei entstehenden radioaktiven Tellurs mit der Kernmasse 131. Wir können Tellur 131 hier als Muttersubstanz von Jod 131 ansehen, Jod 131 als Tochtersubstanz. Bei nicht vollständiger Abtrennung des radioaktiven Tellurs wird J^{131} laufend nachgeliefert, so daß eine Erhöhung der Aktivität von Jod 131 eintritt, was nicht oder nur schwer bei der Auswertung der Messungen berücksichtigt werden kann.

Man muß sich darüber im klaren sein, daß nach der Emission der radioaktiven Strahlung, also nach dem Zerfall des betreffenden Radionuclids, eine ganz andere Atomkernart vorliegt mit meist völlig verschiedenen Eigenschaften. Bei biologischen Untersuchungen kann diese Tatsache besonders wichtig werden, wenn die beim Zerfall entstehende Atomart als Spurenelement wirksam wird. Ist der entstehende Folgekern selbst radioaktiv, so ist auch die Wirkung der anderen radioaktiven Strahlung zu beachten.

V. Nachweis radioaktiver Strahlung

A. Allgemeine Bemerkungen zum Nachweis radioaktiver Strahlung

1. Hohe Empfindlichkeit des radioaktiven Nachweises

Der Nachweis eines reinen Radionuclids ist außerordentlich empfindlich und übertrifft in den allermeisten Fällen alle anderen Analysenmethoden[1]. Bei Zählrohrmessungen nimmt man im allgemeinen die Größe des Nulleffektes als Nachweisgrenze an. Es gibt heute Möglichkeiten, wesentlich geringere Aktivitäten ohne allzu großen Zeitaufwand mit hoher Genauigkeit auszumessen (s. S. 161). Nehmen wir einmal zur Abschätzung der Nachweisgrenze die geringste, mit einem Zählrohr noch bestimmbare Aktivität eines P^{32}-Präparates mit etwa 10 Impulsen pro Minute an. Unter der Voraussetzung, daß bei einer Zählrohrmessung aus rein geometrischen Gründen nur ein Zehntel der insgesamt von einem radioaktiven Präparat ausgesandten β-Teilchen vom Nachweisgerät erfaßt werden, wäre die Mindestpräparatstärke also 100 Zerfälle/min $= 1{,}67$ Zerfälle/sec oder $1{,}67 : 3{,}7 \cdot 10^7 = 4{,}5 \cdot 10^{-8}$ mC. Da ein mC P^{32} nur $3{,}6 \cdot 10^{-9}$ g ausmacht, wäre also die gewiß kleine Menge von $3{,}6 \cdot 10^{-9} \cdot 4{,}5 \cdot 10^{-8} = 1{,}6 \cdot 10^{-16}$ g reines P^{32} noch gut nachweisbar.

Die Zahlenangaben gelten für den Fall eines trägerlosen P^{32}-Präparates. Liegt die radioaktive Substanz in einer Mischung mit inaktiver Substanz vor, so nimmt die Nachweisgrenze im Ausmaße dieser inaktiven Substanzmenge (Abnahme der spezifischen Aktivität) ab. Für andere Radionuclide ist die Nachweisgrenze eine andere, da die Gewichtsmenge pro mC-Aktivität anders ist. Nicht berücksichtigt ist, daß die radioaktive Strahlung verschiedener Radionuclide mit sehr unterschiedlicher Empfindlichkeit nachgewiesen wird. Beim Nachweis der weichen β-Strahlung von Schwefel 35 bedarf es z. B. eines wesentlich größeren Aufwandes, die oben angegebene Nachweisgrenze zu erreichen, weil die β-Strahlung von Phosphor 32 mit einem normalen Zählrohr ohne wesentliche Impulsverluste durch Absorption im Präparat oder Zählrohrfenster erfaßt werden kann, die weiche β-Strahlung von S^{35} aber nicht.

2. Relative und absolute Messungen

Häufig will man den Ablauf komplizierter chemischer Vorgänge studieren. Als Beispiel sei die Synthese von C^{14}-markiertem 2-Phenylbenzimidazol (s. Abb. 79) genannt. Gemessen wurde dabei die Aktivität einer Benzoesäureprobe, die Aktivität einer Probe des gewünschten Phenylbenzimidazols und zum Vergleich die Aktivität eines aliquoten Teils der zum Versuch verwandten Ausgangsaktivität in Form von Bariumkarbonat, das mit C^{14} markiert war. Da bei allen Messungen gleiche Meßbedingungen eingehalten wurden, war ein Vergleich der Zwischen- und Endaktivität mit der Ausgangsaktivität und damit eine Prozentangabe der Präparataktivitäten, bezogen auf die Ausgangsaktivität, möglich.

Von Interesse war hier nur eine relative, nicht die absolute Größenangabe der Aktivität. Wir sprechen deshalb von *relativen Messungen*. *Absolute Messungen* bedingen einen ungleich höheren Arbeits- und Zeitaufwand und sind im allgemeinen

---

[1] MEINKE, W. W.: Science **121**, 179 (1955).

auch wesentlich ungenauer als relative Messungen. Die Forderung nach einer absoluten Angabe kann verschiedene Gründe haben.

Im obigen Beispiel der Synthese von Phenylbenzimidazol war eine Absolutangabe insofern wichtig, weil diese Substanz Versuchstieren verabreicht wurde und die Frage nach der Resorbierbarkeit dieser Substanz nur beantwortet werden konnte, wenn sich die Aktivität der Meßproben (Tierblut) in vernünftigen Grenzen hielt. Bei zu großer Aktivität mußte mit einer Verfälschung der Versuchsergebnisse gerechnet werden, weil damals die spezifische Aktivität von C^{14} noch nicht sehr hoch war. Bei zu kleiner Aktivität wäre wegen ihrer großen Verdünnung innerhalb des Tierkörpers die Durchführung der Messung der Blutproben in Frage gestellt worden. Es war daher eine Abschätzung der notwendigen Mindestaktivität, also eine absolute Wertangabe notwendig. Wenn dabei auch keine hohe Genauigkeit gefordert wurde, so mußte doch eine Reihe von Meßeinflüssen berücksichtigt werden (s. später).

Wenn zu therapeutischen Zwecken größere Mengen radioaktiver Substanzen verabreicht werden, so ist es wichtig, die zeitliche Aufnahme und die zeitliche Ausscheidung des Präparates kennenzulernen, z.B. durch Messung von Urinproben in gewissen zeitlichen Abständen. Die Speicherung oder die Ausscheidungsgeschwindigkeit können nämlich so groß sein, daß Strahlenschäden wahrscheinlich werden. Auch hier ist deshalb die Kenntnis der *absoluten Aktivität* der Meßprobe von Bedeutung.

3. Auswahl von Radionucliden

Von den insgesamt etwa 1000 bekannten Radionucliden eignen sich nicht alle für die Anwendung in Wissenschaft und Technik. Das hat verschiedene Gründe:

a) Jeder Versuch benötigt einen gewissen Mindestaufwand an Zeit. Wenn dabei, wie bei biochemischen, biologischen oder medizinischen Versuchen radioaktive Markierung, Verabreichung, Ablauf der Verteilung und Umsetzung der Aktivität im Versuchsobjekt, Probenahme, chemische Aufarbeitung der Proben u. a. hinzukommt, so vergehen Stunden oder Tage, ehe man an die Aktivitätsmessung kommt. Soll dann noch eine Messung mit ausreichender Genauigkeit gewährleistet sein, so darf die Halbwertzeit der radioaktiven Substanz nicht zu klein sein. Wohl kann man in manchen Fällen eine kurze Halbwertzeit durch entsprechend hohe Anfangsaktivität kompensieren, so daß eine Messung auch noch nach Ablauf vieler Halbwertzeiten durchgeführt werden kann. Die hohe Anfangsaktivität darf aber den Versuchsablauf nicht stören. Für entsprechenden Strahlenschutz ist zu sorgen.

Wenn die radioaktive Substanz im Versuchskörper selektiv gespeichert wird, kann es bei zu großer Halbwertzeit zu Strahlenschäden kommen.

Es gibt heute Meßmethoden, welche auch die Messung von sehr kurzlebigen Radionucliden zulassen, allerdings mit entsprechend hohem apparativen Aufwand und unter der Bedingung, daß die betreffenden Untersuchungen, zumindest aber die radioaktiven Messungen in unmittelbarer Nähe der Erzeugungsstätte der Radionuclide getätigt werden können (s. S. 184).

Leider besitzen viele Elemente, z.B. die leichten Elemente Helium, Lithium, Bor u. a., nur Radioisotope mit Halbwertzeiten von weniger als 1 min. Die

Radioisotope der so wichtigen Elemente Stickstoff, Sauerstoff, Magnesium, Aluminium u. a. zerfallen ebenfalls sehr schnell.

b) Für die radioaktive Messung ist die Art und Energie der Strahlung nicht minder wichtig. Der quantitative Nachweis von α-Strahlung ist trotz der hohen α-Energie im allgemeinen sehr schwierig, weil die Reichweite der α-Strahlung in Materie sehr klein ist (bis $\sim 100\ \mu$).

Die Durchführung genauer Messungen ist bei β-Strahlern um so schwieriger, je weicher die β-Strahlung ist. Um Korrektionen am Meßeffekt auszuschalten, muß man dann sehr dünne Präparate herstellen, was nicht leicht ist. Die Schwierigkeiten entfallen großenteils, wenn man den Flüssig-Szintillationszähler verwendet.

Bei γ-Strahlung ist die Absorption wiederum zu gering und damit der Nachweis unempfindlicher. Bei Verwendung von Szintillationszählern ist allerdings eine Nachweiswahrscheinlichkeit von 30% und mehr zu erreichen.

Eine Zusammenstellung von Radionucliden, geordnet nach Halbwertzeit und Energie, wird in Tabelle 34 (β-Strahler) und Tabelle 35 (γ-Strahler) gegeben.

c) Viele Untersuchungen fordern eine hohe spezifische Aktivität. Radionuclide werden heute meist im Reaktor durch Beschuß inaktiver Substanzen mit langsamen Neutronen hergestellt, und zwar meist durch einen (n, γ)-Prozeß, seltener (z.B. bei C^{14}; P^{32}; S^{35}) durch einen (n, p)-Prozeß, für welchen energiereiche Neutronen (von mehr als 1 MeV) notwendig sind. Gerade der (n, p)-Prozeß hat aber besondere Bedeutung, weil sich das dabei entstehende Radionuclid chemisch von der bestrahlten Ausgangssubstanz unterscheidet und deshalb notwendigenfalls abgetrennt werden kann; dann aber liegt das gewünschte Radionuclid praktisch in reiner Form (trägerlos) vor.

d) Der Grad der Schwierigkeit einer Markierung bestimmter Substanzen spielt bei der Auswahl der Radionuclidenart ebenfalls eine Rolle. Nicht immer stehen nämlich geeignete Methoden zur Verfügung.

Wie einschränkend die Forderung nach passender Halbwertzeit, günstiger Strahlenart, energiereicher Strahlung und hoher spezifischer Aktivität sein kann, geht aus dem Hinweis hervor, daß für den Nachweis von Hirntumoren aufgrund bevorzugter Speicherung gewisser radioaktiver Substanzen als einzig brauchbares chemisches Element Arsen in Frage kommt.

4. Herstellung von Meßproben

Um die hohe Empfindlichkeit der radioaktiven Methode voll auszunutzen, muß die radioaktive Substanz in geeigneter, reproduzierbarer Form vorliegen. Es bedarf hierzu großer Sorgfalt und richtiger Wahl der Herstellungsmethode. Je mehr Einzelschritte notwendig sind, um so wahrscheinlicher werden Fehler auftreten. Vielfach erlaubt die Kurzlebigkeit der radioaktiven Substanz keine zeitraubenden Methoden. Wenn die radioaktive Substanz während des Versuches als Flüssigkeit anfällt, wird die Messung meist in flüssiger Form vorgenommen, sofern die betreffende radioaktive Strahlung nicht zu weich (energiearm) ist und eine zu hohe Absorption in der Flüssigkeit bei entsprechender Reduzierung des Meßeffektes die Folge wäre. Die Herstellung fester Präparate ist dann schwierig, wenn dünne Präparatschichten gefordert werden.

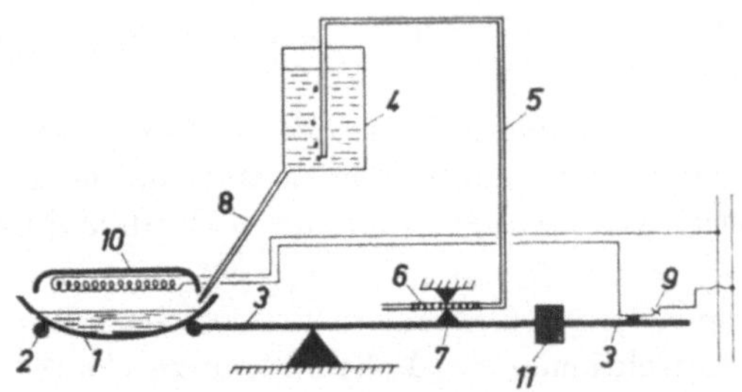

Abb. 81. Schematische Darstellung einer Eindampfvorrichtung (nach K. HABERER und P. SPINDLER[1])

Relativ einfach erhält man Meßproben durch Eindampfen der auf eine metallische Unterlage pipettierten Meßflüssigkeit. Das geschieht durch Ultrarot-Bestrahlung von oben. Die Präparatunterlage darf durch die radioaktive Substanz nicht angegriffen werden. Glas oder Porzellan kann als Unterlage nicht verwendet werden, wenn die natürliche Kaliumaktivität dieser Stoffe die radioaktive Messung stört. Durch einfaches Eindampfen erhält man nur selten über die gesamte Fläche gleichmäßige Schichten. Die Substanz ist

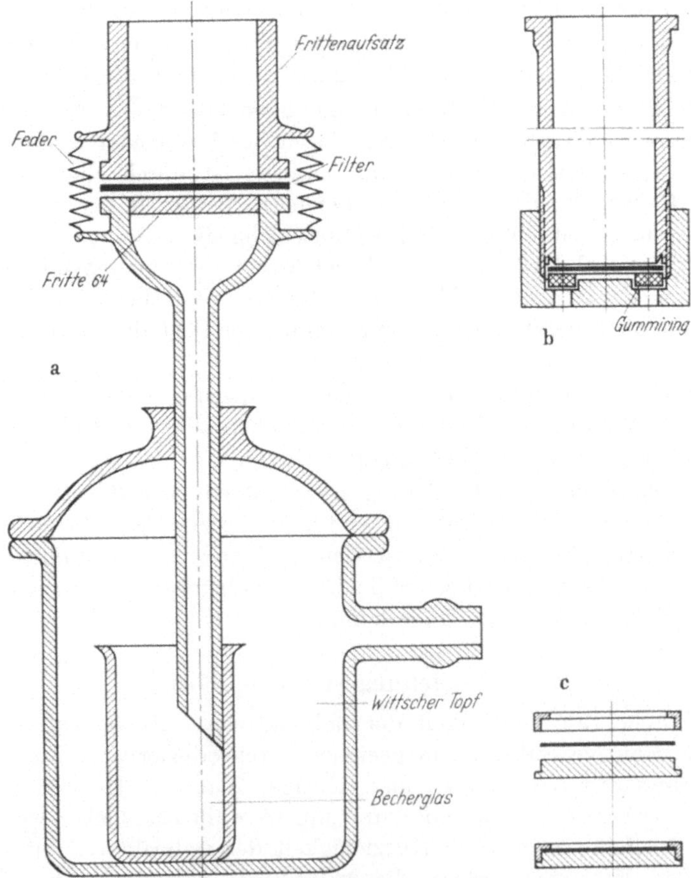

Abb. 82a—c. Hilfsmittel zur Herstellung von Meßpräparaten. a Filtriereinrichtung; b Zentrifugiereinsatz; c Anordnung zur Präparation von Niederschlägen auf Filtrierpapier (nach L. HERFORTH und H. KOCH[2])

---

[1] HABERER, K., u. P. SPINDLER: Atompraxis 7, 206 (1961). — ZANDER, K.: Kerntechnik 4 (10), 444 (1962).

[2] Aus HERFORTH, L., u. H. KOCH: Radiophysikalisches und radiochemisches Grundpraktikum. Berlin: VEB Deutscher Verlag der Wissenschaften 1959.

nach dem Eindampfen bevorzugt an den Rändern des Eindampfschälchens anzutreffen, auch wenn z. B. das Präparat zusammen mit der Unterlage während des Eindampfens gedreht wird. Häufig zeigen sich nach dem Eindampfen Risse oder Blasen, so daß die eingedampfte Substanz pulverisiert werden muß, ehe sie zur Messung gelangt. Zur Vermeidung von Substanzverlusten deckt man auch feste Meßproben mit Hilfe einer dünnen Kunststoffolie ab, die auf den Rand der Präparatschälchen aufgeklebt wird.

Das Eindampfen größerer Substanzmengen erfordert Geduld und Zeit (für 1 Liter etwa 2 Stunden). Eine einfache, automatisch arbeitende Eindampfvorrichtung ist z. B. von HABERER und SPINDLER beschrieben worden (s. Abb. 81). Das Eindampfgefäß 1 mit einer bestimmten Flüssigkeitsmenge hängt an einem Ende eines Waagebalkens, ein verschiebbares, kompensierendes Gegengewicht 2 auf der anderen Seite des Waagebalkens. Eine Mariottesche Flasche 3 sorgt für gleichmäßigen Zulauf der zu verdampfenden Flüssigkeit, sofern die Zuluft in die Mariottesche Flasche durch eine Capillare 4 und ein Schlauchstück 5 an der Stelle 6 freigegeben wird. Das ist immer dann der Fall, wenn eine entsprechende Flüssigkeitsmenge verdampft ist. Bei entsprechend weit fortgeschrittener Verdampfung der Meßflüssigkeit wird der Eindampfvorgang durch Abschalten des Heizstromes für die Heizplatte 8 an der Stelle 7 unterbrochen.

Radioaktive Substanzen, welche als Niederschlag anfallen, werden filtriert (s. Abb. 82). Mit dem Absaugen beginnt man zweckmäßigerweise erst dann, wenn sich der größte Teil der Meßsubstanz bereits abgesetzt hat, saugt dann aber möglichst intensiv. Auch Zentrifugieren kann vorteilhaft sein*.

B. Nachweis von β-Strahlung bei radioaktiven Präparaten in fester Form
1. Einleitende Bemerkung

Um die Meßdauer abzukürzen, ist ein optimaler Meßeffekt anzustreben. Das kann durch die Wahl des Strahlennachweisgerätes, durch die Art der Meßprobe (fest, flüssig oder gasförmig), durch geringen Abstand des Präparates vom Nachweisgerät, durch Vergrößerung der Präparatdicke, durch geeignete Herstellung des Präparates (s. oben) u. a. erreicht werden.

Solange die Meßbedingungen bei allen Meßpräparaten einer Reihenuntersuchung gleich sind, ist ein einfacher Vergleich der Meßeffekte untereinander statthaft. Wenn verschiedene Meßbedingungen vorliegen, müssen entsprechende Korrektionen an die Meßwerte angebracht werden. Davon soll in den nächsten Abschnitten die Rede sein. Die Korrektion der Meßeffekte auf gleichen Abstand vom Zählrohr, die Korrektion infolge Absorption der β-Strahlen im Präparat selbst, die Abschwächung der β-Intensität bei Vorhandensein von verschiedenen Absorptionswegen (insbesondere wichtig bei energiearmen β-Strahlen) sind meist nicht zu umgehen. Selbstverständlich sind auch Zählverluste bei stärkeren Präparaten zu beachten. Da man aber alle so korrigierten Meßeffekte auf den natürlich ebenfalls korrigierten Meßeffekt einer Ausgangsaktivität bezieht, handelt es sich hierbei immer noch um Relativmessungen. Bei Absolutmessungen muß

---

* Die chemische Aufbereitung bestrahlter Substanzen zur Herstellung geeigneter Meßpräparate soll im Rahmen dieser Monographie nicht behandelt werden [s. z. B. GEITHOFF, D.: Kerntechnik 4 (2), 45 (1962), dort weitere Literatur].

zusätzlich die geometrische Anordnung von Präparat und Meßgerät, sowie das Zerfallsschema berücksichtigt werden, sofern nicht andere Methoden (z.B. die Koinzidenzmethode) zur Absolutmessung herangezogen werden (s. S. 166).

2. Versuchsanordnung

Wegen der bequemen und reproduzierbaren Auswechselbarkeit und der weitgehenden Vermeidung von Streustrahlung hat der Verfasser viele Jahre die in Abb. 83 gezeigte Meßanordnung für relative Messungen verwendet. Ein Zählrohr mit einem relativ dünnen Zählrohrfenster (etwa 1,5 mg/cm²) ist von einem fast 10 cm dicken, leicht abnehmbaren Bleimantel umgeben. Der Bleimantel dient

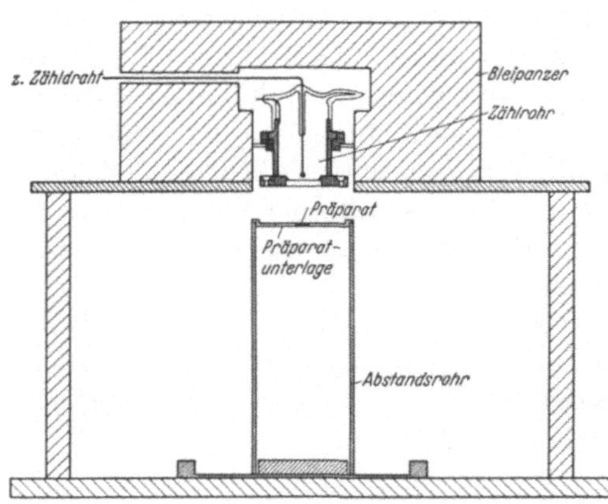

Abb. 83. Zählanordnung zur Messung von radioaktiven Präparaten

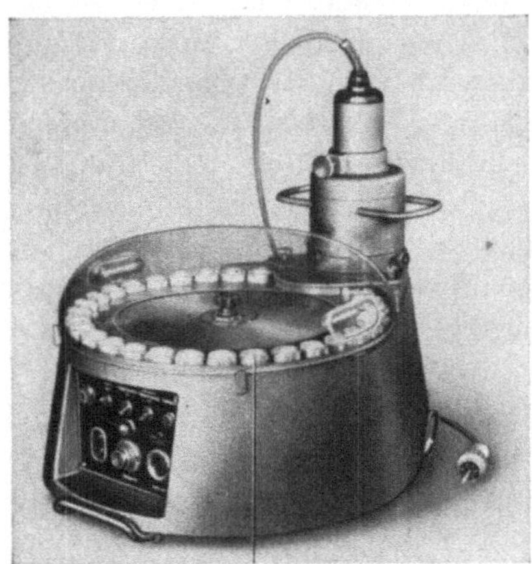

Abb. 84. Automatischer Probenwechsler (FRIESECKE und HÖPFNER)

zur weitgehenden Absorption der kosmischen Ultrastrahlung und Umgebungsstrahlung und damit zur Reduzierung des Nulleffektes. Direkt unterhalb des Zählrohres befindet sich eine Lochblende von 25 mm Durchmesser. Damit ist der Raumwinkel, innerhalb dessen die radioaktive Strahlung aus dem Präparat in das Zählrohr gelangt, gut definiert. Das Fensterzählrohr und die Bleiabschirmung ruhen auf einer Eisenplatte, welche von vier kräftigen, verhältnismäßig weit von der Mitte des Zählrohres entfernten Füßen gestützt wird. Das Präparat kann in reproduzierbarer Weise unter das Zählrohr geschoben werden. Als Präparatunterlage dient ein kleiner Aluminiumteller von 25 mm Durchmesser mit einem etwa 2 mm hohen Rand, der auf ein Messingrohr aufgesetzt und mit diesem zur Auswechslung der Präparate aus der Meßanordnung herausgezogen werden kann. Durch Verwendung verschieden langer Messingrohre wird der Abstand des Präparates vom Zählrohr verändert.

Sollen sehr viele radioaktive Präparate durchgemessen werden, so verwendet man heute automatische Probenwechsler (s. Abb. 84).

3. Abhängigkeit des Meßeffektes vom Abstand des Präparates vom Zählrohr

Offenbar gelangen von den insgesamt vom Präparat ausgesandten β-Strahlen um so mehr in das empfindliche Zählrohrvolumen, je kleiner der Abstand des Präparates vom Zählrohr ist. Wenn die zu messenden Präparatstärken verschieden groß sind, muß man häufig das eine oder andere Präparat in größerem bzw. kleinerem Abstand vom Zählrohr messen. Zur Umrechnung auf gleichen Abstand kann eine experimentell bestimmte Abstandskurve (s. Abb. 85) dienen.

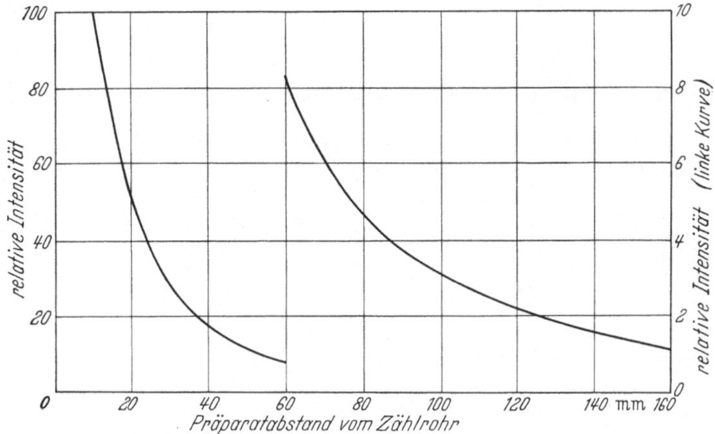

Abb. 85. Impulshäufigkeit bei verschiedenen Abständen eines Präparates vom Zählrohr

Wenn für die Meßgröße allein der vom Meßgerät erfaßbare Raumwinkel, welcher vom Präparatabstand quadratisch abhängt, maßgebend wäre, müßte die normierte Abstandskurve für verschiedene Radionuclide gleich aussehen. Das ist aber nicht der Fall (s. Abb. 86). Je energieärmer die β-Strahlen des betreffenden Radionuclids durchschnittlich sind, um so stärker ist der Abfall der Intensität mit zunehmendem Präparatabstand, im wesentlichen als Folge verstärkter Absorption in der Luftschicht zwischen Präparat und Zählrohr bzw. im Zählrohrfenster.

Wir erhalten andere Abstandskurven, wenn wir an der Zählanordnung Änderungen vornehmen. So wirkt sich z. B. eine Verstärkung des Zählrohrfensters dahingehend aus, daß der erste Abfall der Kurve mit zunehmendem Abstand weniger steil wird. Indirekt ist auch

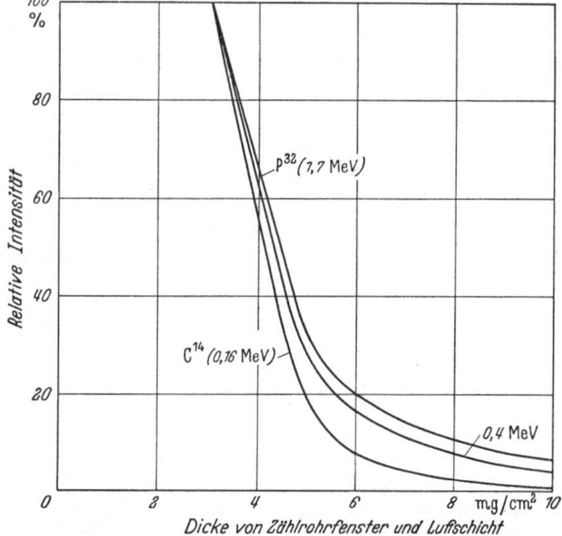

Abb. 86. Abhängigkeit des Meßeffektes vom Präparatabstand und der Dicke des Zählrohrfensters für Radionuclide verschiedener maximaler β-Energie

hier wieder die Absorption der β-Strahlen in der Luftschicht schuld. Zerfallselektronen besitzen verschieden große Energie. Bei größerem Präparatabstand werden die energieärmeren β-Teilchen in der Luftschicht bevorzugt absorbiert.

Schmeiser, Radionuclide   8

Wenn wir ein stärkeres Zählrohrfenster wählen, macht diese Verarmung aber weniger aus als bei einem dünneren Fenster, da die energieärmeren β-Teilchen von dem dickeren Fenster sowieso absorbiert werden, sofern dies nicht schon vorher in der Luftschicht geschehen ist.

4. Geometriefaktor, punktförmige und kreisförmige Präparate

Von einer punktförmigen Strahlenquelle werden die β-Strahlen in alle Richtungen gleichmäßig emittiert. Der aus geometrischen Gründen vom Zählrohr

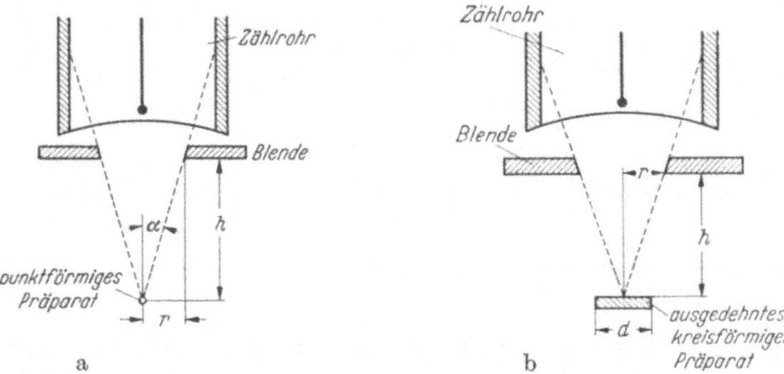

Abb. 87a u. b. Zur Erläuterung des Geometriefaktors

erfaßbare Bruchteil der insgesamt ausgesandten β-Teilchen wird *Geometriefaktor* genannt. Mit der Bezeichnungsweise der Abb. 87a gilt für ihn die Beziehung

$$G = 0{,}5\left(1 - \frac{h}{\sqrt{h^2 + r^2}}\right) = 0{,}5\,(1 - \cos\alpha)$$

mit
$$\operatorname{tg}\alpha = \frac{h}{r}\,.$$

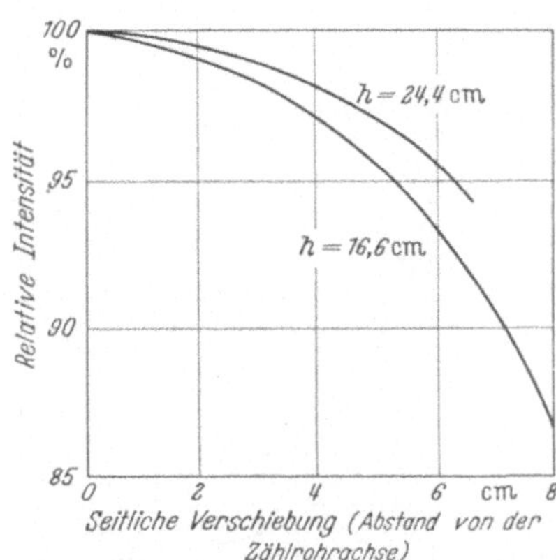

Abb. 88. Abnahme des Meßeffektes bei seitlicher Verschiebung eines punktförmigen Präparates

Ein Geometriefaktor von 0,1 bedeutet, daß 10% der insgesamt vom Präparat ausgesandten β-Teilchen auf das Zählrohr treffen. Durch Division der beobachteten Meßgröße mit G ergibt sich die Präparatstärke.

Für nicht punktförmige Präparate gilt obige Formel nicht, weil die seitlichen Präparatteile nicht in gleicher Weise zum Meßeffekt beitragen (s. Abb. 88). Für flächenhafte Präparate gelten die Zahlenwerte der Abb. 89. Bei festgehaltener Größe der Blende vor dem Zählrohr ist die Reduzierung des Meßeffektes sowohl bei sehr kleinem als auch bei sehr großem Abstand des nicht punktförmigen Präparates vom Zählrohr gering (z.B. für $h = 10\,r$, weniger als 1%), bei mittlerem Abstand mitunter bedeutend.

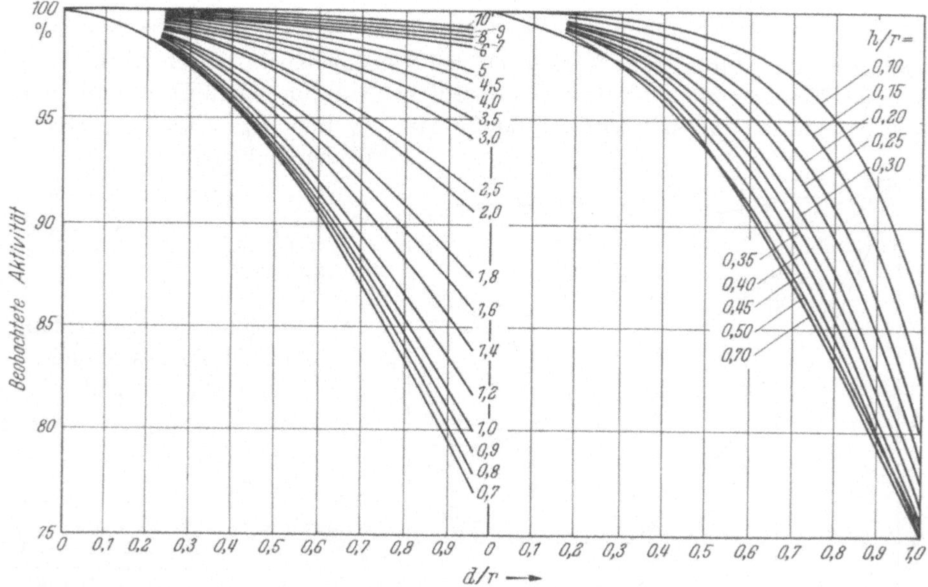

Abb. 89. Vergleich des Geometriefaktors bei kreis- und punktförmigen Präparaten (Zeichenerklärung s. Abb. 87) Ordinate = Geometriefaktor G bei kreisförmigem Präparat bezogen auf den Geometriefaktor = 100 % bei punktförmigem Präparat unter sonst gleichen Versuchsbedingungen. Beispiel: $h = 25$ mm, $d = 10$ mm, $2r = 25$ mm. (s. Abb. 87). Mit $h/r = 2$; $d/r = 0,8$ ergibt sich der Ordinatenwert (linker Teil der Abbildung) 93 %, d.h. der mittlere Raumwinkel der kreisförmigen Präparatfläche ist um 7 % kleiner als bei einer punktförmigen Quelle

5. Absorption von β-Strahlen

a) Absorptionsgesetz

Beim Durchgang durch einen Absorber vermindert sich die Zahl der β-Teilchen. Die Abnahme der Teilchenintensität erfolgt annäherungsweise nach der Gleichung

$$J = J_0\, e^{-\alpha x},$$

wobei x die Absorberdicke in mg/cm², α der Massenabsorptionskoeffizient (s. Abb. 90) sind.

b) Gleichzeitige Bestimmung zweier Radionuclide in ein und demselben Präparat

Manchmal ist die Aufgabe gestellt, in ein und demselben Präparat die Aktivitäten von

---

¹ MEYER-SCHÜTZMEISTER, L., u. D. VINCENT: Landolt-Börnstein, 6. Aufl., Bd. 1, S. 350. 1952.

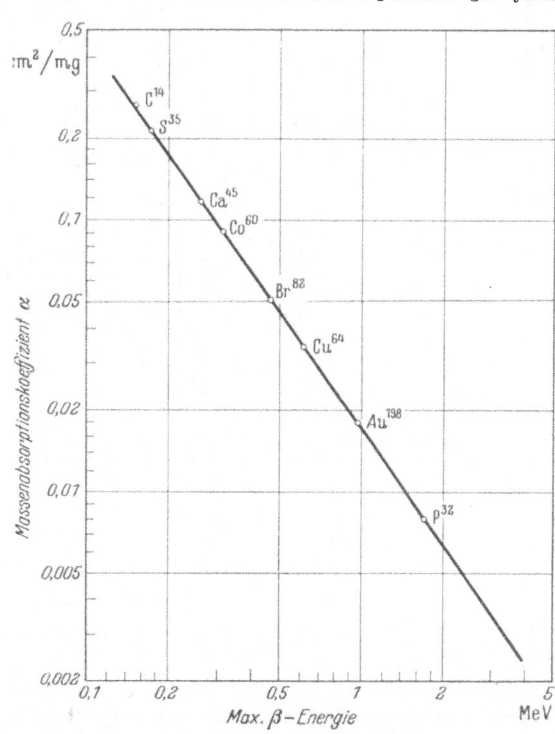

Abb. 90. Massenabsorptionskoeffizient für Zerfallselektronen in Abhängigkeit von der maximalen β-Energie (nach L. MEYER-SCHÜTZENMEISTER und D. VINCENT[1])

8*

zwei verschiedenen Radionucliden mit etwa gleicher Halbwertzeit zu bestimmen. Das geschieht durch zwei Messungen bei verschiedener Absorberdicke, wobei die eine Messung auch bei der Absorberdicke Null durchgeführt werden kann. Die gesuchten Einzelaktivitäten (Meßwerte) J_{10} und J_{20} lassen sich aus den beiden Meßeffekten

$$J_1 = J_{10}\, e^{-\alpha_1 d_1} + J_{20}\, e^{-\alpha_2 d_1}$$
$$J_2 = J_{10}\, e^{-\alpha_1 d_2} + J_{20}\, e^{-\alpha_2 d_2}$$

bestimmen.

c) Absorption der β-Strahlung im Zählrohrfenster und in der Luftschicht

Zur Berechnung der Intensitätsverminderung durch Zähl-

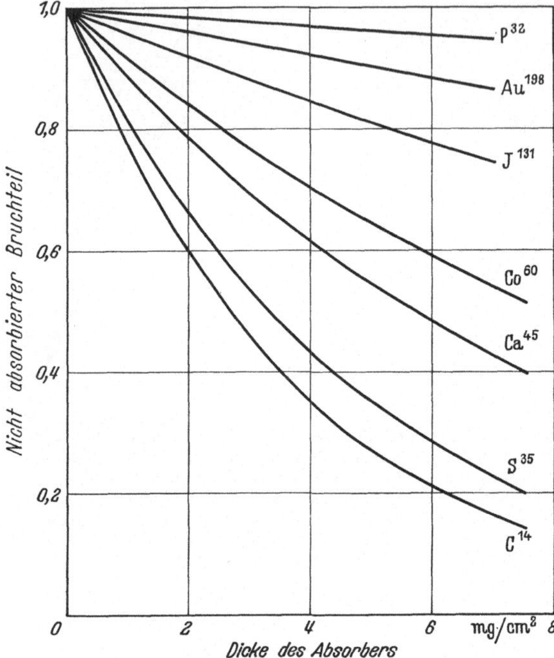

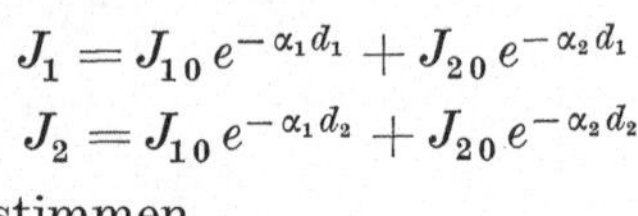

Abb. 91. Absorptionskurven für verschiedene β-Strahler (nach G. J. GLEASON u. Mitarb.[1])

Tabelle 12. *Prozentuale Intensitätsverminderung durch Absorption in der Zählrohrwand und in der Luftschicht*

	Aktivitätsverminderung in % bei		
	P^{32}	Ca^{45}	S^{35}
Zählrohrwandstärke			
1 mm Al	90	—	—
0,1 mm Al	20	98	—
2,7 mg/cm² Glimmer	3	29	45
Dicke der Luftschicht			
1 cm	1	14	25
10 cm	10	84	94
100 cm	73	—	—

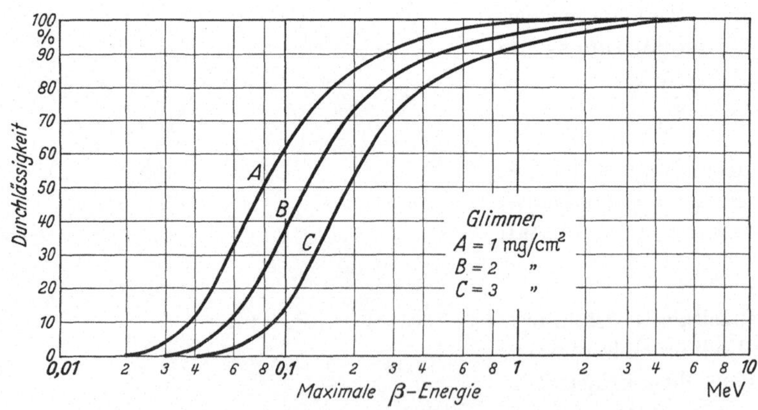

Abb. 92. Durchlässigkeit von Glimmer für β-Teilchen verschiedener Energie

rohrfenster und Luftschicht werden die beiden Absorberdicken, ausgedrückt in mg/cm², addiert. Mit Hilfe der Absorptionskurven der Abb. 91 läßt sich dann leicht die an den gemessenen Effekt anzubringende Korrektion (durch Division

---

[1] GLEASON, G. J., J. D. TAYLOR u. D. L. TABERN: Nucleonics 8, 12 (1951).

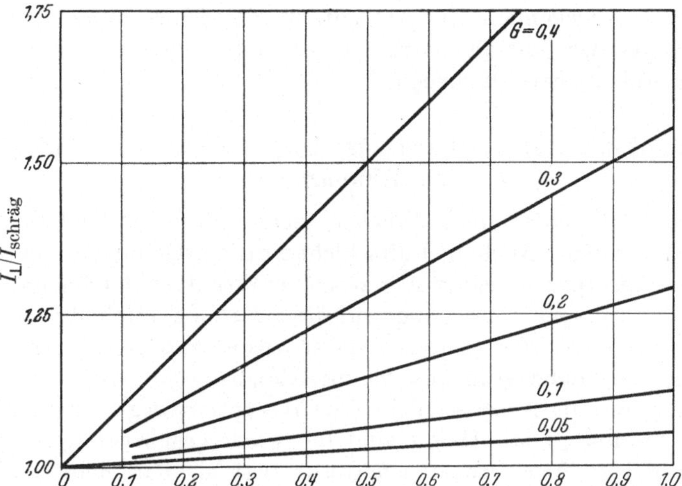

Abb. 93. Einfluß von schrägem Durchgang der β-Teilchen durch Zählrohrfenster und Luftschicht. $I_\perp$ = Impulshäufigkeit bei senkrechtem Durchgang; $I_{\text{schräg}}$ = Impulshäufigkeit bei schrägem Durchgang (nach K. Schmeiser[1])

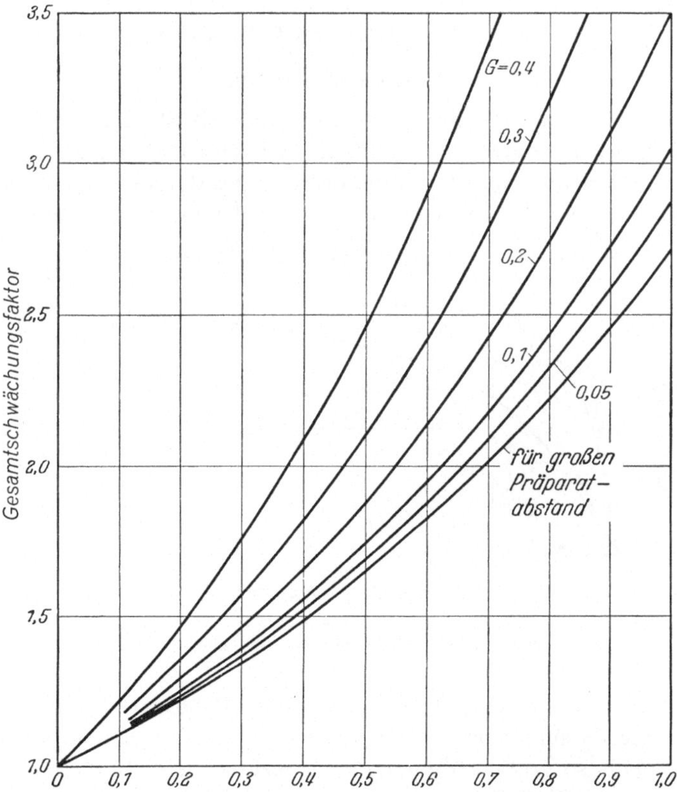

Abb. 94. Gesamtschwächung eines punktförmigen Präparates in Zählrohrfenster und Luftschicht unter Berücksichtigung des schrägen Durchganges. G = Geometriefaktor (nach K. Schmeiser[1])

---

[1] Schmeiser, K.: Nachweis radioaktiver Isotope. In K. Schwiegk, Künstliche radioaktive Isotope. Berlin-Göttingen-Heidelberg: Springer 1953 u. 1961.

mit dieser Größe) vornehmen. Zur Abschätzung der Schwächung des Meßeffektes durch Absorption der β-Strahlen im Fenster und in der Luftschicht kann Tabelle 12 oder Abb. 91 bzw. 92 dienen.

d) Einfluß des schrägen Durchgangs der β-Teilchen durch Luftschicht und Zählrohrfenster

Im allgemeinen werden die β-Teilchen nicht senkrecht, sondern schräg auf das Zählrohr auftreffen. Auch die Luftschicht wird schräg durchlaufen. In beiden Fällen sind die Absorptionswege größer als bei senkrechtem Durchgang. Man kann den Einfluß des schrägen Durchgangs auf die Meßgröße durch Berechnung eines mittleren Absorptionsweges (mg/cm²) meist ausreichend genau erfassen. Das Resultat dieser Rechnung ist in Abb. 93 und Abb. 94 zusammengefaßt. In beiden Abbildungen wurde als Abscisse nicht der Absorptionsweg in mg/cm² gewählt, sondern das Produkt $\alpha \cdot d$. Damit sind die wiedergegebenen Kurven für alle Radionuclide gültig. Der Geometriefaktor G tritt als Parameter auf. Die zusätzliche Schwächung des Meßeffektes durch schrägen Durchgang nimmt mit dem Geometriefaktor G, also mit kleinerem Abstand des Präparates vom Zählrohr zu.

6. Selbstabsorption von β-Strahlung

a) Begriffsbestimmung

Die β-Strahlung wird zum Teil auch in der eigenen Strahlenquelle (Präparat) absorbiert. Mit zunehmender Präparatdicke, Gleichverteilung der aktiven Substanz auf der Präparatunterlage vorausgesetzt, nimmt der meßbare Effekt weniger als mengenproportional zu, weil teilweise β-Teilchen, aus unteren Präparat-

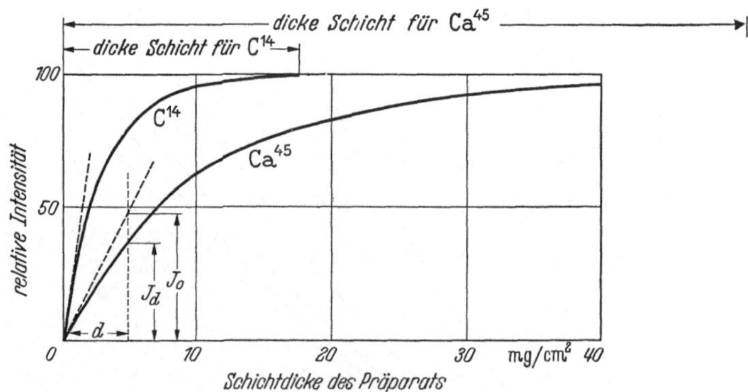

Abb. 95. Einfluß der Selbstabsorption auf den Meßeffekt (J_0 = Meßeffekt ohne Selbstabsorption, J_d = Meßeffekt mit Selbstabsorption, d = Schichtdicke)

schichten kommend, von den darüberliegenden Präparatschichten absorbiert werden und so der Messung verlorengehen. Doppelte Substanzmenge braucht also nicht einen doppelt so großen Meßeffekt zu verursachen. Statt des erwarteten linearen Anstieges des Meßeffektes mit zunehmender Präparatmenge (gestrichelte Kurve) tritt eine Krümmung der Kurve auf mit einem *Sättigungswert* für große Präparatmengen. Die Abweichungen sind um so auffallender (s. Abb. 95), je energieärmer die β-Strahlung ist.

b) Selbstabsorption bei dünner Präparatschicht

Für sehr kleine Schichtdicken spielt die *Selbstabsorption* eine untergeordnete
Rolle. Sie braucht dann auch nicht berücksichtigt zu werden. Die maximale
Schichtdicke, für welche dies noch richtig ist, hängt von der Energie der β-Strahlung ab. Damit der Meßfehler kleiner als 1 % bleibt, muß die Präparatdicke kleiner
sein als

$$d = \frac{1}{50}\, D_{1/2} \quad \left(D_{1/2} = \frac{0{,}693}{\alpha}\right)*.$$

c) Dicke Präparatschicht

Da die Herstellung sehr dünner und gleichmäßiger Meßpräparate erhebliche
Schwierigkeiten bereitet, führt man die Aktivitätsmessungen sehr häufig bei
dicker Schicht durch. Nach Abb. 95
nimmt der Meßeffekt für das Radionuclid C^{14} nicht mehr zu für Schichtdicken von mehr als 20 mg/cm². Allgemein läßt sich von *dicker Schicht*
sprechen, wenn

$$d \gtrsim 0{,}75\, R_{\mathrm{max}}$$

ist, wobei R_{max} die maximale Reichweite
der β-Strahlung bedeutet. Der Meßeffekt ist dann unabhängig von der
Schichtdicke.

Bei relativen Messungen kann das
Produkt aus dem bei dicker Schicht beobachteten Meßeffekt und der Gesamtmenge des Meßpräparates als Vergleichs-
grundlage gewählt werden, da dieses
Produkt proportional (nicht aber gleich)
der Gesamtaktivität des Präparates ist.

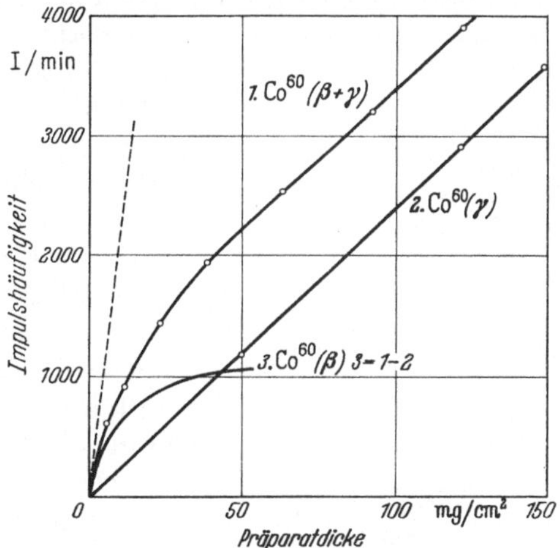

Abb. 96. Selbstabsorption für Co⁶⁰. Kurve 1: Beobachteter Meßeffekt ($\beta + \gamma$); Kurve 2: γ-Meßeffekt allein;
Kurve 3: β-Meßeffekt allein

Sofern die radioaktive Substanz für eine *dicke Schicht* nicht ausreicht, wird
eine genügend große Menge inaktive Substanz (möglichst gleicher chemischer
Zusammensetzung) zugemischt. Die spezifische Aktivität des Meßpräparates und
damit der Meßeffekt wird dadurch zwar kleiner, die erreichbare Meßgenauigkeit
aber größer. Der Weg ist nur bei genügend starken Präparaten gangbar. Der
jeweilige Meßeffekt multipliziert mit dem Gesamtgewicht der zugemischten
Substanz, gleichgültig, ob diese vollständig zur Messung gelangt oder nicht, ist
der Aktivität des unverdünnten Präparates proportional, gute Durchmischung
der radioaktiven und inaktiven Substanz, ebenso gleichmäßige, ebene Präparatoberfläche vorausgesetzt.

Die vereinfachte Messung von radioaktiven Präparaten in dicker Schicht in
der angegebenen Form versagt bei Radionucliden, die gleichzeitig auch γ-Strahlen
emittieren. Als Beispiel sei die *Selbstabsorptionskurve* von Kobalt 60 betrachtet.
Die Abb. 96 zeigt, daß bei Kobalt 60 mit zunehmender Schichtdicke ebenfalls

---

* Bei einer Präparatunterlage von 5 cm² ($\varnothing \sim 25$ mm) wäre das maximal zulässige
Gewicht der radioaktiven Substanz für: C^{14} 0,27 mg; Ca^{45} 0,57 mg; Br^{82} 1,4 mg; J^{131} 3,9 mg
und P^{32} 8,7 mg.

Abweichungen von der Mengenproportionalität auftreten. Die Selbstabsorptionskurve zeigt aber keinen Sättigungscharakter, sondern geht asymptotisch in eine
schräg nach oben geneigte Gerade über. Der verspätete, lineare Anstieg wird
durch die γ-Strahlung von Kobalt 60 verursacht. Bei reiner γ-Strahlung wäre
wegen der geringen Absorption der γ-Quanten in den verhältnismäßig dünnen
Präparatschichten von vornherein mit zunehmender Schichtdicke des Präparates
ein linearer Anstieg zu erwarten (Kurve 2). Kurve 3 (= Differenz 1—2) würde
man bei Co^{60} messen, wenn keine γ-Strahlung vorhanden wäre.

d) Selbstabsorption für verschieden dicke Präparate

Über die Schwierigkeiten, die bei der Herstellung von sehr dünnen Präparaten
auftreten, haben wir schon gesprochen. Wenn nicht genügend radioaktive Sub-
stanz vorhanden ist und die spezifische Aktivität eine Zumischung inaktiver Substanz nicht erlaubt, weil der Meßeffekt zu klein ausfallen würde, muß man die einzelnen Meßproben einer Versuchsreihe in verschieden dicker Schicht zur Messung bringen. Je nach Schichtdicke ist dann an den beobachteten Meßeffekt eine entsprechende Korrektion anzubringen, die für einige Radionuclide aus Abb. 97 entnommen werden kann. Der Meßeffekt ist durch diesen Zahlenwert (*Selbstabsorptionskoeffizient* J_d/J_0) zu dividieren. Da die Größe des Selbstabsorptionskoeffizienten mehr oder weniger stark von der benutzten Meßanordnung abhängt, sollte man die Selbstabsorption für verschiedene Schichtdicken durch eigene Messungen bestimmen. Das kann auf folgende zwei Arten geschehen:

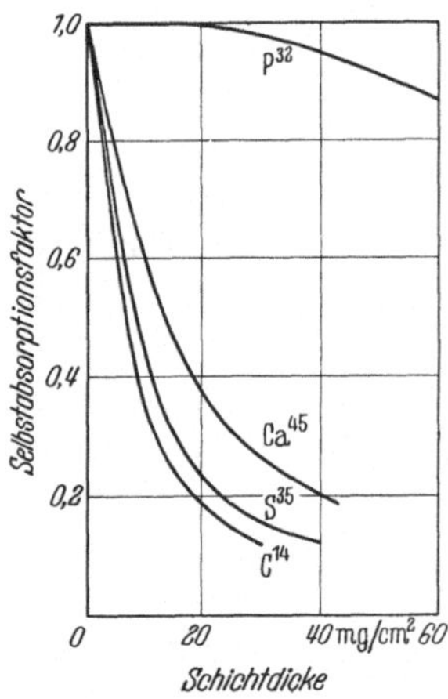

Abb. 97. Verlauf des Selbst-
absorptionsfaktors mit der
Schichtdicke für verschiedene
Radionuclide

1. Man entnimmt aus der Abb. 95 für verschiedene
Schichtdicken die beiden Wertepaare J_d und J_0 und trägt
das Verhältnis J_d/J_0, also den Selbstabsorptionskoeffizienten in Abhängigkeit von der Schichtdicke d auf. Die Brauchbarkeit
solcher Kurven hängt von der Genauigkeit und Reproduzierbarkeit ab, mit
welcher dünne Präparatschichten hergestellt werden können, weil die zugehörigen
Meßwerte die Neigung der Tangente am Anfang der Selbstabsorptionskurve und
damit den Wert J_0 bestimmen.

2. Es wird eine Reihe von Meßproben des gleichen Radionuclids ausgemessen,
wobei alle Meßproben stets gleiche Aktivität, aber verschiedene Schichtdicke
aufweisen. Diese Bestimmung des Selbstabsorptionskoeffizienten hat den be-
deutenden Vorteil, daß sie frei ist von der Notwendigkeit der Herstellung dünner
Präparate. Daß die gemessenen Kurven für den Selbstabsorptionskoeffizienten
nicht auch sehr kleine Schichtdicken erfassen, ist kein Nachteil, weil so kleine
Schichtdicken nachher bei der Ausmessung der eigentlichen Meßproben sowieso
nicht vorliegen.

e) Berechnung des Selbstabsorptionskoeffizienten

Unter der vereinfachenden Annahme, daß alle β-Teilchen das Präparat senkrecht durchsetzen, erhält man für die durch Selbstabsorption geschwächte

β-Intensität die Beziehung

$$J_d = J_0 \frac{1 - e^{-\alpha d}}{\alpha d} \, .$$

Diese Beziehung entspricht dem Experiment um so besser, je größer der Abstand des Präparates vom Nachweisgerät ist, weil dann die in Richtung auf das Zählrohrfenster emittierten β-Teilchen das Präparat senkrecht oder nahezu senkrecht durchsetzen. β-Teilchen, welche das Präparat schräg durchsetzen, haben eine längere Absorptionsstrecke vor sich. Wenn sie überhaupt aus dem Präparat noch austreten, sind sie energieärmer und bleiben mit größerer Wahrscheinlichkeit, im Zählrohrfenster stecken. Je dicker das Fenster ist, um so bevorzugter werden nur energiereichere β-Teilchen registriert, um so flacher verläuft die Kurve für den Selbstabsorptionsfaktor.

Das folgende Beispiel zeigt, wie wichtig es ist, die Meßprobe in die richtige Form zu bringen. Es soll der Ca^{45}-Gehalt eines Knochens bestimmt werden. Nasse Veraschung mit Säure ergab 100 mg Asche mit etwa 0,5 mg Calcium. Wenn diese Menge auf eine Präparatunterlage von 5 cm^2 gebracht wird, hat die Meßprobe eine Dicke von 20 mg/cm^2. Die Selbstabsorption verursacht dann nach Abb. 98 eine Reduzierung der radioaktiven Strahlung auf 37 %. Werden andererseits zunächst 2 mg inaktiven Calciums zugesetzt und das Calcium insgesamt in

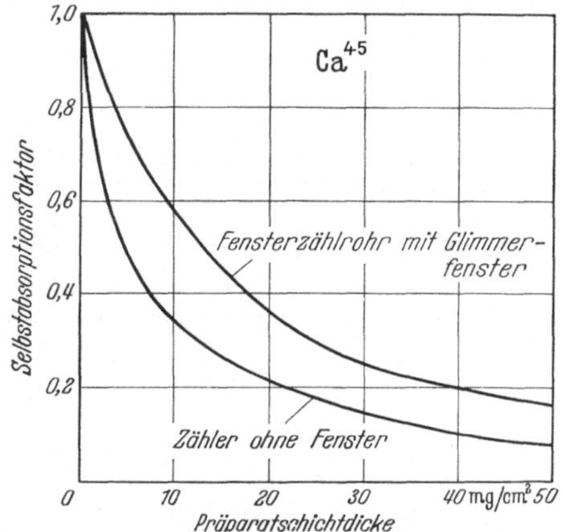

Abb. 98. Einfluß der Dicke des Zählrohrfensters auf den Selbstabsorptionsfaktor

Calciumoxalatum gewandelt, so erhält man etwa 10 mg Calciumoxalat, in welchem sich die Ca^{45}-Aktivität befindet. Diese Menge, auf eine gleichartige Präparatunterlage ausgebreitet, ergibt nur eine Schichtdicke von 2 mg/cm^2 und damit eine Reduzierung des Meßeffektes ohne Selbstabsorption auf nur etwa 60 %, also einen etwa doppelt so großen Meßeffekt als vorher.

7. Selbststreuung

Selbstabsorptionskurven oder die daraus abgeleiteten Selbstabsorptionskoeffizienten sind für sehr dünne Präparate auch deshalb fehlerhaft, weil neben der Schwierigkeit der Herstellung so dünner Schichten und der Selbstabsorption noch ein anderer Vorgang, nämlich die *Selbststreuung*, eine Rolle spielt. Das ist bevorzugt der Fall bei energiereicher β-Strahlung. An den beiden Kurven der Abb. 99, welche den beiden Positronenstrahlern Molybdän 91 und Kupfer 62 mit maximalen β-Energien von 3,44 bzw. 2,92 MeV zugeordnet sind, fällt auf, daß sie entgegen den Kurven der Abb. 97 bei kleinen Schichtdicken nicht abnehmen, sondern sogar ansteigen und erst für relativ große Schichtdicken eine langsame Abnahme erkennbar wird. Die anfängliche Zunahme des Selbstabsorptionskoeffizienten ist durch die Streuung der β-Teilchen innerhalb des Präparates bedingt. NERVIK und STEVENSON[1] haben versucht, durch Verwendung

---

[1] NERVIK, W. E., u. P. C. STEVENSON: Nucleonics **10** (3), 18 (1952).

sehr dünner Präparatunterlagen einen durch Streuung unverfälschten Wert des Selbstabsorptionskoeffizienten zu bekommen. Ihre Meßergebnisse sind in

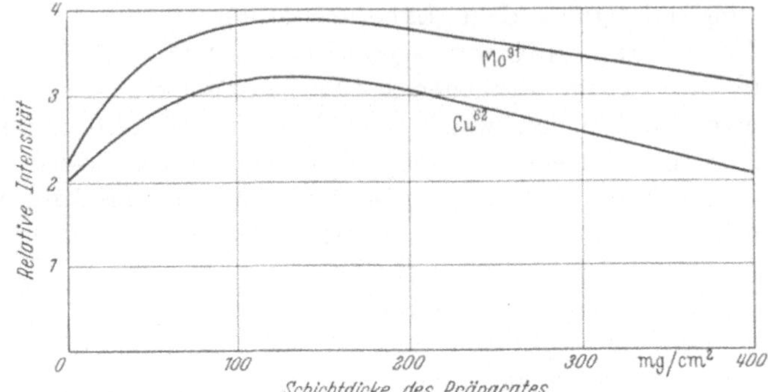

Abb. 99. Einfluß von Selbstabsorption und Selbststreuung auf die Größe des Meßeffektes. [Gleiche Aktivität von Mo⁹¹ (maximale β-Energie = 3,44 MeV) und Cu⁶² (maximale β-Energie = 2,92 MeV), nach Baker und Katz[1]]

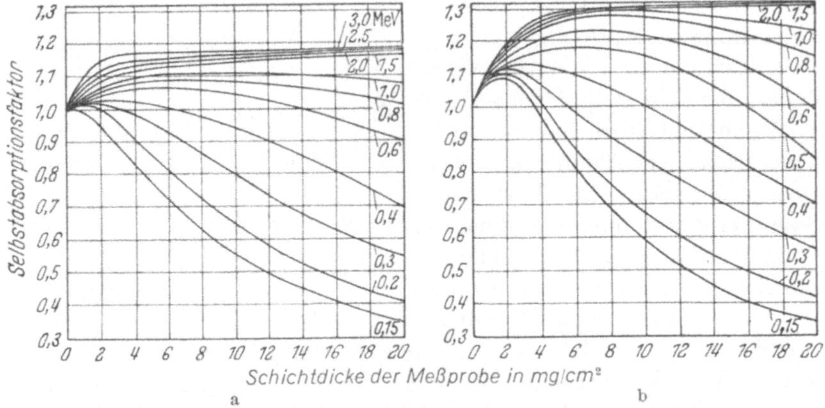

Abb. 100 a u. b. Einfluß von Selbstabsorption und Selbststreuung auf die Größe des Meßeffektes bei verschiedener Schichtdicke des Präparates und verschiedenen maximalen β-Energien (Parameter). Präparate bestehen aus a NaCl und b Pb(NO$_3$)$_2$ unter Beimischung von trägerloser Aktivität: Meßeffekt 1,0 für Schichtdicke = 0 mg/cm² (nach W. E. Nervik und P. C. Stevenson[2])

Abb. 100 zusammengefaßt. Auch hier kommt der Anstieg des Selbstabsorptionskoeffizienten bei kleinen Schichtdicken deutlich zum Ausdruck, um so ausgeprägter, je größer die β-Energie und je schweratomiger das Absorbermaterial ist.

Abb. 101. Zählanordnung mit 4 π-Geometrie

Eine Trennung von Selbstabsorption und Selbststreuung gelang Baker und Katz mit der Meßanordnung nach Abb. 101. Das Präparat befindet sich innerhalb eines Zählrohrkranzes, so daß praktisch alle aus dem Präparat austretenden β-Teilchen erfaßt werden (4 π-Geometrie, s. auch S. 168), gleichgültig, ob sie im Präparat gestreut werden oder nicht. Eine anfängliche Erhöhung des Selbstabsorptionskoeffizienten für kleine Schichtdicken

[1] Baker, R. G., u. L. Katz: Nucleonics 11 (2), 14 (1953).
[2] Nervik, W. E., u. P. C. Stevenson: Nucleonics 10 (3), 18 (1952).

ist nicht zu erwarten und nach Kurve 2 der Abb. 102, bei Zn^{63} auch nicht vorhanden. Der Verlauf der Kurve 2 läßt sich in guter Näherung darstellen durch den Ausdruck

$$\frac{1 - e^{-\alpha d}}{\alpha d},$$

sofern für α der Wert 0,0048 cm²/mg gesetzt wird. Dieser Wert entspricht sehr gut dem α-Wert für Zn^{63} ($E_{max} = 2,36$ MeV). Somit ist der Verlauf der Kurve 2 der Abb. 102 mit der Annahme reiner Selbstabsorption vereinbar.

Die Messung mit einer sonst üblichen Meßanordnung ($G = 0,05$) ergab Kurve 1 der Abb. 102. Man erkennt wiederum den anfänglichen Anstieg der Kurve. Bei größerer Schichtdicke, etwa 400 mg/cm² und mehr, entspricht der prozentuale Abfall der Kurve 1 recht genau dem prozentualen Abfall der Kurve 2. Man muß daraus schließen, daß bei großen Schichtdicken der Einfluß der Selbststreuung vernachlässigbar klein wird. Außerdem wird der Schluß nahegelegt, daß die Quotientenkurve (1):(2) = (3) die Größe des Einflusses der Selbststreuung wiedergibt. Die Selbststreuung nimmt danach bei kleineren Schichtdicken monoton zu, erreicht aber bei einer bestimmten Schichtdicke (im Falle von Zn^{63} bei etwa 300 mg/cm²) einen Sättigungswert. Aus der Abb. 103, Kurve 1 erkennen wir, wie gefährlich es ist, aus Messungen für größere Präparatdicken Meßeffekte bei wesentlich

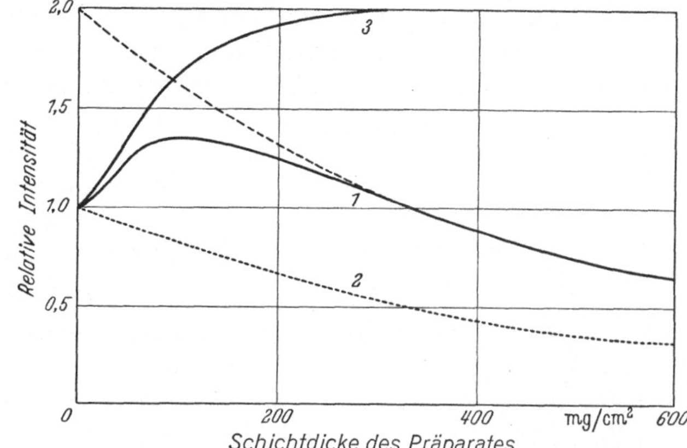

Abb. 102. Ermittlung der Größe der Selbststreuung bei einem Zn^{63}-Präparat ($F_{\beta\,max} = 2,36$ MeV). Kurve 1: gemessen. Kurve 2: Verlauf bei reiner Selbstabsorption (ohne Selbststreuung). Kurve 3: Selbststreuungsfaktor

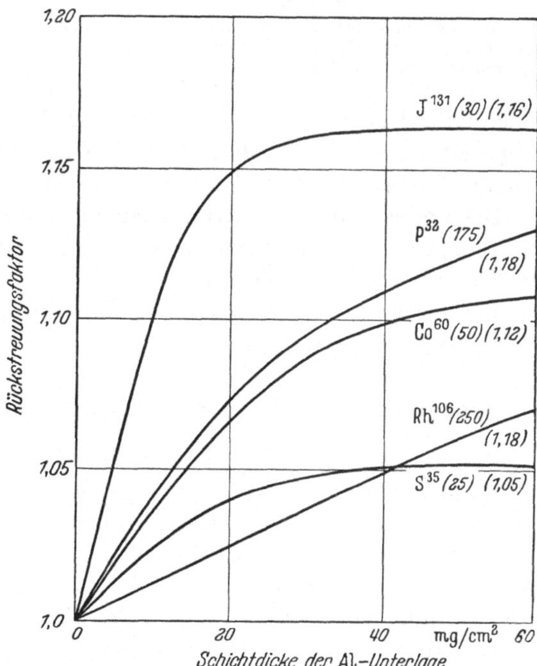

Abb. 103. Rückstreuungsfaktor in Abhängigkeit von der Dicke der Aluminiumunterlage für verschiedene Radionuclide. Die Zahl in der ersten Klammer gibt die Sättigungsdicke an (in mg/cm²), die Zahl in der zweiten Klammer den zugehörigen Wert des Rückstreuungsfaktors

kleineren Schichtdicken zu bestimmen. Im vorliegenden Falle hätte eine Überschätzung um den Faktor 2 vorgelegen.

8. Rückstreuung

Durch vielfache Streuung der β-Teilchen innerhalb des Präparates oder der Präparatunterlage kann es vorkommen, daß β-Teilchen in Richtung Zählrohr fliegen, obwohl ihre Anfangsrichtung eine ganz andere war. Wenn das rückgestreute β-Teilchen genügend Energie besitzt, um dann noch das Präparat, die Luftschicht und das Zählrohrfenster zu durchdringen, wird hierdurch der Meßeffekt erhöht.

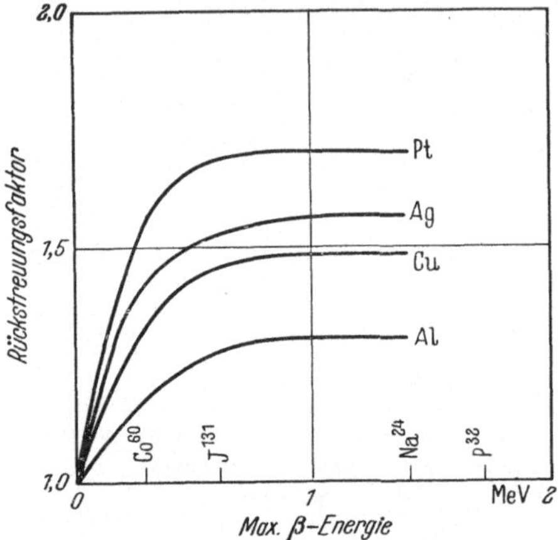

Abb. 104. Sättigungsrückstreuung in Abhängigkeit von der maximalen β-Energie und verschiedenen Materialien (nach L. JAFFÉ und R. M. JUSTUS[1])

Die Größe der *Rückstreuung* hängt zunächst von der Art der Präparatunterlage ab. Mit zunehmender Dicke der Unterlage wächst der Rückstreuungsfaktor (s. Abb. 103). Ähnlich wie bei der Selbstabsorption existiert auch für die Rückstreuung eine Sättigungsdicke. Auch eine Abhängigkeit von der β-Energie ist vorhanden. Die Rückstreuung ist um so größer, je schweratomiger das Material der Unterlage ist. Aus dem Gesagten ergibt sich die Forderung, eine sehr dünne Präparatunterlage aus leichtem Material (z. B. Polystyrol) oder eine ausreichend dicke Unterlage zu verwenden, deren Stärke mindestens gleich der Sättigungsdicke ist. Im ersten Falle ist die Rückstreuung klein, im zweiten Falle ist sie auch bei verschiedener Dicke der Unterlage gleich groß.

Die Verwendung der Sättigungsdicke geschieht bevorzugt. Wir geben daher in Abb. 104 den Rückstreuungsfaktor für Sättigungsdicke in Abhängigkeit von der Energie der β-Teilchen an.

Der Rückstreuungsfaktor für Elektronen und Positronen gleicher maximaler Energie ist verschieden groß[2].

C. Messung von β-Strahlen emittierenden Präparaten in flüssiger Form

1. Vorteile der Methode

Da in vielen Fällen die Versuchspräparate zunächst in flüssiger Form anfallen, bedeutet die unmittelbare Messung der Probe in flüssiger Form eine wesentliche Abkürzung der gesamten Versuchsdauer und den Fortfall einer Reihe von Fehlermöglichkeiten. Es handelt sich z. B. um Fehler durch Substanzverluste bei der Überführung der flüssigen Probe in feste Form.

Wir sprachen schon von gewissen Schwierigkeiten, die bei Messungen der Aktivität fester Proben infolge der Selbstabsorption, Streuung und Rückstreuung auftreten. Auch die Umrechnung verschieden starker Präparate auf gleichen Präparatabstand kann eine Vergrößerung der Meßfehler mit sich bringen. Wenn flüssige Präparate in verschieden starker Aktivität vorliegen, kann man sie durch Verdünnung mit inaktiver Flüssigkeit leicht mit großer Genauigkeit auf ungefähr

---

[1] JAFFÉ, L., u. K. M. JUSTUS: Chem. Soc. 341 (1949).
[2] SELIGER, H. H.: Physiologic Rev. **78**, 491 (1950).

gleiche Präparatstärke bringen und dadurch hohe Zählverluste bei zu großen Präparatstärken vermeiden. Leider lassen sich energiearme β-Strahler nicht mit Flüssigkeitszählrohren ausmessen.

2. Bestimmung der Aktivität kleiner Flüssigkeitsproben

Vielfach genügt es, die aktive Flüssigkeitsprobe in eine Petri-Schale zu geben und sie nach Abb. 105 direkt unter ein Fensterzählrohr zu stellen. Die Probe soll in dicker Schicht vorliegen, da dann keine Rücksicht auf gleiche Flüssigkeitshöhe der einzelnen zu vergleichenden Meßproben genommen werden muß. Für β-Strahlen bis etwa 2,5 MeV genügt eine Flüssigkeitsschicht entsprechend 10 mm Wasser. Man muß aber darauf achten, daß bei allen Messungen die Flüssigkeitsoberfläche gleich weit vom Zählrohr entfernt ist, weil der Meßeffekt abhängig ist

vom Abstand zwischen Probe und Zählrohr. Dies ist besonders der Fall, wenn sich die Probe sehr nahe am Zählrohr befindet. Wenn es die Präparatstärke erlaubt, sollte die Messung in einem Abstand von mindestens 20 mm vorgenommen werden. Die Schwierigkeit, genauen Abstand einzuhalten, kann man umgehen,

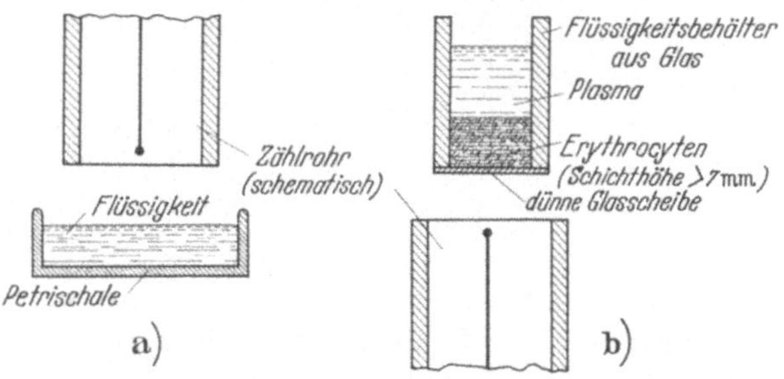

Abb. 105 a u. b. Einfache Zählanordnungen zur Ausmessung flüssiger radioaktiver Proben

wenn ein Meßgefäß mit sehr dünnem Boden gewählt wird und das Zählrohr nach Abb. 105 b unterhalb desselben angeordnet wird. Dann ist der Abstand vom Zählrohr automatisch immer gleich groß, unabhängig davon, wieviel Flüssigkeit in das Meßgefäß eingefüllt worden ist. Selbstverständlich muß die Flüssigkeitshöhe auch hier mindestens der Sättigungsdicke entsprechen. Solche Meßgefäße wurden bei einer Versuchsreihe verwendet, bei welcher sowohl die P^{32}-Aktivität von Erythrocyten als auch die Aktivität des gleichzeitig mit Na^{24} markierten Blutplasmas von Interesse war[1]. Die Blutproben wurden in diesen Meßgefäßen zentrifugiert. Im unteren Teil befanden sich dann die Erythrocyten, im oberen Teil, sauber davon getrennt das Blutplasma. Da beide in Sättigungsdicke vorlagen, war eine unabhängige gleichzeitige Messung der P^{32}-Aktivität und der Na^{24}-Aktivität durch ein Zählrohr unterhalb bzw. oberhalb des Meßgefäßes möglich.

Man muß bei der Messung von Flüssigkeiten darauf achten, daß diese während der Vorbereitung oder Messung nicht verdunsten, da sonst nicht kontrollierbare Aktivitätsverschiebungen eintreten können. Am besten deckt man das Schälchen durch eine Kunststoffolie ab. Besonders wichtig ist dies bei relativ niedrig siedenden Flüssigkeiten[2].

3. Messung von Flüssigkeitsproben von etwa 15 cm³ Volumen
a) Veallscher Flüssigkeitszähler

Zur Ausmessung von radioaktiv markierten Flüssigkeiten, die in einer Menge von mindestens 15 cm³ vorliegen, wird sehr oft der *Veallsche Flüssigkeitszähler*

---

[1] SCHMEISER, K.: Permeabilitätsmessungen (unveröffentlicht).
[2] SCHWEERS, W.: Chemie-Ing.-Techn. **32** (5), 354 (1960).

verwendet (s. Abb. 106). Die wesentlichen Teile des Zählers sind zwei konzentrische Glasrohre, von denen das innere als Zählrohr ausgebildet ist. Zwischen beiden Glaswänden befindet sich die Meßflüssigkeit. Die Nachweisempfindlichkeit des Veallschen Zählers ist verhältnismäßig groß, weil das Zählrohr nahezu allseitig

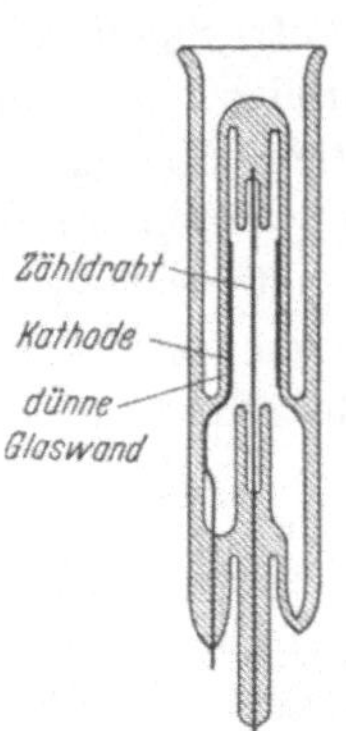

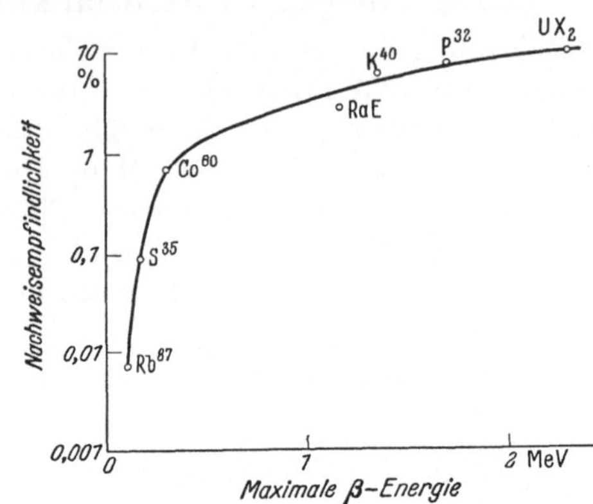

Abb. 106. Veallscher Flüssigkeitszähler   Abb. 107. β-Nachweiswahrscheinlichkeit eines Flüssigkeitszählers für verschiedene maximale β-Energie

von der Meßflüssigkeit umgeben ist ($G \sim 0{,}5$), und die Absorption der β-Strahlen in der dünnen Zählrohrglaswand (0,1 mm $= 20$ bis 40 mg/cm^2) auf einem Mindestmaß gehalten wird. In Abb. 107 ist die Nachweisempfindlichkeit dieses Flüssigkeitszählrohres für verschiedene Radionuclide zusammengestellt. Die Anwendung

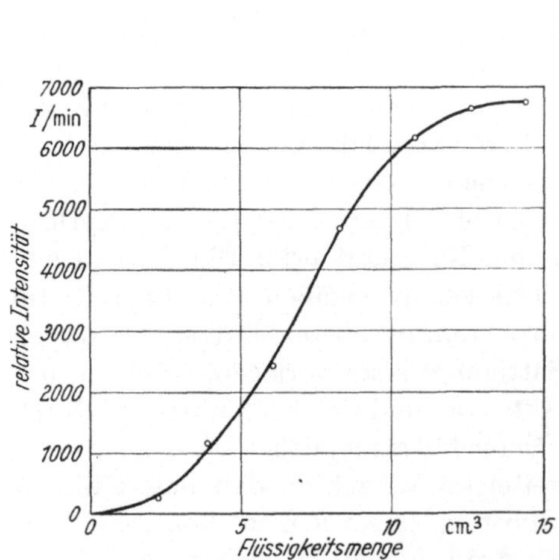

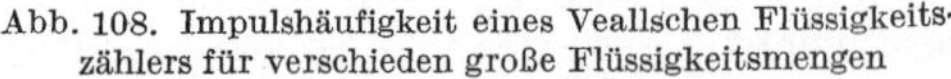

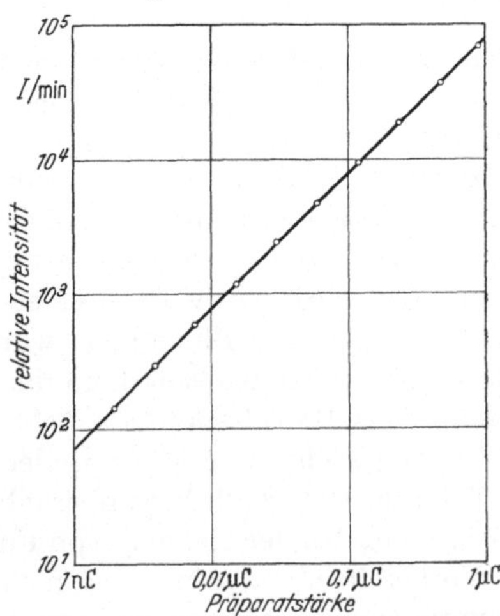

Abb. 108. Impulshäufigkeit eines Veallschen Flüssigkeitszählers für verschieden große Flüssigkeitsmengen   Abb. 109. Abhängigkeit der Impulshäufigkeit eines Veallschen Zählers von der Präparatstärke

des Zählers ist auf Radionuclide beschränkt, deren Zerfallselektronen eine maximale Energie von mindestens etwa 0,3 MeV besitzen, es sei denn, daß sie keine reinen β-Strahler sind, sondern auch γ-Strahlung aussenden. Ein Beispiel hierfür ist Kobalt 60, das neben einer weichen β-Strahlung ($E_{\max} = 0{,}31$ MeV) pro Zerfall zwei harte γ-Quanten emittiert, die in der Zählrohrglaswand absorbiert und somit, wenn auch mit wesentlich kleinerer Wahrscheinlichkeit, nachgewiesen werden können.

Der Veallsche Zähler wird so mit der Meßflüssigkeit gefüllt, daß das innere Zählrohr überdeckt ist. Wie wir aus der Abb. 108 entnehmen, ist die Füllhöhe dann nicht kritisch, solange es sich um einen reinen β-Strahler handelt. Die Abb. 108 gilt für P^{32}, das in Form von Phosphat vorlag. Der Fehler, welcher z. B. entsteht, wenn statt 13 cm³ Meßflüssigkeit 14 cm³ eingefüllt werden, beträgt weniger als 1 %. Nach Abb. 109 ist die Größe des Meßeffektes in sehr weiten Grenzen exakt proportional der Flüssigkeitsaktivität. Die Flüssigkeitsproben mit verschiedener P^{32}-Aktivität wurden durch Verdünnung gewonnen. Aus der Lage der einzelnen Meßpunkte ersieht man, daß eine mehrfache Verdünnung mit sehr großer Genauigkeit erfolgen kann. Auch bei hohen Zählraten bis etwa 50 000 I/min tritt noch keine Verminderung des Meßeffektes durch Zählverluste ein.

b) Einfluß verschiedener Flüssigkeitsdichte auf den Meßeffekt

Beim Durchgang von β- und γ-Strahlung durch Materie laufen in bunter Reihenfolge verschiedenartige Absorptions- und Streuprozesse ab. Die Schwächung der vom Flüssigkeitszähler erfaßbaren Intensität ist abhängig von der Energie der Zerfallsteilchen und von der Art der durchsetzten Materie, also auch von der Art der Meßflüssigkeit selbst. Inwieweit dabei die Dichte des Lösungsmittels oder die Anwesenheit ver-

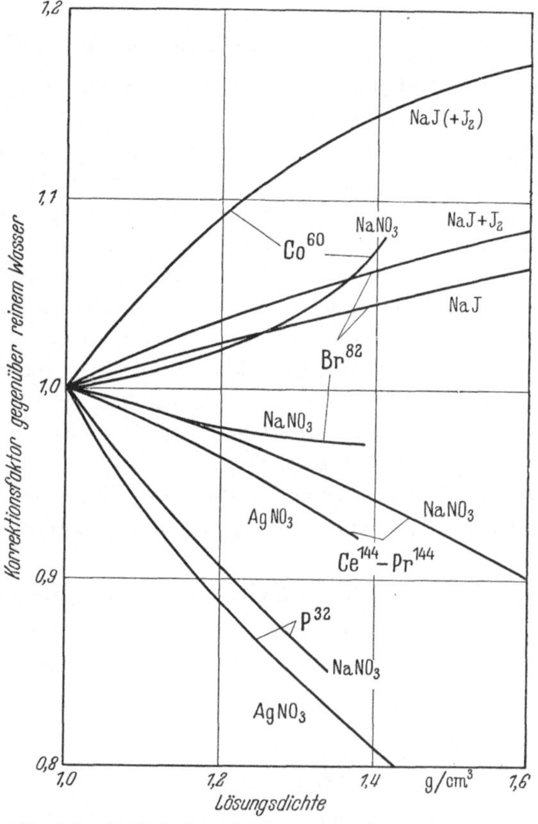

Abb. 110. Einfluß der Dichte und Zusammensetzung der radioaktiven Lösung auf den Meßeffekt (nach Messungen von CHIANG, SIEH-HSUAN und WILLARD, und ROSE und EMERY[1])

schieden schwerer Atome in der Meßflüssigkeit eine Rolle spielt, geht aus der Abb. 110 hervor. Die Änderung des Meßeffektes kann 20 % und mehr betragen.

Bei der relativ energiereichen, harten β-Strahlung von P^{32} (1,71 MeV) tritt mit zunehmender Dichte eine Verkleinerung des Meßeffektes ein. Bei Verwendung von $AgNO_3$ statt $NaNO_3$ wird die mit der Dichte zunehmende Wirkung der Streuung der energiereichen β-Teilchen noch verstärkt.

Wenn gleichzeitig γ-Strahlung ausgesandt wird, kann auch eine Vergrößerung des Meßeffektes beobachtbar werden. Sehr deutlich ist dieses bei Co^{60} der Fall, weil hier wegen der vollständigen Absorption der weichen β-Strahlung in der Zählrohrwand allein die γ-Strahlung zur Wirkung kommt. Mit zunehmender

[1] CHIANG, R., SIEH-HSUAN u. J. E. WILLARD: Science 112, 81 (1950). — ROSE, G., u. E. W. EMERY: Nucleonics 9 (1), 5 (1951). — HILMI, A. K., u. S. A. HUSAIN: P/2020.

Dichte der Flüssigkeit wird die Wahrscheinlichkeit einer γ-Absorption in der Flüssigkeitsschicht mit nachfolgender Erzeugung von Photoelektronen, welche die Zählrohrwand durchdringen können, immer größer.

Zwischen diesen beiden Extremfällen liegen Radionuclide, deren β- und γ-Strahlung ganz verschieden wirksam werden, so daß der Meßeffekt mit zunehmender Dichte des Lösungsmittels erhöht oder erniedrigt wird.

c) Nulleffekt des Veallschen Zählers

Der Nulleffekt des in Abb. 106 wiedergegebenen Flüssigkeitszählers wird nicht allein durch die kosmische Höhenstrahlung und Umgebungsstrahlung, sondern auch durch den Gehalt an Kalium 40 verursacht (relative Häufigkeit 0,012 %; $T_{1/2} = 1,25 \cdot 10^9$ Jahre, $E_{\max} = 1,33$ MeV). Die aus dem Glas des Zählrohrmantels in das Zählrohrvolumen gelangenden β-Teilchen erhöhen den Nulleffekt um einen konstanten Wert. Anders kann dieses sein für β-Teilchen aus dem äußeren Glasmantel, weil diese zunächst die Flüssigkeitsschicht durchsetzen müssen und dort je nach Dichte der Flüssigkeit verschieden stark absorbiert werden. Wenn dieser Effekt in vielen Fällen auch klein ist, so bleibt trotzdem die Forderung bestehen, die Messung des Nulleffektes niemals ohne inaktive Flüssigkeit vorzunehmen. Bei höheren Ansprüchen an die Meßgenauigkeit muß die inaktive Flüssigkeit auch ähnliche chemische Zusammensetzung haben wie die radioaktive Meßflüssigkeit.

Da der Veallsche Flüssigkeitszähler sehr lichtempfindlich ist, wird er bei jeder Messung mit einer lichtundurchlässigen Kappe überdeckt.

4. Aktivitätsmessung großer Flüssigkeitsmengen

Für große Mengen radioaktiver Flüssigkeiten eignen sich Zählrohre wie in Abb. 111 dargestellt. Das Zählrohr Abb. 111 b wird als Durchflußzähler verwendet,

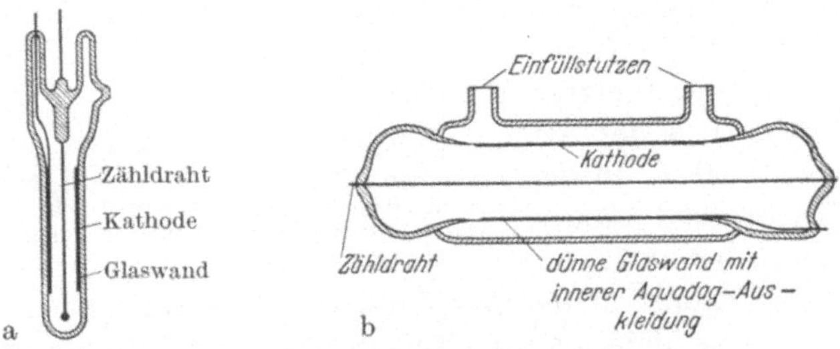

Abb. 111 a u. b. Zwei Zählrohrtypen zur Messung von Flüssigkeiten

der Eintauchzähler (Abb. 111 a) bei beliebig großen Flüssigkeitsmengen. Hierbei wird die aus der radioaktiven Flüssigkeit (z. B. Urinproben) austretende γ-Strahlung ausgenutzt. Die kleinere γ-Nachweisempfindlichkeit wird wettgemacht durch die größere Menge an Meßflüssigkeit*.

---

* Bei Verwendung einer entsprechenden Zählanordnung ergibt eine Aktivität von 0,1 µC J^{131} in 1 Liter Meßflüssigkeit einen γ-Meßeffekt von etwa 150 I/min.

Wird die gleiche Meßflüssigkeit im Veallschen Flüssigkeitszähler gemessen, der nur etwa 15 cm³ fassen kann, so kommt nur eine Aktivität von $1,5 \cdot 10^{-3}$ µC J^{131} zur Messung, so daß der Meßeffekt sehr klein ausfällt.

Für besondere Zwecke, z.B. beim Aufsuchen einer bevorzugten Speicherung von radioaktivem Phosphor in Hirntumoren, finden dünne Zählrohre (Nadelzählrohre) Verwendung.

5. Messung von sehr schwach radioaktiven Flüssigkeiten

Gerade in der Medizin und Biologie müssen oft sehr schwache radioaktive Präparate ausgemessen werden. Auch hier fällt die Meßprobe häufig in flüssiger Form an.

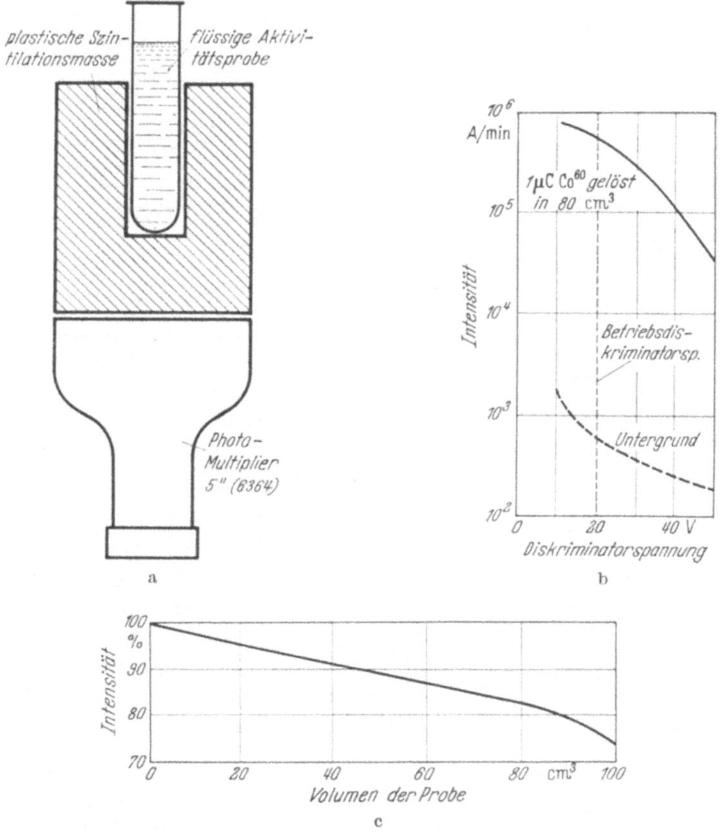

Abb. 112. a Flüssigkeitszähler mit plastischer Szintillationsmasse. b Meßeffekt für verschiedene Diskriminatorspannungen. c Abhängigkeit des Meßeffektes vom Volumen der radioaktiven Probe
(nach G. J. HINE und A. MILLER[1])

Ein Flüssigkeitszähler mit plastischer Szintillationsmasse ist in Abb. 112 wiedergegeben, außerdem die registrierte Impulshäufigkeit und der Nulleffekt bei verschiedener Einstellung der Diskriminatorspannung und schließlich noch die Abhängigkeit des Meßeffektes von der Füllhöhe der radioaktiven Flüssigkeit.

Die Betriebsspannung des Diskriminators beträgt 20 Volt. Für diesen Wert ist das Verhältnis Effekt zu Nulleffekt optimal, was für schwächere Präparate von großer Bedeutung ist (s. S. 161).

---

[1] HINE, G. J., u. A. MILLER: Nucleonics **14** (10), 78 (1956).

Die beschriebene Anordnung mit relativ dickem, plastischem Leuchtstoff eignet sich zum Nachweis von γ-Strahlung. Mit rundem, dünnem, plastischem Leuchtstoff haben MITCHELL und SARKES auch weiche β-Strahlung gemessen.

Bei schwachen γ-Strahlern bringt man die Meßflüssigkeit in einen Meßbehälter aus dünnem leichtem Material, der gerade in das Bohrloch eines Szintillationszählers paßt (s. Abb. 113).

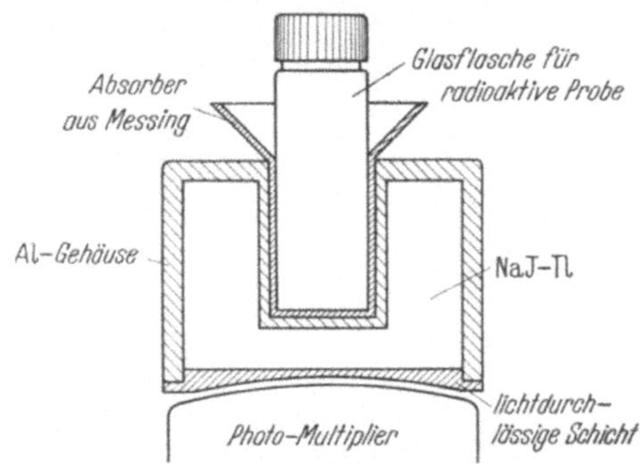

Abb. 113. γ-Szintillationszähler mit besonders großer Nachweiswahrscheinlichkeit (für flüssige und feste Proben nach H. O. ANGER [1])

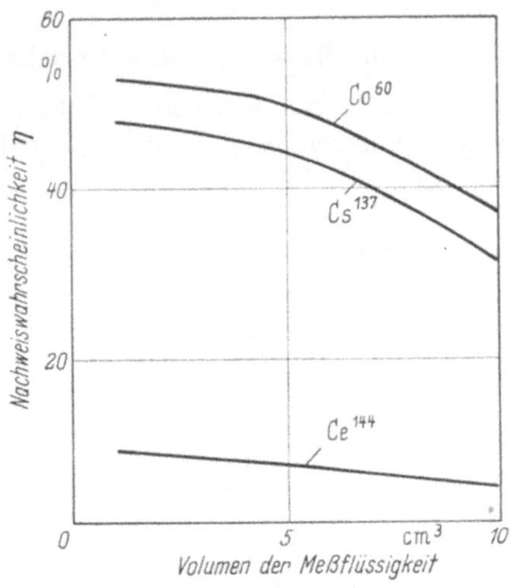

Abb. 114. Nachweiswahrscheinlichkeit eines Bohrloch-Szintillationszählers

Die Empfindlichkeit eines Bohrloch-Szintillationszählers (z.B. FH 421/Z 6) für drei verschiedene Radionuclide, nämlich Co^{60}, Cs^{137} und Ce^{144} wird in Abb. 114 dargestellt. Hiernach beträgt z.B. der effektive Wirkungsgrad einer mit Cs^{137} markierten Flüssigkeitsmenge von 5 cm³ etwa 45%, d.h. durchschnittlich 45 von 100 Zerfällen werden erfaßt.

Stehen größere Flüssigkeitsmengen zur Verfügung, so verwendet man zur Aufnahme der Flüssigkeitsprobe Ringschalen, welche über den Kopf des Szintillationszählers gestülpt werden. Der effektive Wirkungsgrad dieser Meßeinrichtung besitzt nach Abb. 115 bei Verwendung von 250 cm³ Flüssigkeit ein Maximum (günstigste Raumwinkelausnutzung). Um einen zahlenmäßigen Eindruck von der Meßempfindlichkeit zu erhalten, ist in Abb. 115 zusätzlich eine Kurve

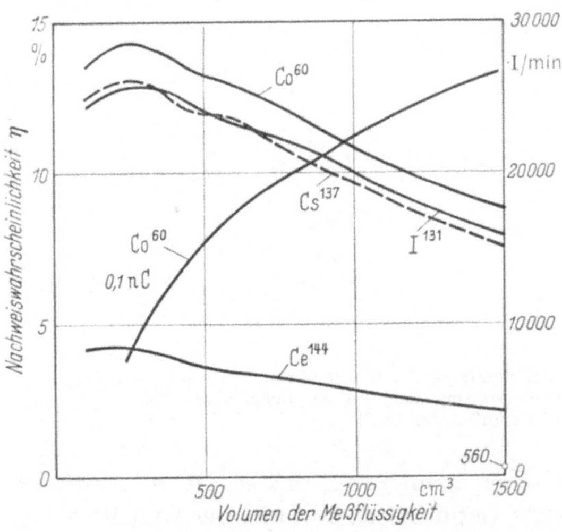

Abb. 115. Nachweiswahrscheinlichkeit einer empfindlichen Szintillationszähleranordung für Flüssigkeiten

(von links unten nach rechts oben reichend) eingetragen, welche die Impulshäufigkeit einer radioaktiven Flüssigkeit mit 0,1 nC Co^{60} pro cm³ angibt bei verschiedener Flüssigkeitsmenge (z.B. bei 500 cm³ 15000 I/min).

<hr>

[1] ANGER, H. O.: RSI **22**, 912 (1951).

Wenn Flüssigkeitsmengen von 10 cm³ oder weniger zur Verfügung stehen, mißt man das Präparat selbstverständlich im Bohrloch des Szintillationszählers, weil dann der Wirkungsgrad groß ist.

Sofern mehr Meßflüssigkeit (z.B. 25 oder 50 cm³) zur Verfügung steht, kann es sich lohnen, die Meßflüssigkeit wesentlich zu verdünnen (z.B. auf 250 cm³) und sie in der Ringschalen-Anordnung zu messen*.

D. Nachweis energiearmer β-Strahlung in gasförmigem Zustand (Messung von C^{14}, H^3 oder S^{35})

1. Vorteile und Nachteile des Gaszählers

Da viele chemische Verbindungen Kohlenstoff und Wasserstoff enthalten, liegt die Markierung dieser Verbindungen mit C^{14} oder H^3 nahe. Die β-Strahlung von C^{14} hat eine maximale Energie von etwa 160 keV. Die β-Teilchen von H^3 sind noch wesentlich energieärmer ($E_{\beta\,max} = 18{,}9$ keV, $R_{max} \sim 0{,}9$ mg/cm²). Sollen relativ schwache C^{14}- oder H^3-Präparate gemessen werden, so müssen sie in geeigneter Form vorliegen und das Strahlennachweisgerät muß entsprechend empfindlich sein. Bei Präparaten in fester Form, die einfach unter ein Fensterzählrohr gestellt werden, wird die Nachweiswahrscheinlichkeit durch Absorption der β-Teilchen im Präparat, in der Luftschicht und im Zählerfenster reduziert. Außerdem werden bei dieser Zählanordnung günstigenfalls die Hälfte der aus dem Präparat insgesamt emittierten β-Teilchen registriert.

Aus dem ersten Grund scheidet die Messung von H^3-markierten Präparaten in fester Form aus. Für C^{14}-markierte Präparate hat vor längerer Zeit schon LIBBY[1] die Verwendung eines *Screen-wall-Zählers* vorgeschlagen. Bei diesem Zähler liegen die Präparate in fester Form als *dicke Schicht* (bei C^{14} oder S^{35} etwa 20 mg) vor. Der Einfluß der Selbstabsorption ist dann zwar vorhanden, er kann aber genau abgeschätzt werden. Dadurch, daß das Präparat ins Innere des Zählers eingebaut wird, ist der Geometriefaktor günstig. Außerdem ist die Präparatmenge groß, so daß die Nachweisempfindlichkeit relativ gut ist ($\sim 5\%$).

Es lag nun nahe, die Reduzierung des Meßeffektes durch Selbstabsorption auszuschalten, indem man die radioaktiv markierte Substanz gasförmig in ein nach außen abgeschlossenes Zählervolumen bringt *(Gaszähler)*. Hierzu wird das radioaktive Material, sofern es nicht schon gasförmig vorliegt, in eine geeignete Gasart umgewandelt. C^{14} wird als $C^{14}O_2$, S^{35} in Form von $S^{35}O_2$ oder H_2S^{35}, die Tritiumaktivität meist als Wasserstoff, seltener als Wasserdampf gemessen. Da das β-Teilchen im Zähler theoretisch nur ein einziges Sekundärelektron erzeugen muß, um registriert zu werden, ist der Geometriefaktor praktisch 4π. Der Gaszähler ist bis 200mal empfindlicher als das Geiger-Müller-Zählrohr (s. Tabelle 13).

---

* Es mögen z.B. 25 (50) cm³ radioaktiv markierte Flüssigkeit vorliegen, welche pro cm³ 0,1 nC Co^{60} enthalten. Mit dem Bohrlochkristall, der nur etwa 10 cm³ Meßflüssigkeit aufnehmen kann, wird eine Impulshäufigkeit von 820 I/min erwartet. Verdünnt man dagegen die insgesamt vorliegende Flüssigkeitsmenge von 25 bzw. 50 cm³ auf 250 cm³, so fällt zwar die spezifische Aktivität auf ein Zehntel bzw. ein Fünftel (0,01 nC/cm³ bzw. 0,02 nC/cm³), nach Abb. 115 wird aber trotzdem eine Impulshäufigkeit von 800 bzw. 1600 I/min erwartet, also im zweiten Falle wesentlich mehr als bei der Messung der Probe im Bohrlochkristall.

[1] LIBBY, W. F.: Radiocarbon Dating Chicago; Univ. Press 1955.

Tabelle 13. *Vergleich der Nachweisempfindlichkeit verschiedener Strahlungsmeßgeräte*

Nachweismethode	Empfindlichkeit I/min/μC		Nulleffekt I/min	Kosten der Meßgeräte	Zeitaufwand für Präparation und Messung in min
	C^{14}	H^3	C^{14} oder H^3	DM	
Fensterzählrohr, 1,2 mg/cm² Fensterstärke, $BaCO_3$ in dicker Schicht, Präparatdurchmesser 30 mm, Präparatabstand 12 mm, Bleischutz 30 mm .	$1 \cdot 10^4$	—	100	2000	30
Methandurchflußzähler, fensterlos, Präparat in dicker Schicht, Präparatdurchmesser 30 mm, Bleischutz 30 mm	$4,5 \cdot 10^4$	$1 \cdot 10^4$	50	6000	20—30
Gasfüllzählrohr 150 cm³, Bleischutz 30 mm	$2 \cdot 10^6$	$1 \cdot 10^6$	100	10000	120
Gasfüllzählrohr 1,5 Liter, Antikoinzidenz, 100% Äthylen	$2 \cdot 10^6$	—	0,8	40000	120
Gasfüllionisationskammer, 500 cm³ 100% CO_2 bzw. 100% H_2	$20 \cdot 10^{-10}$A	$4 \cdot 10^{-10}$A	$9 \cdot 10^{-16}$A	7000	
Flüssigkeitsszintillator, Einkanal, Kühlung, Zusatz an aktiver Substanz 10%	$1,3 \cdot 10^6$	$0,5 \cdot 10^6$	300—500	10000	5
Flüssigkeitsszintillator, Koinzidenz, Kühlung, Zusatz an aktiver Substanz 10%	$1,7 \cdot 10^6$	$0,5 \cdot 10^6$	60	40000	5
Flüssigkeitsszintillator, Koinzidenz, Impulshöhenanalyse, Kühlung, Zusatz an aktiver Substanz 10%	$2 \cdot 10^6$	$0,5 \cdot 10^6$	2	60000	5

Nachteilig ist der größere apparative Aufwand und die Tatsache, daß sich nur wenige Gasarten zur Füllung eines Gaszählers eignen. Nachteilig kann auch sein, daß der Gaszähler nach jeder Messung mit inaktivem Gas sorgfältig gespült werden muß, weil sonst die radioaktiven Reste der vorhergehenden Meßprobe im Zähler bleiben und einen erhöhten Meßeffekt der nächsten Probe vortäuschen *(memory effect)*. Um sicher zu gehen, wird nach der Spülung die Messung des Nulleffektes eingeschaltet. Da die ausgemessene radioaktive Gasfüllung für eine zweite, spätere Messung meist unbrauchbar ist, erfordert die Methode entweder größere radioaktive Gasmengen oder den Verzicht auf eine Wiederholung der Einzelmessungen. Beides kann von Nachteil sein.

Trotz der erwähnten Nachteile wird der Gaszähler wegen seiner großen Nachweisempfindlichkeit sehr häufig verwendet[1]. Die Verwendung bietet sich besonders an, wenn die radioaktive Probe sowieso gasförmig anfällt.

2. Geiger-Müller-Zählrohre als Gaszähler

In der ersten Zeit wurde das Geiger-Müller-Zählrohr als Gaszähler verwendet. Leider ist CO_2, das zum Teil als $C^{14}O_2$ in den Gaszähler gelangt, kein geeignetes

---

[1] GLASCOCK, R. F.: Isotopie gas analysis for biochemists. New York 1954. — GLASCOCK gibt einen Empfindlichkeitsvergleich zwischen einer C^{14}-Messung in fester und gasförmiger Form. 20 mg $BaCO_3$, auf eine Unterlage von 1 cm² Fläche ausgebreitet (also in „dicker Schicht") ergibt einen Meßeffekt von 26 (2204) I/min. Aus 20 mg $BaCO_3$ lassen sich 2,25 cm³ CO_2 herstellen, die im Gaszähler einen Meßeffekt von 730 (66800) I/min, also den 28(30)fachen Meßeffekt des in fester Form gemessenen Präparates ausmachen. Bei C^{14}-Glucose konnte sogar der 56fache Meßeffekt festgestellt werden.

Zählgas. Es neigt zur Bildung von negativen Ionen, die wiederum zu lästigen Nachentladungen Anlaß geben (s. S. 61). Die von einem Zerfallselektron innerhalb des Zählervolumens erzeugten positiven CO_2-Ionen wandern im elektrischen Feld gegen die Zählrohrwand (Kathode). In deren unmittelbarer Nähe holt sich letztlich das positive CO_2-Ion aus dem Kathodenmaterial zwei Elektronen und wird zum negativen CO_2-Ion. Wenn das Zählgas neben Argon oder Methan mehr als 10% CO_2 enthält, werden die Eigenschaften des normalen Zählrohres so stark verschlechtert, daß eine Messung unmöglich ist.

BROWN und MILLER[1] haben versucht, durch einen geeigneten, elektrisch leitenden Überzug der Kathode (Graphit) eine Umladung des positiven CO_2-Ions

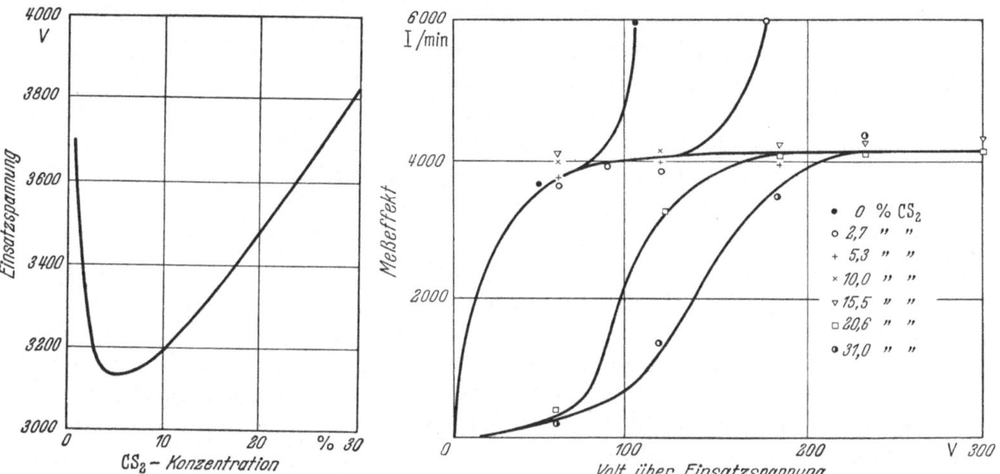

Abb. 116. Abhängigkeit der Einsatzspannung eines Gaszählers von der Konzentration des zugemischten CS_2

Abb. 117. Kennlinien eines Gaszählrohres bei verschiedenen CS_2-Konzentrationen

zu verhindern. Viel wirkungsvoller war ihr späterer Vorschlag, durch Beimischung von CS_2-Gas dafür zu sorgen, daß positive CO_2-Ionen schon gar nicht in Kathodennähe gelangen. Die positive Ladung des CO_2-Ions wird frühzeitig abgefangen. Aus Abb. 117 erkennen wir, daß die Zugabe von etwa 10% CS_2 zu einem einwandfreien Arbeiten des Zählrohres führt*.

ROHRINGER und BRODA[2] berichten von erfolgreichen Versuchen mit reiner CO_2-Füllung. Bei erhöhtem Zählrohrdruck (40 cm Hg) waren keine Nachentladungen zu beobachten. Der Konstanzbereich wird mit 400 V bei 1%iger Neigung pro 100 V Spannungsänderung angegeben, die Betriebsspannung mit 4600 Volt.

Zählrohre mit reiner CO_2-Füllung sind nichtlöschend. Das Löschen der Gasentladung wird durch geeignete elektrische Schaltmittel von außen her erzwungen.

PERGUSSON[3] schließt aus entsprechenden Versuchen, daß die Schwierigkeiten bei Verwendung von CO_2-Gas als Füllgas primär nicht durch CO_2, sondern durch

---

* *Beispiel:* Zählrohrlänge 15 cm (effektiv), Durchmesser 2,5 cm, CO_2-Gasfüllung 20 mm Hg mit 10% CS_2. Konstantbereich 200 V mit einer Neigung von 3%/100 V, Betriebsspannung etwa 2800 V, Nulleffekt 50 I/min.

[1] BROWN, S. C., u. L. N. MILLER: RSI 18, 496 (1947).

[2] ROHRINGER, G., u. E. BRODA: Z. Naturforsch. 86, 159 (1953).

[3] PERGUSSON, G. J. F.: Nucleonics 13 (1), 18 (1955).

außerordentlich geringe elektronegative Verunreinigungen verursacht werden. Es wird angegeben, daß die Bildung negativer Ionen schon durch eine sehr geringe O_2-Konzentration ausgelöst wird.

3. Proportionalzähler zur Ausmessung gasförmiger radioaktiver Präparate

Die Verwendung von Proportionalzählern zum Nachweis radioaktiver Strahlung ist vorteilhaft, weil man sehr schwache und sehr starke Aktivitäten ausmessen kann. Bei quantitativer Überführung der markierten Verbindung in $C^{14}O_2$ oder H^3 (als Wasserstoff) beträgt die Ausbeute bei C^{14} 70—80%, bei Tritium etwa 50%. Es können aber auch relativ starke Präparate ausgemessen werden ($\sim$ einige 10^6 I/min), ohne daß ein merklicher Zählverlust (s. S. 96) eintritt. Die Lebensdauer des Zählers ist groß, eine gute Reproduzierbarkeit der Meß-effekte ist auch über längere Zeiträume gewährleistet.

Als Zählgas diente früher entweder reines Methan oder ein Gemisch von 90% Argon und 10% Methan. Diesem Zählgas konnten bis 10% CO_2 zugemischt werden, ohne daß die Zählereigenschaften schlecht wurden.

FREDMAN und ANDERSON[1] verwendeten reines CO_2-Gas als Füllgas. Die Zählerimpulse werden einem Diskriminator zugeleitet, der nur Impulse von eng begrenzter Größe an die nachfolgende Verstärkerstufe weitergibt. Da größere und kleinere Impulse unterdrückt werden, macht man sich nach Ansicht der genannten Autoren in etwa von der Neigung der Zählerkennlinie frei. Da die Nulleffektimpulse andere Größe haben als echte Impulse, wird bei richtiger Einstellung der Diskriminatorspannung der Nulleffekt ganz wesentlich verkleinert.

Die Unterscheidung verschieden großer Impulse ist bei einer Doppelmarkierung mit C^{14} und H^3 von großem Vorteil.

Bei fester Größe des Gaszählers kann eine Empfindlichkeitssteigerung noch in zweierlei Weise erreicht werden. Nach ARROL und GLASCOCK[2], BAKER und CRATHORN[3] oder FALTINGS[4] verwendet man als Zählgas nicht CO_2 sondern das mehr Kohlenstoffatome pro Volumeneinheit enthaltende Acetylen (C_2H_2) oder Äthan (C_2H_6). Mit Lithiummetall reagiert das radioaktive $C^{14}O_2$ zu Lithiumcarbid und dies gibt bei Wasserzugabe Acetylen ab. Die Ausbeute an Acetylen beträgt etwa 65%. Die Zunahme an C^{14}-Atomen kann auch durch Drucksteigerung erreicht werden. Um z.B. 1 g Kohlenstoff bei Normaldruck im Gaszähler unterzubringen, müßte dieser ein Gasvolumen von etwa 2000 cm³ besitzen. Bei einem Gasdruck von 10 atm sind dies immer noch 200 cm³. Die Empfindlichkeit ist dem Kohlensäuredruck direkt proportional. Hoher Gasdruck bedingt allerdings eine hohe Zählspannung.

4. Herstellung gasförmiger C^{14}- oder H^3-Proben und Füllung des Gaszählers

C^{14} und H^3 werden im Reaktor erzeugt nach den beiden Reaktionsgleichungen

$$N^{14}\,(n,\,p)\,C^{14}$$

bzw.

$$Li^6\,(n,\,\alpha)\,H^3.$$

[1] FREDMAN, A. J., u. E. C. ANDERSON: Nucleonics **10** (8), 57 (1952).
[2] ARROL, W. J., u. R. F. GLASCOCK: J. Chem. Soc. 1534 (1948).
[3] BAKER, H., u. A. R. CRATHORN: Nature, Lond. **172**, 631 (1952).
[4] FALTINGS, V.: Naturwissenschaften **39**, 378 (1952).

Die Markierung von chemischen Verbindungen mit C^{14} geschieht durch Synthese und ist mitunter schwierig, zeitraubend oder unmöglich. Man kann heute aber eine große Zahl von C^{14}-markierten Verbindungen kaufen. Allerdings ist der Kaufpreis teilweise noch sehr hoch. Da die Markierung mit H^3 im allgemeinen wesentlich einfacher verläuft und Wasserstoff ebenfalls in organischen Verbindungen auftritt, wird sie heute der C^{14}-Markierung häufig vorgezogen. Nachteilig erscheint allerdings die viel geringere Energie der von H^3 emittierten β-Teilchen, wodurch eine Messung H^3-haltiger Substanzen in fester Form so gut wie unmöglich ist.

Die H^3-Markierung kann gleichzeitig mit der Erzeugung von Tritium im Reaktor vorgenommen werden[1], indem die maßgebende Substanz zusammen mit einer lithiumhaltigen Verbindung der Neutronenbestrahlung im Reaktor ausgesetzt wird. Nach der oben erwähnten Reaktionsgleichung entsteht dabei Tritium als Atom oder als Atomion (Triton). Die Rückstoßenergie des gleichzeitig bei dieser Umwandlung emittierten α-Teilchens wird dem Tritium oder dem Triton übertragen, so daß die zu markierende Substanz ionisiert werden kann und eine Substitution der H-Atome durch H^3-Atome möglich wird.

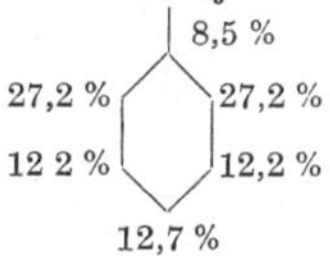

Abb. 118. Markierung von Toluol mit C¹⁴ [3]

Die Markierung mit H^3 wird in steigendem Maße mit der Wilzbach-Methode *(gas-exposure procedure)* vorgenommen[2]. Die zu markierende Substanz befindet sich gasförmig in einem Behälter mit Tritium. Beim β-Zerfall von Tritium entsteht aus einem Tritiumatom eines zweiatomigen Tritiummoleküls ein He^3-Atom, das die Atomelektronen der beiden ursprünglich vorhandenen Tritiumatome *übernimmt*. Das zweite, nicht umgewandelte Tritiumatom wird zum Ion (Triton) und übernimmt die Rückstoßenergie des emittierten β-Teilchens. Der Einbau des Tritons in die zu markierende Verbindung geschieht wie oben durch Substitution.

Der Vorteil der Wilzbach-Methode liegt einmal darin begründet, daß die Markierung in jedem Labor vorgenommen werden kann. Außerdem ist die Ausbeute an markierter Substanz größer, da die Schädigung der zu markierenden Substanz beim Beschuß mit Neutronen, α-Strahlung und γ-Strahlung wegfällt. Eine Schädigung ist allerdings auch hier in gewissem (kleinerem) Ausmaß vorhanden durch die β-Strahlung. Als Maß gilt die Zahl der pro 100 eV zerstörten Moleküle. Die Ausbeute steigt mit dem Gasdruck. Die Markierung erfolgt nicht statistisch. Je nach Markierungsstelle entsteht ein verschiedener Markierungsgrad. Als Beispiel liegt die Markierung von Toluol vor (s. Abb. 118).

Die Herstellung von CO_2 aus $BaC^{14}O_3$ und die Füllung des Gaszählers mit $C^{14}O_2$ kann nach Angaben von BERNSTEIN und BALLENTINE[4] wie folgt vorgenommen werden. In einer Waschflasche befindet sich die radioaktive Probe als festes Bariumcarbonat. Durch Zugabe von Säure wird $C^{14}O_2$ gebildet, welches durch eine gut ausgepumpte Glasapparatur zum Zähler geleitet wird. In einem Kühler wird der Wasserdampf entfernt, in einem zweiten Kühler das $C^{14}O_2$-Gas zunächst kondensiert, damit nichtkondensierbare Störgase abgepumpt werden können.

[1] WOLF, A. P.: Angew. Chem. **71**, 237 (1959).
[2] WILZBACH, K. E.: J. Amer. Chem. Soc. **79**, 1013 (1957).
[3] SINEX, F. M., K. E. WILZBACH: Nucleonics **16** (3), 62 (1958).
[4] BERNSTEIN, W., u. R. BALLENTINE: RSI **21**, 158 (1950).

Erst dann läßt man das $C^{14}O_2$-Gas in das vorher ebenfalls ausgepumpte Zählrohrvolumen bis zu einem Druck von 100 mm Hg einströmen, anschließend gibt man aus einem Vorratsgefäß Methangas zu. Die Genauigkeit der Messung hängt von der Sorgfalt der Füllung ab.

Wenn die mit C^{14} oder H^3 markierte organische Substanz z.B. in Form von Gewebe vorliegt, verwendet man zur Umwandlung der markierten Substanz in Gasen die Wilzbach-Methode oder eine etwas modifizierte Wilzbach-Methode[1]. Die in fester oder flüssiger Form vorliegende radioaktive C^{14}-Substanz wird in einem Bombenrohr unter Zugabe von Kaliumpermanganat (80 mg auf 10 mg) längere Zeit (etwa 1 Stunde) auf 650° C erhitzt, wobei $C^{14}O_2$ entsteht. Bei H^3-Substanzen wird das Bombenrohr unter Zugabe von Zinkpulver und Nickeloxyd (auf 10 mg Substanz etwa 1 g Zinkpulver, 100 mg Nickeloxyd und 5 mg Wasser) über etwa 3 Stunden auf 600° C erhitzt. Es entsteht unter anderem ein Gemisch von Tritium in Form von Wasserstoff und Methan, das als Zählgas geeignet ist. Bei gleichzeitiger Markierung mit C^{14} und H^3 laufen die beiden Vorgänge nacheinander ab unter Einhaltung gewisser zusätzlicher Maßnahmen.

5. Messung gasförmiger, radioaktiver Proben in der Ionisationskammer

Auch die Ionisationskammer ist ein sehr empfindliches Meßgerät und wird auch heute noch zum Nachweis weicher β-Strahlung, besonders für C^{14} und Tritium verwendet. Wegen der leichteren Herstellung wird der gasförmige Zustand bevorzugt. Die Ionisationskammer arbeitet im Sättigungsbereich, so daß alle Ionenpaare, die durch die β-Teilchen der als Gase eingefüllten radioaktiven Proben entstehen, gesammelt werden. Der Ionisationsstrom ist deshalb proportional der Aktivität der Gasproben. Der Ionisationsstrom, der z.B. über einen hohen Ohmschen Widerstand ($\sim 10^{17}\ \Omega$) fließt, ist außerordentlich klein (10^{-13} bis 10^{-11} A), so daß ein empfindlicher Verstärker notwendig ist, dessen zeitliche Konstanz gesichert sein muß. Da die Meßzeiten relativ lang sind und der Nulleffekt während dieser Zeit schwanken kann, verwendet man eine Doppelionisationskammer, deren beide Hälften elektrisch gegeneinandergeschaltet sind, aber eine gemeinsame Sammelelektrode besitzen. Durch die eine Ionisationskammer strömt das radioaktive Meßgas (~ 20 l/h), durch die andere Ionisationskammer ein nicht aktives Vergleichsgas ($\sim 0{,}5$ l/h). Die Differenz der beiden Ionisationsströme gibt den Meßeffekt, praktisch unabhängig von der Größe des Nulleffektes.

Es ist einer der Vorteile der Ionisationskammer, daß der Meßeffekt gegenüber chemischen Verunreinigungen des Meßgases unempfindlich ist. An sich kann jedes Gas, das nicht mit der Kammerwand reagiert, verwendet werden. Ein weiterer Vorteil ist die relativ große Menge an aktiver Substanz, die in der Ionisationskammer untergebracht werden kann.

Tabelle 14 gibt die Ergebnisse von C^{14}-Messungen von JESSE u. Mitarb.[2] wieder. Man entnimmt daraus die große Variationsbreite des Aktivitätsbereiches,

---

[1] WILZBACH, K. E., L. KAPLAN u. W. G. BROWN: Science **118**, 522 (1953). — WILZBACH, K. E., A. R. VAN DYKEN u. L. KAPLAN: Anal. Chem. **26**, 880 (1954). Weitere Literaturangaben bei SIMON, H., H. DANIEL u. J. F. KLEBE: Angew. Chem. **71**, 303 (1959) und SCHARPENSEEL, H. W.: Angew. Chem. **71**, 640 (1959).

[2] JESSE, W. P., L. A. HANNUM, H. FORSTAT u. A. L. HART: USAEC. Report MDDC 622 (1947).

Tabelle 14. *Empfindlichkeit zweier Ionisationskammermethoden zum Nachweis von $C^{14}O_2$*
(nach Angaben von JESSE u. Mitarb.[1])

Ionisationskammer in Verbindung mit	CO_2-Menge in mg	Äquivalente $BaCO_3$-Menge in mg	Kammervolumen in cm³	Kammerdruck in cm Hg	Nulleffekt in A
a) Lindemann-Elektrometer	512	1700	212,5	101,8	$3,3 \cdot 10^{-16}$ ungeschützt
b) Vibrationselektrometer .	302	1250	156,0	81,9	$1,2 \cdot 10^{-16}$

Nachweis mit	Aktivität der Probe in µC pro g Kohlenstoff	Zerfälle in der Kammer pro Minute	Beobachteter Ionisationsstrom in A, gemittelt aus mehreren Beobachtungen	Meßdauer in Minuten insgesamt	Schwankungen der Stromwerte in %
Lindemann-Elektrometer .	$4,0 \cdot 10^{-4}$	120000	$4,44 \cdot 10^{-13}$	12	—
	$2,0 \cdot 10^{-5}$	6000	$2,17 \cdot 10^{-14}$	165	0,4
	$1,4 \cdot 10^{-6}$	430	$1,64 \cdot 10^{-15}$	160	0,53
	$1,0 \cdot 10^{-6}$	290	$1,15 \cdot 10^{-15}$	220	2,4
	Untergrund		$3,3 \cdot 10^{-16}$	—	—
Vibrationselektrometer . .	$4,0 \cdot 10^{-4}$	73000	$2,201 \cdot 10^{-13}$	112	0,19
	$2 \cdot 10^{-5}$	3600	$1,090 \cdot 10^{-14}$	300	0,31
	$1 \cdot 10^{-6}$	170	$5,50 \cdot 10^{-16}$	400	1,5
	$7 \cdot 10^{-8}$	13	$3,5 \cdot 10^{-17}$	225	19
	Untergrund		$1,2 \cdot 10^{-16}$		

die große Nachweisempfindlichkeit und die relativ hohe Meßgenauigkeit. Allerdings sind die Meßzeiten sehr lang. Mit einer gut durchdachten Kombination von Ionisationskammer und Elektroskop (s. Abb. 119) haben HENRIQUES u. Mitarb.[2] C^{14}-Messungen gemacht. Bei einer Gasfüllung von etwa 20 mMol CO_2, entsprechend etwa 4 g Bariumkarbonat, konnten noch $3 \cdot 10^{-5}$ µC C^{14} mit einer Meßgenauigkeit von etwa 2% nachgewiesen werden.

Die Ionisationskammer ist auch für Tritium-Messungen benutzt worden. Da ein β-Teilchen

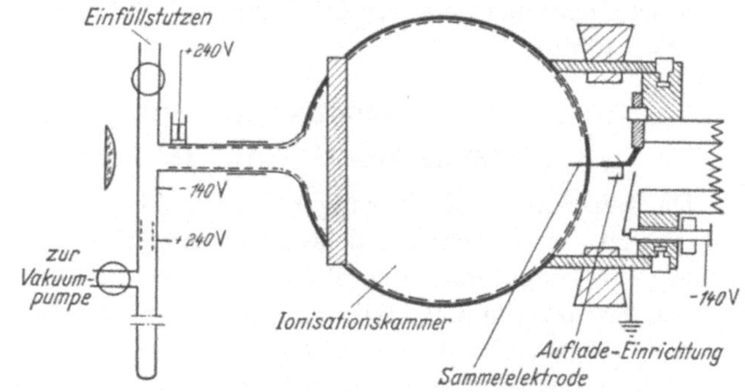

Abb. 119. Empfindliches Nachweisgerät für β-Strahler
(nach F. C. HENRIQUES u. Mitarb.[2])

von Tritium eine mittlere β-Energie von 5,6 keV besitzt, und z. B. bei Argon als Zählgas pro Ionenpaar 27 eV verbraucht werden, kann ein solches β-Teilchen durchschnittlich nur etwa 200 Ionenpaare erzeugen. Es entsteht also ein relativ kleiner Ionisationsstrom, der natürlich noch von der Art der Gasfüllung und vom Gasdruck abhängt (s. Abb. 120). Der zur Messung erforderliche Sättigungsstrom

[1] JESSE, W. P., L. A. HANNUM, H. FORSTAT u. A. L. HART: USAEC. Report MDDC 622 (1947).
[2] HENRIQUES, F. C., G. B. KISTIAKOWSKY, C. H. MARGRIETTI u. W. G. SCHNEIDER: Ind. Engng. Chem., Analyt. Edit. 18, 349 (1946).

wird bei um so höherer Spannung erreicht, je stärker die Tritiumaktivität ist (s. Abb. 121). Bei Wasserstoff als Zählgas wird die Sättigung, gleiche Aktivität vorausgesetzt, früher erreicht als bei Methan oder gar Propan (s. Zahlenwerte in Abb. 121 für 100 Volt Kammerspannung).

Da der Einfluß der Rekombination bei Methan weniger ausgeprägt ist als bei Propan und andererseits die Druckabhängigkeit geringer als bei Wasserstoff ist, wird als Zählgas vorzugsweise Methan verwendet.

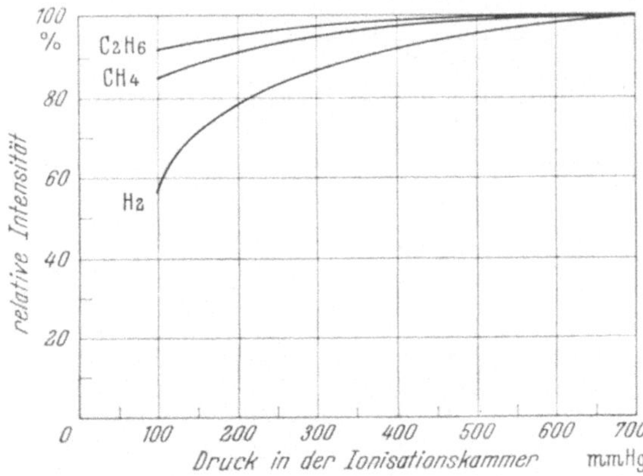

Abb. 120. Ionisationsstrom in Abhängigkeit von der Gasart und dem Gasdruck (nach Messungen von K. E. WILZBACH u. Mitarb.[1])

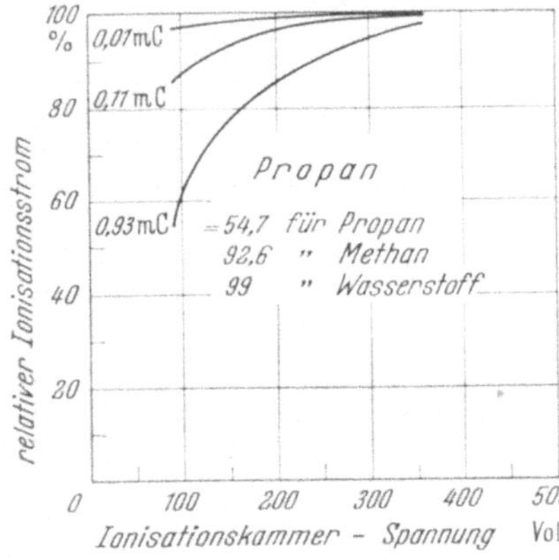

Abb. 121. Abhängigkeit des Ionisationsstromes von der Präparatstärke und der angelegten Spannung (nach Messungen von K. E. WILZBACH u. Mitarb.[1])

Nachweisbar sind noch etwa 0,5—1 nC Tritium. Die Meßgenauigkeit beträgt bei einer Meßdauer von etwa 1 Stunde ±1%. Die obere Nachweisgrenze liegt bei etwa 10 mC.

E. Anwendung flüssiger Szintillatoren zur Messung von C^{14}- und H^3-markierten Substanzen

Die radioaktive Markierung mit C^{14} und Tritium als Analysenmethode bei chemischen, biologischen und medizinischen Untersuchungen hat in den letzten Jahren eine bedeutende Ausweitung erfahren[2]. Das liegt nicht zuletzt daran, daß C^{14} und Tritium nunmehr mit hoher Absolutaktivität und auch mit hoher spezifischer Aktivität erhältlich sind und geeignete Meßmethoden entwickelt wurden, diese energiearmen β-Strahler mit großer Nachweisempfindlichkeit zu erfassen. Für die Messung von radioaktiv markierten, organischen Verbindungen, besonders für C^{14}- oder H^3-markierte Verbindungen, ist der *Flüssig-Szintillationszähler* zum wichtigsten und gebräuchlichsten Nachweisgerät geworden[3]. Ein Meßgefäß aus Spezial-Glas oder Quarz* dient zur Aufnahme der Meßprobe. Die flüssige Meßprobe besteht aus der radioaktiv markierten Substanz, die in flüssiger oder fester

---

* Quarzgefäße sind vorzuziehen, da sie frei von K^{40} sind und daher einen kleineren Nulleffekt aufweisen.

[1] WILZBACH, K. E., A. R. VAN DYKEN u. L. KAPLAN: Anal. Chem. **26** (5), 880 (1954).

[2] Übersicht über den Gesamtbereich: BELL, C. G., u. FN. HAYES: Liquid scintillation counting. London and New York: Pergamon Press 1958 (bei späteren Literaturangaben mit LSC bezeichnet).

[3] KALLMANN, H., u. M. FÜRST: Nucleonics 8 (3), 31 (1951).

Form vorliegen kann, einem für diese Substanz geeigneten Lösungsmittel und einem darin gelösten Leuchtstoff. Ein Lichtleiter aus Plexiglas, auf dessen Oberfläche zur Reduzierung der Lichtverluste Aluminium aufgedampft ist, besitzt zur Aufnahme des Meßgefäßes eine entsprechende Bohrung. Als optisches Kontaktmedium zwischen Meßgefäß und Lichtleiter, ebenso zwischen den beiden Endflächen des Lichtleiters und den dort angebrachten beiden Photomultipliern dient Siliconöl bzw. Siliconfett. Neuerdings verzichtet man auf den Lichtleiter, womit gleichzeitig die Schwierigkeit der optischen Kontaktgabe entfällt. Die beiden Photomultiplier werden in Koinzidenz geschaltet, um den thermischen Nulleffekt klein zu halten (s. Abb. 60). Zur Reduzierung des Zählbeitrages durch kosmische Ultrastrahlung und Umgebungsstrahlung befindet sich die Meßanordnung in einem Blei- oder Eisenpanzer. Häufig wird auch eine Antikoinzidenzschaltung verwendet[1]. Dann werden nur solche Impulse registriert, die zwar eine untere Schwellenspannung, nicht aber eine weitere, obere Schwellenspannung überschreiten. Untere und obere Schwellenspannung bilden sozusagen ein Filter, durch welches die ankommenden Impulse gesiebt werden.

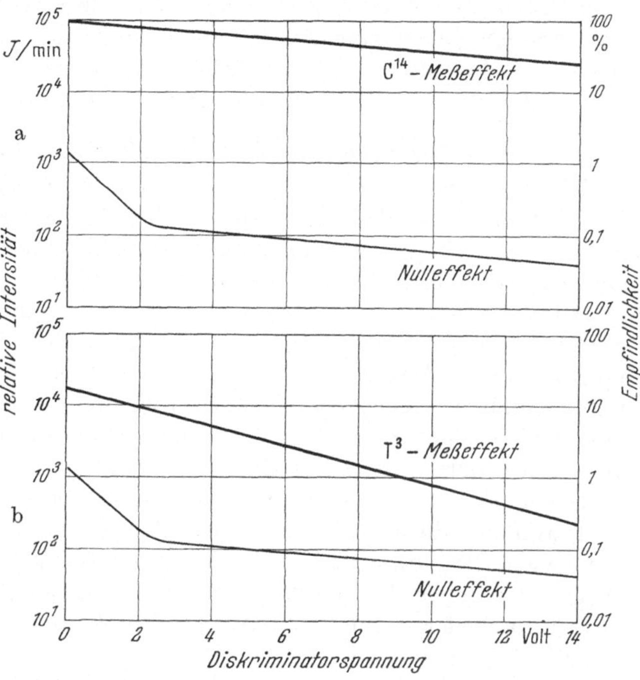

Abb. 122 a u. b. Empfindlichkeit und Nulleffekt bei Flüssig-Szintillationszählern für C¹⁴ und T³

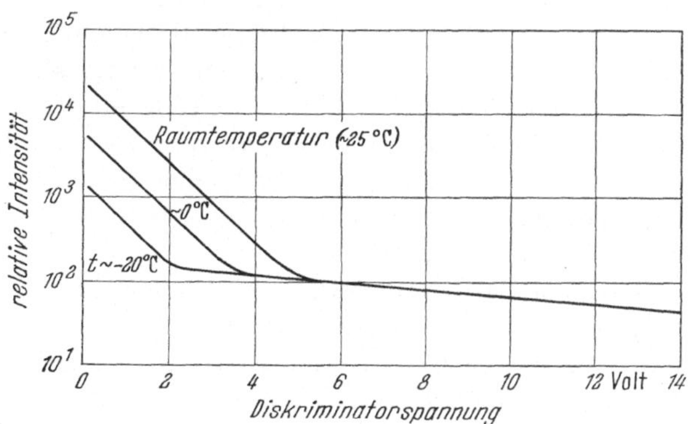

Abb. 123.   Temperatureinfluß auf die Größe des thermischen Nulleffektes von Photomultipliern

In Abb. 122a ist der C¹⁴-Meßeffekt und der Nulleffekt, in Abb. 122b dasselbe für Tritium in Abhängigkeit von der Diskriminatorspannung aufgetragen. Bei C¹⁴ muß die Diskriminatorspannung zur optimalen Unterdrückung mindestens etwa 3 Volt betragen, bei Tritium ebensoviel, aber möglichst auch nicht viel mehr.

---

[1] HIEBERT, R. D., u. F. N. HAYES: LSC, S. 41. — PACKARD, L. E.: LSC, S. 50.

Zur Herabsetzung des Nulleffektes (s. auch Abb. 123) wird die gesamte Meßanordnung in einer lichtdichten Kühltruhe untergebracht, am besten in Verbindung mit einem automatischen Probenwechsler. Die Lichtdichtigkeit wird aus zwei Gründen gefordert. Einmal muß verhindert werden, daß die Photokathode des Photomultipliers belichtet und damit unbrauchbar wird. Andererseits emittieren die Meßgefäße bei Lichteinfall eine intensive Phosphorescenzstrahlung, deren Intensität nur sehr langsam mit der Zeit abnimmt*.

1. Vorteile und Nachteile des Flüssig-Szintillationszählers

Die wichtigsten Eigenschaften des Flüssig-Szintillationszählers sind hohe Nachweisempfindlichkeit und kleiner Nulleffekt. Dadurch, daß die in der Szintillationsflüssigkeit gelöste oder suspendierte, radioaktive Substanz allseitig umgeben ist vom Szintillator, werden alle emittierten β-Teilchen erfaßt. Da die markierte Substanz in der Szintillatorflüssigkeit fein verteilt ist, spielt auch die Selbstabsorption meist eine unwesentliche Rolle. Die Probenherstellung ist relativ einfach. Man löst die markierte Substanz z.B. in Toluol, gibt primären und sekundären Leuchtstoff (s. S. 141) zu und bringt das Meßgläschen an den vorgesehenen Meßort oder in die Bohrung des Lichtleiters. Die Abhängigkeit vom Probevolumen (grundsätzlich unbegrenzt groß) ist relativ gering. Verluste an radioaktiver Substanz, wie sie z.B. bei nasser Veraschung oft unvermeidbar sind, werden reduziert. Die Zeitersparnis macht sich besonders bei der Messung kurzlebiger Präparate und leicht flüchtiger Substanzen angenehm bemerkbar. Wegen der hohen Empfindlichkeit lassen sich auch sehr schwache Präparate messen, besonders wenn der Nulleffekt durch entsprechenden apparativen Aufwand klein gehalten wird.

Da die Impulsgröße von der Energie der auslösenden β-Strahlung abhängt, ist eine Unterscheidung verschiedener Radionuclide mit verschieden energiereicher Strahlung, also z.B. die Unterscheidung zwischen C^{14} und Tritium, oder sogar C^{14}, H^3 und Cl^{36} durch Verwendung eines Diskriminators möglich. Der Flüssig-Szintillationszähler kann in dieser Hinsicht als Proportionalzähler aufgefaßt werden. Wegen der kurzen Abklingzeit des Lichtimpulses ist es ebenso wie beim Proportionalzähler möglich, auch sehr starke Präparate zu messen.

Wenn die Meßprobe in gebräuchlichen Szintillatoren nicht löslich ist, sondern als Suspension gemessen werden muß, reduziert die Selbstabsorption den Meßeffekt mitunter beträchtlich.

Leider ist die Umsetzung der β-Energie in Licht beim flüssigen Szintillator weniger günstig als bei Leuchtkristallen. Die Meßimpulse sind dadurch relativ klein. Der apparative Aufwand ist wesentlich größer, besonders für die Messung schwacher und energiearmer β-Strahler. Die Bedienung der Geräte ist schwieriger, aber erlernbar.

2. Eigenschaften der Szintillationsflüssigkeit, Lösungsmittel, primäre und sekundäre Leuchtstoffe

Es gibt zwar keine reinen Flüssigkeiten, die gute Szintillationseigenschaften aufweisen. Die Auflösung bestimmter Leuchtstoffe (Phosphore) in geeigneten

---

* Die Halbwertzeit dieser komplexen Phosphorescenzstrahlung beträgt 1—3 Minuten bzw. 1—2 Stunden. Erkennbar ist diese Phosphorescenzstrahlung an einem auffällig schnell abnehmenden Meßeffekt oder an einem übermäßig großen Unterschied von Einzel- und Koinzidenz-Meßeffekt.

Tabelle 15. *Eigenschaften einiger Lösungsmittel und Leuchtstoffe für Flüssig-Szintillationszähler*

Lösungsmittel				
Toluol CH_3	Toluol CH_3 + Methanol + Äthanol			Für wäßerige Lösungen
Xylen 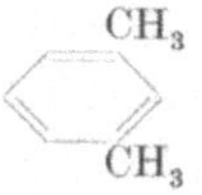 CH_3 CH_3 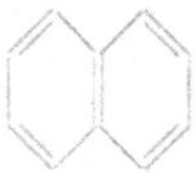	p-Dioxan O—O	Naphthalin		
 Triäthylbenzol CH_2CH_3 CH_2CH_3 CH_2CH_3	Tributylphosphat $OP(OC_4H_9)_3$	+		

	Kurz-bezeichnung	Relative Empfind-lichkeit	Maximale Löslichkeit in Toluol	λ Max.	λ Mittel
Primäre Leuchtstoffe					
p-Terphenyl	(Φ 3)	1,00	8 g/l	344	360
2,5-Diphenyloxazol 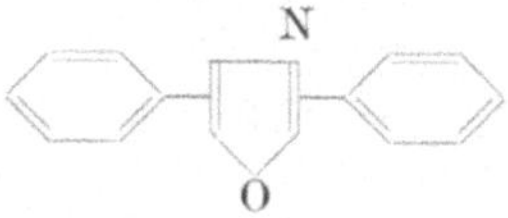	PPO	1,03	6 g/l	365	394
2-(4-biphenylyl)-5-phenyl-1,3,4-oxadiazol 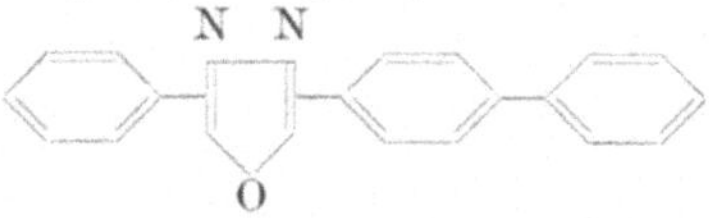	PBD	1,24	12 g/l	364	388
Sekundäre Leuchtstoffe					
(POPOP-Struktur)	POPOP	2,29		419	444
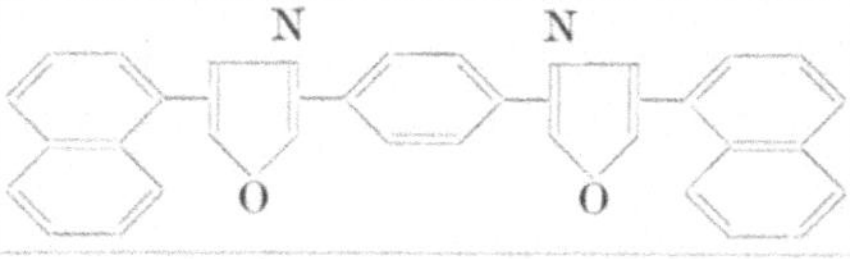 (α-NOPON-Struktur)	α-NOPON	2,12	0,5 g/l in Lösungen 4 g/l Toluol	442	469
 —CH=CH—CH=CH—CH=CH—	DPH	1,55		430	468
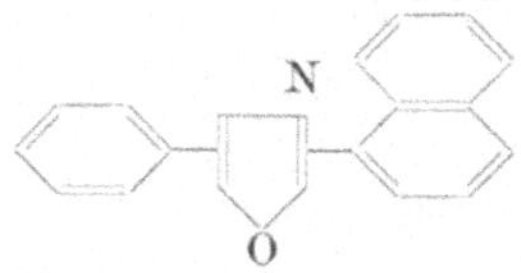 (α-NPO-Struktur)	α-NPO	1,82		399	432

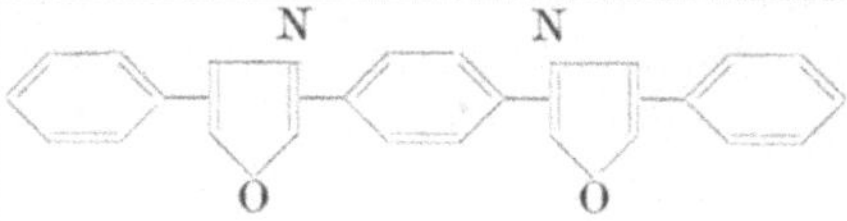

Lösungsmitteln führt aber zu brauchbaren Szintillatoren, so z. B. die Kombination von Toluol *(Lösungsmittel)* und *p*-Terphenyl *(Leuchtstoff)* (s. Tabelle 15). Das Lösungsmittel hat die Aufgabe der Absorption der radioaktiven Strahlung und die Aufgabe der Weiterleitung der absorbierten Energie auf den Leuchtstoff. Die absorbierte Energie wandert als Anregungsenergie von Molekül zu Molekül des Lösungsmittels, bis auf dieser Wanderung ein Molekül des Leuchtstoffes erreicht wird und die Übertragung der Energie auf dieses Leuchtstoffmolekül erfolgen kann. Es ist deshalb nicht überraschend, daß nur etwa 5% der absorbierten Energie zur Lichtemission des Leuchtstoffes ausgenutzt wird, beim Nachweis von α-Teilchen sind es sogar nur 0,5%. Das Lösungsmittel muß für das emittierte Phosphorescenzlicht transparent sein und gute Löslichkeit für den Leuchtstoff und die radioaktiv markierte Substanz besitzen. Letzteres trifft direkt leider nur für bestimmte Substanzen zu, so daß dann die Herstellung der Meßproben etwas schwieriger ist oder die Messung undurchführbar wird. Aufgabe des Leuchtstoffes ist es, die absorbierte Energie in Licht geeigneter Wellenlänge umzuwandeln,

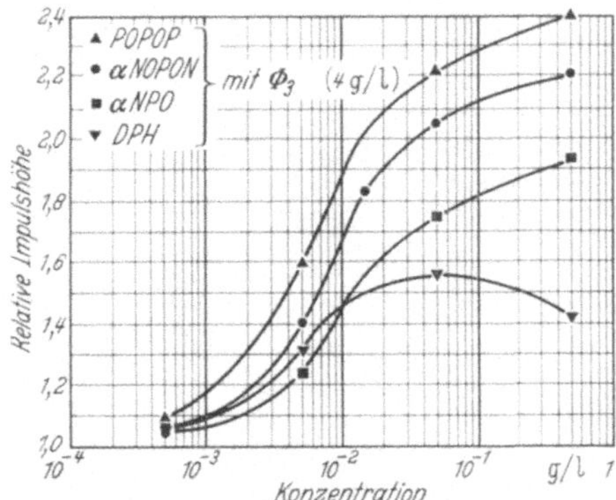

Abb. 124. Relative Impulsgröße für verschiedene Konzentrationen sekundärer Leuchtstoffe (nach D. G. OTT[2])

welche in den Empfindlichkeitsbereich der Photokathoden des Photomultipliers fällt. Die Empfindlichkeit wird in vielen Fällen durch bestimmten Zusatz eines *sekundären Leuchtstoffes*[1] *(shifter)* verbessert (s. Abb. 124), der den Wellenlängenbereich der Lichtblitze in einen günstigeren, dem Empfindlichkeitsbereich des Photomultipliers besser angepaßten Wellenlängenbereich verschiebt.

Die Löslichkeit muß bei der niedrigen Betriebstemperatur so gut sein, daß sich keine Substanz niederschlägt. Leider sind gerade so wirksame Lösungsmittel wie Toluol nicht wasserlöslich. Wäßrige Lösungen von radioaktivem Material werden z.B. mit Dioxan gemischt unter Zusatz von 7 g PPO/l Dioxan und 50 g POPOP/l Dioxan[3]. Die Empfindlichkeit ist auch dann gut.

Nicht lösliche, radioaktiv markierte Substanzen werden als Suspension in der Szintillatorflüssigkeit gemessen. Da jede Suspension nur eine endliche Lebensdauer hat, tritt nach mehr oder weniger langer Zeitdauer Entmischung ein. Die Entmischung setzt um so schneller ein, je grobkörniger das suspendierte Material ist. Dadurch wird die 4π-Geometrie gestört, der Einfluß der Selbstabsorption erhöht, die Streuung des Phosphorescenzlichtes und die Durchsichtigkeit des Flüssig-Szintillators verändert. Insgesamt wird dadurch der Meßeffekt in nicht übersehbarer Weise beeinflußt.

Ist eine über längere Zeit stabile Suspension der radioaktiv markierten Substanz in der Szintillationsflüssigkeit nicht möglich, so arbeitet man mit *Gel-Suspensionen*[4]. Es ist auch vorgeschlagen worden, Plastikperlen mit darin eingebautem Leuchtstoff zusammen mit der radioaktiven, schwer oder nicht löslichen Meßflüssigkeit in das Meßgefäß zu bringen.

---

[1] HAYES, F. N., D. G. OTT u. V. N. KERR: Nucleonics **14** (1), 42 (1956).

[2] OTT, D. G.: LSC, S. 101.

[3] DAVIDSON, J. D., u. P. FEIGELSON: J. Appl. Radiation and Isotopes **2**, 1 (1957).

[4] HAYES, F. N., u. R. G. GOULD: Science **117**, 480 (1953). — KALLMANN, H., M. FÜRST u. F. H. BROWN: Nucleonics **13** (4), 58 (1955). — LANGHAM, W. H., W. J. EVERSOLE, F. N. HAYES u. T. T. TRUJILLO: J. Lab. Clin. Med. **47**, 819 (1956). — HAYES, F. N.: LSC, S. 83. — HELF, S.: LSC, S. 96.

3. Verminderung der Nachweisempfindlichkeit durch Löschen des Phosphorescenzlichtes (quenching)

Durch größere Mengen aktiver oder nichtaktiver Substanz im Lösungsmittel wird der Meßeffekt verkleinert, da ein Teil der β-Energie für strahlungslose Übergänge aufgebraucht wird. Am Photomultiplier kommen kleinere Impulse an und werden vom Diskriminator zurückgehalten, weil dieser zur Reduzierung des thermischen Nulleffektes eine gewisse Eingangsschwelle besitzt. Die Reduzierung des Lichteffektes, die *Löschwirkung*, hängt damit ab von der Einstellung der Diskriminatorspannung [ebenfalls von der Größe der Hochspannung am Photomultiplier (s. Abb. 125)]. Sie ist für energiereichere β-Strahler weniger

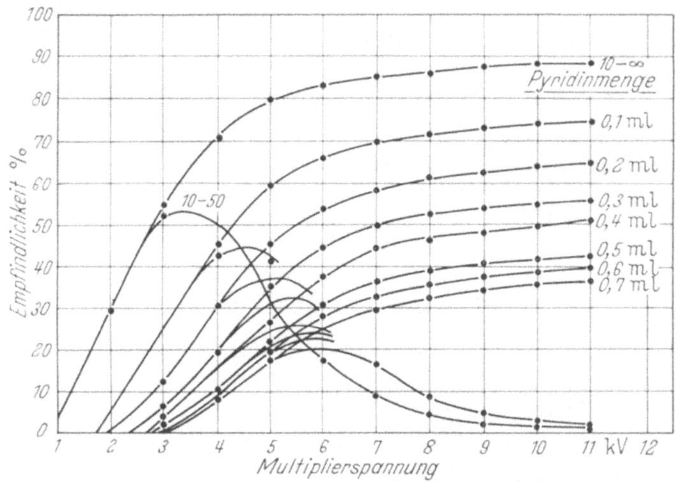

Abb. 125. Löschwirkung bei verschiedener Zugabe des löschenden Materials (nach L. C. PACKARD[1])

ausgeprägt[2], weil dann größere Lichtimpulse erzeugt werden, welche auch nach der Schwächung durch teilweises Löschen noch über der Eingangsschwelle des Diskriminators liegen. Die Löschwirkung wird durch hohe Konzentration der Leuchtsubstanz verstärkt (s. Abb. 126).

Um das Löschen zahlenmäßig zu erfassen, definiert man eine Halbwertkonzentration $C_{1/2}$, bei welcher der Meßeffekt N durch Löschen auf die Hälfte des Meßeffektes N_0 ohne Löschwirkung abgesunken ist. Nach KERR u. Mitarb.[3] nimmt der Meßeffekt N exponentiell mit der Konzentration C ab, d.h. es gilt:

$$N = N_0 \cdot e^{-qC},$$

wobei $q = 0{,}693/C_{1/2}$, der sog. *Quenchfaktor* ist. Wird das Löschen durch die radioaktiv markierte Substanz (spezifische Aktivität S) selbst verursacht, so gilt entsprechend

$$N = C \cdot N_0 \, e^{-qC}.$$

Tragen wir N (für die nichtmarkierte Substanz) bzw. N/C (für die markierte Substanz) in halblogarithmischem Maßstab gegen die Konzentration C (als

[1] PACKARD, L. E.: LSC, S. 50.
[2] PENG, C. T.: Anal. Chem. **32** (10), 1293 (1960).
[3] KERR, V. N., F. N. HAYES u. D. G. OFF: J. Appl. Radiation and Isotopes **1**, 284 (1957).

Abscisse) auf, so erhalten wir beide Male eine gerade Linie, deren Neigung nur von der Quenchkonstanten q abhängt, aber nicht von der Konzentration C oder, im Falle der markierten Substanz, auch nicht von deren spezifischer Aktivität S (s. Abb. 127). Die Quenchkonstante q ist also experimentell leicht meßbar.

Die Quenchwirkung läßt sich durch Verwendung eines *inneren Standards* korrigieren[1]. Hierzu sind zwei Messungen notwendig, nämlich die ohnehin vorgenommene Aktivitätsmessung der radioaktiven Substanz n, und eine zweite Messung der Probe nach Hinzufügen des Standards mit bekannter Aktivität n_s.

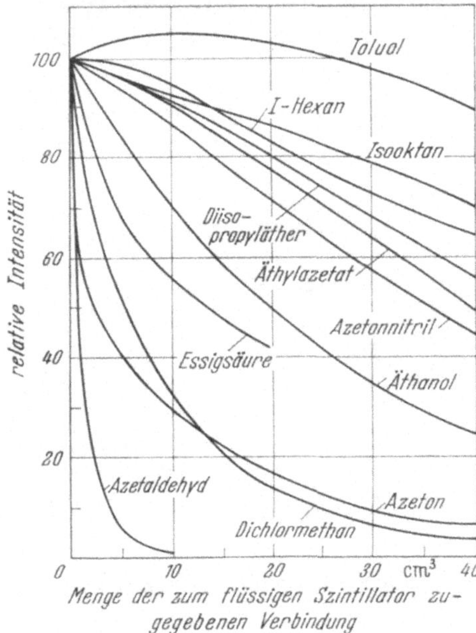

Abb. 126. Löschwirkung verschiedener Substanzen (nach V. P. GUINN[2])

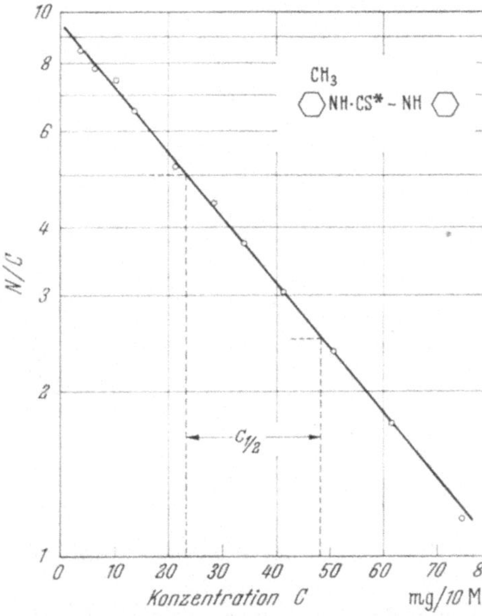

Abb. 127. Zur Bestimmung der Quenchkonstanten (nach CHIN-TZU-PENG[3])

Die Menge der Standardsubstanz darf dabei selbst keine zusätzliche Quenchwirkung verursachen. Aus beiden Messungen wird die Quenchwirkung errechnet und der Meßeffekt entsprechend korrigiert*.

---

* Das Volumen der Meßprobe sei v cm³. Das Volumen des inneren Standards v_s cm³, n bzw. n_s die zugehörigen Meßeffekte in I/min · cm³. Für das Verhältnis K der beiden durch Quenchen gleichermaßen reduzierten Meßeffekte (radioaktive Probe bzw. Probe plus Standard) gilt die Beziehung

$$K = \frac{n - NE}{v} : \frac{n_s - NE}{v_s}$$

und damit für die Aktivität der Meßprobe der Wert

$$A = A_s \frac{n - NE}{n_s - NE} \cdot \frac{v_s}{v},$$

wobei A_s die absolute Aktivität des Standards ist.

[1] WHISMAN, M. L., B. H. ECCLESTON u. F. E. ARMSTRONG: Anal. Chem. **32** (4), 484 (1960).
[2] GUINN, V. P.: LSC, S. 166.
[3] CHIN-TZU-PENG: LSC, S. 198.

4. Nachweisempfindlichkeit

Bei jeder radioaktiven Messung, insbesondere aber bei schwächeren Präparaten, muß man bestrebt sein, den Meßeffekt E gegenüber dem Nulleffekt NE

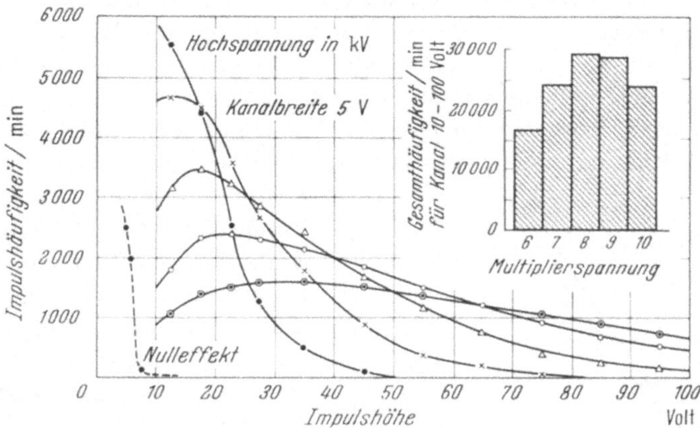

Abb. 128. Impulshöhenverteilung bei verschiedener Multiplierspannung (nach J. D. DAVIDSON[1])

möglichst groß zu machen. Über die Reduzierung des Nulleffektes ist bereits gesprochen worden. Eine Erhöhung des Meßeffektes wird durch vollständigere Absorption und eine wirksamere Umwandlung der radioaktiven Strahlung in

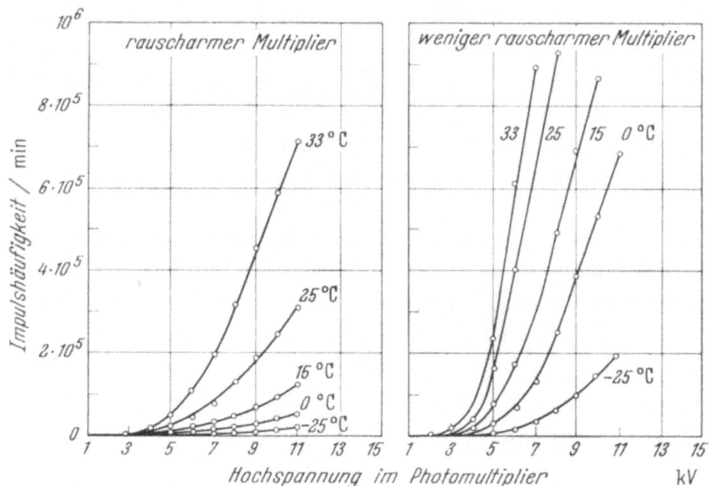

Abb. 129. Temperatureinfluß auf die Impulshäufigkeit für zwei verschieden rauscharme Multiplier (nach L. C. PACKARD[2])

Photonen erreicht, außerdem durch eine gute Lichtleitung zum Photomultiplier und eine gute Umsetzung der Photonen in Photoelektronen*.

Die Empfindlichkeit nimmt zunächst mit zunehmender Konzentration des Leuchtstoffes zu. Bei größerer Konzentration werden aber die erzeugten Photonen

---

* Zur Erzeugung eines Photoelektrons ist eine Energie von etwa 1500 eV notwendig. Ein Tritium-β-Teilchen ($E_{\beta\,\mathrm{max}} = 18{,}9$ keV) kann also maximal 12 Photoelektronen erzeugen.

[1] DAVIDSON, J. D.: LSC, S. 93.

[2] PACKARD, L. E.: LSC, S. 50.

immer stärker zurückgehalten. Es wird ein Maximalwert der Empfindlichkeit mit anschließender Abnahme bei noch größerer Konzentration des Leuchtstoffes erreicht. Die Abhängigkeit der Nachweisempfindlichkeit für verschiedene Hochspannungswerte bei festgehaltener Fensterbreite für C^{14} und H^3 findet man in Abb. 128. Die Größe des Meßeffektes hängt auch von der Wahl der Diskriminatorspannung ab, weil mit zunehmender Erhöhung der Impulshöhenschwelle immer mehr an sich meßbare Impulse unterdrückt werden. Es gibt eine optimale Kombination von Hochspannungs- und Diskriminatorspannungswerten. Die Größe der Diskriminatorspannung ist weitgehend festgelegt, besonders bei sehr weicher Strahlung, die nur kleine Impulse erzeugt. Da der thermische Nulleffekt stärker als linear mit der Photomultiplierspannung ansteigt, verwendet man vorzugsweise eine kleinere Hochspannung und gleicht die damit verbundene Verkleinerung des Meßeffektes durch größere äußere Verstärkung aus.

Die Auswirkung der Kühlung auf eine Reduzierung des Nulleffektes ist aus Abb. 129 klar ersichtlich. Die Kühlung hat Grenzen, weil mitunter die Löslichkeit bei niedrigen Temperaturen so klein wird, der Leuchtstoff oder die Meßsubstanz dann ausfällt oder der Flüssig-

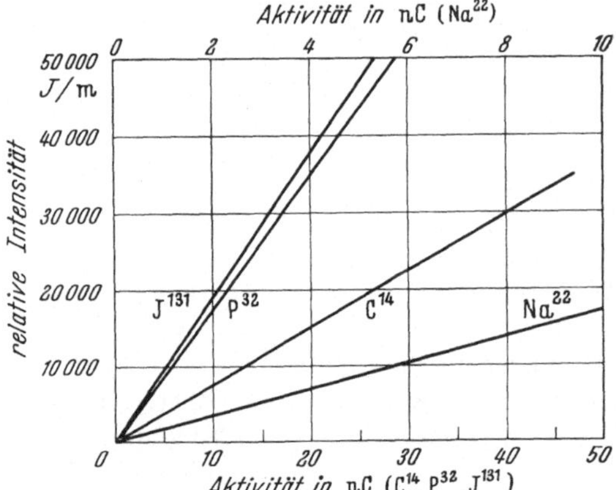

Abb. 130. Lineare Abhängigkeit des Meßeffektes von der Größe der Aktivität bei der Ausmessung von β-Strahlern auf Filtrierpapier (nach B. L. FUNT und A. HETHERINGTON[1])

Szintillator einfriert. Die Reinheit des Lösungsmittels und des Leuchtstoffes ist von besonderer Wichtigkeit. Durch gelösten Sauerstoff wird die Empfindlichkeit reduziert.

Zur Charakterisierung der Empfindlichkeit legt man Toluol als Lösungsmittel, p-Terphenyl (TP) als Leuchtstoff und POPOP als sekundären Leuchtstoff zugrunde und bestimmt als Maß für die Empfindlichkeit das Verhältnis

$$E = \frac{5\,\mathrm{g\ TP/l\,Toluol} - 0{,}5\,\mathrm{g\ POPOP/l\,Toluol}}{5\,\mathrm{g\ TP/l\,Toluol}}\,.$$

Auch radioaktiv markierte Papierchromatogramme sind nach der Flüssig-Szintillatormethode ausgemessen worden[2] (s. Abb. 130).

F. Nachweis von γ-Strahlung mit dem Geiger-Müller-Zählrohr oder dem Szintillationszähler

1. Zweckmäßigkeit der Messung von γ-Strahlung

Die geringe Wechselwirkung von γ-Strahlung mit Materie hat eine geringe Ansprechwahrscheinlichkeit eines normalen Geiger-Müller-Zählrohres zur Folge. In vielen Fällen ist man aber auf die γ-Strahlung angewiesen, nämlich immer dann, wenn die radioaktive Strahlung größere Materiedicken zu durchdringen hat, z.B.

[1] FUNT, B. L., u. A. HETHERINGTON: Science **131**, 1608 (1960).
[2] ROUCAYROL, J., E. OBERHAUSER u. R. SCHUSSLER: Nucleonics **15** (11), 104 (1957).

bei flüssigen radioaktiven Präparaten niedriger Aktivität. Wegen des größeren Durchdringungsvermögens von γ-Strahlung kann man größere Flüssigkeitsproben verwenden und damit die geringe Nachweiswahrscheinlichkeit zum Teil kompensieren. Obwohl es Spezialzählrohre größerer γ-Empfindlichkeit gibt, verwendet man zur Messung von γ-Strahlung heute fast ausschließlich Szintillationszähler. Neben hoher Nachweisempfindlichkeit (50% und mehr, anstatt wenige Prozent beim Zählrohr) geben Szintillationszähler die Möglichkeit zwischen verschiedenen Arten von Radionucliden, die gleichzeitig in einem Präparat vorhanden sind, zu unterscheiden. Sie eignen sich auch zur Bestimmung der Absolutaktivität mittels Koinzidenzmessungen (s. S. 169), wenn das radioaktive Präparat gleichzeitig β- und γ-Strahlung aussendet. Beim Nachweis inkorporierter Aktivitäten, die sich nicht direkt unterhalb der Körperhaut befinden *(in vivo-Messungen)*, muß ebenfalls die γ-Strahlung gemessen werden, weil die β-Strahlung in Gewebe nur eine Reichweite von etwa 10 mm hat und somit nicht oder sehr geschwächt nach außen gelangt.

2. γ-Nachweisempfindlichkeit

a) Von Geiger-Müller-Zählrohren

Wenn β-Strahlung in ein Geiger-Müller-Zählrohr eindringt, werden in der Gasfüllung Sekundärelektronen erzeugt, welche die Zählrohrentladung einleiten. Bei γ-Strahlung ist dieser Gaseffekt sehr gering. Die γ-Quanten erzeugen aber in der Zählrohrwand Sekundärelektronen, welche ähnlich wie primäre β-Teilchen mit dem Zählrohrgas in Wechselwirkung treten und die Zählrohrentladung auslösen. Damit der γ-Nachweis empfindlich wird, muß einmal die Zählrohrwand aus möglichst schweratomigem Material (z. B. Blei) bestehen. Die photoelektrische Absorption, die für den Bereich der γ-Energie der gebräuchlichsten γ-Strahler vorherrschend ist, ist nämlich stark von der Ordnungszahl abhängig. Weiter muß die Dicke der Zählrohrwand ausreichend sein, weil die Absorption der γ-Strahlung mit der Dicke der Zählrohrwand zunimmt. Die Zählrohrwand darf aber nicht wesentlich dicker sein als die Reichweite der Sekundärelektronen. Nur dann können diese aus der Zählrohrwand herauskommen und im Gasvolumen des Zählrohres wirksam werden. Schließlich muß die wirksame Zählrohroberfläche möglichst groß sein. Auch hier sind allerdings Grenzen gesetzt, weil mit der Größe des Zählrohres die Größe des Nulleffektes wächst, was

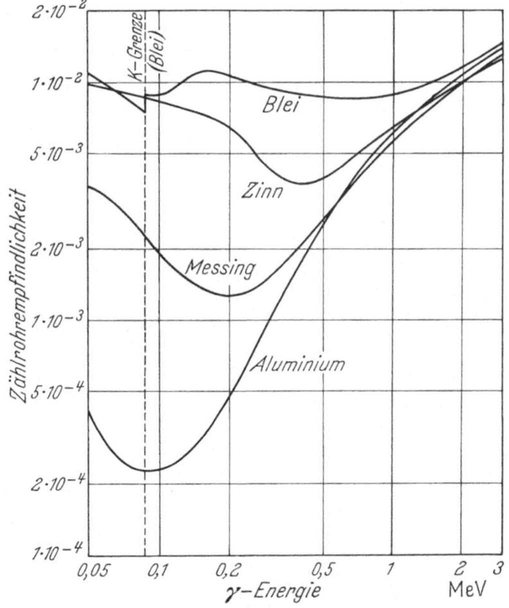

Abb. 131. γ-Empfindlichkeit für ideale Zählrohre (nach H. Maier-Leibnitz[1])

---

[1] Maier-Leibnitz, H.: Z. Naturforsch. 1, 244 (1946).

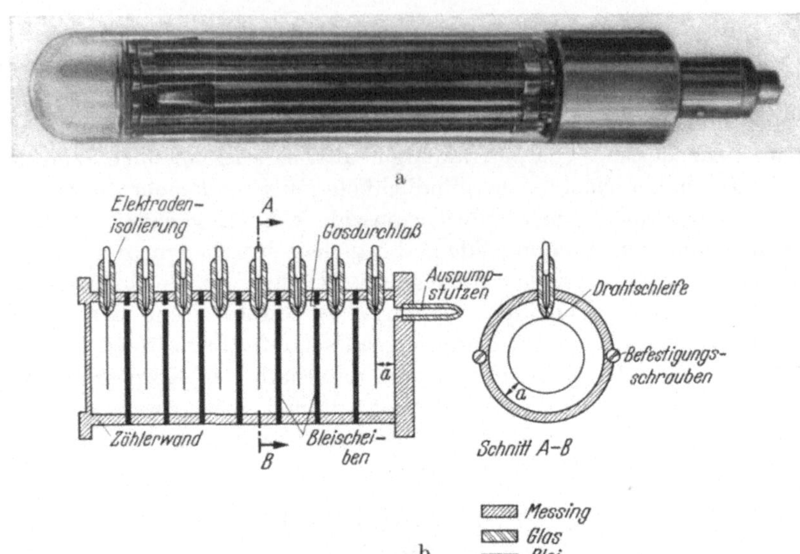

Abb. 132a u. b. Empfindliche γ-Zähler. a Siebenfach-Zählrohr nach Trost[1]; b Vielfachzählrohr

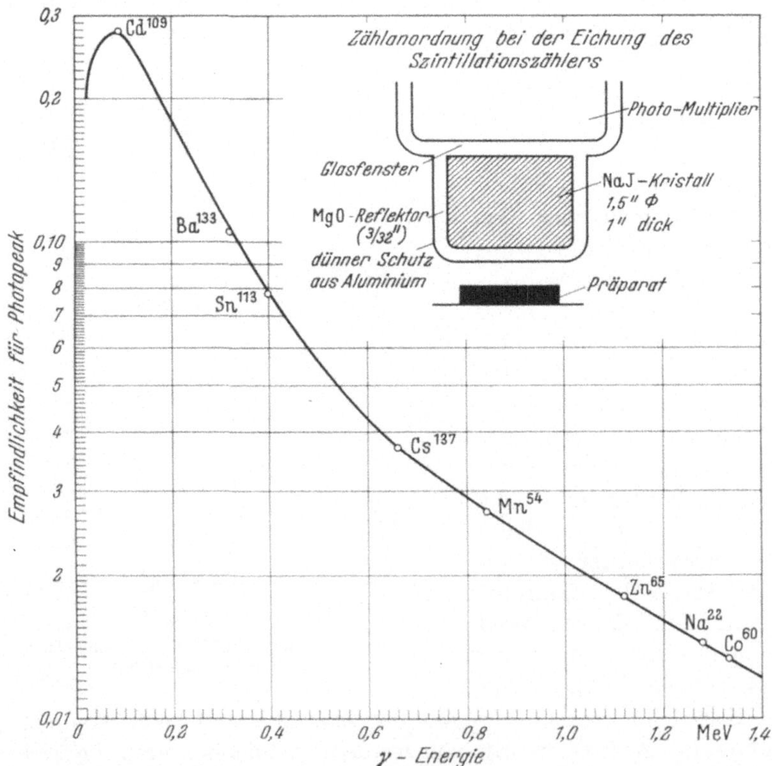

Abb. 133. γ-Empfindlichkeit eines Szintillationszählers für photoelektrische Absorption (NaJ-Kristall $\varnothing$ 1,5″, Dicke 1″) (nach einem Prospekt von Tracerlab)

---

[1] Trost, A.: Z. Physik **117**, 257 (1940).

besonders bei der Ausmessung schwacher Präparate unangenehm empfunden wird. Nach Abb. 131 beträgt die Ansprechwahrscheinlichkeit eines Geiger-Müller-Zählrohres für γ-Strahlung bestenfalls einige Prozent, d.h. von 100 auf das Zählrohr auftreffenden Quanten lösen nur ein oder zwei Quanten Zählimpulse aus. Bleizählrohre sind empfindlicher als Messingzählrohre. Zwei Ausführungsformen von Vielfachzählrohren mit entsprechend größerer Empfindlichkeit sind in Abb. 132 dargestellt. Das eine γ-Zählrohr ist ein *Siebenfachzählrohr* nach TROST (sieben gleichartige Zählrohre zusammengefaßt), das andere ist ein *Vielzellenzählrohr*, bei dem die vielfachen Kathodenflächen senkrecht zur Zählrohrachse angeordnet sind. Zwischen je zwei dieser Flächen befindet sich eine Drahtschleife als Anode.

b) γ-Empfindlichkeit von Szintillationszählern

Die γ-Empfindlichkeit eines Szintillationszählers hängt unter anderem von der Größe des Kristalls und der γ-Energie ab. Je größer der Kristall ist, um so größer ist die Empfindlichkeit. Die Abhängigkeit der Empfindlichkeit eines Szintillationszählers (NaJ-Kristall, Durchmesser 40 mm, Dicke 25 mm), soweit es die photoelektrische Absorption betrifft, zeigt Abb. 133.

3. Beispiele von γ-Messungen mit dem Geiger-Müller-Zählrohr oder dem Szintillationszähler

a) Thoriumbestimmung durch Absorptionsmessung weicher γ-Strahlung

Zur Messung des Thoriumgehaltes in Gewebestücken haben MAIER-LEIBNITZ, SCHMEISER und SCHWAIGER[1] veraschtes Gewebe mit der weichen γ-Strahlung von RaD (47 keV) und der etwas härteren Bremsstrahlung von RaE durchstrahlt. Die Intensitätsschwächung der weichen γ-Strahlung durch Thorium war etwa 50mal stärker als bei einer gleich dicken Schicht aus Kohlenstoff und noch 20mal stärker als bei einer solchen aus Calcium. Der selektive Nachweis des Thoriums durch Messung der im Präparat nicht absorbierten γ-Strahlung mit einem Geiger-Müller-Zählrohr war relativ genau, wenn dieses innen mit einer Zinnfolie ausgekleidet war.

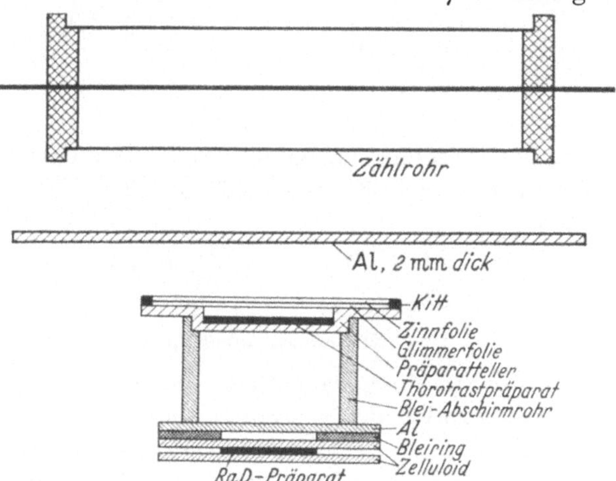

Abb. 134. Anordnung zur Bestimmung des Thoriumgehaltes im Gewebe durch Messung der Absorption der weichen γ-Strahlung einer RaD-Quelle

Um zu einer absoluten Thoriumbestimmung zu gelangen, wurde eine Vergleichsmessung mit einem Absorber bekannten Thoriumgehaltes vorgenommen (s. Abb. 134).

[1] MAIER-LEIBNITZ, H., K. SCHMEISER u. M. SCHWAIGER: Z. Naturforsch. 4a, 153 (1949). — SCHWAIGER, M., H. MAIER-LEIBNITZ u. K. SCHMEISER: Klin. Wschr. 27, 311 (1949).

Folgende sechs verschiedene Messungen mußten in bestimmter Reihenfolge mehrfach wiederholt werden:

1. Impulshäufigkeit ohne Thoriumvergleichsabsorber an der Stelle 1 (oben) und ohne RaD-RaF-Präparat an der Stelle 2 (unten).
2. Mit Thoriumabsorber, ohne RaD-RaF-Präparat.
3. Mit Gewebeprobe, ohne RaD-RaF-Präparat.
4. Ohne Gewebeprobe mit RaD-RaF-Präparat.
5. Mit Thoriumabsorber mit RaD-RaF-Präparat.
6. Mit Gewebeprobe, mit RaD-RaF-Präparat.

Verglichen wurde der von der Gewebeprobe als Absorber durchgelassene Bruchteil der RaDE-Strahlung

$$\frac{(4-1)-(5-2)}{(4-1)}$$

mit dem entsprechenden Bruchteil beim Thoriumvergleichsabsorber, nämlich

$$\frac{(4-1)-(6-3)}{(4-1)}\,.$$

Das Thoriumvergleichspräparat bestand aus 0,2267 g Thoriumnitrat, das gleichmäßig über eine kreisrunde Fläche von 4,9 cm² verteilt war. Die Massenbelegung betrug also $226{,}7:4{,}9 = 46{,}2\ \mathrm{mg/cm^2}$. Zur Vermeidung von Aktivitätsverlusten wurde das Präparat mit Glimmer von 0,65 mg/cm² Dicke abgedeckt.

Tabelle 16. *Zusammenstellung der Einzelmessungen bei der Bestimmung des Thoriumgehaltes im Gewebe*

4: $(1605 \pm 14{,}1)$ I/min	5: $(1129 \pm 11{,}9)$ I/min	6: $(1172 \pm 12{,}1)$ I/min
1: $\ (117 \pm \ 5{,}4)$ I/min	2: $\ (134 \pm \ 5{,}8)$ I/min	3: $\ (105 \pm \ 5{,}2)$ I/min
(4—1): 1488 I/min	(5—2): 995 I/min	(6—3): 1067 I/min

Aus den Einzelmessungen der Tabelle 16 ergaben sich die beiden oben genannten Zwischenwerte 0,331 und 0,283, für den Thoriumgehalt der Gewebeprobe der Wert

$$\frac{0{,}331}{0{,}283} \cdot 0{,}2267 = 0{,}265\ \mathrm{g}\,.$$

b) Selbstabsorptionserscheinung bei γ-Strahlung

Da γ-Strahlung wesentlich durchdringender ist als β-Strahlung, spielt die Selbstabsorption der γ-Strahlung erst bei geometrisch großen Präparaten eine Rolle. So war es z. B. der Fall bei der Bestimmung der Co⁶⁰-Aktivität in größeren Phosphoreisen-Schlackensteinen. Da diese Steine sehr unterschiedliche Größe (Länge, Breite, Dicke) hatten, mußten Modellmessungen vorgenommen werden, um die Aktivität der Probesteine quantitativ zu bestimmen. Zu diesem Zweck wurde eine Anzahl von Filterpapieren mit einer Co⁶⁰-Lösung bekannter spezifischer Aktivität getränkt, getrocknet und je ein Bogen dieser so radioaktiven Bögen zwischen jeweils zwei Eisenplatten gleicher Größe gelegt *(Sandwichpackung)*. Der Meßeffekt in Abhängigkeit von der Zahl der aufeinandergeschichteten Sandwichpackungen ist in Abb. 135 wiedergegeben. Auch die Fläche der Sandwichpackungen wurde variiert (in Abb. 135 als Parameter).

Die in Abb. 135 gestrichelte Kurve wurde dadurch erhalten, daß der Meßeffekt einer einzigen Sandwichpackung in der Lage der ersten, zweiten, dritten … Sandwichpackung bestimmt und daraus die Meßeffekte für eine, zwei, drei … Sandwichpackungen berechnet wurden.

Durch Quotientenbildung entsprechender Meßeffekte (beobachtet : berechnet), ergab sich ein Korrektionsfaktor für die Selbstabsorption und Streuung der γ-Strahlung in Eisen. Da das spezifische Gewicht der Sandwichpackungen fast genau dem spezifischen Gewicht der Phosphoreisen-Steine entsprach und die Messungen auch auf verschiedene Größen der Oberflächen ausgedehnt wurden, gelang die Berechnung der Steinaktivität.

c) Abstandsgesetz bei γ-Strahlung

Sehr häufig liegt ein γ-strahlendes Präparat nicht punktförmig, sondern in räumlich ausgedehnter Form vor. Wenn man z. B. die Dosisleistung einer großflächig strahlenden Schicht in bestimmtem, zur Erhöhung der Meßeffekte relativ kleinem Abstand mißt und daraus die Dosisleistung in größerem Abstand errechnen würde, käme man zu einem falschen Ergebnis, da die Abstandsfunktion nicht quadratisch ist. In Abb. 136 ist der Meßeffekt für eine unendlich ausgedehnte Probe in Abhängigkeit vom Abstand des Meßgerätes von der Probe wiedergegeben. Man entnimmt daraus bei der Abstandsänderung von 20 cm auf 100 cm eine Meßeffektabnahme auf ein Drittel (statt $^{1}/_{25}$).

Der Grund für die langsamere Abnahme des Meßeffektes mit dem Abstand bei räumlich ausgedehntem Präparat ist leicht verständlich. Befindet sich das Meßgerät relativ nahe an der radioaktiv strahlenden Schicht, so müssen

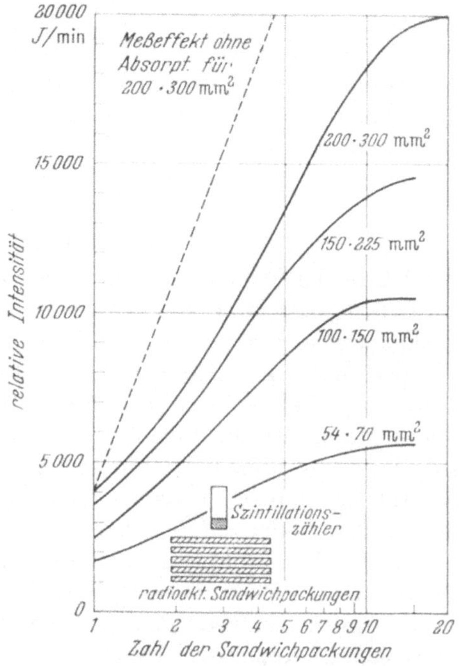

Abb. 135. Selbstabsorption für Co⁶⁰-γ-Strahlung in Eisen (nach K. Schmeiser[1])

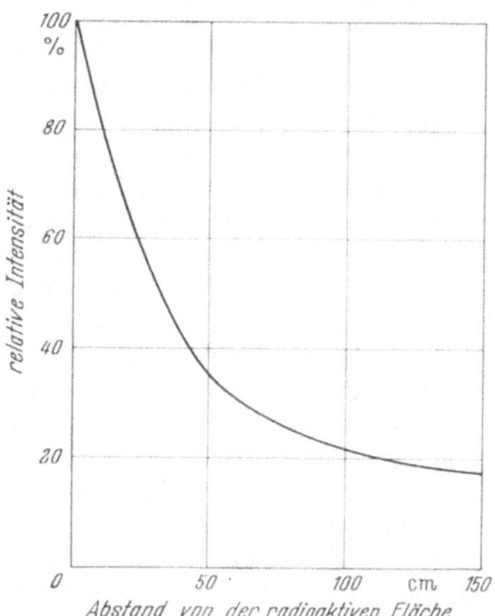

Abb. 136. Abstandsabhängigkeit des γ-Meßeffektes bei unendlich ausgedehnter, radioaktiver Schicht

γ-Quanten, die ihren Ausgangspunkt nicht direkt unterhalb des Nachweisgerätes haben, um so größere Wege innerhalb der Probe zurücklegen, je größer die seitliche

[1] Schmeiser, K.: Atompraxis 6, 133 (1960).

Entfernung vom Meßgerät ist. Wenn das Nachweisgerät auf etwas größeren Abstand gebracht wird, werden diese Wege innerhalb der Proben und damit die Absorption kleiner, der Beitrag zum Meßeffekt also größer, weil sich gleichzeitig der geometrische Abstand vom Ausgangspunkt der Strahlung bis zum Nachweisgerät weniger ändert, als zum Ausgleich notwendig wäre. In noch komplizierterer Weise hat die Streuung der γ-Strahlung Einfluß auf das Abstandsgesetz.

4. γ-Spektroskopie

Während β-Strahler ein kontinuierliches Spektrum besitzen, zeigen γ-Strahler ein Linienspektrum, bestehend aus einer oder mehreren Linien, die ganz diskreten Energiewerten zugeordnet sind. So emittiert radioaktives Gold Au^{198} γ-Quanten von 0,41 MeV. Bei dem Radionuclid Na^{24} gibt es zwei Gruppen von γ-Quanten mit einer γ-Energie von 2,76 bzw. 1,38 MeV. Eine Unterscheidung oder Ausmessung zweier gleichzeitig in einem Präparat vorhandenen γ-Strahler mit Hilfe von Absorptionsmessungen führt nur in einfach gelagerten Fällen zum Ziel. Da beim Szintillationszähler die Größe des Ausgangsimpulses proportional der γ-Energie des auf den Zähler auffallenden γ-Quants ist, läßt sich durch Unterscheidung der Größe der Meßimpulse auch eine Unterscheidung der verschiedenen γ-Linien erreichen. Die Methode heißt *γ-Spektroskopie*. Für die Aufnahme eines γ-Spektrums eignen sich verschiedene Geräte. Am gebräuchlichsten ist der *Einkanal-Analysator*. Apparativ wesentlich aufwendiger, aber zeitsparender, ist der *Vielfachkanal-Analysator*. In neuester Zeit erhält die sog. *Graukeilmethode*, besonders für schnelle Übersichtsanalysen, immer größere Bedeutung.

a) Einkanal-Analysator

Der Einkanal-Analysator sortiert die ankommenden γ-Impulse nach Größenklassen. Hierzu dienen zwei Diskriminatoren, deren Schwellenwerte verschieden sind. Durch eine an die Ausgänge der beiden Diskriminatoren angeschlossene Antikoinzidenzschaltung wird erreicht, daß nur dann ein γ-Impuls weitergeleitet wird, wenn er größer als die untere, aber kleiner als die obere Schwellenspannung ist.

Den unteren Schwellenwert nennt man *Kanallage*, den Abstand zwischen den beiden Schwellenwerten *Kanalbreite*. In Abb. 137 (rechter Teil) erfüllen nur die beiden Impulse 2 und 4 die obige Bedingung. Wenn man nun die Kanallage jeweils um die Kanalbreite verschiebt, beginnend beispielsweise von der Kanallage Null, so erfaßt man der Reihe nach Impulse ganz bestimmter Größe, oder was damit gleichbedeutend ist, γ-Quanten eines ganz bestimmten Energieintervalls. Werden die Meßeffekte in Abhängigkeit von der Kanallage ($=\gamma$-Energie) aufgetragen, so ergibt sich das *Energiespektrum* des γ-Strahlers. Die Registrierung des γ-Spektrums geschieht bei starken Präparaten mit einem Ratemeter, bei schwachen Präparaten ist eine digitale Auszählung der einzelnen Größenklassen der γ-Impulse erforderlich. Dadurch, daß man immer nur γ-Impulse einer bestimmten Größenklasse mißt, wird jeweils nur ein kleiner Bruchteil der insgesamt auf den Kristall fallenden γ-Quanten registriert.

Da die einzelnen Vorgänge im Szintillationszähler statistischer Natur sind, entsteht aus der erwarteten γ-Linie eine mehr oder weniger ausgeprägte Impulsverteilung[1]. Die Unterscheidung zweier Impulsverteilungen *(peak)*, welche dicht

---

[1] MAEDER, D., R. MÜLLER u. V. WINTERSTEIGER: Helvetica physica acta **27**, 1 (1954).

nebeneinander liegen und zwei verschiedenen γ-Linien zugeordnet sind, ist offenbar um so leichter, je schlanker diese Verteilungskurven sind. Als Maß für das Energie-Auflösungsvermögen ist die prozentuale Halbwertbreite

$$H = \frac{\Delta E}{E}\,100\%$$

üblich. Sie wird berechnet aus der Impulsverteilung (peak) der 0,661 MeV-γ-Linie von Cs^{137} ($H \sim 8-12\%$). Die Halbwertbreite H ist umgekehrt proportional der Wurzel aus der γ-Energie, das Auflösungsvermögen nimmt also mit zunehmender

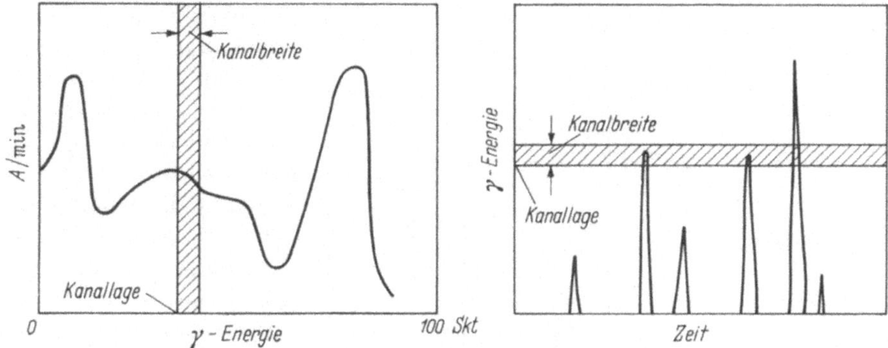

Abb. 137. Zur Impulshöhen-Analyse

Energie zu; es ist abhängig von den Eigenschaften des Kristalls, der Optik, des Photomultipliers u. a.

Das maximal erreichbare Auflösungsvermögen wird nur bei entsprechend kleiner Kanalbreite ausgenutzt.

Neben der γ-Linie, die einer photoelektrischen Absorption der γ-Strahlung im Leuchtkristall entspricht, werden nach Abb. 138 auch Impulse kleinerer Größe registriert. Diese Impulse werden zum Teil durch Compton-Effekt verursacht. Es entstehen Compton-Elektronen, deren Energie von Null bis zu einer von der primären γ-Energie abhängigen Maximalenergie *(Compton-Kante)* reicht. Man spricht deshalb von einem *Compton-Kontinuum*.

Das Compton-Kontinuum ist für die Auswertung eines komplexen γ-Spektrums einer bestimmten γ-Gruppe störend, weil es Photopeaks einergieärmerer γ-Strahlung überdeckt. Daher wird eine Unterdrückung des Compton-Kontinuums angestrebt.

Eine weitere Erschwerung bei der Auswertung tritt durch die energieärmere Streustrahlung ein (s. Abb. 138).

Verliert ein γ-Quant einen Teil seiner Energie durch Compton-Effekt, so besteht immer noch die Möglichkeit, daß die verbleibende γ-Energie durch photoelektrische Absorption innerhalb des Kristalls aufgebraucht wird. Das ist um so wahrscheinlicher, je größer der Kristall ist[1] (das Auflösungsvermögen ist allerdings geringer[2], die Abhängigkeit der Nachweisempfindlichkeit von der γ-Energie aber wiederum weniger ausgeprägt). Ein *Kollimator* (s. S. 226) vor dem Szintillationszähler ver-

---

[1] HEATH, R. L.: U.S. AEC Rept. IDO 16408. — LAZAR, N. H., R. C. DAVID u. P. R. BELL: Nucleonics **14** (4), 52 (1956).

[2] MAEDER, D., R. MÜLLER u. V. WINTERSTEIGER: Helvetica physica acta **27**, 1 (1954).

mindert zwar die auf den Kristall auffallende γ-Intensität, erhöht aber das Verhältnis von gestreuter, nicht absorbierter Energie (z.B. auch die Energie der unmittelbar nach der photoelektrischen Absorption emittierten Röntgenstrahlung) zu absorbierter Energie, weil die Wechselwirkung der γ-Quanten stärker auf das Zentrum des Kristalls beschränkt bleibt.

Eine Bleiabschirmung des Leuchtkristalls führt zu einer Reduzierung des Nulleffektes, erhöht aber das Compton-Kontinuum[1].

Die praktische Durchführung der Aufnahme eines γ-Spektrums mit einem Einkanal-Analysator ist verhältnismäßig einfach. Es möge z.B. ein komplexes γ-Spektrum aufgenommen und ausgewertet werden, das als energiereichste γ-Linien die beiden γ-Linien von Kobalt 60 bei 1,17 bzw. 1,33 MeV enthält. In diesem Falle schaltet man auf *integrale Messung* (Kanallage Null, volle Kanalbreite 0—100 V). Der Verstärkungsgrad wird so eingestellt, daß die Impulse der 1,33 MeV-Linie noch voll erfaßt werden. Dann erst wird auf *differentiale Messung* umgeschaltet und mit einer passenden Kanalbreite der gesamte Energiebereich selbsttätig durchfahren, beginnend mit der Kanallage Null. Bei schwachen Präparaten müssen die aufeinanderfolgenden Energiebereiche (Kanalbreite) nacheinander abgefragt werden, also z.B. zuerst der Energiebereich 0—5 Volt, dann der Energiebereich 5—10 Volt usf.

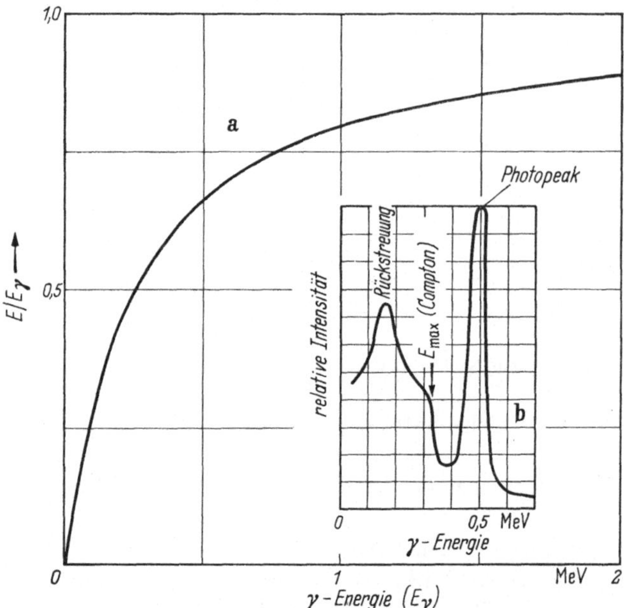

Abb. 138a u. b. γ-Streustrahlung. a Verhältnis der γ-Energie für Compton-Kante zur γ-Energie der beobachteten γ-Linie. b γ-Spektrum der Vernichtungsstrahlung ($E_\gamma = 0,51$ MeV) als Beispiel (nach B. Crasemann und H. Easterday[2])

Die Intensität der Photolinie, die als Maß der Aktivität des zugehörigen Radionuclids dient, ist proportional der Fläche des Photopeaks. Diese Fläche ist:

$$F = 1{,}065 \cdot h_{\max} \cdot b_{1/2},$$

wobei $h_{\max}$ die Peakhöhe, $b_{1/2}$ die Halbwertbreite des Photopeaks bedeutet. Bei quantitativer Auswertung müßte eigentlich der Photopeak völlig isoliert vorliegen. In der Praxis ist dies fast nie der Fall. Burrus[3], Covell[4] und ausführlich Schneider und Münzel[5] haben Methoden zur Auswertung des Photopeaks an-

[1] Crasemann, B., u. H. Easterday: Nucleonics 14 (6), 63 (1956).
[2] Connally, R. E., u. M. V. Leboeuf: Anal. Chem. 25 (7), 1095 (1953).
[3] Burrus, W. R.: IRE Trans. on Nuclear Sci., N.S. 7, 103 (1960).
[4] Covell, D. F.: Anal. Chem. 32, 1785 (1959).
[5] Schneider, Th., u. H. Münzel: Atompraxis 7 (11), 412 (1961).

gegeben. Im allgemeinen reicht die rechte Flanke eines Photopeaks für die energiereichste γ-Linie bis auf Null herunter. Da der Photopeak eine Gaußsche Verteilung darstellen soll, also symmetrische Form haben muß, ist die Auswertung möglich. Wird größere Meßgenauigkeit verlangt, so ist eine Nachprüfung, ob die Peakform tatsächlich einer Gaußschen Kurve entspricht, notwendig.

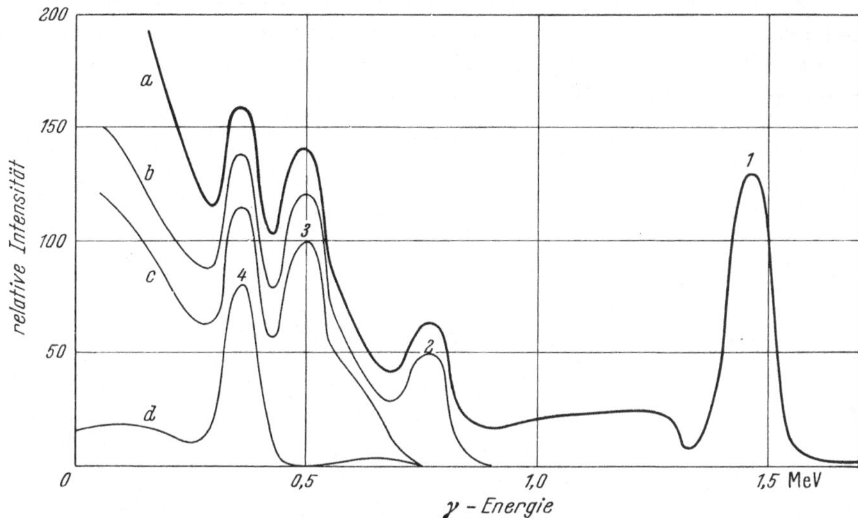

Abb. 139. Zur Analyse eines γ-Spektrums mehrerer Radionuclide (Kurve a). 1—4 separierte Photopeaks der vier Radionuclide

Liegt ein komplexes γ-Spektrum von mehreren Radionucliden 1 bis 4 zur Analyse vor (wie in Abb. 139, obere Kurve a), so wird folgender Weg beschritten: Durch Vergleich der Peakhöhe der energiereichsten γ-Linie des beobachteten Spektrums mit der Peakhöhe (oder des Flächeninhaltes des Peaks) derselben

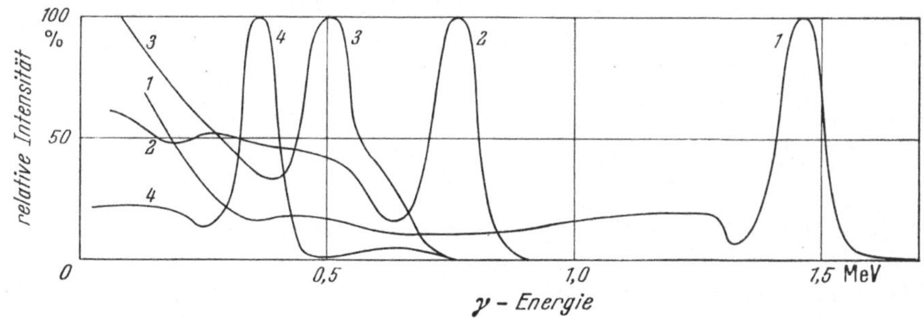

Abb. 140. Normierte γ-Spektren für vier verschiedene Radionuclide

Photolinie eines Eichspektrums (s. Abb. 140) des zu dieser Photolinie gehörenden Radionuclids läßt sich auf die Aktivität dieses Radionuclids schließen. Selbstverständlich muß das Eichspektrum unter den gleichen Versuchsbedingungen aufgenommen worden sein. Zur weiteren Analyse des vorliegenden γ-Spektrums wird das erwähnte Eichspektrum auf die beobachtete Peakhöhe der energiereichsten γ-Linie normiert und dieses so normierte γ-Spektrum vom beobachteten komplexen γ-Spektrum abgezogen (s. Abb. 139, Kurve b). Übrig bleibt das γ-Spektrum der drei anderen Radionuclide. Das Verfahren wird an diesem vereinfachten γ-Spektrum in gleicher Weise wiederholt.

b) Mehrkanal-Analysator

Die Aufnahme eines γ-Spektrums mit einem Einkanal-Analysator hat den Nachteil relativ langer Meßdauer, weil die Energiebereiche nacheinander abgefragt werden. Es wird jedes Mal von den insgesamt auf den Kristall auffallenden γ-Quanten nur ein kleiner Teil zur Messung ausgenutzt.

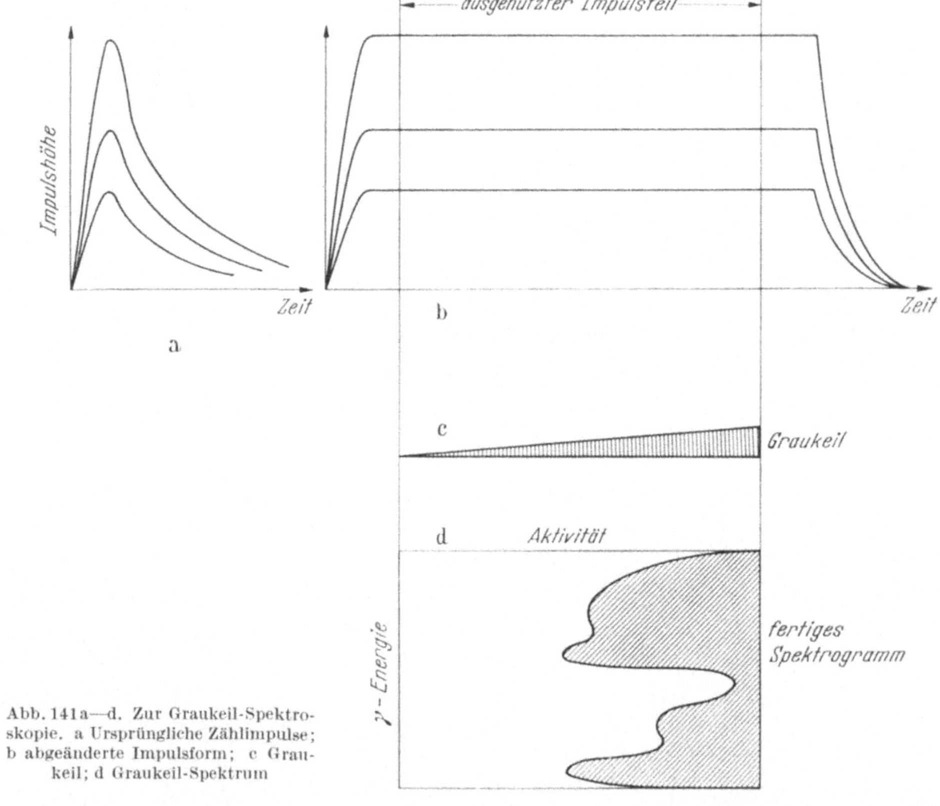

Abb. 141a—d. Zur Graukeil-Spektroskopie. a Ursprüngliche Zählimpulse; b abgeänderte Impulsform; c Graukeil; d Graukeil-Spektrum

Beim *Mehrkanal-Analysator* ist zwar wiederum der gesamte, für die Auswertung eines γ-Spektrums wichtige Energiebereich in eine bestimmte Zahl von gleich großen Energieabschnitten aufgeteilt, die Abfragung dieser Energiebereiche geschieht aber gleichzeitig. Offenbar läßt sich so ein γ-Spektrum in wesentlich kürzerer Zeit aufnehmen. Da die Einzelimpulse innerhalb der jeweiligen Energiebereiche gespeichert werden, ist eine Addition oder Subtraktion zweier oder mehrerer nacheinander aufgenommener Spektren möglich (s. S. 185).

Da die Speicherwerte selbstverständlich mit einem konstanten Faktor versehen werden können, läßt sich auch eine automatische Auswertung der oben skizzierten Analyse eines komplexen γ-Spektrums erreichen. Es ist nicht überraschend, daß der apparative Aufwand entsprechend hoch ist und auf den Einzelfall zugeschnitten werden muß.

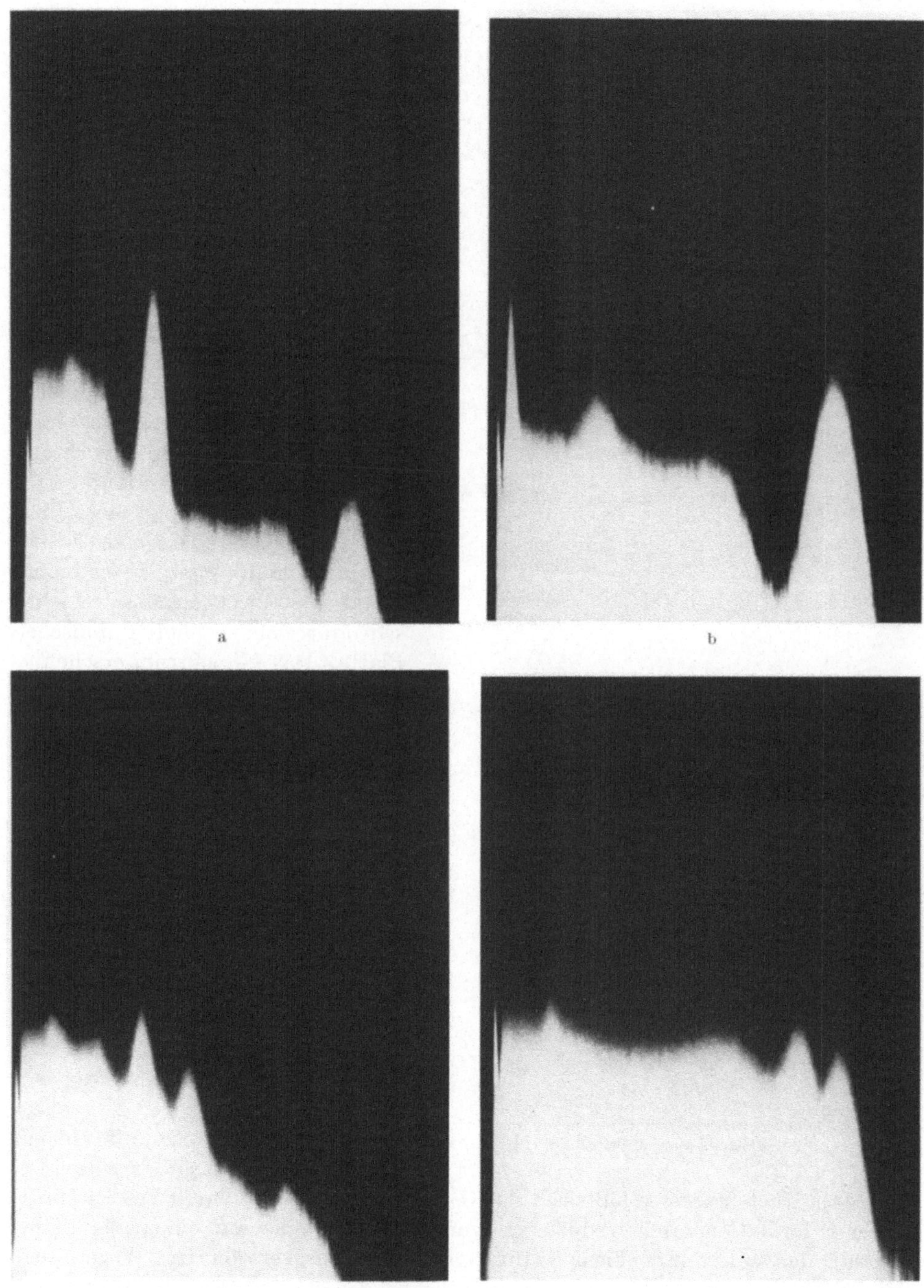

Abb. 142 a—d. Beispiele von Graukeil-Spektrogrammen (nach J. Schulz[1]). a Na^{22}; b Cs^{137}; c Ag^{110}; d Co^{60}

[1] Schulz, J.: Chemie-Ing.-Techn. **32** (7), 453 (1960). — Hollstein, M., u. H. Münzel: Atompraxis **7** (11), 407 (1961). — Tzschachel, R.: Telefunkenztg. **34** (133), 3 (1961).

c) Graukeil-Spektroskopie

Auf ganz andere Weise erhält man ein γ-Spektrum mit dem *Graukeil-Verfahren*. Durch eine einfache Schaltmaßnahme werden die Zählimpulse auf die in Abb. 141 deutlich gemachte Weise abgeändert. Der horizontale, mittlere Teil (das Dach) der so veränderten Zählimpulse wird auf den Leuchtschirm eines Oscillographen gegeben. Je häufiger Impulse einer bestimmten Größenklasse (Energie) auftreten, um so heller ist die als Strich sichtbare Spur gleich großer Zählimpulse auf dem Leuchtschirm. Ein Graukeil, der über das Bild auf dem Oscillographenschirm gelegt wird, mit dem dickeren Teil in Zeitrichtung der Impulse, läßt die Lichtspur noch an um so dickeren Stellen durch, je intensiver sie ist, d.h. je mehr Impulse dieser Größenklasse angekommen sind. Erst dieses vom Graukeil durchgelassene Licht schwärzt eine photographische Platte. Das γ-Spektrum erscheint im Bild als helle Fläche (s. Abb.142).

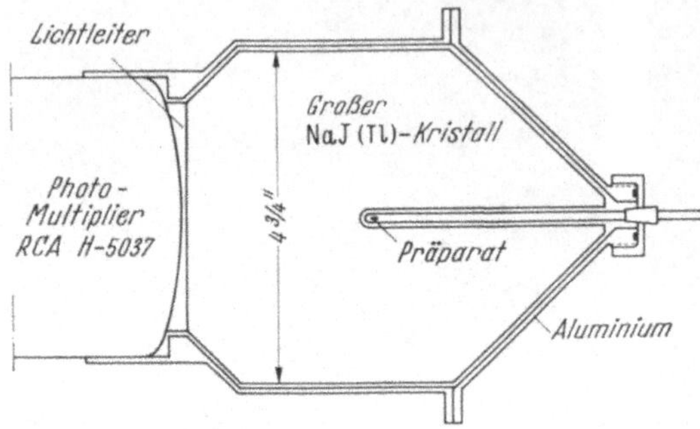

Abb. 143. Großer Bohrlochkristall (nach P. R. BELL [1])

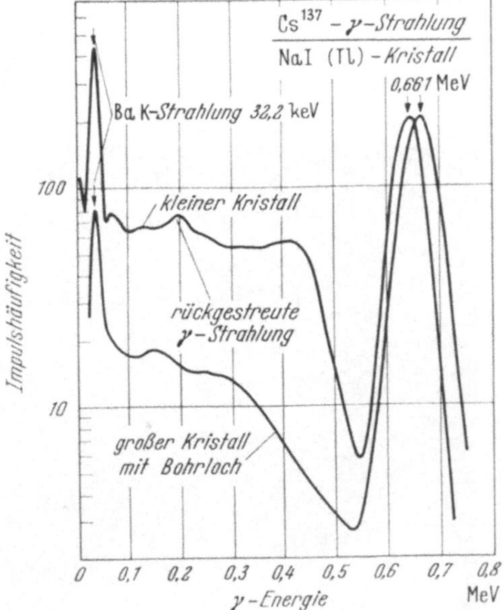

Abb. 144. Vergleich zweier γ-Spektrogramme für verschieden große Kristalle (nach P. R. BELL [1])

d) Möglichkeiten zur Unterdrückung oder Reduzierung des Compton-Kontinuums

Wie schon betont, erschwert das Compton-Kontinuum die Analyse eines komplexen γ-Spektrums mehrerer Radionuclide ganz wesentlich.

Es gibt verschiedene Möglichkeiten, den störenden Einfluß des Compton-Kontinuums abzuschwächen. Eine der Möglichkeiten ist die Verwendung großer Kristalle, die vorteilhafterweise mit einem Bohrloch versehen sind (s. Abb. 143 und 144). Nach PEIRSON läßt sich das Compton-Kontinuum durch Verwendung zweier Szintillationszähler reduzieren, von denen der eine mit einem NaJ(Tl)-Kristall, der andere mit einem Anthracen-Kristall ausgestattet ist. Wegen der kleinen Ordnungszahl Z des Kristallmaterials tritt der Photopeak beim Anthracen-Kristall gegenüber dem Compton-Kontinuum relativ wenig in Erscheinung. Das γ-Spektrum besteht im wesentlichen aus dem Compton-Kontinuum. Anders

[1] BELL, P. R., in SIEGBAHN, K.: Beta- and Gamma-Ray-Spektroscopy. Amsterdam: North-Holland Publishing Comp. 1955.

beim NaJ(Tl)-Szintillationszähler. Die Differenz beider γ-Spektren ist praktisch frei vom Compton-Untergrund (s. Abb. 145), wenn man die Zahlenwerte der beiden Spektren vor der Differenzbildung mit einem geeigneten Faktor (Änderung des Verstärkungsgrads des Ausgangsimpulses eines der beiden Szintillationszähler versieht.

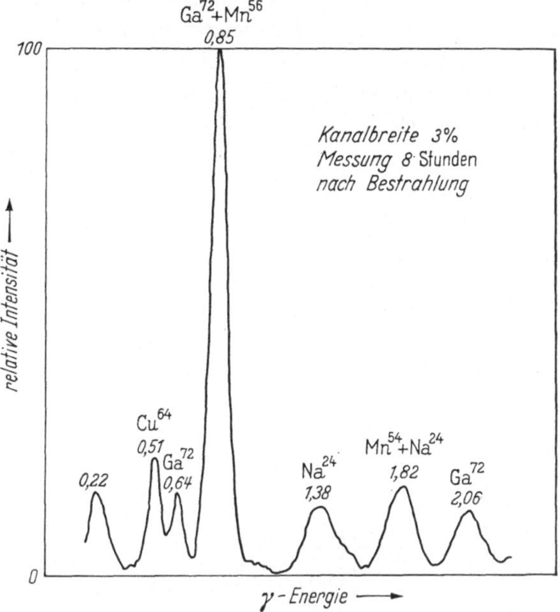

Abb. 145. γ-Spektrum nach Bestrahlung von schwach verunreinigtem Aluminium (nach D. H. Peirson [1])

G. Nachweis von α-Strahlung

1. Einleitende Bemerkungen

Obwohl die Anwendung natürlicher α-Strahler durch die Möglichkeit, eine sehr große Zahl von Radionucliden auf künstlichem Wege herzustellen, stark in den Hintergrund getreten ist, so gibt es immer wieder wichtige Anwendungsgebiete, die eine überblicksmäßige Behandlung der Eigenschaften von α-Strahlung und des α-Nachweises zweckmäßig erscheinen lassen. So gab es z.B. eine Zeit, während welcher sich die Kardiographie mit *Thorotrast* (Thoriumdioxyd) in der Chirurgie wegen der hervorragend guten Kontrasteigenschaften großer Beliebtheit erfreute. Mit starkem Nachdruck wurde von maßgebender Seite [2] auf die große Gefahr einer Dauerschädigung des betroffenen Gewebes hingewiesen. Es gibt eine Reihe von Arbeiten [3], welche diese Mahnung durch quantitativ auswertbare Versuche bekräftigt haben.

---

[1] Peirson, D. H.: Atomics **6**, 316 (1956).

[2] Bauer, K. H.: Das Krebsproblem. Berlin-Göttingen-Heidelberg: Springer 1949 und 1963 (dort weitere Literatur).

[3] Roussy, Oberling u. Querin: Bull. Assoc. Franc. Etude Canc. **25**, 716 (1936). — Selbie: Lancet **1936 II**, 847. — Bogliolo: Pathologie, Genova **29**, 372 (1937). — Mac Mahon: Amer. J. Path. **23**, 585 (1947). — Schwaiger, M., H. Maier-Leibnitz u. K. Schmeiser: Klin. Wschr. **27**, 311 (1949). — Ruf: Chirurg **1949**, 341. — Wachsmuth: Chirurg **1948**, 390. — Schwaiger, M., u. K. Schmeiser: Langenbecks Arch. klin. Chir. (im Druck).

α-Teilchen lassen sich prinzipiell mit ähnlichen Meßgeräten nachweisen wie β- oder γ-Strahlen. In der Ionisationskammer und dem Proportionalzählrohr wird die starke Ionisation der α-Teilchen in Materie ausgenutzt, beim Szintillationszähler die Tatsache, daß auch α-Teilchen in gewissen Kristallen (z. B. ZnS) leicht meßbare Lichtblitze auslösen, welche sich wegen ihrer Größe von Lichtblitzen, die durch andere Strahlenarten erzeugt werden, leicht unterscheiden lassen. Schließlich gelingt der α-Nachweis auch mit Hilfe von photographischen Emulsionen.

Die Reichweite von α-Strahlen ist sehr klein. Deshalb spielt die Selbstabsorption der α-Teilchen innerhalb des Präparates eine noch wichtigere Rolle als bei β-Strahlen, gleichzeitig auch die Herstellung dünner und gleichmäßiger, reproduzierbarer Präparatschichten[1]. Auf der anderen Seite gewährleistet die konstante Reichweite und die geradlinige Bahn von α-Teilchen bei richtiger Anordnung von Präparat und Zähler gut definierte, geometrische Bedingungen und macht Messungen, auch absolute Messungen mit hoher Genauigkeit möglich.

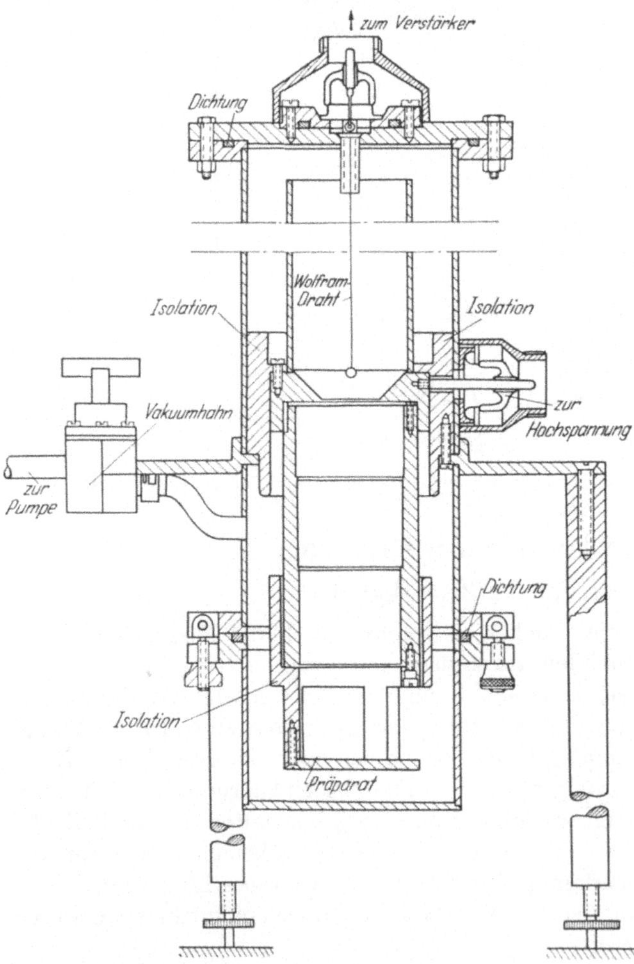

Abb. 146. α-Zähler (nach Ward[2])

2. α-Zähler nach Ward

In Abb. 146 bringen wir einen α-Zähler nach Ward[2]. Das Präparat befindet sich am Boden der Anordnung, der Zähler in der oberen Hälfte derselben. Nach unten wird das Zählvolumen des Zählers durch eine Kreisblende abgeschlossen, durch welche entsprechend dem Blendendurchmesser und dem Abstand des Präparates der Geometriefaktor G festgelegt ist. Bei der in Abb. 146 gezeigten Anordnung beträgt $G = 1 : (716{,}4 \pm 4{,}2)$; G ist nach dieser Angabe bis auf $\pm 0{,}6\%$ genau.

[1] Milstedt, J.: A.E.R.E. Report C/R., 1379 (1954).
[2] Hurst, R., u. G. R. Hall: Analyst 77, 790 (1952).

In bestimmten Abständen vom Präparat sind drei weitere Kreisblenden eingeschaltet, welche die an den Wänden gestreuten α-Teilchen am Eintritt in den Zähler hindern. Es gelangen also nur α-Teilchen zur Messung, deren Bahn von vornherein auf das Zählrohr gerichtet ist. Aus der oben gemachten Zahlenangabe des Geometriefaktors erkennt man, daß sich der beschriebene α-Zähler nur für stärkere Präparate eignet.

Der Zähler arbeitet mit Methanfüllung unter einem Druck von 60 mm Hg. Der Druck ist so gewählt, daß alle in den durch die Kreisblende am Zähler festgelegten Raumwinkel ausgesandten α-Teilchen des Präparates das effektive Zählvolumen erreichen und somit Impulse etwa gleicher Größe entstehen.

3. α-Nachweis mit den Szintillationszählern

Szintillationszähler für α-Strahlen zeigen im allgemeinen einen kleinen Untergrund und eignen sich deshalb besonders für schwache Präparate. Ein Gerät, das in der Anordnung von Präparat und Zähler einem Fensterzählrohr gleicht, beschreibt REED[1]. Hohe Empfindlichkeit, kleiner Nulleffekt infolge Unempfindlichkeit gegenüber β- und γ-Strahlung oder Störungen, Stabilität über lange Meßzeiten zeichnen dieses Gerät aus. Das Präparat befindet sich unterhalb des Szintillationszählers. Wenn es zweckmäßig oder notwendig erscheint, kann der Raum zwischen Präparat und Zähler ausgepumpt werden. Ebenso wie für β-Strahlung ist auch für α-Strahlung der Flüssig-Szintillationszähler ein sehr empfindliches Nachweisgerät.

H. Messung intensitätsarmer Präparate

Bei der Besprechung der Meßgenauigkeit (s. S. 90) wurde betont, daß die Messung des Nulleffektes um so wichtiger ist, je schwächer das Meßpräparat im Vergleich zum Nulleffekt ist. Als Faustregel wurde angegeben, daß die Meßzeiten t_1 und t_2 für die Messungen des Präparates und des Nulleffektes etwa gleich lang sein können, sofern das Verhältnis von Meßeffekt ($E + B$ I/min) und Nulleffekt (B I/min) kleiner als 5 ist. Der prozentuale, statistische Fehler für den Nettoeffekt ist (s. S. 92):

$$f = \frac{m}{E} \, 100\% = \pm \frac{100}{E} \sqrt{\frac{E+B}{t_1} + \frac{B}{t_2}} \% \, .$$

Damit die Gesamtmeßdauer klein wird, müssen die Meßzeiten t_1 und t_2 für die beiden Meßgrößen $E + B$ und B günstig gewählt werden, nämlich:

$$\frac{t_1}{t_2} = \sqrt{\frac{E+B}{B}} \, ,$$

wobei die Gesamtmeßdauer

$$t = t_1 + t_2$$

beträgt. Für den prozentualen statistischen Fehler gilt dann die Beziehung

$$f = \pm \frac{100}{E} \sqrt{\frac{E+2B}{t}} \% \, ,$$

---

[1] REED, C. W.: Nucleonics 7 (6), 56 (1950).

und für die Gesamtmeßdauer bei vorgegebener Meßgenauigkeit

$$t = \frac{(\sqrt{E + B} + \sqrt{B})^2}{(100f)^2 \, E^2} \, .$$

Für sehr schwache Präparate ($E \ll B$) gilt vereinfacht:

$$t \sim \frac{B}{E^2} \, .$$

Die Meßdauer kann also reduziert werden durch Erhöhung des Nettoeffektes E oder durch Reduzierung des Nulleffektes B.

Der Nettoeffekt steigt mit der Größe des Präparates, der spezifischen Aktivität und der Nachweisempfindlichkeit der Meßanordnung. Da die beiden ersten

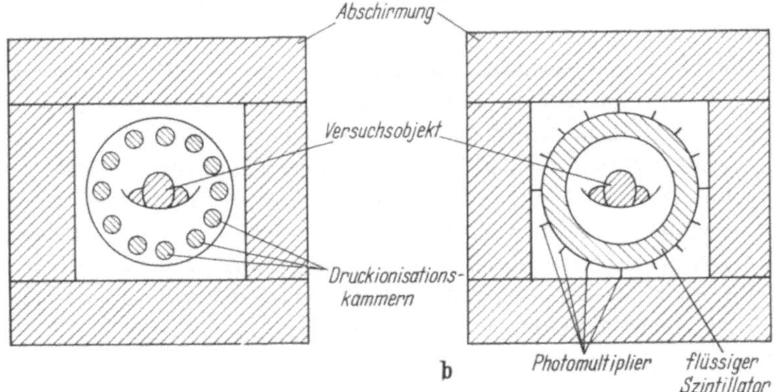

Abb. 147a u. b. Schematische Darstellung zweier Meßanordnungen zur Messung von Körperaktivitäten a mit Hilfe von Druckionisationskammern, b mit Hilfe eines flüssigen Szintillators und einer großen Zahl von gleichmäßig über dessen Oberfläche verteilten Photomultipliern

Faktoren meist festliegen, muß man bestrebt sein, eine möglichst empfindliche Meßmethode anzuwenden. Da bei sehr energiearmen β-Strahlern die Selbstabsorption eine wesentliche Reduzierung der Strahlenintensität ausmacht und eine Messung der Meßproben in fester Form mit Hilfe eines Fensterzählrohres aus geometrischen Gründen maximal nur etwa 50% der aus dem Präparat austretenden β-Teilchen erfaßt, werden für sehr energie- und intensitätsarme β-Strahler entweder Gaszähler oder Flüssig-Szintillationszähler bevorzugt.

Seit einiger Zeit werden große Anstrengungen gemacht, empfindliche Meßanordnungen zur Messung der Körperaktivität bereitzustellen. Die natürliche Körperaktivität besteht aus Ra, Th, C^{14} und K^{40}. Durch den *fall-out*, verursacht durch Atombombenteste, kommt eine bestimmte Aktivitätsrate (z.B. Sr^{89}) hinzu. Da die Aktivitäten sehr klein sind, z.B. 15 µC K^{40} oder 3 nC Ra^{226} pro 70 kg Körpergewicht, gelten auch hierfür die oben gemachten Überlegungen. Zwei grundsätzlich wichtige Meßanordnungen haben sich bisher zur Messung der Körperaktivität bewährt. Die Messung mit Hilfe von Druckionisationskammern nach Abb. 147a benötigt relativ lange Meßzeiten und dürfte in Zukunft für Reihenuntersuchungen trotz ihrer Vorteile, nämlich große Konstanz über längere Zeit und hohe Empfindlichkeit beim Nachweis energiereicher γ-Strahler wie Na^{22}, Na^{24}, K^{40}, Co^{60}, Cs^{137}, Ra^{226} u. a. weniger in Frage kommen.

Die Entwicklung flüssiger Szintillatoren ist so weit fortgeschritten, daß die Szintillationsmethode heute ausschließlich verwendet wird (s. Abb. 147b und 148).

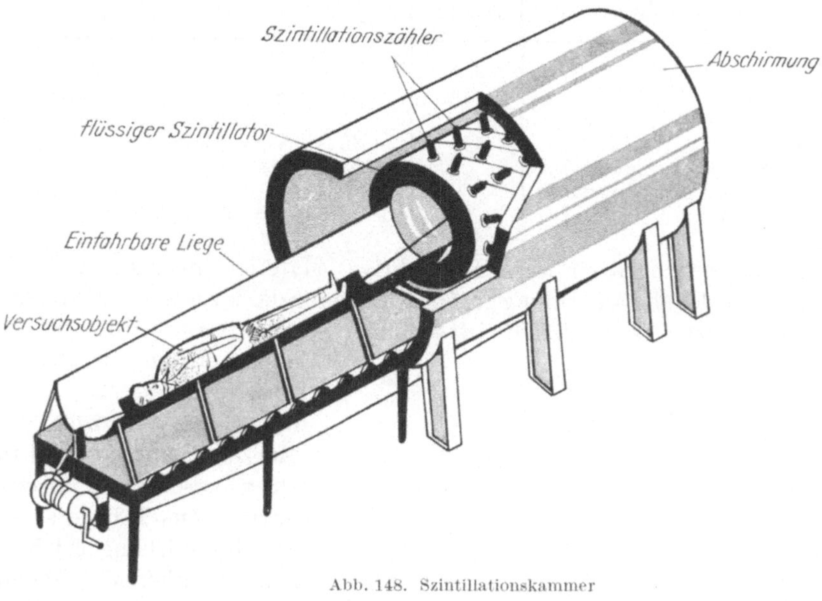

Abb. 148. Szintillationskammer

Die Methode besitzt eine um den Faktor 10 höhere Meßempfindlichkeit. Außerdem ist bei gleichzeitiger Anwesenheit mehrerer γ-Strahler eine Unterscheidung zwischen diesen gegeben. In Abb. 149 wird als Beispiel ein γ-Spektrum gezeigt, das neben K^{40}- auch Cs^{137}-Linien enthält. Die Cs^{137}-Aktivität variiert zwischen 3 nC und 9 nC.

Die zweite Forderung, die bei einer Messung schwacher Präparate nach Möglichkeit zu erfüllen ist, betrifft die Reduzierung des Nulleffektes. Im Falle der Messung der Körperaktivität ist ein allseitig dicker Blei- oder Eisenpanzer um das Versuchsobjekt wirksam, da ein großer Teil des hohen Nulleffektes durch kosmische Ultrastrahlung verursacht wird. Bei β-Zählern muß die Umgebung des Zählers verseuchungsfrei sein. Dazu ge-

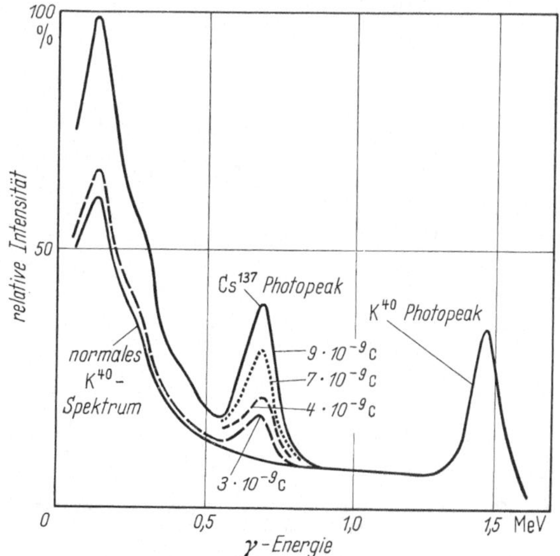

Abb. 149. γ-Spektrum für Cs^{137} und K^{40}; Cs^{137}-Spektrum für verschieden große Aktivitäten

hört in allererster Linie, daß der Zähler selbst aus aktivitätsfreiem Material hergestellt ist. Da durch die zunehmende Verwendung von Radionucliden und durch den fall-out eine immer stärkere Materialverseuchung eintritt, ist man

Tabelle 17. *Wirkung verschiedener Meßmethoden zur Reduzierung des Nulleffektes*

Art der Abschirmung bzw. Schaltmaßnahme	Impulshäufigkeit	Reduzierung	
		Größe	Ursache
Keine	450		
+ 5 cm Blei	142	308	Kosmische Ultrastrahlung und Umgebungsstrahlung
+ 20 cm Fe	110	32	Verseuchung in Blei
+ 20 cm Fe und Antikoinzidenz	5	105	Mesonen
+ 20 cm Fe und Antikoinzidenz + 2,5 cm Hg	2	3	Verseuchung in Fe

bereits darangegangen, einwandfrei inaktives Material zu speichern. Auch die Abschirmung der Meßanordnung gegen γ-Strahlung der kosmischen Ultrastrahlung muß aktivitätsfrei sein. Da Blei fast immer radioaktiv ist, wird meist nur die äußere Hülle des Panzers aus Blei, der innere Teil oder auch der gesamte Panzer um den Meßzähler aber aus nicht radioaktiv verseuchtem Eisen angefertigt. Aus Tabelle 17 können wir die Wirkung solcher Maßnahmen erkennen. Wenn kein einwandfrei inaktives Eisen zur Verfügung steht, wird der innerste Mantel der Vielfachzählanordnung mit einer 2—3 cm dicken Schicht aus Quecksilber ausgestattet, weil sich Quecksilber leicht reinigen läßt.

Zur Messung weicher β-Strahlung verwendet man vielfach eine Antikoinzidenzanordnung, mit welcher der Nulleffekt ebenfalls wesentlich reduziert werden kann. Der Schutzpanzer um den Meßzähler schwächt lediglich die γ-Strahlung aus der kosmischen Ultrastrahlung ab. Die kosmische Ultrastrahlung besteht aber nicht nur aus γ-Strahlung, sondern unter anderem aus *Mesonen*, die sehr durchdringend sind und deshalb den

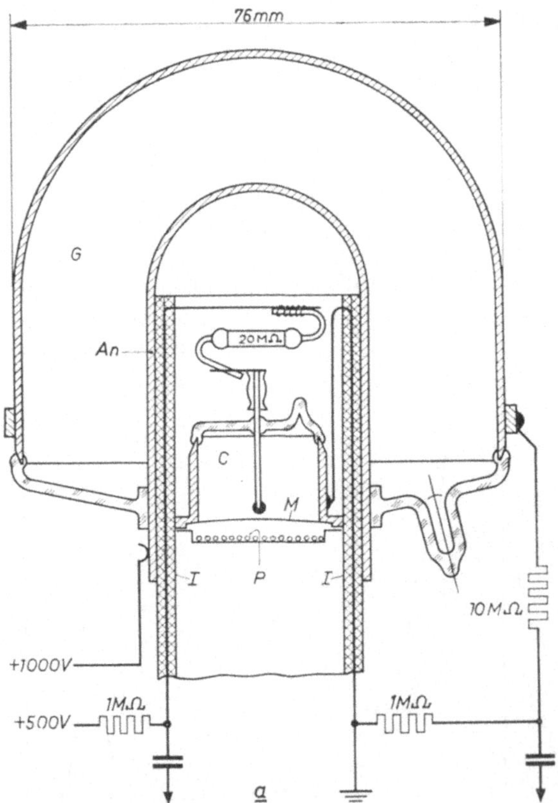

Abb. 150. Antikoinzzidenzzähler zur Messung sehr schwacher Präparate (nach K. DUUREN [1])

Zähler trotz Panzerung erreichen. Die Reduzierung dieses Beitrages zum Nulleffekt gelingt durch Anbau eines Zählerkranzes um den Meßzähler bei gleichzeitiger Antikoinzidenzschaltung der beiden. Das zu messende Präparat befindet sich entweder im Meßzähler selbst (wie z.B. beim Libby-Zähler oder Gaszähler)

[1] DUUREN, K. VAN: Philips techn. Rdsch. **20** (6), 179 (1958/59).

oder zwischen dem Meßzähler und dem äußeren Zählerkranz (parallelgeschaltete Zähler).

Durch die Antikoinzidenzschaltung wird ein Impuls des Meßzählers nur dann registriert, wenn der äußere Zählerkranz nicht angesprochen hat. Damit ist gewährleistet, daß die Wirkung von Strahlung, die von außerhalb des Zählerkranzes, also nicht vom Präparat kommt, ausgeschaltet wird (s. Tabelle 17). Ganz trifft diese Feststellung nicht zu. In der Praxis kann man nur eine Reduzierung um 95—98% erreichen, weil die Antikoinzidenzschaltung während der Totzeit des Zählerkranzes unwirksam bleibt.

Es gibt heute zwei interessante Typen von Nachweisgeräten, die den Meßzähler und den Zählerkranz in einer Einheit umfassen, z.B. die Antikoinzidenz-

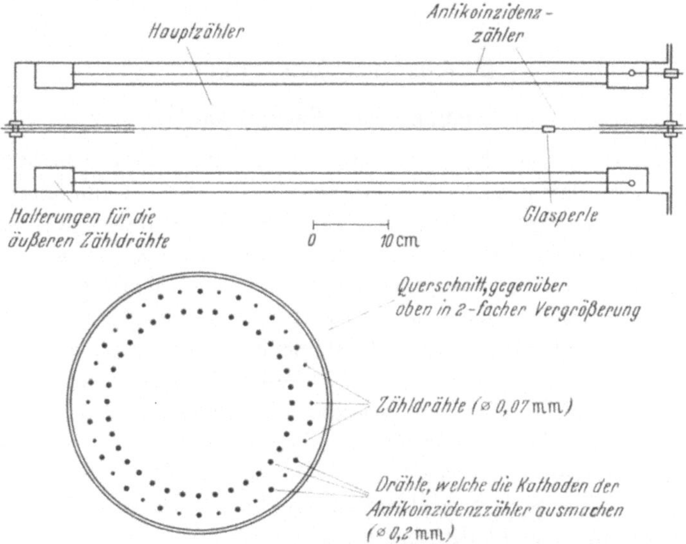

Abb. 151. Antikoinzidenz-Gaszähler

kombination der Firma Philips (s. Abb. 150). Ein Fensterzähler mit 2 mg/cm²-Glimmerfenster befindet sich im Inneren des Doppelzählers, der Zählrohrkranz ist durch eine darumgelegte Halbkugel gebildet. Die Einheit ist aus ausgesuchtem, aktivitätsfreiem Material hergestellt. Der innere Zähler, der hoch β-empfindlich, jedoch allein schon wegen seiner geringen Größe γ-unempfindlich ist, wird mit etwa 600 Volt betrieben und zeigt einen Nulleffekt von etwa 7 I/min. Die Totzeit beträgt etwa 150 μsec. Die entsprechenden Werte für den äußeren Zähler sind beziehentlich 1000 V, 75 I/min und 1000 μsec. Die Gasfüllung für beide ist einheitlich, nämlich Neon-Argon-Brom.

Da dem Gaszähler, wie schon mehrfach betont, wegen seiner großen Nachweisempfindlichkeit immer größere Bedeutung zukommt, ist auch der Aufbau eines Antikoinzidenzzählers nach Abb. 151 erwähnenswert. In ein und demselben Metallzylinder ist der Meßzähler und der Zählerkranz untergebracht. Der Zähldraht des Meßzählers befindet sich in der Achse der Anordnung, die Zählerwand besteht aus 36 0,2 mm starken VA-Drähten. Im noch verbleibenden Zählerring befinden sich abwechselnd 18 0,2 mm starke VA-Drähte und 18 0,07 mm starke VA-Drähte, letztere als Zähldrähte aufgefaßt. Dieser Teil des Kombinationszählers kann somit als 18 Zählrohre betrachtet werden, deren Zählerwand von dem Metallzylinder und den die Zähldrähte umfassenden dickeren VA-Drähten gebildet wird. Die Vorteile dieser Zählerkombination liegen auf der Hand. Als Gaszähler weist er hohe Nachweisempfindlichkeit auf. Da alle Zähler, Meßzähler ebenso wie die 18 Antikoinzidenzzähler im Proportionalbereich arbeiten, ist die Totzeit klein, aus konstruktivem Prinzip des Zählers außerdem für alle Einzelzähler gleich groß. Die Antikoinzidenzschaltung gewährleistet einen kleinen Nulleffekt.

Beim Flüssig-Szintillationszähler läßt sich der Nulleffekt auch durch günstige Einstellung der Schwellenwerte am Diskriminator verkleinern.

J. Absolute Messungen

1. Geeichte Standardpräparate

Zur Überprüfung der Nachweiswahrscheinlichkeit einer bestimmten Meßanordnung verwendet man, wie schon erwähnt, sog. Standardpräparate, die relativ langlebig sind (große Halbwertzeit). Solche Standardpräparate können auch zur Bestimmung der absoluten Aktivität einer Meßprobe herangezogen werden, müssen dann aber zusätzlich geforderte Eigenschaften haben. Eine der wesentlichen Voraussetzungen eines Radionuclids als Vergleichsstandard ist eine ähnliche Strahlenqualität wie die der Meßprobe. Das ist notwendig, damit oft schwer erfaßbare Korrektionsfaktoren für Selbstabsorption, Absorption, Rückstreuung u. a. entfallen. Von den wenigen als β-Standard brauchbaren Radionucliden ist Thallium 204 zu erwähnen. Die Halbwertzeit beträgt 3,56 Jahre, die β^--Energie 0,765 MeV, ein Wert, der recht gut mit der mittleren Energie eines Gemisches langlebiger Spaltprodukte übereinstimmt. Der UX_2-Standard, der an sich beliebt ist und leicht kalibriert werden kann, besitzt leider ein noch nicht sicher bekanntes Zerfallsschema, sendet auch γ-Strahlung aus und läßt sich nur in relativ niedriger spezifischer Aktivität herstellen. Auch RaD-E-F eignet sich als Vergleichsstandard. RaD besitzt eine Halbwertzeit von 22 Jahren. Nach Abfilterung der weichen β-Strahlung von RaD und der γ-Strahlung von RaF durch 6 mg/cm² Aluminium bleibt lediglich die β-Strahlung von 1,17 MeV Grenzenergie wirksam [1].

Als Vergleichsstandard für P^{32}-Messungen bietet sich ein Gemisch von Np^{238} und RaD (Pb^{210}) an. C^{14}- oder H^3-Standards lassen sich durch Gewichtsbestimmung oder durch massenspektroskopische Analysen eichen [2].

Als Standardpräparat für J^{131}-Messungen bietet sich eine Mischung von Co^{60} und Cs^{137} an, die ein ähnliches Energiespektrum wie J^{131} aufweist.

Als γ-Standard dienen neben Radiothor, das im Gleichgewicht steht mit seinen Zerfallsprodukten, die Radionuclide Na^{22}, Mn^{54}, Co^{60} und Cs^{137} [3].

[1] NOREY, T. B.: RSI **21**, 280 (1950).

[2] MANOV, G. G., u. L. F. CURTISS: J. Res. Nat. Bur. Stand. **46**, 328 (1951).

[3] WEISS, C. F.: Radioaktive Standardpräparate. Berlin: VEB Deutscher Verlag der Wissenschaften 1956.

2. Absolutbestimmung der Aktivität durch Berücksichtigung von Selbstabsorption, Streuung, Absorption, Rückstreuung, Geometrie und Ansprechwahrscheinlichkeit des Meßgerätes

Wenn n der Meßeffekt einer radioaktiven Probe ist, so erhält man nach früheren Ausführungen die absolute Aktivität mit Hilfe der Beziehung

$$D = \frac{n}{G \cdot \varepsilon \cdot f_{sa} \cdot f_r \cdot f_a \cdot f_s}.$$

Hierin bedeuten:

D die absolute Aktivität in I/min,

n den beobachteten Meßeffekt in I/min,

G den Geometriefaktor,

ε die Ansprechwahrscheinlichkeit des Meßgerätes,

f_{sa} den Selbstabsorptionsfaktor (verkleinernd wirkend, < 1),

f_r den Rückstreuungsfaktor (vergrößernd wirkend, > 1),

f_a den Absorptionsfaktor (verkleinernd wirkend, < 1),

f_s den Streufaktor (vergrößernd wirkend, > 1).

3. Berücksichtigung des Zerfallsschemas

Auch wenn wir alle Korrektionen, die durch Selbstabsorption, Absorption, Streuung, Rückstreuung, Ansprechwahrscheinlichkeit des Nachweisgerätes, geometrische Anordnung u. a. veranlaßt sind, berücksichtigen, braucht die aus der beobachteten Impulshäufigkeit errechnete Impulshäufigkeit keineswegs der absoluten Zerfallshäufigkeit zu entsprechen. Bei einfachem β-Spektrum ist dieses zwar der Fall; bei Radionucliden mit verzweigtem, komplexem Zerfallsschema kann aber die korrigierte Impulshäufigkeit größer oder kleiner sein als die Zerfallshäufigkeit, d.h. die Zahl der tatsächlich pro Zeiteinheit zerfallenden Atome. Einige Beispiele sollen erläutern, wie wichtig die Kenntnis des Zerfallsschemas ist.

a) Selbst bei einem so einfachen Zerfallsschema wie bei V^{52} (s. Abb. 68c) ist seine Kenntnis notwendig, da die gleichzeitig emittierte γ-Strahlung zu einer gewissen, wenn auch im allgemeinen kleinen Erhöhung des β-Meßeffektes führen kann.

b) Wenn bei Na^{24} die Messung der emittierten β-Strahlung zur Absolutbestimmung der Aktivität verwendet wird, so ist zu berücksichtigen, daß zwei γ-Quanten pro Zerfall ausgesandt werden, die sich zudem noch durch ihre γ-Energie unterscheiden (2,76 bzw. 1,38 MeV). Bei Na^{22} als Positronenstrahler erscheinen neben einem γ-Quant pro Zerfall zusätzlich zwei Vernichtungsquanten von 0,51 MeV.

c) Besitzen zwei Arten von Radionucliden, die nebeneinander vorliegen und ähnliche Halbwertzeit besitzen, ein einfaches, aber wesentlich verschiedenes β-Spektrum, so ist die Berechnung der Einzelaktivitäten aus Absorptions-Meßeffekten einfach (s. S. 181). Dieses braucht nicht mehr der Fall zu sein bei komplexerem Zerfallsschema eines der beiden Radionuclidarten.

d) Eine Erhöhung des Meßeffektes kann je nach Art des Nachweisgerätes mehr oder weniger stark durch innere Umwandlung der gleichzeitig ausgesandten γ-Strahlung bewirkt werden. So ist z.B. ein Teil der γ-Quanten von J^{131} so energiearm, daß ihre Konversionswahrscheinlichkeit in diesem Zusammenhang nicht mehr vernachlässigt werden darf. Es werden bei etwa 4,8% aller Zerfälle

Konversionselektronen mit 71 keV Energie erzeugt, 1,5% aller Zerfälle ergeben solche mit 274 keV Energie. Wenn alle Konversionselektronen erfaßt würden, wäre die aus dem beobachteten Meßeffekt resultierende Absolutaktivität um etwa 6,3% zu hoch.

e) Besonders schwierig wird die Angabe der Absolutaktivität bei Positronenstrahlern, welche gleichzeitig K-Einfang aufweisen, weil die weiche Röntgenstrahlung, die beim K-Einfang emittiert wird, schwer erfaßbar ist.

f) Sehr schwierig liegen die Verhältnisse auch bei Cu^{64}, das Positronen und Elektronen emittiert. Zunächst tritt die gleiche Schwierigkeit wie unter e) auf, weil 43% der Zerfälle in Form von K-Einfang ablaufen, dann aber, weil z.B. der Rückstreuungsfaktor für Positronen und Elektronen derselben Energie verschieden groß ist.

4. 4π-Zählrohr

Ein Großteil der bisher erwähnten Schwierigkeiten bei der Absolutbestimmung der Aktivität eines radioaktiven Präparates entfällt beim *4π-Zählrohr*. HAXEL und HOUTERMANN[1] berichteten schon vor vielen Jahren über diesen Zähler, der in abgewandelter Form auch heute noch mit Erfolg eingesetzt wird. Der in Abb. 152 gezeigte Doppelzähler, welcher in der amerikanischen Literatur als NBS-4π-Zähler bekannt ist, besteht aus zwei leicht zusammenfügbaren Kugel-

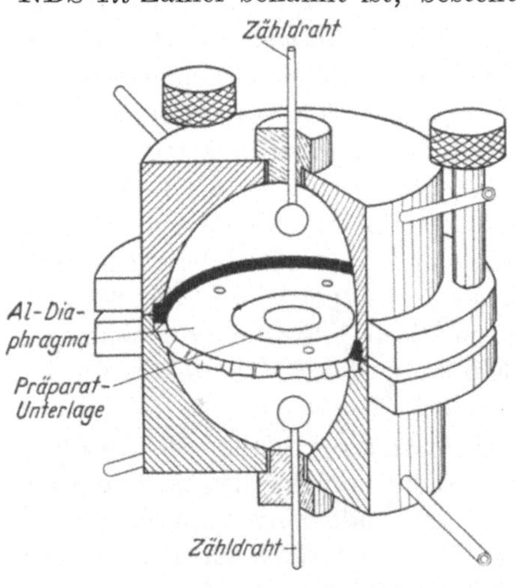

Abb. 152. 4π-Zähler[2]

hälften. Diese sind im Betriebszustand aufeinandergesetzt und durch eine dünne Aluminiumfolie mit einem in der Mitte kreisrunden Loch voneinander getrennt. Das Präparat, auf einen dünnen Film aufgetragen und getrocknet, wird auf diese Aluminiumfolie gelegt. Der Zähldraht jeder Zählerhälfte besteht aus einer Drahtschleife geeigneter Form, die isoliert gehaltert und im allgemeinen parallel geschaltet werden. Der Doppelzähler arbeitet als Durchströmzähler im Proportionalbereich; als Füllgas dient Methan von Atmosphärendruck.

Wie schon der Name des Zählers andeutet, ist der ausnutzbare Raumwinkel 4π, d.h. der Geometriefaktor ist gleich 1, also um etwa den Faktor 2 größer als bei normalen Zählern, wie sie bei Messung radioaktiver Präparate in fester Form verwendet werden.

Wenn die Präparatunterlage dünn genug ist, entfallen die Korrektionen für Selbstabsorption, Absorption und Rückstreuung, so daß die Nachweiswahrscheinlichkeit 100% ist. Ein Zerfallsteilchen, das mehr als etwa sechs Ionenpaare erzeugt, wird registriert. Das β-Teilchen braucht also nur etwa 200—300 eV Energie, um noch nachgewiesen zu werden. Selbst bei einem so weichen β-Strahler wie C^{14} werden nur etwa 0,2% der Zerfallsteilchen ausgelassen.

---

[1] HAXEL, O., u. F. G. HOUTERMANN: Z. Physik **124**, 705 (1948).
[2] Manual of nuclear instrumentation, S. 16. New York: McGraw-Hill Book Co. 1955.

Auch der Einfluß einer gleichzeitig emittierten γ-Strahlung im Sinne einer Erhöhung des Meßeffektes entfällt, weil eine dadurch ausgelöste Zählerentladung mit der durch das β-Teilchen hervorgerufenen Entladung zusammenfällt. So ist auch die Absolutbestimmung eines Positronenstrahlers (z.B. Na[22]) sehr genau, weil die beiden Vernichtungsquanten keinen zusätzlichen Meßeffekt verursachen können.

Das trifft nicht mehr zu, wenn ein isomerer Übergang vorliegt, wie z.B. bei Cs[137]. Das γ-Quant, das den isomeren Zustand aufhebt, wird verspätet emittiert, zu einem Zeitpunkt, zu welchem die Zählrohrentladung durch das β-Teilchen längst abgeschlossen ist, so daß es mit einer bestimmten Wahrscheinlichkeit einen zusätzlichen Zählerimpuls verursacht. Noch stärker ist die Verfälschung des Meßeffektes aber dadurch, daß die γ-Strahlung mit 12% Wahrscheinlichkeit konvertiert, weil dabei Konversionselektronen entstehen, die leicht nachweisbar sind.

Der 4π-Zähler eignet sich nicht so sehr für energiearme β-Strahlung ($E_{\beta\,max} < 0{,}3$ MeV), es sei denn, die Präparate lassen sich *trägerfrei* herstellen. Schon bei

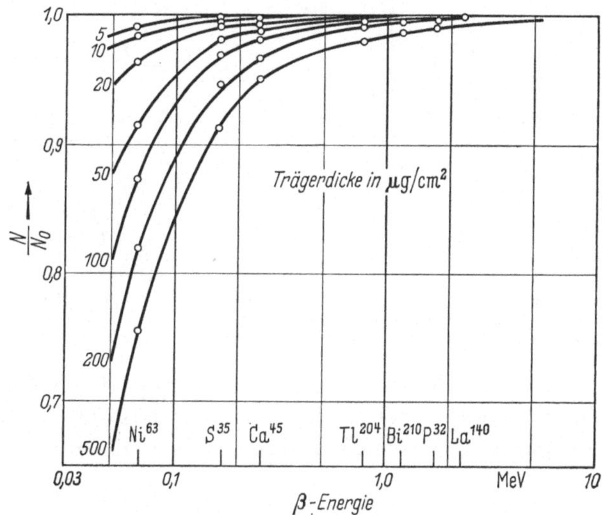

Abb. 153. Korrektion für Absorption im Präparat, gültig für 4π-Zähler (nach B. D. Pate und L. Jaffé [1])

Co[60] ($E_{\beta\,max} = 0{,}26$ MeV) kann die Selbstabsorption eine erhebliche Rolle spielen. Auch in der Präparatunterlage erfolgt dann eine Absorption der nach der unteren Zählerhälfte gerichteten Zerfallsteilchen, die aber meist ausreichend genau bestimmt werden kann. Zur Korrektion der Selbstabsorption kann die Abb. 153 herangezogen werden.

Unbequem und nachteilig ist das Auswechseln der Präparate, weil durch die damit verbundene Neufüllung des Zählers die Zählereigenschaften verändert werden können. Diese Schwierigkeit entfällt bei 4π-Zählern mit durchströmendem Methan, die bei Atmosphärendruck arbeiten.

5. Koinzidenzmethode

Zur Absolutbestimmung der Aktivität von Radionucliden, welche gleichzeitig β- und γ-Strahlung emittieren (z.B. Au[198]) oder 2γ-Quanten (z.B. Co[60]), eignet sich die *Koinzidenzmethode* nach Bothe[2]. Das Prinzip der Koinzidenzmethode wird an Hand von Abb. 154 oder Abb. 155 erläutert. Ein β-Zählrohr (z.B. Fensterzählrohr) registriert die vom radioaktiven Präparat P emittierten β-Strahlen, ein γ-Zähler (z.B. zylindrisches γ-Geiger-Müller-Zählrohr), welches auf der anderen Seite des

[1] Pate, B. D., u. L. Jaffé: Canad. J. Chem. **33**, 929 (1955).
[2] Bothe, W., u. H. J. v. Baeyer: Göttinger Nachr. **1**, 195 (1935).

Präparates aufgestellt ist, die emittierten γ-Quanten. Um zu verhindern, daß die β-Strahlung auch den γ-Zähler ansprechen läßt, ist zwischen Präparat und γ-Zähler ein ausreichend starker Absorber eingeschaltet, der zwar alle β-Teilchen vom γ-Zähler abhält, die γ-Strahlung aber praktisch nicht schwächt. Gemessen wird die Impulshäufigkeit $N_\beta + NE_1$ des β-Zählrohres, die Impulshäufigkeit $N_\gamma + NE_2$ des γ-Zählers und mit Hilfe einer *Koinzidenzschaltung* jedes Ereignis $N_{\beta\gamma} + NE_3$, bei dem gleichzeitig eine Entladung im β- und γ-Zähler stattfindet.

Wenn N_0 die gesuchte absolute Aktivität des Präparates ist und ω_β (meist $=1$)

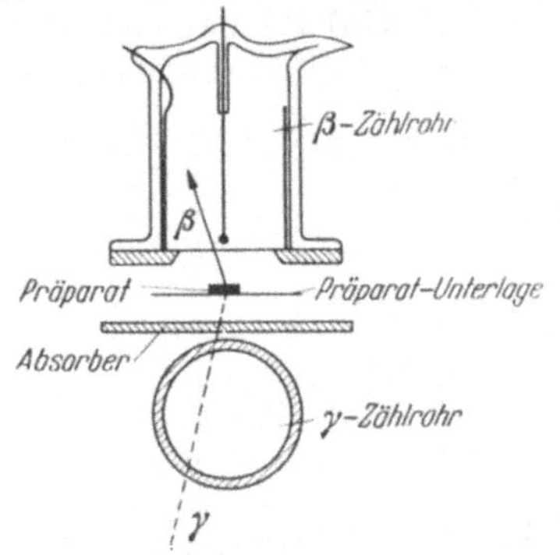

Abb. 154. Koinzidenzanordnung zweier Zählrohre zur absoluten Messung von radioaktiven Präparaten (nach W. Bothe und H. J. V. Baeyer [1])

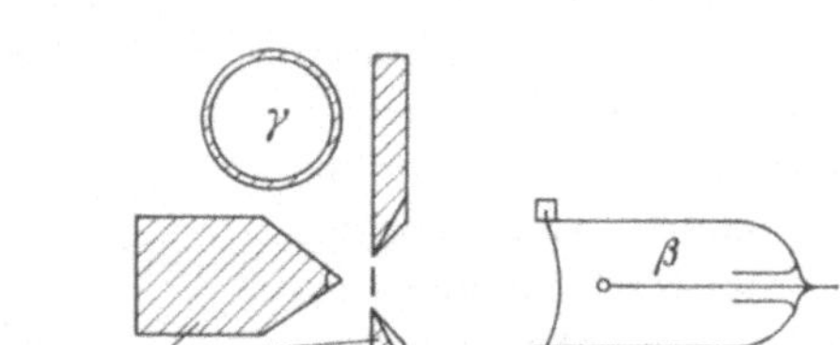

Abb. 155. Koinzidenzanordnung für (β, γ)- und (γ, γ)-Koinzidenzen [2]

bzw. ω_γ die Nachweiswahrscheinlichkeit des β-Zählers für β-Strahlen bzw. die Nachweiswahrscheinlichkeit des γ-Zählers für γ-Strahlen ist und G_β bzw. G_γ die zugehörigen Geometriefaktoren bedeuten, dann gelten offenbar die Gleichungen

$$N_\beta = G_\beta \cdot \omega_\beta \cdot N_0$$
$$N_\gamma = G_\gamma \cdot \omega_\gamma \cdot N_0$$
$$N_{\beta\gamma} = G_\beta \cdot \omega_\beta \cdot G_\gamma \cdot \omega_\gamma \cdot N_0.$$

Daraus ergibt sich:

$$N_0 = \frac{N_\beta \cdot N_\gamma}{N_{\beta\gamma}}.$$

Die absolute Zerfallshäufigkeit läßt sich also ohne Kenntnis des Geometriefaktors aus den drei Einzelmessungen N_β, N_γ und $N_{\beta\gamma}$ bestimmen.

Statt Geiger-Müller-Zählrohre verwendet man heute Szintillationszähler. Anthracen wird zur Messung der β-Intensität, NaJ-(Tl-)Kristalle zur Bestimmung der γ-Intensität verwendet.

Die Koinzidenzmethode ist auch bei dualem β-Zerfall anwendbar, z.B. bei Fe^{59}, mit zwei verschiedenen β-Zerfällen über zwei verschieden stark angeregte Zustände, die unter Aussendung von je einem γ-Quant (verschiedener Energie) in den gleichen Grundzustand des Folgekernes übergehen (s. Abb. 68f).

Es gelten in diesem Falle für die drei Einzelmessungen die Beziehungen

$$N_\beta = N_{\beta 1} + N_{\beta 2} = G_\beta\, \omega_{\beta 1} \cdot N_1 + G_\beta\, \omega_{\beta 2} \cdot N_2$$
$$N_\gamma = G_\gamma\, (\omega_{\gamma 1} N_1 + \omega_{\gamma 2} \cdot N_2)$$
$$N_{\beta\gamma} = G_\beta \cdot G_\gamma\, (\omega_{\beta 1} \cdot \omega_{\gamma 1} N_1 + \omega_{\beta 2}\, \omega_{\gamma 2}\, N_2),$$

[1] Bothe, W., u. H. J. v. Baeyer: Göttinger Nachr. 1, 195 (1935).
[2] Bleuler, E., u. G. J. Goldsmith: Experimental nucleonics. London: Sir Isaac Pitman and Sons 1952.

damit:

$$\frac{N_\beta \cdot N_\gamma}{N_{\beta\gamma}} = \frac{(\omega_{\beta 1} N_1 + \omega_{\beta 2} N_2)(\omega_{\gamma 1} N_1 + \omega_{\gamma 2} N_2)}{\omega_{\beta 1}\omega_{\gamma 1} N_1 + \omega_{\beta 2}\omega_{\gamma 2} N_2}.$$

Meist ist $\omega_{\beta 1} = \omega_{\beta 2} = 1$. Wenn kein fensterloser Zähler benutzt wird, werden die Werte N_1 und N_2 bei der β-Messung auf Absorption Null korrigiert.

Für

$$\omega_{\beta 1} = \omega_{\beta 2}$$

oder

$$\omega_{\gamma 1} = \omega_{\gamma 2}$$

ergibt sich:

$$\frac{N_\beta \cdot N_\gamma}{N_{\beta\gamma}} = N_1 + N_2 = N.$$

In diese Betrachtung ist auch ein β-Zerfall eingeschlossen, wie er bei K^{42} vorliegt, mit $\omega_{\gamma 1} = 0$. Wenn ein Teil der γ-Strahlung konvertiert (Konversionsfaktor α), so erhöht sich der β-Meßeffekt maximal um die Zahl der nachweisbaren Konversionselektronen. Es gilt:

$$N_\beta = N \cdot G_\beta (\omega_\beta + \alpha\,\omega_e - \alpha\,\omega_\beta \cdot \omega_e)$$

$$N_\gamma = N (1 - \alpha)\,\omega_\gamma$$

und

$$N_{\beta\gamma} = N (1 - \alpha)\,\omega_\beta \cdot \omega_\gamma,$$

da es keine Koinzidenzen zwischen Konversionselektronen und γ-Quanten geben kann. Man erhält somit:

$$\frac{N_\beta \cdot N_\gamma}{N_{\beta\gamma}} = N \left\{1 + \alpha\,\frac{\omega_e}{\omega_\beta}(1 - \omega_\beta)\right\}.$$

Mit $\omega_\beta = 1$ sind alle Schwierigkeiten behoben. Bei $\omega_\beta \neq 1$, aber sehr kleinem α, kann der zweite Summand in der Klammer wegen $\omega_e/\omega_\beta < 1$ und $1 - \omega_\beta \ll 1$ ebenfalls vernachlässigt werden. Konversionselektronen besitzen meist eine so geringe Energie, daß sie leicht absorbiert werden, d.h. $\omega_e = 0$ wird. Auch dann ist die Koinzidenzmethode ohne Korrektur anwendbar.

Die Nachweiswahrscheinlichkeit für die γ-Quanten von Co^{60} bei Verwendung eines Geiger-Müller-Zählrohres beträgt etwa 1%. Da pro Zerfall 2γ-Quanten ausgesandt werden, ist die oben erwähnte Nachweiswahrscheinlichkeit $\omega_\gamma = 2\% = 0{,}02$; der Geometriefaktor G möge $0{,}25$ betragen, so daß $G_\gamma \cdot \omega_\gamma = 0{,}005$ wird. Da mit einem β-Geiger-Müller-Zählrohr im allgemeinen eine Impulshäufigkeit $N_0\,\omega_\beta\,G_\beta$ von maximal $20\,000$ I/min gezählt werden kann, beträgt die Koinzidenzhäufigkeit maximal:

$$N_{\beta\gamma} = (N_0\,\omega_\beta\,G_\beta)\,G_\gamma \cdot \omega_\gamma = 20\,000 \cdot 0{,}005 = 100 \text{ Koinz./min}.$$

Um eine Genauigkeit von 1% zu erreichen, muß die Meßdauer $t = 100$ Minuten betragen. Während dieser Zeit ist z.B. bei Co^{60} ($T_{1/2} = 5{,}24$ Jahre) kein wesentlicher Intensitätsabfall eingetreten. Anders ist dieses z.B. bei Na^{24} ($T_{1/2} = 14{,}97$ Stunden). Statt N_β wird die Impulszahl des β-Zählrohres nur noch

$$N_\beta' = N_\beta \int\limits_0^t e^{-\lambda t}\,dt = N_\beta\,\frac{1 - e^{-\lambda t}}{\lambda}$$

sein; entsprechend ist:

$$N_\gamma' = N_\gamma \frac{1 - e^{-\lambda t}}{\lambda}$$

$$N_{\beta\gamma}' = N_{\beta\gamma} \frac{1 - e^{-\lambda t}}{\lambda}$$

und damit

$$N = \frac{N_\beta \cdot N_\gamma}{N_{\beta\gamma}} = \frac{N_\beta' \cdot N_\gamma'}{N_{\beta\gamma}'} \cdot \frac{\lambda}{1 - e^{-\lambda t}}.$$

Falls die drei Messungen N_β, N_γ und $N_{\beta\gamma}$ nicht gleichzeitig vorgenommen werden, ist die letzte Gleichung nicht exakt. Um den Fehler klein zu halten, werden die Messungen dann in folgender Reihenfolge vorgenommen: N_β, N_γ, $N_{\beta\gamma}$, N_γ, N_β.

Die hier aufgezeigte Schwierigkeit entfällt z.B. bei Na^{24}, wenn statt eines γ-Zählrohres ein γ-Szintillationszähler verwendet wird. ω_γ ist dann 20—30mal größer, die Meßdauer entsprechend kleiner. In dieser kurzen Zeit ist der Intensitätsabfall von Na^{24} unbedeutend.

Wie wir gerade gesehen haben, ist der Anwendungsbereich der Koinzidenzmethode breiter, wenn die β-Nachweisempfindlichkeit 100% ist. Das ist aber bei einem 4π-Zähler der Fall[1]. Der 4π-Zähler kann als Proportional-Durchflußzähler oder als Flüssig-Szintillationszähler eingesetzt werden.

Der prozentuale statistische Fehler für die Einzelmessungen ist wie üblich (s. S. 89) zu bestimmen. Für den Koinzidenzmeßeffekt, der sich aus den echten ($\beta\gamma$)-Koinzidenzen, den zufälligen Koinzidenzen ($N_z = 2\tau N_\beta N_\gamma$) und den Koinzidenzen, welche von der kosmischen Ultrastrahlung ausgelöst werden (N_u) zusammensetzt, gilt:

$$\frac{m_{\beta\gamma}}{N_{\beta\gamma}} = \frac{1}{\sqrt{t}} \sqrt{N_{\beta\gamma} + 2(N_z + N_u)}$$

$$= \frac{1}{\sqrt{t}} \sqrt{\frac{1}{N_0 \cdot G_\beta \cdot G_\gamma \cdot \omega_\gamma} + \frac{2 N_u}{(N_0 \cdot G_\beta \cdot G_\gamma \cdot \omega_\gamma)^2} + \frac{4\tau}{G_\beta \cdot G_\gamma \cdot \omega_\gamma}}.$$

Daraus ergibt sich die Forderung, die geometrische Anordnung der Strahlennachweisgeräte günstig, die γ-Empfindlichkeit des γ-Zählers sowie die Meßdauer möglichst groß zu wählen. Dagegen sollte die Aktivität nicht zu groß sein, weil das Verhältnis

$$\frac{N_{\beta\gamma}}{N_z} = \frac{N_0 \cdot G_\beta \cdot \omega_\beta \cdot G_\gamma \cdot \omega_\gamma}{2\tau (N_0 \cdot G_\beta \cdot \omega_\beta)(N_0 \cdot G_\gamma \cdot \omega_\gamma)} = \frac{1}{2\tau N_0}$$

für großes N_0 ungünstig wird. Für großes N_0 nähert sich $m_{\beta\gamma}/N_{\beta\gamma}$ dem Wert

$$2 \sqrt{\frac{\tau}{t \cdot G_\beta \cdot G_\gamma \cdot \omega_\gamma}}.$$

K. Verdünnungsanalyse

Das Prinzip der *Verdünnungsanalyse*[2] kann am besten an einem einfachen Anwendungsbeispiel klargemacht werden. Es sei die Aufgabe gestellt, das kreisende Blutvolumen im menschlichen Körper zu bestimmen[3]. Zu diesem

---

[1] STEYN, J., u. F. J. HAASBROEK: P/1104, 1957.

[2] Ausführlich wird die Methode der Verdünnungsanalyse bei BRODA, E., u. T. SCHÖNFELD, Radiochemische Methoden der Mikrochemie in Handbuch der mikrochemischen Methoden, Bd. 2, Wien: Springer 1955, behandelt (dort auch weitere Literaturangaben).

[3] Siehe z.B. SCHWAIGER, M., u. K. SCHMEISER: Klin. Wschr. **1951**, 536. — SCHWAIGER, M., E. v. LÜTTICHAU u. K. SCHMEISER: Chirurg **23**, 150 (1952).

Zweck wird der Versuchsperson eine genau abgemessene, mit P^{32} radioaktiv markierte Blutmenge von m g injiziert, deren spezifische Aktivität $A_0\,[\mu C/g]$ vorher gemessen wurde. Nach guter Durchmischung der injizierten P^{32}-Aktivität im Blutkreislauf wird eine Blutprobe entnommen, deren spezifische Aktivität A_1 unter vergleichbaren Versuchsbedingungen wie bei der Messung von A_0 bestimmt wird. Da kein Aktivitätsverlust eintritt, muß die Aktivität der verabreichten Probe und die sich nach Injektion derselben im Körper befindliche Aktivität gleich groß sein, also:

$$m A_0 = (m + x)\, A_1,$$

woraus sich die unbekannte Blutmenge

$$x = m \left(\frac{A_0}{A_1} - 1\right)$$

ergibt oder, da A_1 gegenüber A_0 relativ klein ist,

$$x = \frac{A_0}{A_1}\, m\,.$$

Bei der *inversen Verdünnungsanalyse* interessiert die Menge einer radioaktiven Substanz, die z.B. in einem Organ aufgespeichert ist. Man gibt dann eine bestimmte Menge der Substanz in inaktiver Form zu und mißt wiederum die spezifische Aktivität vor und nach der Zugabe. Wiederum muß die Gesamtaktivität vor und nach der Mischung gleich sein, d.h. es muß diesmal die Gleichung gelten:

$$x A_0 = (x + a_1)\, A_1$$

und damit

$$x = \frac{A_1}{A_0}\, a_1\,.$$

Bei dieser Methode müssen die spezifischen Aktivitäten A_0 und A_1 bestimmt werden. Mitunter ist es nicht oder nur sehr schwer möglich, A_0 zu bestimmen. Für diesen Fall wird die sukzessive Zugabe von zwei bekannten Mengen a_1 und a_2 der betreffenden inaktiven Substanz zur aktiven Probe unbekannten Gewichts empfohlen. Nach der ersten Zumischung der Menge a_1 beträgt die Gesamtaktivität $(x + a_1)\cdot A_1$, nach der zweiten Mischung $(x + a_1 + a_2) A_2$. Beide Aktivitäten müssen natürlich wieder gleich sein und es ergibt sich nach einfacher Umrechnung für die unbekannte Menge x der Wert

$$x = \frac{(a_1 + a_2)\, A_2 - a_2 A_1}{A_1 - A_2} \qquad \text{oder auch} \qquad x = \frac{(a_1 + a_2) - a_1 \dfrac{A_1}{A_2}}{\dfrac{A_1}{A_2} - 1}\,.$$

Bei der Aufstellung der obigen Beziehungen scheint insofern eine Unkorrektheit begangen worden zu sein, als der beobachtete Effekt als spezifische Aktivität angesprochen wurde. Unter der Voraussetzung gleicher Meßbedingungen (z.B. Sättigungsmenge) für alle radioaktiven Proben sind aber alle Meßeffekte proportional der spezifischen Aktivität. Da in obige Beziehungen stets nur das Verhältnis der beiden Meßeffekte eingeht, entfällt der gemeinsame Proportionalitätsfaktor, und unsere Formeln bleiben richtig. Selbstverständlich wird die Verdünnungsanalyse nicht nur bei medizinischen Untersuchungen, sondern sehr häufig auch in der Chemie und anderswo angewendet.

L. Aktivierungsanalyse

1. Einleitende Bemerkungen

Wegen ihrer hohen Empfindlichkeit besitzt die Methode der Markierung von chemischen Verbindungen mit Radionucliden einen großen Anwendungsbereich. Eine chemische Verbindung kann aber, von wenigen Ausnahmen abgesehen, nicht einfach dadurch radioaktiv markiert werden, daß sie einer intensiven Bestrahlung durch Neutronen oder hochbeschleunigte Teilchen ausgesetzt wird. Im allgemeinen werden dabei die betreffenden Verbindungen zerstört. Die Markierung muß daher meist durch eine Synthese erfolgen, bei welcher das radioaktive Nuclid in geeigneter Form einen Baustein darstellt, der für die betreffende chemische Verbindung charakteristisch ist. Die Markierung ist vielfach zeitraubend, schwierig, unbekannt oder überhaupt undurchführbar, womit die normale Tracermethode als Hilfsmittel ausfällt.

Die Tracermethode scheidet auch dann aus, wenn eine zu hohe Aktivität oder zu große Substanzmengen verabreicht werden müssen, um die Aktivität nach Ablauf des Versuches, bei welchem starke Verdünnungen eintreten, noch messen zu können.

2. Beschreibung der Aktivierungsanalyse

Die vorherige Markierung und die Gefahren einer Beeinflussung des Versuchsablaufs u. a. werden bei der *Aktivierungsanalyse* vermieden. Die unmarkierte Substanz durchläuft den Gesamtversuch. Erst dann wird eine Probe, in welcher die interessierende Substanz enthalten ist oder vermutet wird, einer intensiven Bestrahlung ausgesetzt. Einzelne Atome werden dadurch radioaktiv *(Aktivierung)*, so daß sie, und damit die zugehörigen, interessierenden Verbindungen, nachweisbar werden *(Analyse)*. Durch die Einwirkung der meist sehr intensiven Strahlung können auch hierbei Veränderungen an den getroffenen Molekülen eintreten. Das schadet aber nicht, weil es jetzt, nach Beendigung des eigentlichen Versuches nur noch auf den radioaktiven Nachweis der für die interessierende chemische Verbindung charakteristischen, durch die Bestrahlung radioaktiv gewordenen Atomart ankommt. Die meßbare, *induzierte Aktivität* ist der Gewichtsmenge des umgewandelten Elementes proportional (s. später) und unabhängig davon, in welcher chemischen Form es vorgelegen hat.

Grundsätzlich kann die Aktivierung mit jeder Art von Strahlung durchgeführt werden. Doch werden thermische Neutronen bevorzugt, weil sie einen hohen Wirkungsquerschnitt besitzen, so daß größere Aktivitäten entstehen, und weil thermische Neutronen relativ günstig zur Verfügung stehen. Aber auch schnelle Neutronen oder hochbeschleunigte, geladene Teilchen dienen als Geschosse. Die Notwendigkeit, auf eine andere Geschoßart auszuweichen, ist dann gegeben, wenn beim Beschuß mit thermischen Neutronen gleichzeitig andere Radionuclide mit schlechter Unterscheidbarkeit erzeugt werden. Auch die Auswahl der zu bestrahlenden Substanz in Form, Art und Größe kann bestimmend sein.

Im einfachsten Falle erfolgt die Analyse bzw. der Nachweis der gebildeten radioaktiven Nuclide nach der Bestrahlung, ohne daß irgendwelche chemischen Operationen notwendig sind. Wenn gleichzeitig mehrere Aktivitäten vorliegen. ist der direkte Nachweis oft nicht möglich.

3. Größe der induzierten Aktivität

Die induzierte Aktivität bei Neutronenbestrahlung ist

$$D = \frac{\left(6 \cdot 10^{23}\,\frac{\text{Atome}}{\text{Mol}}\right) \cdot \left(\sigma \cdot 10^{-24}\,\frac{\text{cm}^2}{\text{Atom}}\right) \cdot \left(f \cdot \frac{\text{Neutronen}}{\text{cm}^2\,\text{sec}}\right) \cdot \left(1 - e^{-\lambda t_1}\right) \cdot \left(e^{-\lambda t_2}\right)}{\left(3{,}7 \cdot 10^{10}\,\frac{\text{Zerfälle}}{\text{sec} \cdot \text{Curie}}\right)}\ \text{Curie/Mol};$$

wobei:

Avogadrosche Zahl — Wirkungsquerschnitt — Neutronenfluß — Aufbaufaktor — Zerfallsfaktor

dabei bedeutet:

D die induzierte Aktivität in Curie/Mol,

σ der Wirkungsquerschnitt der zum Zwecke des Nachweises bestrahlten Atomart gegenüber thermischen Neutronen in barn,

f der Neutronenfluß pro cm^2 und sec,

t_1 die Bestrahlungsdauer,

t_2 die Zeitdauer zwischen Bestrahlungsende und Beginn der radioaktiven Messung.

Zusammengefaßt ergibt sich:

$$D = 0{,}162 \cdot 10^{-10} \cdot \sigma \cdot f\,(1 - e^{-\lambda t_1})\,e^{-\lambda t_2}\quad \text{Curie/Mol}$$

oder:

$$D = 0{,}162 \cdot 10^{-10}\,\frac{m}{M}\,\sigma \cdot f\,(1 - e^{-\lambda t_1})\,e^{-\lambda t_2} \cdot p\quad \text{Curie},$$

wobei:

m die Masse der zu bestrahlenden Atomart in g,

M das zugehörige Atomgewicht,

p die Isotopenhäufigkeit

bedeutet[1].

Die induzierte Aktivität ist, wie schon gesagt, proportional der Gewichtsmenge des zu analysierenden, während der Bestrahlung umgewandelten chemischen Elementes, proportional dem Neutronenfluß f und dem Wirkungsquerschnitt σ für die zur Umwandlung benutzte Kernreaktion. Wie wir sehen, ist die induzierte Aktivität auch von der Zerfallskonstanten λ des erzeugten Radionuclids abhängig. Ein Teil dieser radioaktiven Kerne zerfällt noch während der Bestrahlungsdauer t_1, was durch den Faktor $(1 - e^{-\lambda t_1})$ zum Ausdruck gebracht wird. Das bedeutet, daß die induzierte Aktivität zunächst linear zunimmt (s. Abb. 156). Je länger die Bestrahlung im Verhältnis zur Halbwertzeit

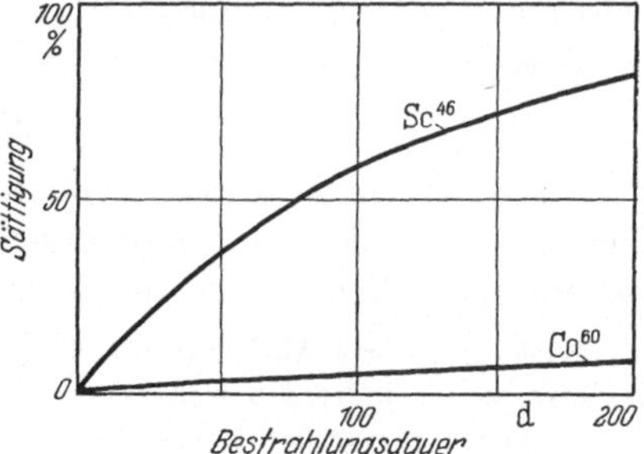

Abb. 156. Zeitliche Zunahme der Aktivität bei Bestrahlung mit Neutronen (nach J. R. Bradford[2])

des erzeugten Radionuclids anhält, um so mehr nähert sich die verbleibende Aktivität einem für sehr lange Bestrahlungszeiten erreichbaren Grenzwert

$$D_s = 0{,}162 \cdot 10^{-10} \cdot \sigma \cdot f \cdot \frac{m}{M} \cdot p\quad \text{Curie}$$

---

[1] Freiling, E. C.: Nucleonics **14** (8), 65 (1956), Nomogramm zur Berechnung der induzierten Aktivität.

[2] Bradford, J. R.: Radioisotopes in industry, S. 173 ff. New York: Reinhold Publishing Corp. 1953.

Die Sättigungskurven verlaufen um so flacher, je größer die Halbwertzeit des betreffenden Radionuclids ist, gleichen Wirkungsquerschnitt (im Beispiel Abb. 156 $\sigma = 22$ barn) und gleichen Neutronenfluß vorausgesetzt.

Abb. 63 erleichtert die Berechnung des Aufbau- und Zerfallsfaktors $(1 - e^{-\lambda t_1}$ bzw. $e^{-\lambda t_2})$. Die induzierte Aktivität läßt sich nicht mehr wesentlich erhöhen, wenn die Bestrahlungsdauer auf mehr als etwa 5 Halbwertzeiten ausgedehnt wird*.

Da zwischen Bestrahlungsende und Messung der induzierten Aktivität eine gewisse Zeit t_2 vergeht, kommt nur eine mehr oder weniger abgeschwächte Aktivität zur Messung. Das wird durch den Faktor $e^{-\lambda t_2}$ ausgedrückt. Die Zeitdauer t_2 beeinflußt die Empfindlichkeit der Aktivierungsanalyse bei kurzlebigen Radionucliden ganz wesentlich**.

4. Neutronenquellen

a) Kernreaktor als Quelle langsamer Neutronen

Zur Aktivierungsanalyse ist eine ergiebige Neutronenquelle notwendig. Im Kernreaktor kann man mit einem thermischen Neutronenfluß von 10^{10} bis 10^{12} Neutronen/cm$^2 \cdot$ sec rechnen, an einer Stelle, wo nur noch wenig schnelle Neutronen anzutreffen sind. Im Zentrum des Kernreaktors kann der thermische Neutronenfluß bis 10^{15} n/cm^2 sec betragen. Die Proben werden zur Bestrahlung in einen Behälter (meist aus Aluminium) gegeben. Die Probe muß dünn sein, wenn der in Frage stehende Wirkungsquerschnitt groß ist. Es entsteht sonst eine örtlich starke Abschwächung des Neutronenflusses und dadurch innerhalb der Probe eine ungleichmäßige, auch nicht mehr errechenbare induzierte Aktivität.

b) Teilchenbeschleuniger

Beim Teilchenbeschleuniger werden die Neutronen auf dem Umweg über eine Kernreaktion erzeugt. Protonen, Deuteronen, α-Teilchen dienen als Geschosse, schweres Wasser, Helium, Lithium, Beryllium, Kohlenstoff als Targetmaterial (s. Tabelle 18). Als Beispiel sei die Kernreaktion

$$_4\text{Be}^9 \ (d, n) \ _5\text{B}^{10}$$

genannt[1], die im Cyclotron vorgenommen werden kann (s. z. B. SCHMEISER[2]). Neben dem Cyclotron kommen der Van de Graaff-Generator und der Kaskadengenerator als Neutronenerzeuger in Frage[3].

---

* Die induzierte Aktivität für eine Bestrahlungsdauer von beziehentlich 1, 2, 4 oder 10 Halbwertzeiten beträgt beziehentlich $0,5 \, D_s$, $0,75 \, D_s$, $0,935 \, D_s$, $0,999 \, D_s$.

** *Beispiel:* Eine Goldprobe von 100 mg wird im Reaktor 1 Tag bestrahlt. Der Neutronenfluß soll $n = 10^{12}$ Neutronen/cm^2 sec betragen. Durch Transport und Vorbereitung der Meßproben mögen 4 Tage vergehen. Mit welcher Aktivität kann dann noch gerechnet werden?

Das erwartete Radionuclid Au^{198} entsteht aus Gold 197, dem einzigen stabilen Goldisotop ($p = 1$; Atomgewicht $M = 197,2$, Wirkungsquerschnitt gegenüber thermischen Neutronen $= 96$ barn). Die Halbwertzeit des bei der Neutronenbestrahlung entstehenden Au^{198} beträgt $T_{1/2} = 2,65$ Tage.

Mit diesen Angaben beträgt die induzierte Aktivität zum Zeitpunkt der Messung ~ 65 mC.

[1] BOTHE, W.: Unveröffentlicht.

[2] SCHMEISER, K., u. D. JERCHEL: Angew. Chemie **65**, 366 (1953).

[3] DORSTEN, A. C. VAN, u. J. H. SPAA: Nucl. Instrum. **1**, 259 (1957). — DORSTEN, A. C. VAN: Philips Techn. Rev. **17** (4), 109 (1955). — MEINKE, W. W.: IAEA, Copenhagen RICC/283 (1960).

Tabelle 18. *Neutronenquellen*

Art der Neutronenquelle	Neutronenfluß bzw. Intensität
1. Spaltneutronen Kernspaltung im Reaktor	10^{10} bis 10^{14} n/cm² sec
2. Neutronen durch Beschuß mit künstlich beschleunigten Teilchen	
a) im Cyclotron	10^8 bis 10^9 n/sec
b) Van de Graaff-Generator	10^9 bis 10^{11} n/sec
c) Cockroft-Generator	10^{11} n/sec

Mögliche Kernreaktionen hierzu:

$_3\text{Li}^7$ (p, n) $_4\text{Be}^7$
$_1\text{H}^3$ (p, n) $_2\text{He}^3$ Die Neutronenenergie ist sehr genau definiert
$_6\text{C}^{12}$ (d, n) $_7\text{N}^{13}$ und liegt je nach Geschoßenergie und
$_1\text{D}^2$ (d, n) $_2\text{He}^3$ Reaktionsart zwischen einigen keV und $9 \cdot 10^8$ n/sec
$_1\text{H}^3$ (d, n) $_2\text{He}^4$ einigen MeV $1,8 \cdot 10^{10}$ n/sec

3. Neutronen durch Beschuß mit α-Teilchen und Ausnutzung der Kernreaktion Be⁹ (α, n) C¹²

Verwendet werden hierzu die α-Teilchen von Radium, Polonium, Plutonium oder Antimon 124:

RaBe-Quelle	20 g Ra	$(T_{1/2}= 1\,590$ y)	$2 \cdot 10^8$ n/sec
PoBe-Quelle	90 C Po	$(T_{1/2}= 138,4$ d)	$2 \cdot 10^8$ n/sec
PuBe-Quelle	250 g Pu	$(T_{1/2}=24\,360$ y)	$0,2 \cdot 10^8$ n/sec
Sb¹²⁴Be-Quelle	1000 C Sb¹²⁴	$(T_{1/2}= 60$ d)	$100 \cdot 10^8$ n/sec

4. Neutronen durch Beschuß mit γ-Strahlung

a) γ-Strahlung aus dem Kernprozeß Li (p, γ)
b) γ-Strahlung von Radionucliden unter Ausnutzung der Kernreaktion $_4\text{Be}^9$ (γ, n) $_4\text{Be}^8$

Geeignete γ-Strahler:

		E_γ	E_n	
Na²⁴	D₂O-Target;	$E_\gamma = 2,76$ MeV;	$E_n = 0,27$ MeV	$2,7 \quad \cdot 10^6$ n/C sec
	Be		1,00	$2,4 \quad \cdot 10^6$ n/C sec
Mn⁵⁶	D₂O	2,7	0,26	$0,029 \cdot 10^6$ n/C sec
	Be	1,81	(0,18)	$0,50 \quad \cdot 10^6$ n/C sec
		2,13		
		2,7		
Ga⁷²	D₂O	2,5	0,16	$0,64 \quad \cdot 10^6$ n/C sec
	Be	2,5	0,32	$1,04 \quad \cdot 10^6$ n/C sec
In¹¹⁶	Be	1,8		$0,14 \quad \cdot 10^6$ n/C sec
		2,1		
Sb¹²⁴	Be	1,67	0,024	$3,2 \quad \cdot 10^6$ n/C sec
La¹⁴⁰	D₂O	2,50	0,151	$0,062 \cdot 10^6$ n/C sec
	Be	2,50	0,75	$0,041 \cdot 10^6$ n/C sec

Die Neutronenintensität im Cyclotron beträgt etwa 10^5 bis 10^9 Neutronen/sec. Für einen Teil der in Tabelle 18 zusammengestellten Kernreaktionen, die zur Erzeugung von Neutronen in Teilchenbeschleunigern in Frage kommen, ist in Abb. 157 die Neutronenintensität als Funktion der Deuteronenenergie aufgetragen*.

Auch die Neutronenenergie ist für die bei der Aktivierungsanalyse erzeugten Radionuclide wichtig. Treffen z. B. die in einem Kaskadengenerator durch ein Spannungsgefälle von etwa 1 000 000 Volt beschleunigten Deuteronen auf

---

* Man liest daraus z. B. ab, daß zur Erzeugung eines Neutrons mit Hilfe der Kernreaktion H² (*d, n*) He³ etwa 10^6 Deuteronen erforderlich sind, falls die Deuteronenenergie etwa 0,3 MeV beträgt. Wird der Ionenstrom (Deuteronenstrom) mit 300 μA angenommen, stehen also pro Sekunde $3 \cdot 10^{-4} : 1,6 \cdot 10^{-19} = 1,8 \cdot 10^{15}$ Deuteronen zur Verfügung, so kann mit einer Neutronenintensität von $1,8 \cdot 10^9$ Neutronen/sec gerechnet werden.

Deuterium — als Target wird schweres Wasser (schweres Eis) verwendet —,
so entstehen nach der Kernreaktion

$$\mathrm{H}^2\,(d,\,n)\,\mathrm{He}^3$$

Neutronen mit einer kinetischen Energie von mehr als 4 MeV, weil die Kernreaktion exotherm ist (*Wärmetönung* 3,28 MeV). Da sich die Hochspannung am
Kaskadengenerator von einigen tausend Volt bis 3 000 000 Volt variieren läßt,
können Neutronen bis etwa 6 MeV erzeugt
werden. Bei fester Einstellung der Hochspannung ist jedoch die Energie der Neutronen konstant und sehr genau definiert,
was für viele Anwendungen wichtig ist.

Im allgemeinen sind Teilchenbeschleuniger
sehr teure Apparate, die nur wenigen Forschungsinstituten zur Verfügung stehen. Es
ist deshalb erfreulich, daß es seit einiger Zeit
Firmen gibt, die sich mit der Herstellung von
Geräten befassen, deren Preis erschwinglich
ist bei gleichzeitig einfacher Bedienungsweise,
geringem Platzbedarf und genügend großer
Neutronenintensität. So erhält man heute
einen preisgünstigen Kaskadengenerator, der
einen Deuteronenstrom von maximal etwa
5 mA bei einer Beschleunigungsspannung von
etwa 150 kV hat. Unter Verwendung der
Kernreaktion $\mathrm{H}^3\,(d,\,n)\,\mathrm{He}^4$ beträgt die Neutronenintensität bis $4\cdot10^{10}$ n/sec (Neutronenenergie etwa 14 MeV).

Auch kleinere, betriebssichere Van de
Graaff-Generatoren mit einer Neutronenintensität von $1\cdot10^{10}$ bis $3\cdot10^{12}$ n/sec werden
angeboten.

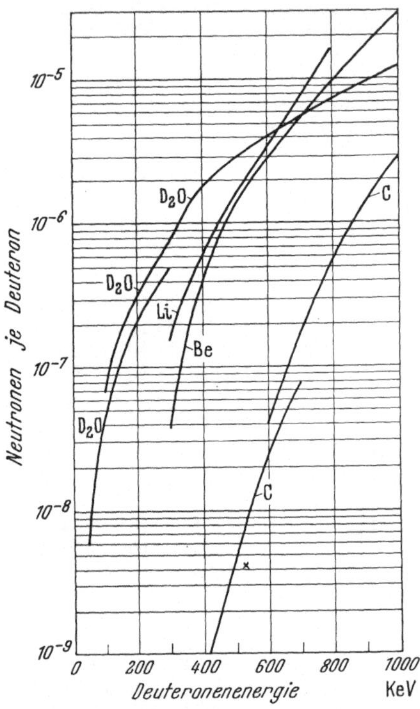

Abb. 157. Neutronenausbeute für verschiedenes Targetmaterial und verschiedene
Deuteronenenergie [1]

c) Erzeugung von Neutronen durch Beschuß von Beryllium mit α-Teilchen

Bei der Kernreaktion

$$_4\mathrm{Be}^9\,(\alpha,\,n)\,_6\mathrm{C}^{12}$$

entstehen ebenfalls Neutronen. Bei dieser zuerst bekannten und vielbenutzten
Neutronenquelle verwendet man die α-Teilchen von Radiumemanation. Die
Neutronenquelle besteht aus einem luftdicht abgeschlossenen Glasröhrchen, in
welches Berylliumpulver und Radiumemanation eingefüllt wird.

Die *Radium-Beryllium-Neutronen*, wie sie kurz genannt werden, sind nicht
monoenergetisch, sondern besitzen Energien zwischen 1 und 10 MeV, durchschnittlich 5 MeV. Die Neutronenintensität beträgt etwa $1,3\cdot10^4$ n/sec pro mg
Radium*. Ähnlich sind die Intensitätsverhältnisse bei Polonium. In neuerer

---

* Hiermit ist die Gesamtzahl der emittierten Neutronen gemeint (Raumwinkel 4π), welche
in der Praxis aus geometrischen Gründen meist nur zu einem kleinen Teil ausgenutzt werden
kann.

[1] LANDOLT-BÖRNSTEIN, I. 5: S. 304. Berlin: Springer 1952.

Zeit wird auch Plutonium 239 verwendet, weil die Pu-Be-Neutronenquelle billiger ist und einen niedrigeren γ-Untergrund aufweist als die Ra-Be-Quelle. Weitere Vorteile sind: Die Intensität und das Energiespektrum der Pu-Be-Neutronen ist exakter bestimmbar. Plutonium und Beryllium ergeben eine gute und stabile Mischung. Die Halbwertzeit von Plutonium ist groß. Auch Yttrium 88 und Antimon 124 in Verbindung mit Beryllium kommen als Neutronenquelle in Frage.

5. Absolut- und Vergleichsmethode

Bei vorgegebenem Neutronenfluß und bekanntem Wirkungsquerschnitt der Reaktionsgleichung kann man aus der Messung der induzierten Aktivität auf die Gewichtsmenge der bestrahlten Substanz schließen[1]. Im allgemeinen führt dieses rechnerische Verfahren jedoch nicht zum Ziel, weil der Neutronenfluß häufig nicht an allen Stellen der Probe konstant oder schwer berechenbar ist. Auch der Wirkungsquerschnitt σ ist mitunter nicht genau bekannt. Man verzichtet daher meist auf eine absolute Bestimmung der induzierten Aktivität und begnügt sich mit relativen Messungen, bei welchen der Meßeffekt der zu analysierenden Probe mit dem Meßeffekt einer gleichzeitig, unter genau gleichen Bedingungen bestrahlten Probe mit bekannter Zusammensetzung verglichen wird. Die Gewichtsmengen der zu analysierenden Elemente in beiden Proben verhalten sich dann wie diese Meßeffekte.

6. Vor- und Nachteile der Aktivierungsanalyse

Die Aktivierungsanalyse stellt bereits heute eine wichtige, sehr empfindliche analytische Methode dar. Beim Spurennachweis ist sie meist allen anderen Analysenmethoden überlegen. Wenn der Nachweis der induzierten Aktivität keine besonderen Schwierigkeiten macht, ist die Methode außerdem einfach und zeitsparend, weil umständliche chemische Abtrennungen vermieden werden. Wenn nicht nur das interessierende chemische Element oder die betreffende chemische Verbindung radioaktiv markiert wird, sondern auch eine mehr oder weniger große Zahl anderer, in der bestrahlten Substanz vorhandenen Elemente, genügt eine einfache Aktivitätsmessung nicht mehr. Die Größe der induzierten Aktivität wird dann aus einer Analyse der Zerfallskurve, aus Absorptionsmessungen oder durch Aufnahme eines γ-Spektrums der bestrahlten Substanz ermittelt. Das erfordert einen größeren Zeitaufwand und einen größeren apparativen Aufwand.

Vielfach ist eine chemische Abtrennung nach der Bestrahlung nicht zu umgehen. Diese ist aber meist außerordentlich einfach. Man setzt der bestrahlten Substanz eine bestimmte Menge inaktiver Substanz der gleichen Art wie die zu analysierende Substanz als Träger zu. Die Gewichtsmengen der gesuchten, durch die Bestrahlung radioaktiv markierten Substanz sind dann so groß, daß keine zeitraubenden und schwierigen Mikroanalysen notwendig sind. Die chemische Trennung braucht nicht quantitativ zu sein, da man durch Messung der Aktivität vor und nach der Trennung auf die Ausbeute der Abtrennung schließen und eine entsprechende Korrektur an den Meßwerten vornehmen kann. Verunreinigungen der Reagenzien haben offenbar keinen Einfluß auf das Analysenergebnis.

---

[1] Schindewolf, U.: Angew. Chem. **70** (7), 181 (1958). — Schulze, W.: Z. Elektrochem. **64** (8/9), 1083 (1960).

Nachteilig für den Einsatz der Aktivierungsanalyse ist die Notwendigkeit einer geeigneten Neutronenquelle. Befindet sich diese nicht unmittelbar am Meßort, so scheiden für die Aktivierungsanalyse alle Elemente oder Verbindungen aus, die bei Bestrahlung zu kurzlebigen Radionucliden führen. Aber selbst wenn die Bestrahlung am Ort der Aktivitätsmessung erfolgt, bereiten sehr kurzlebige Radionuclide große Schwierigkeiten und erfordern zusätzlichen, apparativen Aufwand. Der Anwendungsbereich der Aktivierungsanalyse wird sich aber gerade in dieser Richtung ausweiten, weil für jeden Analytiker diejenige Methode den Vorzug genießt, die bei gleicher Empfindlichkeit und Genauigkeit am wenigsten zeitaufwendig ist. Es sind bereits Meßmethoden entwickelt worden, die es gestatten, sehr kurzlebige Aktivitäten mit großer Genauigkeit zu bestimmen. Bei Elementen, die zu Radionucliden mit sehr langer Halbwertzeit führen, nimmt bereits die Bestrahlungsdauer häufig schon so viel Zeit in Anspruch, daß die Aktivierungsanalyse im Wettbewerb mit anderen Analysenmethoden ausscheidet.

Die in der Tabelle 36 angegebene theoretische Erfassungsgrenze (in Gramm des bestrahlten chemischen Elementes) bezieht sich auf eine Bestrahlungszeit von einem Tag bzw. auf eine bis zur Sättigungsmenge des erzeugten Radionuclids erforderliche Bestrahlungsdauer, je nachdem, welche Zeit kürzer ist. Die Erfassungsgrenze wird nicht zuletzt durch die statistischen Schwankungen der radioaktiven Meßwerte bestimmt. Für die Berechnung der Tabellenwerte wurde eine Mindestimpulshäufigkeit von 1000 I/min angenommen.

7. Messung der induzierten Aktivität

a) Direkte Messung der induzierten Aktivität

Die direkte Messung der induzierten Aktivität führt im allgemeinen nur dann zum Ziel, wenn keine weitere Radionuclidenart entsteht. In noch relativ günstig gelagerten Fällen besitzt die störende Radioaktivität eine andere Halbwertzeit als das zu analysierende Radionuclid, so daß die Trennung beider Aktivitäten durch Wiederholung der Messung zu einem späteren Zeitpunkt auf rechnerischem Weg möglich ist*.

Auch durch geeignete Wahl der Bestrahlungsdauer ist eine Unterdrückung störender Aktivitäten möglich.

Bei Bestrahlung mit geladenen Teilchen kann man auch durch Wahl der Geschoßenergie eine Bevorzugung des einen oder anderen Radionuclids erreichen,

---

* Als Beispiel sei der Nachweis von Kupfer und Zink in Aluminium betrachtet. Eine Aluminiumprobe von 10 g wurde einer 24stündigen Neutronenbestrahlung (Neutronenfluß 10^{13} Neutronen/cm² sec) ausgesetzt und die Gesamtaktivität zu verschiedenen Zeiten nach Bestrahlungsende gemessen. Die Aufteilung der Gesamtaktivität geht aus Tabelle 19 hervor.

Tabelle 19. *Zeitliche Unterschiede der Einzel-Meßeffekte von Aluminium, Kupfer und Zink nach Aktivierung einer Aluminiumprobe*

Gewichts-menge	Meßeffekt (Zeit nach der Bestrahlung in Stunden)					
	0	0,5	1	12	24	48
10,0 g Al	10800	540				
0,001 g Cu	52	35	34	18	11	3
0,001 g Zn	5	0,6	0,6	0,5	0,4	0,3

weil z. B. beim Beschuß der zu analysierenden Substanz mit geladenen Teilchen geringer kinetischer Energie vorzugsweise leichtere Elemente mit niedrigerer Potentialschwelle umgewandelt werden.

b) Auswertung einer Zerfallskurve

Vielfach gelingt eine Unterscheidung mehrerer Radionuclidenarten durch Auswertung der Zerfallskurve. Abb. 158 gibt eine Zerfallskurve für die bei Bestrahlung eines Gemisches von seltenen Erden induzierte Aktivität wieder. Die Zerfallskurve erscheint komplex, weil mehrere Radionuclidenarten entstanden sind. Der lineare Teil der Zerfallskurve für längere Zerfallszeiten deutet darauf hin, daß zu diesem Zeitpunkt nur noch eine Radionuclidenart zu dem Meßeffekt beitrug. Die Neigung entspricht in diesem Zeitbereich einer Halbwertzeit von 47 Std und kann dem Radionuclid Samarium 153 zugesprochen werden. Durch Extrapolation der Geraden 2 auf die Zeit Null erhält man den Ausgangswert der Samariumaktivität (etwa 900 I/min). Die Differenzkurve $3 = 1 - 2$ ist ebenfalls im unteren Bereich geradlinig und weist wegen ihrer Neigung, entsprechend einer Halbwertzeit von 9,3 Std auf Europium 152 hin. Der Anfangswert der zugehörigen Aktivität wird wiederum durch Extrapolation gefunden, er beträgt 20000 I/min. Was jetzt noch an Aktivität übrigbleibt, gehört zu Dysprosium 165 (Kurve 4, $T_{1/2} = 2,4$ h).

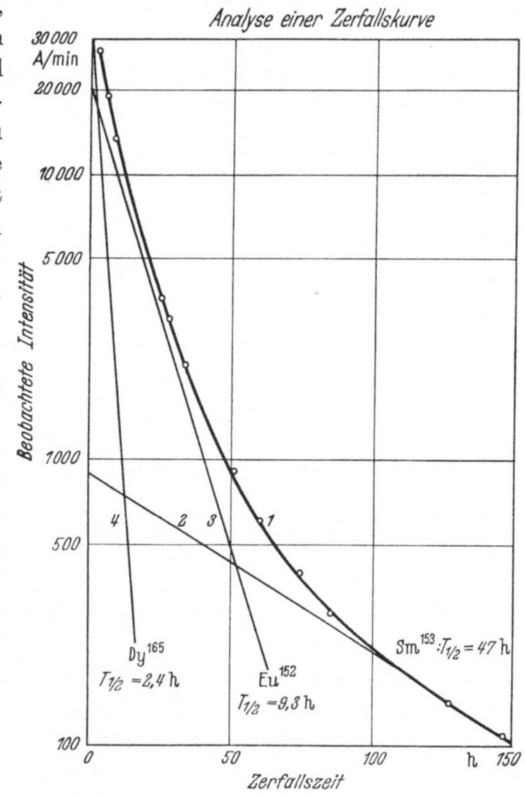

Abb. 158. Graphische Analyse einer Zerfallskurve für ein radioaktives Substanzgemisch (nach M. P. Leveque [1])

c) Absorptionsmessungen

Als Beispiel sei die Analyse eines Kalium-Natrium-Gemisches gebracht. Die Halbwertzeiten von Natrium 24 (etwa 15 Std) und Kalium 42 (etwa 13 Std) unterscheiden sich so wenig voneinander, daß eine Analyse der Zerfallskurve der induzierten Gesamtaktivität wenig Erfolg verspricht. Dagegen ist hier eine radioaktive Absorptionsanalyse möglich. In Abb. 159 sind die Absorptionskurven für Natrium 24 und Kalium 42 wiedergegeben. Die beiden Meßeffekte bei der Absorberdicke Null wurden mit 10000 gleich groß gewählt. Wie wir sehen, haben die beiden Absorptionskurven sehr verschiedenes Aussehen. Die β-Strahlung von Natrium 24,

---

[1] Leveque, M. P.: Genfer Konf. 1955.

welche für den verhältnismäßig steilen, anfänglichen Abfall der zugehörigen Absorptionskurve verantwortlich ist, hat eine maximale β-Energie von 1,39 MeV. Die Kalium-β-Strahlung mit einer maximalen β-Energie von 3,58 bzw. 2,04 MeV wird wesentlich weniger absorbiert. Der lineare Ausläufer bei beiden Kurven wird durch γ-Strahlung hervorgerufen. Die γ-Energien sind 2,76 und 1,38 MeV bei Natrium 24, 1,51 MeV bei Kalium 42.

Um nun die Na^{24}- und K^{42}-Aktivität einer Meßprobe zu analysieren, werden zwei Aktivitätsmessungen bei zwei verschiedenen Absorberdicken vorgenommen, bei 600 mg/cm^2 Aluminium (Meßeffekt D_1) und bei 1800 mg/cm^2 Aluminium (Meßeffekt D_2).

Wie Abb. 159 zeigt, wird die β-Strahlung von Na^{24} durch 600 mg Al/cm^2 fast vollständig absorbiert. Als Meßeffekt bleiben nur 2,8% des Meßeffektes für die Absorberdicke Null übrig. Der Meßeffekt für die K^{42}-Strahlung wird durch dieselbe Absorberschicht nur auf 22% reduziert. Bei der Absorberdicke von 1800 mg Al/cm^2 erfassen wir noch 2,7% des ursprünglichen Meßeffektes für Natrium 24, der Meßeffekt bei Kalium 42 beträgt nur noch 0,18%. Aufgrund dieser Feststellungen lassen sich die beiden spezifischen Aktivitäten für Na^{24} und K^{42} aus den beiden Meßeffekten D_1 und D_2 berechnen.

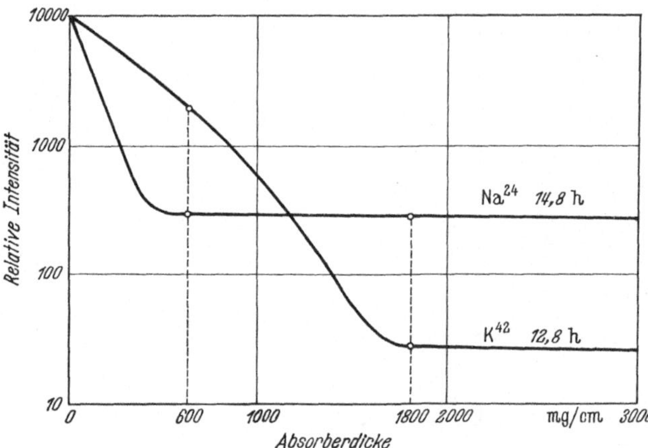

Abb. 159. Zur Bestimmung der Einzelaktivitäten von zwei gleichzeitig gemessenen Radionuclidenarten durch Absorptionsmessungen

Es ist darauf hinzuweisen, daß die so vorgenommene Berechnung der Einzelaktivitäten von Na^{24} und K^{42} nur statthaft ist, wenn die beiden Absorptionsmessungen mit derselben Zählanordnung und unter gleichen Versuchsbedingungen durchgeführt werden, mit welcher die in Abb. 159 gezeigten Absorptionskurven festgelegt wurden. Selbstverständlich müssen die einzelnen Meßeffekte auf den gleichen Zeitpunkt umgerechnet werden.

d) Internal Standard-Methode

Wenn eine Vergleichsprobe bekannter Zusammensetzung nicht vorliegt, wenn der Neutronenfluß durch beide Proben aus irgendwelchen Gründen nicht als gleichartig angesehen werden darf, oder wenn der effektive Wirkungsquerschnitt (z. B. wegen verschiedener Form oder Größe der Proben) verschieden ist, dann verwendet man zur Ermittlung der gesuchten Menge der interessierenden Komponente der Versuchsprobe einen sog. *inneren Standard*.

Man bestrahlt zwei Gewichtsmengen a_1 und a_2 der zu analysierenden Versuchsprobe, wobei man der zweiten Menge a_2 noch eine eingewogene Menge b der gesuchten Substanzart zumischt. Die unbekannte Menge x ergibt sich dann aus der Beziehung:

$$x = \frac{\dfrac{a_1}{a_2}\, b}{\dfrac{a_1}{a_2}\dfrac{A_2}{A_1} - 1}\,,$$

wobei A_1 und A_2 die nach der Bestrahlung beobachteten induzierten Aktivitäten (Meßeffekte) sind.

Wenn ein gleichmäßiger Neutronenfluß durch die bestrahlte Probe nicht gegeben ist, muß gewährleistet sein, daß bei der Bestrahlung eine zweite, gut meßbare die Messung der Hauptaktivität nicht störende Radionuclidenart erzeugt wird. Es ergeben sich dann neben den beiden Aktivitäten A_1 und A_2 zwei Aktivitäten B_1 und B_2. Für die unbekannte Menge x gilt in diesem Falle:

$$x = \frac{\dfrac{a_1}{a_2}\, b}{\dfrac{A_2}{A_1}\dfrac{B_1}{B_2} - 1}\,. *$$

Voraussetzung für die Anwendung der Methode ist eine gleichmäßige Durchmischung der in Frage stehenden Komponenten in beiden Proben. Bei größeren Konzentrationen sind andere, nicht radioaktive Analysenmethoden im allgemeinen genauer, obwohl diese mitunter größeren zeitlichen oder apparativen Aufwand erfordern. Die Methode läßt sich bereits mit Neutronenquellen relativ geringen Neutronenflusses ($\sim 10^7$ n/cm² sec), die leichter verfügbar sind, durchführen. Bei größerem Neutronenfluß läßt sich die Bestrahlungszeit verkürzen, so daß auch kurzlebige Radionuclide noch erfaßt werden können.

e) Zuhilfenahme der γ-Spektroskopie oder einer Koinzidenzmessung

Wenn bei der Bestrahlung der Versuchsprobe mehrere Radionuclide entstehen mit etwa gleich großer Halbwertzeit, wenn einfache Absorptionsmessungen quantitative Schlüsse nicht zulassen oder eine chemische Trennung der einzelnen, die Analyse störenden Radionuclidenarten aus praktischen Gründen vermieden

---

* Dieses Resultat ergibt sich aus folgender Überlegung: das Gewicht der Probe 1 bzw. 2 betrage a_1 bzw. a_2 g. Darin enthalten sind x bzw. $\dfrac{a_2}{a_1}\, x$ g der gesuchten Substanz. Zu der Gewichtsmenge $\dfrac{a_2}{a_1}\, x$ kommt noch die zugemischte, bekannte Gewichtsmenge b. Die induzierte Aktivität ist proportional der Gewichtsmenge, also

$$A_1 = c\,x \qquad \text{bzw.} \qquad A_2 = \alpha\, c \left(\frac{a_2}{a_1}\, x + b \right),$$

wobei der Faktor α den etwa vorhandenen Unterschied des Neutronenflusses bei den beiden Proben berücksichtigt. Der Faktor α ergibt sich aus den beiden Aktivitätsmessungen der anderen Substanzart, die in der Menge y anwesend sein soll, also aus

$$B_1 = d\,y \qquad \text{und} \qquad B_2 = \alpha\, d\, \frac{a_2}{a_1}\, y$$

zu

$$\alpha = \frac{B_2}{B_1} \cdot \frac{a_1}{a_2}\,.$$

Verhältnisbildung der beiden Werte A_2 und A_1 und Einsetzen des α-Wertes führt zu dem oben angegebenen Wert x.

werden soll, greift man zur γ-Spektroskopie[1] (s. S. 152) oder macht (β, γ)- bzw. (γ, γ)-Koinzidenzmessungen (s. S. 169).

Als Beispiel sei der Nachweis von Scandium in Eisen genannt. Unter der Annahme, daß nur thermische Neutronen wirksam werden, entsteht mittels des (n, γ)-Prozesses aus dem einzigen stabilen Scandiumisotop Sc^{45} das Radionuclid

$$Sc^{46} \ (T_{1/2} = 83,9 \ d; \quad E_{\beta\,max} = 0,36 \ MeV$$

$$E_{\gamma} = 1,12 \ und \ 0,89 \ MeV \ (in \ Kaskade).$$

Da bei Eisen als stabile Ausgangsisotope nur Fe^{54} und Fe^{58} in Frage kommen — bei den anderen Eisenisotopen führt der (n, γ)-Prozeß zu keinem radioaktiven Eisenisotop — kann der Nachweis von Sc^{46} nur durch die beiden Eisen-Radioisotope

$$Fe^{55} \ (T_{1/2} = 2,6 \ y; \quad reiner \ K\text{-Strahler, keine } \gamma\text{-Strahlung,}$$

$$Fe^{59} \ (T_{1/2} = 45,1 \ d; \quad E_{\beta\,max} = 0,26 \ MeV \ (46\%) \ und \ 0,45 \ MeV \ (54\%)$$

$$E_{\gamma} = 1,29 \ MeV \ (43\%); \quad 0,19 \ und \ 1,10 \ MeV \ (57\%)$$

erschwert werden.

Folgendes läßt sich aus dieser Tatsache schließen:

1. Fe^{55} als reiner K-Strahler stört die Aktivitätsanalyse nicht.

2. Die Halbwertzeiten von Sc^{46} und Fe^{59} sind ähnlich groß, so daß eine Analyse aus der Zerfallskurve ausscheidet.

3. Auch β-Absorptionsmessungen führen nicht zum Ziel, da auch die β-Energien ähnlich und außerdem auch relativ klein sind.

4. Eine quantitative Unterscheidung beider Aktivitäten durch Analyse des γ-Spektrums ist wegen der teilweisen Überlappung der γ-Peaks ungenau.

5. Dagegen gelingt die Messung der Sc^{46}-Aktivität mit Hilfe von (γ, γ)-Koinzidenzmessungen. Bei dem Zerfall von Sc^{46} werden nämlich (s. oben) gleichzeitig zwei γ-Quanten ausgesandt ($E_{\gamma} = 1,12$ und $0,89$ MeV). Bei Fe^{59} trifft dies nur für 2,8% der Zerfälle zu und dann bei anderen γ-Energien.

An je einen Szintillationszähler ist ein Impulsanalysator angeschlossen, dessen Kanallagen-Mitte auf 0,89 bzw. 1,12 MeV eingestellt wird bei geeigneter Wahl der jeweiligen Kanalbreite. Die Ausgänge der beiden Impulsanalysatoren sind auf den Eingang einer Koinzidenzstufe geschaltet*, welche nur dann anspricht, wenn beide Impulsanalysatoren gleichzeitig einen Impuls weitergeben, also ein γ-Quant von 0,89 und ein γ-Quant von 1,12 MeV gleichzeitig ausgesandt und erfaßt worden ist, d.h. ein Zerfall von Sc^{46} stattgefunden hat.

Da die γ-Energie der beiden bei Fe^{59} in Kaskade, also gleichzeitig emittierten γ-Quanten 0,19 und 1,10 MeV beträgt, werden diese Fe^{59}-Zerfälle bei der vorgenommenen Einstellung der beiden Impulsanalysatoren nicht erfaßt.

8. Messung kurzlebiger Radionuclide

Der Anwendungsbereich der Aktivierungsanalyse wird ganz wesentlich erweitert, wenn es gelingt, auch kurzlebige Radionuclide einzubeziehen. Dazu muß

---

* Über die Berechnung der Netto-Koinzidenzhäufigkeit aus dem Meßeffekt kann man bei LJUNGGREN, K.: Atomkonferenz Kopenhagen 1960, Report RICC 79 nachlesen.

[1] SALMON, L.: Atomic Energy Research Establishment, Harwell, Berkshire 1959 (Tabellen und Spektren).

sich zunächst einmal die Bestrahlungsquelle in unmittelbarer Nähe des Meßortes befinden. Die Verwendung von Rohrposteinrichtungen ermöglicht eine Messung etwa 7 Sekunden nach Bestrahlungsende. Durch die Bestrahlungshülsen (z. B. aus Polyäthylen) wird beim Eintreffen am Meßort die Meßeinrichtung (Vielkanal-Spektrometer) ausgelöst. Auf diese Weise konnte man in Gesteinsproben das isomere Rhodium 104 (Rh^{104}, Halbwertzeit 4,4 m) bzw. das Radionuclid Silber 108 (Ag^{108}, Halbwertzeit 2,3 m) noch bei einer Konzentration von $10^{-5}\%$ nachweisen (Neutronenfluß $f = 10^{13}$ n/cm³ sec).

Die Messung von Ag^{110} mit einer Halbwertzeit von 24,2 Sekunden wurde von MEINKE[1] mit Hilfe eines Vielkanal-Spektrometers und einer Subtraktionsmethode vorgenommen. Sehr rasch nach Bestrahlungsende erfolgt über 1 Minute die erste Aufnahme und Speicherung des γ-Spektrums. Kurze Zeit danach wird die Messung wiederholt. Da sich der Anteil der langlebigeren Radionuclide am γ-Spektrum in dieser Zeit wenig geändert hat, gibt die Differenz der beiden gespeicherten Spektren das γ-Spektrum der kurzlebigen Aktivitäten wieder.

Ein ganz anderer Weg wird beim Nachweis von Sauerstoff, z. B. von gebundenem Sauerstoff in Festkörpern, eingeschlagen.

An sich kommt für eine Aktivierung von Sauerstoff mit langsamen Neutronen das Sauerstoffisotop O^{18} in Frage, das in das radioaktive Sauerstoffisotop O^{19} übergeht. Nachteilig ist dessen sehr geringe natürliche Häufigkeit (0,2 %), der kleine Wirkungsquerschnitt der Kernreaktion O^{18} (n, γ) O^{19} und die kurze Halbwertzeit von O^{19} von nur 29 Sekunden.

Für eine Bestrahlung mit schnellen Neutronen kommt die Reaktion $O^{16}(n, 2n)O^{15}$ in Frage. Mit Hilfe von Koinzidenzmessungen ist die Bestimmung von O^{15} ausgeführt worden.

Geeigneter ist eine von SMALES[2] vorgeschlagene und von BORN und RIEHL[3] durchgearbeitete Methode unter sukzessiver Verwendung der beiden Kernreaktionen

$$_3Li^6 \, (n, \alpha)_1 H^3$$

und

$$_8O^{16} \, (H^3, n) \, _9F^{18}.$$

Die bei der Bestrahlung von Lithium mit thermischen Neutronen entstehenden Tritiumteilchen wandeln das Sauerstoffisotop O^{16} (relative Häufigkeit 99,759 %) in Fluor 18 (Halbwertzeit 112 m) um. Die Meßprobe, deren Sauerstoffgehalt festgestellt werden soll, wird mit einer dünnen Lithiumschicht überzogen. Die Dicke der Lithiumschicht kann nicht beliebig gewählt werden. Auf der einen Seite wächst zwar die Ausbeute an Tritiumteilchen mit zunehmender Schichtdicke an, auf der anderen Seite wird aber ein um so größerer Teil der kinetischen Energie der Tritiumteilchen aufgebraucht, je dicker die zu durchdringende Lithiumschicht ist, so daß immer weniger Tritiumgeschosse für die zweite Kernreaktion (Erzeugung von F^{18}) zur Verfügung stehen. BORN und RIEHL sprechen eine Lithiumfluoridschicht von etwa 6 mg/cm² als optimal an.

[1] MEINKE, W. W.: NACU Report AECU-8887 (1958).
[2] SMALES, A. A.: Annu. Rep. Progr. Chem. **46**, 290 (1949).
[3] BORN, H. J., u. N. RIEHL: Angew. Chem. **72**, 559 (1960).

9. Fehlerbetrachtungen

a) Unterschiedliche Bestrahlungsbedingungen

Voraussetzung einer Gewichtsanalyse durch Messung der bei der Bestrahlung einer Probe induzierten Aktivität ist unter anderem ein konstanter Neutronenfluß, dessen Energiespektrum bekannt ist und sich innerhalb der Probe nicht ändert. Bei der Bestrahlung im Kernreaktor sind neben thermischen Neutronen auch schnelle Neutronen vorhanden. Der Anteil der beiden Neutronengruppen am Gesamtfluß ist abhängig vom Abstand der Probe vom Reaktorkern.

Die Proben müssen sehr dünn sein. Schon eine Oberflächenverunreinigung kann eine ungleiche Aktivierung verursachen*.

Beim Beschuß mit energiereichen, geladenen Teilchen wird nur eine Oberflächenschicht aktiviert. Da die Geschoßteilchen beim Eindringen in die Probe mehr oder weniger abgebremst werden, ist die Aktivierung in verschiedener Tiefe der Probe verschieden.

Wichtig ist auch die Form der zu bestrahlenden Substanz. Es können Fehler auftreten, wenn die Proben brennbar, flüchtig, flüssig, gasförmig, niedrig schmelzend oder mechanisch leicht zerstörbar sind. Die Bestrahlungsdauer kann dann oft nicht optimal gewählt werden, der Neutronenfluß darf eine bestimmte Größe nicht überschreiten. So besteht z.B. bei einer zu intensiven Bestrahlung von Papierchromatogrammen leicht die Möglichkeit einer Zerstörung.

Das Material der Probenbehälter muß so ausgewählt sein, daß der Neutronenfluß und die Neutronenenergie nicht wesentlich verändert werden. Der Wirkungsquerschnitt des Materials muß also für thermische und schnelle Neutronen klein sein (Si, O, C, H, Al, ...).

b) Selbstabschirmung

Es gibt Substanzen (z.B. Cadmium, Samarium), die einen sehr großen Wirkungsquerschnitt gegenüber thermischen Neutronen besitzen. Enthält die Probe derartige Elemente, so wird die Intensität der thermischen Neutronen bereits in der Oberflächenschicht stark verändert. Je nach Form und Größe der Versuchsprobe tritt innerhalb der Probe eine mehr oder weniger ungleichmäßige Aktivierung ein. Zum Beispiel genügt eine Cadmiumschicht von 0,2 mm, um 75% der thermischen Neutronen zu absorbieren. Diese Erscheinung nennt man *Selbstabschirmung* (self-shielding). Man kann dieser Selbstabschirmung begegnen durch Verdünnung der Probe mit einer geeigneten Substanz (z.B. Magnesia, Wasser u.a.), die einen geringen Einfangsquerschnitt für thermische Neutronen hat[1]. Selbstverständlich ist damit eine Empfindlichkeitseinbuße verbunden. Eine andere Möglichkeit, die verfälschende Wirkung des Cadmiums auszuschalten, besteht darin, daß man die Probe in eine Cadmiumhülle einpackt. Nunmehr tritt eine vollständige Absorption von Neutronen eines bestimmten Energiebereiches ein. Neutronen anderer Energiebereiche werden von der absorbierenden Wirkung aber nicht oder wenig betroffen und stehen weiterhin für die Aktivierung zur Verfügung. Diese Methode läßt sich manchmal auch dann anwenden, wenn an sich eine Be-

---

* Eine Goldschicht von nur 500 Å Dicke verursacht bei einer Neutronenenergie von etwa 5 eV bereits eine Reduzierung des Neutronenflusses um 1%.

[1] SMALES, A. A.: Atomics 4 (3), 55 (1953).

strahlung mit monoenergetischen Neutronen, die meist einen großen Aufwand erfordert, notwendig wäre.

Auch bei Bestrahlung fester Caesiumverbindungen mit schnellen Neutronen kommt es wegen des großen Resonanzwirkungsquerschnittes von Caesium gegenüber schnellen Neutronen zu einer merklichen Selbstabschirmung. Der Effekt ist entsprechend geringer für verdünnte Lösungen. Allerdings ist dann auch die Empfindlichkeit der Methode kleiner.

Die Größe der Selbstabschirmung kann experimentell bestimmt werden durch Messung der induzierten Aktivität bei verschiedenen Substanzmengen und Extrapolation auf die Substanzmenge Null[1].

c) Fehlerquellen durch konkurrierende Kernprozesse

Wir haben bereits an früherer Stelle (s. S. 19) darauf hingewiesen, daß bei der Bestrahlung einer Substanz oder eines Substanzgemisches mehrere Radionuclidenarten entstehen können.

Dem Nachweis von Mangan in Eisen durch Aktivierung mit thermischen Neutronen liegt die Kernreaktion

$$_{25}\mathrm{Mn}^{55} \, (n, \gamma) \, _{25}\mathrm{Mn}^{56}$$

(Primärreaktion) zugrunde. Gemessen wird die induzierte Aktivität von Mn^{56}. Daneben laufen die Kernreaktionen

$$_{26}\mathrm{Fe}^{54} \, (n, \gamma) \, _{26}\mathrm{Fe}^{55}$$

und

$$_{26}\mathrm{Fe}^{58} \, (n, \gamma) \, _{26}\mathrm{Fe}^{59}$$

ab. Störend ist für den Nachweis von Mn^{56} nur das Radionuclid Fe^{59}, da Fe^{55} als reiner K-Strahler die Aktivitätsanalyse nicht beeinflußt.

Die beiden Hauptaktivitäten Mn^{56} und Fe^{59} lassen sich entweder durch β-Messungen bald nach der Bestrahlung (Summenaktivität $\mathrm{Mn}^{56} + \mathrm{Fe}^{59}$) und einige Zeit später (Fe^{59}-Aktivität) oder wegen der sehr unterschiedlichen β-Energien auch mittels β-Absorptionsmessungen bestimmen.

Wenn bei der Bestrahlung der Probe neben thermischen Neutronen auch schnelle Neutronen wirksam werden, so können auch andere Radionuclide entstehen, bei Mangan nach den Kernreaktionen *(Nebenreaktion)*

$$_{25}\mathrm{Mn}^{55} \, (n, p) \, _{24}\mathrm{Cr}^{55}$$

$$_{25}\mathrm{Mn}^{55} \, (n, \alpha) \, _{23}\mathrm{V}^{52}$$

$$_{25}\mathrm{Mn}^{55} \, (n, 2n) \, _{26}\mathrm{Mn}^{54}$$

$$\mathrm{Cr}^{55}, \, \mathrm{V}^{52} \text{ und } \mathrm{Mn}^{54},$$

bei Eisen Cr^{51}, Cr^{56}, Mn^{54}, Mn^{56}, Fe^{53} und Fe^{55}.

Der Grad der Verfälschung hängt von der Konzentration der störenden Beimengen in der Originalprobe, von der Bestrahlungsdauer, der Energie der Bestrahlungs-Neutronen (also z.B. von der Bestrahlungsstelle im Kernreaktor) u.a. ab.

---

[1] PLUMB, R. C., u. J. E. LEWIS: Nucleonics **13** (8), 42 (1955).

Eine Sonderstellung nimmt das auf Grund der Kernreaktion *(Störreaktion)* entstehende

$$_{26}\mathrm{Fe}^{56}\ (n,\ p)\ _{25}\mathrm{Mn}^{56}$$

Mangan 56 ein, weil dieses eine größere Manganmenge (s. Primärreaktion) vortäuschen kann.

Dasselbe kann der Fall sein, wenn die Eisenprobe neben Mangan auch Kobalt besitzt. Dann wird durch die Kernreaktion

$$_{27}\mathrm{Co}^{59}\ (n,\ \alpha)\ _{25}\mathrm{Mn}^{56}$$

zusätzlich Mn^{56} erzeugt.

Auch durch die im Kernreaktor immer vorhandene γ-Strahlung kann nach der Kernreaktion

$$_{26}\mathrm{Fe}^{57}\ (\gamma,\ p)\ _{25}\mathrm{Mn}^{56}$$

der Nachweis von Mangan gestört werden.

Es gibt noch eine weitere Möglichkeit einer Beeinflussung durch sog. *Sekundärreaktionen.* Wenn z.B. die Eisenprobe auch Chrom 54 enthält, entsteht bei der Bestrahlung mit thermischen Neutronen nach

$$_{24}\mathrm{Cr}^{54}\ (n,\ \gamma)\ _{24}\mathrm{Cr}^{55}$$

das Radionuclid $_{24}\mathrm{Cr}^{55}$, das sich durch Emission eines β^--Teilchens in Mangan 55, also in die Atomart verwandelt, die als Ausgangspunkt beim Nachweis von Mangan dient (s. oben).

Die Situation kann noch etwas verwickelter werden, da bei vielen Kernreaktionen schwere geladene Teilchen oder Neutronen entstehen, die ihrerseits Kernreaktionen *(Kernreaktion zweiter Ordnung)* einleiten können.

Nach dem Gesagten erscheint der Nachweis von Mangan in der Eisenprobe recht schwierig. Das ist aber nicht so, weil ein Teil der mitunter gleichzeitig induzierten Aktivitäten sehr rasch abklingt, mit Halbwertzeiten unter 10 Minuten. Die Halbwertzeiten von Mn^{56} und Fe^{59} betragen dagegen 2,58 Stunden bzw. 54,1 Tage. Die Aktivitätsmessung darf also erst einige Stunden nach Bestrahlungsende vorgenommen werden.

Als K-Strahler stören Cr^{51} und Fe^{55} die Mangananalyse nicht.

Die Sättigungsaktivitäten von Mn^{54} und Mn^{56} bei Benutzung der $(n, 2n)$- bzw. (n, α)-Reaktionen, nämlich 0,15 mC bzw. 39,5 C pro Gramm Mangan, unterscheiden sich um den Faktor 1:2500. Wenn die Bestrahlung auf Stunden begrenzt wird, was wegen der Halbwertzeit von Mn^{56} (2,58 h) sowieso ausreichend ist, so wird dieser Faktor wegen der großen Halbwertzeit von Mn^{54} (291 d) noch kleiner. Bei der Störreaktion

$$_{26}\mathrm{Fe}^{56}\ (n,\ p)\ _{26}\mathrm{Mn}^{56}$$

entsteht eine Sättigungsaktivität von 1,18 mC Mn^{56}/g Eisen zusätzlich.

Ein etwas anders gelagertes, aber deshalb nicht weniger wichtiges Beispiel gibt der Nachweis von Kobalt in Anwesenheit von Nickel. Nach der Kernreaktion

$$\mathrm{Co}^{59}\ (n,\ \gamma)\ \mathrm{Co}^{60}$$

entsteht Kobalt 60, nach der gleichzeitig ablaufenden Kernreaktion

$$\mathrm{Ni}^{58}\ (n,\ p)\ \mathrm{Co}^{58}$$

Co^{58}, das sich als isotope Atomart nicht von der Hauptaktivität Co^{60} chemisch abtrennen läßt. Die Halbwertzeiten der beiden radioaktiven Nuclide sind zwar verschieden groß (Co^{58}: $T_{1/2} = 71,3$ Tage; Co^{60}: $T_{1/2} = 5,24$ Jahre), jedoch ist die Halbwertzeit von Co^{58} schon so lang, daß man von der Möglichkeit, das störende Radionuclid abklingen zu lassen und dann erst die Aktivitätsmessung vorzunehmen, im allgemeinen absehen muß. Die β-Energien beider radioaktiver Nuclide sind relativ klein und zu wenig verschieden (Co^{58}: $E_{\beta\,max} = 0,48$ MeV; Co^{60}: $E_{\beta\,max} = 0,31$ MeV), so daß auch Absorptionsmessungen nicht zum Ziele führen. Erfreulicherweise unterscheiden sich aber die γ-Energien der beiden Radionuclide ausreichend (Co^{58}: $E_{\gamma} = 0,51$ und $0,81$ MeV; Co^{60}: $E_{\gamma} = 1,17$ und $1,33$ MeV), so daß sich die Einzelaktivitäten durch γ-Spektroskopie bestimmen lassen.

M. Analyse durch Papierchromatographie oder Papierelektrophorese unter Zuhilfenahme von Radionucliden

Bei der Papierchromatographie wird der sog. R_f-Wert zur Kennzeichnung einer bestimmten chemischen Verbindung herangezogen. Er gibt an, wie weit diese Verbindung im Verhältnis zum Lösungsmittel in einer bestimmten Zeit auf einem entsprechend präparierten Filterpapier wandert[1]. Definitionsgemäß ist der R_f-Wert stets kleiner als Eins. Es entstehen an verschiedenen Stellen Anhäufungen von Substanzen, deren quantitative photometrische Auswertung, besonders bei biologischen Untersuchungen häufig schwierig ist, weil es sich meist um sehr kleine Substanzmengen handelt. Wird die betreffende Substanz radioaktiv markiert, so gelingt der Nachweis ganz wesentlich empfindlicher und genauer[2]. Dasselbe gilt für die Papierelektrophorese mit radioaktiv markierten Substanzen. Die radioaktive Markierung der chemischen Substanz kann vor Beginn der Untersuchung oder auch nachher vorgenommen werden. Als Beispiel für den zweiten Fall sei die quantitative Ausmessung von Aminosäureflecken angeführt[2], welche durch Besprühung mit Kupferacetat, das in Kupfer 64 markiert wurde, ermöglicht werden kann. An den Aminosäureflecken bilden sich Kupferkomplexe aus, deren Aktivität ein Maß für die Menge Aminosäure ist.

Wie man in der angegebenen Arbeit nachlesen kann, gelingt auf diese Weise eine Trennung und Identifizierung ebenso gut wie eine quantitative Abschätzung verschiedener Aminosäuren in einem Aminosäurekomplex. Leider ist der Anwendungsbereich dieser an sich einfachen Methode bisher auf relativ wenig Beispiele beschränkt geblieben.

Bei biologischen oder biochemischen Untersuchungen interessiert häufig das Verhalten von chemischen Verbindungen, deren radioaktive Markierung schwierig oder unmöglich ist (z.B. Eiweiß). Bei Untersuchungen am lebenden Objekt tritt eine starke Verdünnung der markierten Substanz ein, so daß eine entsprechend hohe Aktivität verabreicht werden muß, die Anlaß zu Strahlenschädigungen geben oder eine Verfälschung der Versuchsergebnisse nach sich ziehen kann. Beides läßt sich vermeiden, wenn die *unmarkierte Substanz* den Gesamtversuch durchläuft, einschließlich der papierchromatischen Trennung von störenden Neben-

---

[1] CRAMER, F.: Papierchromatographie. Weinheim: Verlag Chemie 1953.

[2] WIELAND, TH., K. SCHMEISER, E. FISCHER u. H. MAIER-LEIBNITZ: Naturwissenschaften **36**, 280 (1949).

substanzen. Erst das fertige Papierchromatogramm wird der Bestrahlung ausgesetzt[1]. Sicherlich werden strahlenempfindliche Verbindungen auch jetzt

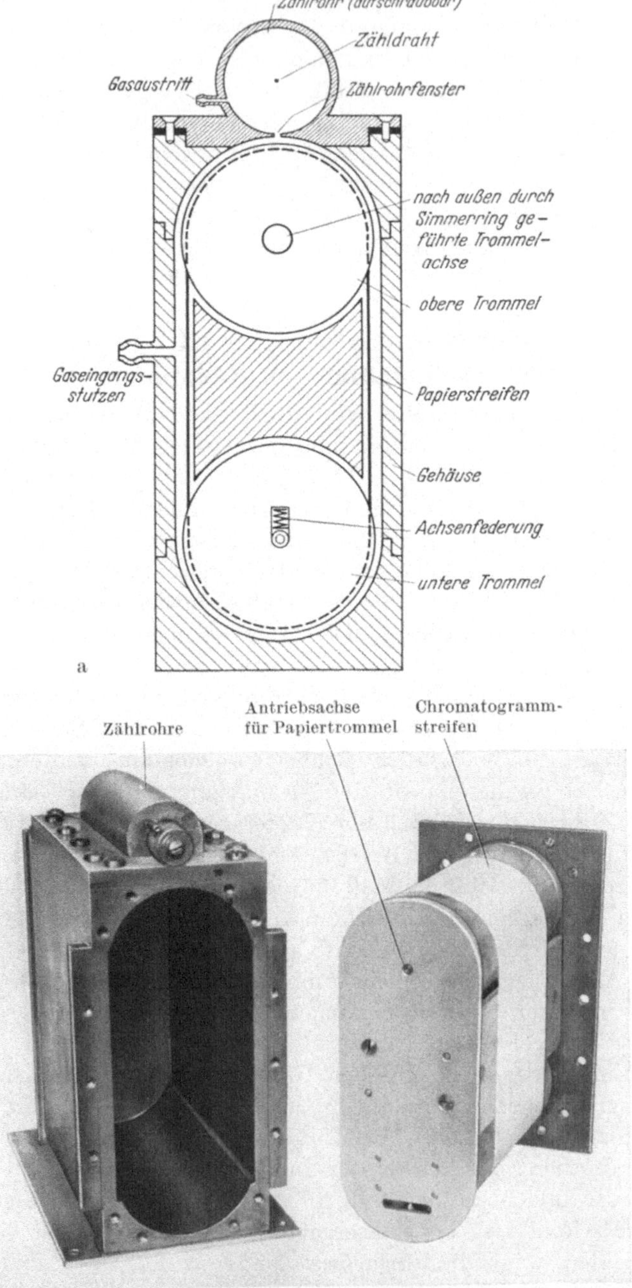

Abb. 160a u. b. Anordnung zur automatischen Ausmessung von Elektrophorese- und Chromatogrammstreifen mit
einem zylindrischen Proportionaldurchstromzähler und seitlichem Spalt (nach K. SCHMEISER u. D. JERCHEL[1])

---

[1] SCHMEISER, K., u. D. JERCHEL: Angew. Chem. **65**, 366 (1953).

zerstört. Da aber die Molekülbruchstücke an derselben Stelle auf dem Papier liegen bleiben, ist die an dieser Stelle beobachtbare induzierte Aktivität ein exaktes Maß für die Menge der zugehörigen chemischen Verbindung.

JERCHEL und SCHMEISER[1] haben die Einwirkung von Invertseife auf Rinderserum-Albumin untersucht. Die Invertseife wurde bei ihrer Synthese mit C^{14} markiert. Mischungen der markierten Invertseife mit Rinderserum-Albumin wurden auf das Papier aufgetragen und unter geeigneten Versuchsbedingungen einer elektrophoretischen Trennung unterzogen. Es kam dabei zur Ausbildung von zwei kathodischen Zonen, wobei das Eiweißverhältnis durch C^{14}-Aktivitätsbestimmung ermittelt werden konnte. Anschließend wurde der Elektrophoresestreifen mit Neutronen bestrahlt und die aus Schwefel 31 des Albumins induzierte P^{32}-Aktivität gemessen. Als Meßapparatur diente eine Anordnung nach Abb. 160. Es zeigte sich, daß das Molverhältnis des Eiweißkörpers und der Invertseife in den beiden aktiven Zonen 1:40 bzw. 1:450 betrug.

Nicht immer liegen die Verhältnisse so klar. Es kann z.B. bei der Neutronenbestrahlung noch eine zweite oder dritte Radionuclidenart entstehen, welche die Ausmessung stört. In Abb. 161 ist die auf dem Papierchromatogramm vorhandene Aktivitätsverteilung aufgetragen, darunter zur Kontrolle ein von dieser Aktivität geschwärzter Film. Die

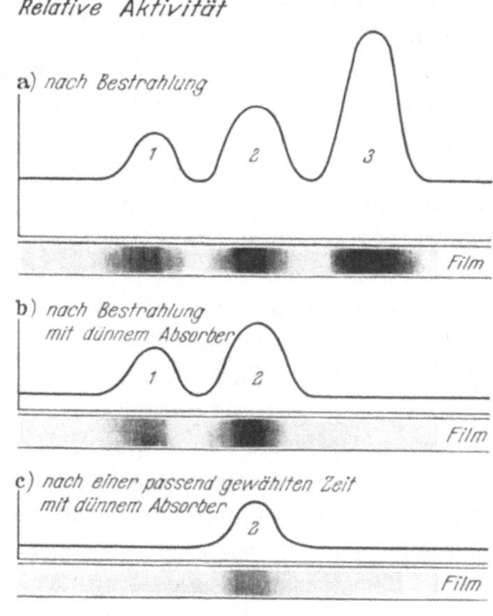

Abb. 161a—c. Ergebnis einer Ausmessung von Papierchromatogrammen

drei Maxima 1 bis 3 gehören zu drei verschiedenen Aktivitäten. Abb. 161c entstand durch Verwendung eines dünnen Absorbers zwischen dem Papierstreifen mit einem Zählrohr aufgenommen. Aus dem Verschwinden des dritten Peaks muß man auf ein Radionuclid an dieser Stelle schließen, das sehr weiche β-Strahlung aussendet. Eine dritte Messung, welche nach passender Zeit aufgenommen wurde, läßt eine Kennzeichnung der beiden restlichen Aktivitäten zu. Die Bestimmung der Gewichtsmengen geschah in allen Fällen durch Flächenbestimmung der zugehörigen Verteilungskurven nach Abb. 162 und deren Vergleich mit einem Eich-Chromatogramm. Auffallend ist die hohe Untergrundaktivität, welche das leere, bestrahlte Papier zeigt[2].

N. Autoradiographie

1. Methode und Anwendungsbereich

Bei der Autoradiographie wird eine radioaktive Probe z.B. ein Gewebeschnitt oder ein Metallschnitt in Kontakt mit einer photographischen Emulsion gebracht.

---

[1] JERCHEL, D., u. K. SCHMEISER: Z. Naturforsch. 9b, 169 (1954).
[2] SCHMEISER, K., u. D. JERCHEL: Bisher nicht veröffentlicht.

Ebenso wie beim Einfall von Licht tritt beim Auftreffen radioaktiver Strahlung eine nachweisbare Schwärzung der photographischen Schicht auf. Das Abbild der Aktivitätsverteilung des Präparatschnittes nennt man *Autoradiogramm*.

Schon im Jahre 1896 hat BECQUEREL festgestellt, daß Uransalze, die direkt auf eine photographische Platte gelegt werden, eine Schwärzung derselben hervorrufen. Die Methode der Autoradiographie ist also so alt wie die Kenntnis der Radioaktivität selbst. Wenn sie zum Nachweis der Radioaktivität nicht genügend zur Geltung kam, so lag das daran, daß auch nach der Entdeckung der künstlich erzeugten Radioaktivität und deren vielseitige Verwendung in Medizin, Biologie, Chemie, Metallurgie u. a. keine geeigneten photographischen Emulsionen, aber gewiß andere empfindliche Strahlennachweismethoden bekannt waren.

Die Stärke der autoradiographischen Methode liegt ohne Zweifel in der Möglichkeit, den genauen Ort oder die Verteilung der im Gewebe, in Metallen oder sonstwo eingebauten radioaktiv markierten Substanz anzugeben. Stärkere Schwärzungen der photographischen Emulsion bedeuten stärkere Aktivität an der gerade betrachteten Stelle im Präparat. Die Zuordnung von Schwärzung des Filmes und radioaktivem Depot im Autoradiogramm wird bei modernen Techniken dadurch erleichtert, daß die photographische Emulsion und der Präparatschnitt auch nach Fertigstellung des Autoradiogrammes beisammen bleiben und damit eine gleichzeitige Betrachtungsmöglichkeit des biologischen Schnittes und des zugeordneten Autoradiogrammes gewährleistet ist. Unter bestimmten Voraussetzungen lassen sich auch quantitative Aussagen machen.

Die ersten Anwendungen lagen auf biologischem und medizinischem Gebiet (Nachweis von Polonium in Gewebeschnitten bzw. Nachweis von Jod in Schilddrüsengewebe[1,2]), wo auch heute noch der Schwerpunkt der Autoradiographie liegt. Besonders gilt dieses in letzter Zeit für den Verteilungsnachweis von tritiummarkierten Verbindungen. Auch auf metallurgischem Gebiet wird die Methode in steigendem Maße angewendet. In vereinfachter Weise wird die Schwärzung des photographischen Filmes zur Dosismessung verwendet. Einmal um festzustellen, ob an bestimmten Stellen innerhalb des Gewebes unzulässig hohe Dosiswerte vorliegen, obwohl die mittlere spezifische Aktivität der betreffenden Organprobe weit unterhalb der maximal zulässigen Dosis (s. S. 253) liegt, zum anderen aber um die Strahlendosis abzuschätzen, welcher Personen, die beruflich mit radioaktiver Strahlung umgehen, innerhalb eines gewissen Zeitraumes ausgesetzt sind.

In Ausnahmefällen wird die Schwärzung des Filmes zur Bestimmung der Gesamtaktivität einer radioaktiven Probe herangezogen, z.B. zur Abschätzung schwacher Aktivitäten.

Wie bei anderen Methoden zum Nachweis radioaktiver Strahlung gibt es auch bei der Autoradiographie einen Nulleffekt. Die photographische Schicht zeigt ohne Anwesenheit eines radioaktiven Präparates eine gewisse Schwärzung, die möglichst niedrig sein soll und unter gewissen Voraussetzungen auch entsprechend niedrig gehalten werden kann.

Prinzipiell ist die Methode der Autoradiographie einfach. Im folgenden werden Techniken besprochen, die die Herstellung guter Autoradiogramme ge-

---

[1] LACASAGNE, A., u. J. S. LATTES: C. R. Acad. Sci. Paris **178**, 488 (1924).
[2] HAMILTON, J. G., u. M. H. SOLEY: Proc. Nat. Acad. Sci. USA **26**, 483 (1940).

statten. Vorher aber werden einige grundsätzliche Dinge erwähnt, welche für die Herstellung brauchbarer Autoradiogramme und deren Auswertung gleichermaßen von Bedeutung sind.

2. Physikalische Grundlagen

a) Photographischer Vorgang

Eine photographische Emulsion besteht aus einer dünnen Gelatineschicht, in welche Silberbromidkörner eingebettet sind. Bei der Einwirkung von Strahlung entstehen innerhalb der Silberbromidkristalle Zentren metallischen Silbers. Wenn an solchen Stellen eine Mindestzahl von Silberatomen erzeugt worden ist, dann gelingt es bei der Entwicklung der photographischen Schicht, diesen Fleck von Silberatomen zu vergrößern und aus dem zunächst nur *latenten Bild* ein sichtbares Bild zu machen[1]. Das restliche, nicht verbrauchte Bromsilber wird beim Fixieren in lösliche Komplexverbindungen übergeführt, welche bei der Entwässerung beseitigt werden. Da sich metallisches Silber in der Fixierflüssigkeit schlecht löst, wird beim Fixieren das beim Entwickeln entstandene Bild praktisch nicht verändert, sofern das Fixieren nicht zu lange ausgedehnt wird.

b) Auflösungsvermögen eines Autoradiogrammes

Beim Betrachten eines Autoradiogrammes sehen wir im allgemeinen nicht die einzelnen Silberatome als schwarze Punkte, sondern gewisse Anhäufungen von solchen, sog. *Schwärzungszentren*. Je kleiner der Abstand zweier gerade noch unterscheidbarer Schwärzungszentren ist, ein um so genaueres Bild der Aktivitätsverteilung innerhalb des Präparatschnittes liegt vor. Den kleinsten Abstand zweier Schwärzungszentren, welcher z.B. unter Zuhilfenahme eines Mikroskopes gerade noch eine Unterscheidung erlaubt, nennt man *Auflösungsvermögen*. Wir wollen zur Erklärung des Begriffes des Auflösungsvermögens und einer genaueren Definition desselben von einem einzigen Aktivitätszentrum ausgehen (s. Abb. 162). Von dem Aktivitätszentrum A_1 werden nach allen Seiten nahezu gleichmäßig α-Teilchen oder β-Teilchen ausgesandt, welche die photographische Schicht in mehr oder weniger schräger Richtung angehen. Auf ihrem Weg durch die photographische Emulsion findet Ionisation statt; man erkennt dies durch eine Kette von Schwärzungszentren, welche in Abb. 162a als Punkte B (Bildpunkte) eingezeichnet worden sind. Zweck dieser Abbildung soll sein, zu zeigen, daß auf diese Weise ein recht verwaschenes Abbild des Aktivitätszentrums A_1 zustande kommen muß, da beim Betrachten oder bei der Auswertung des Autoradiogrammes mit Hilfe optischer Geräte alle senkrecht übereinanderliegenden Schwärzungszentren als Bildpunkte gewertet werden. Es entsteht also über jedem Aktivitätszentrum A eine gewisse Verteilung von Bildpunkten B. Das beobachtete Schwärzungszentrum B_1, als Bild von A_1, ist räumlich ausgedehnt. Sind zwei Aktivitätszentren A_1 und A_2 vorhanden, so entstehen im Film, wie Abb. 162b zeigt, auch zwei Verteilungskurven von Schwärzungen (gestrichelt eingezeichnet), die sich je nach Lage der beiden Aktivitätszentren mehr oder weniger überlappen.

---

[1] GARNEY, R. W., u. N. F. MOTT: Proc. Roy. Soc. Lond. Ser. A **146**, 151 (1938). — YAGODA, H.: Radioactive Measurements with Nuclear Emulsions. New York: John Wiley and Sons 1949.

An solchen Überlappungsstellen entsteht ein Bildeindruck, der weder allein dem Aktivitätszentrum A_1 noch allein dem Aktivitätszentrum A_2 zugeordnet werden darf. Die beobachtbare Schwärzungsverteilung ergibt sich aus der Addition der beiden Verteilungskurven. In Abb. 162b entsteht auf diese Weise eine Vertei-

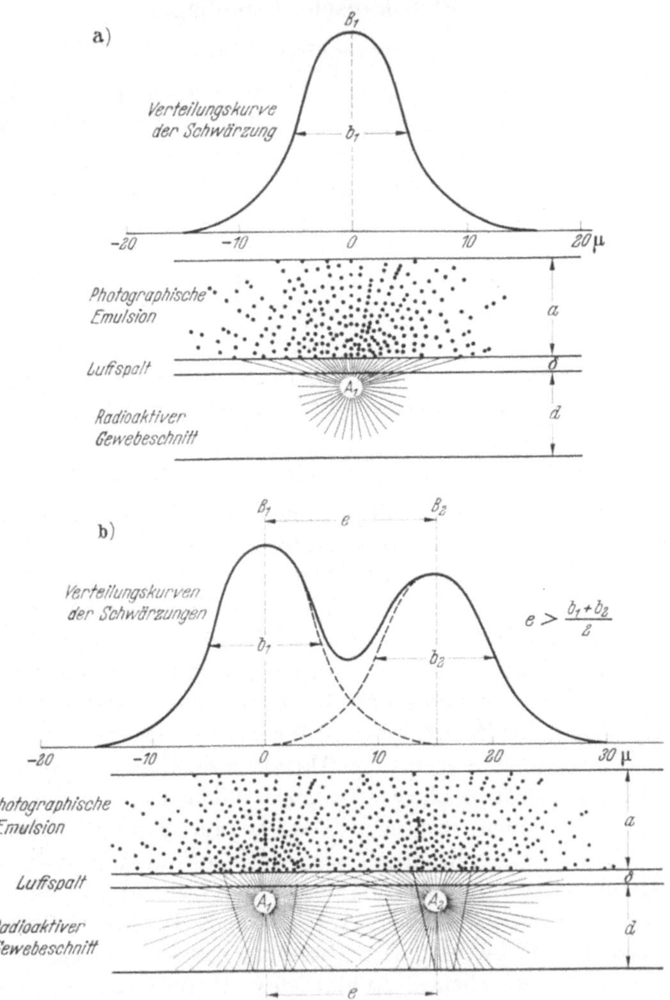

Abb. 162a—c. Zur Erläuterung des Auflösungsvermögens[1]

lungskurve der Gesamtschwärzung mit zwei ausgeprägten Maxima. Offenbar sind diese beiden Schwärzungskurven um so besser voneinander getrennt, je weiter entfernt die beiden Aktivitätszentren A_1 und A_2 voneinander liegen.

Wir können weiterhin feststellen, daß die Hauptschwärzung zwar über A_1 bzw. A_2 liegt, eine scharfe Trennung der beiden Bildpunkte aber nicht mehr in jedem Fall gewährleistet zu sein braucht. Es gibt offenbar eine engste Nachbar-

---

[1] SCHMEISER, K.: Autoradiographie in: SCHWIEGK, H.: Künstliche Radioaktive Isotope in Physiologie, Diagnostik und Therapie. Heidelberg: Springer 1953.

schaft der beiden Aktivitätszentren A_1 und A_2, bei welcher gerade keine Unterscheidbarkeit mehr möglich ist, d.h. die in der Abb. 162b deutlich erkennbare Einsattelung zwischen den beiden Maxima der ausgezogenen Verteilungskurve gerade verschwindet s. Abb. 162c. Das ist dann der Fall, wenn der Abstand der beiden Aktivitätszentren A_1 und A_2 gleich dem arithmetischen Mittel der Halbwertbreiten beider Verteilungskurven (bei gleich stark strahlenden Zentren gleich der gemeinsamen Halbwertbreite) ist. Je kleiner dieser Mindestabstand ist, d.h. je schlanker die Schwärzungsverteilungskurven sind, um so besser ist das Auflösungsvermögen, um so kontrastreicher das Autoradiogramm.

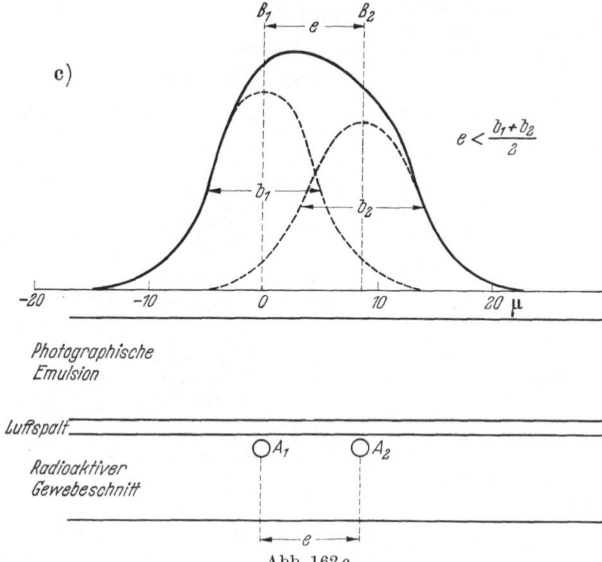

Abb. 162c

c) Beeinflussung des Auflösungsvermögens

Es ist leicht verständlich, daß ein Autoradiogramm um so kontrastreicher ist, je kleiner die Dicke des Präparatschnittes, je kleiner die Dicke der photographischen Emulsionsschicht und je enger der Kontakt zwischen diesen beiden ist. Diese drei Größen haben aber nicht in gleichem Maße Einfluß auf das Auflösungsvermögen. Abb. 163 läßt sehr deutlich den dominierenden Einfluß der Luftschicht erkennen. Eine Änderung der Dicke der Luftschicht von z.B. 5 auf 10 μ bei fester Emulsionsdicke von 10 μ bringt eine Verschlechterung des Auflösungsvermögens von 15 auf etwa 27 μ, während eine gleichartige Verstärkung der Dicke der photographischen Emulsion nur eine Verschlechterung um einige μ (s. auch Tabelle 20) zur Folge hat.

Die einzelnen Techniken (s. später), kontrastreiche Autoradiogramme herzustellen, unterscheiden sich deshalb nicht zuletzt durch die Art und Weise, wie der notwendige, enge Kontakt zwischen Präparatschnitt und photographischer Emulsion erreicht wird.

Um diesen störenden Einfluß der Zwischenluftschicht auf das Auflösungsvermögen auszuschalten, wurde z.B. von SIESS und SEYBOLD[1] ein Imprägnierungs-

---

[1] SIESS, M., u. G. SEYBOLD: Z. wiss. Mikrosk. u. mikrosk. Techn. **63**, 156 (1957). — Klin. Wschr. **30**, 601 (1952).

verfahren ausgearbeitet und mit anderen Techniken verglichen. Die Methode besteht darin, daß in das Gewebe selbst lichtempfindliche Silbersalze gebracht werden.

Die Dicke der photographischen Emulsion sollte nicht mehr als $1-10\,\mu$ betragen. Da dünne Präparatschnitte auf der einen Seite bessere Autoradiogramme ermöglichen, die Aktivität aber mit der Dicke zunimmt, gibt es offenbar, Gleichverteilung der Aktivität im Gesamtpräparat in etwa vorausgesetzt, je nach Größe und Art der Aktivität eine optimale Dicke.

Durch Rückstreuung der radioaktiven Strahlung an der Präparatunterlage wird

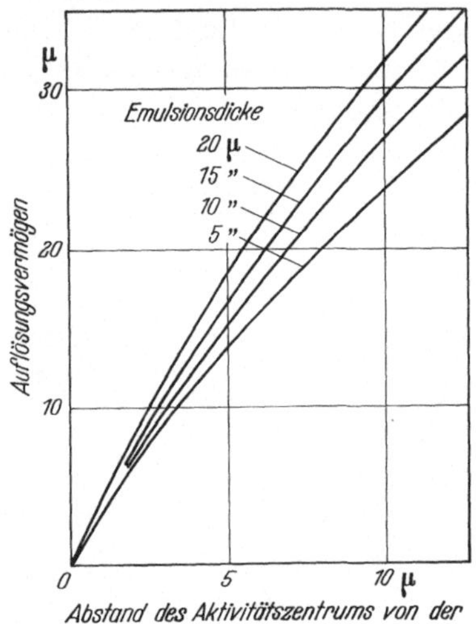

Abb. 163. Auflösungsvermögen in Abhängigkeit von Emulsionsdicke und Abstand der Aktivität von der photographischen Emulsion (nach J. GROSS u. Mitarb.[1])

Korngröße	Belichtungszeit in		
	24 Std	48 Std	120 Std
grob			
mittel			
fein			

Abb. 164. Auflösungsvermögen bei verschiedener Belichtungszeit und Korngröße (nach G. A. BOYD[2])

das Auflösungsvermögen verschlechtert. Die Unterlage soll aus leichtatomigem Material bestehen und möglichst dünn sein. Bei einer der noch zu besprechenden Techniken kommt man ohne Unterlage aus.

Das Auflösungsvermögen ist um so besser, je feinkörniger die photographische Emulsion ist. Energiearme β-Strahler (z. B. Tritium) ermöglichen kontrastreichere Autoradiogramme.

Verschlechtert wird das Auflösungsvermögen durch zu lange Belichtungszeit. Je nach Art und Vorbehandlung der photographischen Emulsion ist bei großen Belichtungszeiten außerdem eine Grundschwärzung durch kosmische Ultrastrahlung, durch Umgebungsstrahlung, durch Druck, Temperatur, durch schlechte oder lange Aufbewahrung der photographischen Emulsion nicht zu vermeiden (s. Abb. 164).

Tabelle 20. *Auflösungsvermögen und Belichtungszeit für verschiedene Dicken der Schnitte und der Emulsion und verschieden guten Kontakt zwischen beiden*

Dicke		Abstand Schnitt-Emulsion	Auflösungsvermögen	Relative Belichtungszeiten
Histol. Schnitt	Emulsion			
μ	μ	μ	μ	
5	15	3	17	80
		1	—	39
		0,1	3	16
		0,01	2	—
2	2	3	—	340
		1	5	100
		0,1	2	25
		0,01	1,5	—

[1] GROSS, J., R. BOGOROCH, N. J. NADLER u. C. P. LEBLOND: Amer. J. Roentgenol. **65**, 420 (1951) (ausführliches Literaturverzeichnis).

[2] BOYD, G. A.: J. Biol. Photography A **16**, 65 (1947).

d) Experimentelle Bestimmung des Auflösungsvermögens

Eine sehr elegante, experimentelle Bestimmung des Auflösungsvermögens stammt von STEVENS[1]. Eine Strichzeichnung gemäß Abb. 165 wird photographiert. Durch Einwirkung von Jod 131 wird das ausgeschiedene Silber des verkleinerten Negativs in AgJ^{131} umgewandelt. Auf diese Weise befinden sich auf der Photoplatte scharf begrenzte, radioaktiv markierte Linien, deren Abstände je nach Verkleinerung des Negativs einige Zehntel μ bis einige μ ausmachen. Das radioaktive Negativ wird nun genau wie ein radioaktiver Gewebeschnitt behandelt und mit der zu testenden photographischen Emulsion in Berührung gebracht. Abb. 166 a—c gibt drei Autoradiogramme ein und desselben markierten Negativs wieder bei verschieden gutem Kontakt von Präparat (Negativ) und Testfilm.

Es war nicht ohne weiteres vorauszusehen, daß dieser Test für andere Radionuclide ähnlich ausfällt, da die Empfindlichkeit und das Auflösungsvermögen weitgehend abhängen von der Energie der radioaktiven Strahlung. Zur Ergänzung haben SHUNPEI OKA u. Mitarb.[2] die gleiche Testmethode auf S^{35} und P^{32} ausgedehnt.

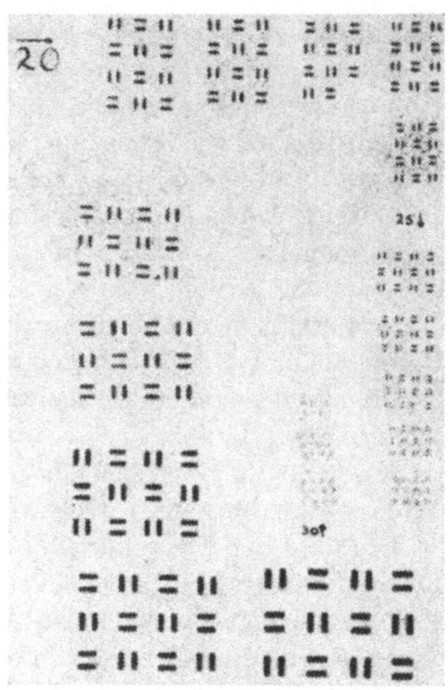

Abb. 165. Verschiedene Vergrößerung einer Testplatte (nach R. M. HERZ [3])

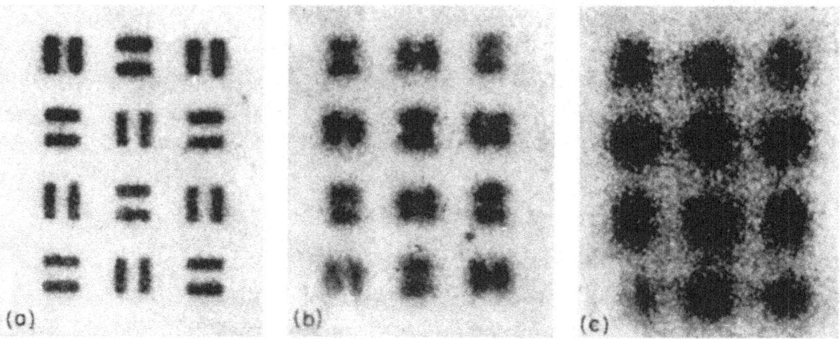

Abb. 166a—c. Zur experimentellen Bestimmung des Auflösungsvermögens von Autoradiogrammen (nach W. W. STEVENS [1]). a Vollkommener Kontakt; b Dicke der Zwischenschicht = 3 μ; c Dicke der Zwischenschicht = 10 μ

e) Abschätzung der günstigsten Belichtungsdauer

Nach S. 78 sind bis zum vollständigen Zerfall eines Präparates von der Stärke 1 μC (für $t = \infty$)

$$N_\infty = \frac{37\,000}{0,693}\, T_{1/2} \qquad (T_{1/2} \text{ in sec})$$

[1] STEVENS, W. W.: Nature, Lond. **161**, 432 (1948). — Brit. J. Radiol. **23**, 723 (1950).
[2] SHUNPEI OKA, TAHASHI MUKAIBO, SHIN SUZUSKI u. KEIIDI JAMADA: P/1340, 356 (1958).
[3] HERZ, R. H.: Nucleonics **9** (3), 24 (1951).

Zerfälle zu erwarten. Aus geometrischen Gründen durchsetzt nur etwa die Hälfte
der tatsächlich emittierten Strahlung die photographische Emulsion. Um ein
auswertbares Bild zu erhalten, muß eine Mindestzahl von β-Teilchen auf die
photographische Schicht auftreffen. Diese liegt je nach Empfindlichkeit der
photographischen Schicht und Energie der β-Teilchen zwischen 10^7 und 10^9 pro cm^2
Filmfläche, entsprechend einer Schwärzung von $\sim 100\,000$ Silberkörnern/cm^2.

Die notwendige Mindestzahl von α- oder β-Teilchen kann durch entsprechend
große Aktivität oder durch entsprechend lange Belichtungszeit erreicht werden.
Wegen der Beschränkung auf dünne Präparatschnitte und nicht zu hohe Aus-
gangsaktivitäten sind gewisse Grenzen gesetzt. Offenbar hat es keinen großen
Sinn, die Belichtungsdauer auf mehr als etwa 3 bis 4 Halbwertzeiten des im Präparat eingebauten Radionuclids auszudehnen, weil dann nur noch eine verhältnismäßig geringe Zahl von radioaktiven Zerfällen hinzukommt.

Wie erhält man nun eine optimale Belichtungszeit, welche dem verwendeten
Radionuclid, der Art des vorliegenden Präparates bzw. dessen Aktivität, der
Empfindlichkeit und den Eigenschaften des Filmes, sowie der Dicke des Präparat-
schnittes und der Art der benutzten autoradiographischen Technik angepaßt ist?

Einen ersten Überblick über die notwendige Belichtungsdauer kann man sich
durch Anwendung eines Diagramms nach WAINWRIGHT u. Mitarb.[1] verschaffen.

Um aber den Besonderheiten des Filmmaterials, des Präparatschnittes u. a.
Rechnung zu tragen, bedient man sich mit Vorteil einer experimentellen Methode.
Man stellt einige Probeschnitte her und bestimmt die Aktivitäten derselben mit
dem Geiger-Müller-Zählrohr. Die Probeschnitte werden auf die photographische
Emulsion gelegt und verschieden lang belichtet. Die Belichtungsdauer des
Autoradiogrammes mit dem besten Kontrast dient als Grundlage für die gewünschten Autoradiogramme. Man muß nun nur noch die entsprechende Aktivität
der Versuchspräparate mit derjenigen der Probeschnitte vergleichen, um nach
einer einfachen Umrechnung ziemlich genau die richtige Belichtungsdauer abschätzen zu können. Daß gleiche geometrische Bedingungen bei der Ausmessung
der Probe- und Versuchspräparate eingehalten werden müssen, ist selbstverständlich. Um bei beiden Präparaten mit einer etwa gleichartigen Verteilung
der Aktivität rechnen zu können, werden im Versuchsgewebe benachbarte Präparatschnitte ausgewählt.

3. Herstellung von Präparatschnitten

Um gute, auswertbare Autoradiogramme zu bekommen, muß das radioaktive
Präparat als dünner, gleichmäßiger Schnitt vorliegen. Wenn die Schnittpräpa-
ration nicht sofort der Entnahme der Probe folgen kann, wird das Präparat zunächst fixiert. Nur dann bleiben äußere Form und innere Struktur der Probe
erhalten. Später, wenn Schnitte aus dieser Probe hergestellt werden, erfolgt eine
Entwässerung zum Entzug intercellularen Wassers. Das Einbetten in eine
geeignete *Einbettungsmasse* gibt dem Präparat die nötige Steifigkeit beim späteren
Schneiden mit einem *Mikrotom*. Durch *Färben* des Präparatschnittes vor oder
nach der photographischen Behandlung werden Einzelheiten der Struktur des
Gewebeschnittes deutlicher bzw. erst nachweisbar.

---

[1] WAINWRIGHT, W. W., E. C. ANDERSON, P. C. HAMMER u. CH. A. LEHMANN: Nucleonics
12 (1), 20 (1954).

a) Fixieren der Probe

Das *Fixieren* hat die Aufgabe, eine Organprobe in dem Zustand zu erhalten, den diese im lebendigen Organismus besaß (äußere Form, Struktur, chemische Zusammensetzung). Das Fixieren, das möglichst bald nach der Abtrennung der Proben vom Organismus geschehen soll, geschieht durch Eintauchen der Probe in eine geeignete *Fixierflüssigkeit* (Alkohol, Bouinsche Lösung, Formol, Formalin-Trichloressigsäure, Ausfrieren in Isopentan u. a.). Sofern eine sofortige Verarbeitung nicht erfolgen kann, ist die Probe kalt (bei etwa 0° C) aufzubewahren. Ganz lassen sich allerdings Veränderungen der äußeren Form durch Schrumpfung, seltener durch Quellung, nicht vermeiden. Die Schrumpfung wird beim nachfolgenden Entwässern und Einbetten noch verstärkt. Sie beträgt z.B. bei Alkohol-Formol als Fixierflüssigkeit 11%, bei Bouinscher Lösung sogar 18%. An sich hat eine solche Formänderung (Schrumpfung) keinen besonders unangenehmen Einfluß auf die Güte des Autoradiogrammes; schlecht wirkt sich diese aus, wenn sich das Präparat nach dem Schneiden aufrollt und dadurch eine gleichmäßige Auflage des Schnittes auf die photographische Emulsion nicht gewährleistet werden kann.

Um nicht vermeidbare Aktivitätsverluste abschätzen zu können, sollte man einen Löslichkeitsversuch voranstellen. Vorteilhafterweise studiert man vorher die Eigenschaften des Fixativs durch Aktivitätskontrollen, um Änderungen der Aktivitätsverteilung durch Auswaschen auf ein Mindestmaß zu reduzieren.

Tabelle 21. *Restaktivität von Thorium X nach 16stündiger Fixation in verschiedenen Fixiermitteln (100% bei unfixierten Proben)*

Fixationsmittel	Gewebeaktivität nach Fixation in %	
	Leber	Niere
Unbehandeltes Gewebe .	100	100
Aceton − 27° C	78	76
Aceton + 20° C	—	68
Abs. Alkohol − 27° C .	77	47
Abs. Alkohol + 20° C .	76	42
Formol 10%	77	44
Carnoy	54	34
Ringer-Lösung	59	45
Stiere	41	17
Bouin	34	15

In Tabelle 21[1] sind solche Aktivitätsverluste bei der Behandlung der Proben (Leber und Niere) mit verschiedenen Fixierflüssigkeiten zusammengestellt. Die Aktivitätsverluste sind teilweise beträchtlich. Wenn die Auswaschung der Aktivität ungleichmäßig über den Gewebeschnitt erfolgt, was durchaus möglich ist, wenn z.B. die Proben wasserlösliche Substanzen enthalten, so muß die Auswertung des fertigen Autoradiogrammes mit großer Zurückhaltung geschehen.

Durch gewisse Fixierflüssigkeiten wird das autoradiographische Bild wesentlich verschlechtert. So kann z.B. Sublimat-Fixierflüssigkeit zu einer Ablagerung von metallischem Quecksilber führen, das schwer unterscheidbar ist von geschwärzten Emulsionskörnern. Eine Nachbehandlung zur Entfernung der Ablagerung mittels Kaliumjodid hat den Nachteil, daß nunmehr das Jod die Färbung des Schnittes beeinträchtigt; andererseits darf das Jod nicht wieder entfernt werden, falls gerade die Ablagerung von radioaktivem Jod interessiert.

Die Menge Fixierflüssigkeit muß ausreichend sein (etwa das 50fache des Volumens der zu fixierenden Organprobe), damit keine wesentliche Verdünnung der Fixierflüssigkeit entsteht, z.B. durch das während des Fixiervorganges aus dem Präparat austretende Wasser.

---

[1] HARBERS, E., u. K. H. NEUMANN: Klin. Wschr. **32**, 339 (1954).

Die Fixierflüssigkeit muß die Probe allseitig umgeben, damit ihr Eindringen in die Probe erleichtert wird. Man kann dieses durch Verwendung eines Drahtkorbes leicht erreichen, mit dem die Proben in die Fixierflüssigkeit getaucht werden. Der Fixiervorgang dauert je nach Fixierflüssigkeit und Beschaffenheit des Präparates verschieden lange. Selbstverständlich lassen sich dicke Proben weniger gut fixieren.

Um festzustellen, ob die Fixierflüssigkeit ausreichend eingedrungen ist, wird zu gegebener Zeit ein Probeschnitt gemacht. Bei allzu lang ausgedehnter Fixierung muß man mit schlechter Färbbarkeit der Probe und mit Brüchigkeit rechnen.

Ist rechtzeitiges Fixieren versäumt worden, so lassen sich die eingetrockneten Präparate mitunter noch verwenden, wenn sie in eine Mischung von Antiformin (20%) und Wasser (80%) bis zum Quellen eingetaucht werden.

b) Entwässern

Damit die Einbettungsmasse ausreichend gut in das Präparat eindringt, muß eine Entwässerung desselben erfolgen. Die Entwässerung muß bei wasserlöslichen Einbettungsmitteln vollständig sein.

Zur Entwässerung wird die Probe nacheinander in 70-, 70-, 96-, 96-, 100-, 100%igen Alkohol (Isopropylalkohol) getaucht. Die stufenweise Entwässerung ist notwendig, weil bei einem zu plötzlichen Wasserentzug größere Schrumpfungen eintreten und mit einer Veränderung der Struktur zu rechnen ist. Kleine Objekte läßt man 2—4 Stunden in jeder Alkoholstufe, in der letzten Stufe bleiben sie längere Zeit, etwa über Nacht liegen.

Nach dem Entwässern wird der Alkohol entfernt durch eine Zwischenflüssigkeit, z.B. Methylbenzoat[1] in drei aufeinanderfolgenden Stufen für jeweils 5 Stunden.

Man kann die Nachbehandlung vermeiden, wenn man als Fixierflüssigkeit Dioxan wählt. Die Probe wird dann mit einem Sieb nacheinander in drei bis vier Gefäße mit Dioxan getaucht (4—5 Stunden). Zur Aufnahme des aus dem Präparat austretenden Wassers befindet sich am Boden dieser Gefäße Calciumchlorid.

Wenn die radioaktive Markierung kurzlebig ist oder nicht mit organischen Lösungsmitteln in Verbindung gebracht werden darf, macht man Gefrierschnitte. Die Entwässerung geschieht dann durch kurzes Eintauchen der Probe mittels eines Siebes in kaltes Isopentan (für etwa 15 sec) und sofortige Übertragung in ein Evakuierungsgefäß.

c) Einbetten

Wenn die Proben zu weich, unterschiedlich hart und weich sind, oder Hohlräume zeigen, müssen sie vor dem Schneiden mit einem Mikrotom eingebettet werden. Damit keine wesentliche Änderung in der Struktur der Probe eintritt, muß die Einbettungsmasse während des Schneidens mindestens so hart sein wie das Objekt.

Bei weichem Gewebe wird Paraffin als Einbettungsmasse bevorzugt[2]. Die optimal erreichbare Dicke der Schnitte liegt zwischen 1 und 5 μ. Die Schrumpfung kann bis zu 20% betragen.

---

[1] PÉTERFI, T.: Z. wiss. Mikrosk. 28, 342 (1911).
[2] Siehe Mikrotom-Nachrichten der Firma Jung, Heidelberg, H. 3, 1959.

Bei härteren Präparaten oder wenn eine Erwärmung auf etwa 60° C zum Schmelzen des Paraffins nicht statthaft ist, wählt man Celloidineinbettung[1]. Die Schrumpfung ist sehr klein. Leider beansprucht die Celloidineinbettung viel Zeit, so daß sie bei kurzlebigen Radionucliden nicht anwendbar ist. In solchen Fällen kommt nur die Einfriermethode in Frage.

Als Einbettungsmittel für härtere Proben hat sich ein Gemisch von Methylmethacrylat und Polyäthylenglykol sehr gut bewährt. Durch mehr oder weniger große Zugabe von Polyäthylenglykol läßt sich der Härtungsgrad steuern. Nach KIRCHBERG[2-4] wird 50° C warmes Methylmethacrylat (100 Gewichtsteile) mit Polyäthylenglykol 1500 (je nach dem angestrebten Härtegrad 10 bis 50 Gewichtsteile) zusammengebracht, unter Beimischung von Benzoylperoxyd als Katalysator (2 Gewichtsteile). Die Polymerisation erfolgt bei 50° C und dauert etwa 12 Stunden.

Hartes Gewebe wird häufig vorher entkalkt[5]. Schwierig wird die Entkalkung, wenn sich das harte Gewebe in enger Nachbarschaft von weichem Gewebe befindet. Kalkreiche Bereiche bleiben geschützt, kalkarme können dabei zerstört werden.

d) Schneiden mit dem Mikrotom

Die für die Herstellung eines Autoradiogrammes notwendigen, dünnen Schnitte werden mit Hilfe eines *Mikrotoms* gefertigt. Gewebeschnitte, die in Paraffin eingebettet sind, oder Gefrierschnitte sind in dünner Schicht relativ leicht herzustellen. Die ersten Schnitte werden verworfen, die erste wirklich einwandfreie Schnittfläche mit einer dicken Schicht geschmolzenen Paraffins bedeckt, das dem nächsten Schnitt den notwendigen Halt gibt und gleichzeitig ein Aufrollen verhindert.

Es gibt ausgezeichnete, zum Teil auch sehr leicht verständliche Darstellungen über die Herstellung von Paraffinschnitten, so daß sich eine Behandlung dieses Themas im Rahmen des vorliegenden Buches erübrigt[6]. Was beim Schneiden beachtet werden muß, z.B. richtige Messerneigung, Vermeiden des lästigen Aufrollens des gerade gefertigten Schnittes, Benetzen des Mikrotommessers vor jedem Schneiden, findet man in der angegebenen Literatur.

Schwieriger sind harte Proben zu schneiden, weil dabei an die Qualität des Mikrotommessers und an die Konstruktion des Mikrotoms größere Forderungen gestellt werden. Das Überschneiden von Metallproben wurde unter anderem von GREINACHER[7] beschrieben *.

---

* Sehr gute Mikrotome stellt die Fa. Jung, Heidelberg, her.

[1] LEBLOND, C. P., G. W. WILKINSON, L. F. BELANGER u. J. ROBICHON: Amer. J. Anat. **86**, 289 (1950).

[2] KIRCHBERG, H.: Melliand Textilber. **41** (9), 1067 (1960).

[3] SOGNNAES, R. F., J. H. SHAW, A. K. SOLOMON u. E. HARROLD: Anat. Rec. **104**, 319 (1949).

[4] SIFFERT, R.: Science **108**, 183 (1948).

[5] Einzelheiten über Fixieren, Einbetten, Schneiden und Färben nicht entkalkten Knochengewebes findet man ausführlich bei BOELLARD, J. W., u. TH. v. HIRSCH: Mikroskopie **13**, 386 (1959).

[6] KIRCHBERG, H.: Mikrotom-Nachrichten der Firma Jung, Heidelberg, H. 1—4, 1958 bis 1960; dort ausführliche Literaturangaben.

[7] GREINACHER, G.: Z. Metallkde. **47** (9), 607 (1956). — Metall **11** (7), 593 (1957).

e) Färbung der Präparatschnitte

Die Wirkung der Färbung eines Gewebeschnittes beruht auf der Tatsache, daß die Aufnahme der Farblösung bei verschiedenen Gewebearten verschieden groß ist. Bei älteren Verfahren wurden die Präparatschnitte eingefärbt, ehe sie mit der photographischen Schicht in Berührung kamen. Das hatte den Nachteil, daß durch die nachfolgenden photographischen Vorgänge, Entwickeln, Fixieren und Wässern, ein Teil der Farbe wieder ausgewaschen wurde und große Aktivitätsverluste (bis zu 80%) auftraten. Seit hierzu geeignete photographische Emulsionen zur Verfügung stehen, hat man Verfahren entwickelt, bei welchen die Färbung nach Fertigstellung des Autoradiogrammes erfolgen kann. In diesem Falle spielt eine etwaige Abschwächung der Aktivität durch das Färbemittel keine Rolle mehr.

Bei Paraffinschnitten wird zum Anfärben sehr häufig Hämatoxylin-Eosin verwendet, zum Vorfärben oft noch Carbol-Fuchsin. Schon BELANGER[1] machte darauf aufmerksam, daß bessere Resultate erzielt werden, wenn man mit einer stärker verdünnten Farblösung längere Zeit anfärbt, statt mit einer konzentrierteren schnell.

Die Färbung von Schnitten von nicht entkalkten Knochen kann insofern Schwierigkeiten bereiten, als viele der üblichen Färbemethoden zu einer Entkalkung führen. Wenn die Entkalkung nicht stört, wird diese vor der Färbung vorgenommen. Das geschieht durch Einlegen in sehr verdünnte Essigsäure. Eine Farblösung, welche Entkalkung vermeidet, ist z.B. Toluidin blau in 1%iger wäßriger Lösung. Da die Art der Färbung der vorliegenden Aufgabe angepaßt sein muß und daher recht verschieden ist, kann hier nicht näher darauf eingegangen werden.

Man kann das Einfärben ganz umgehen, wenn die fertigen Autoradiogramme im Phasenmikroskop betrachtet werden.

4. Photographische Emulsionen

Es gibt heute eine Reihe von photographischen Emulsionen, welche gegenüber α- und β-Strahlung sehr empfindlich sind und sich zur Herstellung kontrastreicher Autoradiogramme eignen. Die Empfindlichkeit und das Auflösungsvermögen wachsen mit zunehmendem Energieverlust pro Längeneinheit des im Film zurückgelegten Weges. α-Teilchen oder energiearme β-Teilchen lassen kontrastreiche Autoradiogramme ermöglichen. Dagegen scheidet γ-Strahlung als auslösende Strahlung aus, weil ihre Absorption in der dünnen Emulsionsschicht und die hierdurch indirekte verursachte Schwärzung des Filmes zu gering ist.

Die Empfindlichkeit einer photographischen Emulsion ist definiert als der kleinste Energieverlust, der noch eine erkennbare Schwärzung verursacht. Um ein 0,3 μ großes Korn (latentes Bild) zu erzeugen, sind bei β-Strahlung mit einer Energie von etwa 1 MeV 5 bis 10×35 gleich 175 bis 350 Ionenpaare erforderlich.

Die Empfindlichkeit ist um so größer, je höher die Silberbromidkonzentration der photographischen Schicht und je größer das Silberbromidkorn ist. Röntgenfilme sind sehr empfindlich, das Auflösungsvermögen ist aber wegen des großen Kornes relativ schlecht. Emulsionen mit großer Silberbromidkonzentration und feinem Korn werden z.B. hergestellt von den Firmen Eastman Kodak Comp. und

---

[1] BELANGER, L. F.: Anat. Rec. **107**, 149 (1950).

Ilford Limited, als sog. *Strippingfilme* (s. S. 207), deren Emulsionsschicht sich leicht von der stützenden Unterlage lösen läßt, oder als *flüssige Emulsion*, die direkt oder unter Zwischenschaltung einer dünnen Schutzschicht auf den Präparatschnitt aufgetragen wird. Bei NTB 2-Filmen beträgt die Korngröße 0,1 bis 0,4 μ. Ungefähr 80% der photographischen Emulsion bestehen aus Silberbromidkörnern, der Rest ist Gelatine als stützende Einbettungsmasse für die Silberbromidkristalle (s. Tabelle 22).

Tabelle 22. *Vergleich verschiedener photographischer Emulsionen zur Herstellung von Autoradiogrammen*

	Kodak Ar 10 Stripping-Film	Kodak NTB Stripping-Film mit Schutzschicht	Agfa K 102 Stripping-Film	Agfa K 2 Gießemulsion
Dicke der Emulsion . . .	5 μ	5 μ	5 μ	5 μ
Dicke der Stützschicht . .	10 μ		15 μ	0
Dicke der Schutzschicht .	0	5 μ	0	0
Dunkelkammerbeleuchtung	Filter Agfa 107		Filter Agfa 107	
Entwickler.	Amidol 1:1,5 Stammlösung, 4,5 g Amidol, 18 g Na-Sulfit sicc. 8 ml, 10% KBr auf 1000 ml Wasser		Metolhydrochinon 1:4 Stammlösung Agfa Metolhydrochinon	
Entwicklungszeit	10 Minuten bei 18° C		5 Minuten bei 18° C	
Fixierbad	sauer		sauer	
Grundschleier bis zu 30 Tagen Belichtung . .	2,0 ± 0,9 Silberkörner pro 100 μ²		2,3 ± 1,1	3,0 ± 0,9
Rel. Auflösungsvermögen für H³	1		1	
für P³²	1,3 ± 0,1	0,4 ± 0,02	0,6 ± 0,04	0,6 ± 0,03
für S³⁵	3,8 ± 0,5	1,0 ± 0,1	1,7 ± 0,1	1,5 ± 0,1

Wichtig ist ein kleiner Nulleffekt, ein kleiner Grundschleier, der sich durch kühle Aufbewahrung der Filme auch während der Exposition erreichen läßt. Es gibt Techniken, die eine Schleierbildung, z.B. bei sehr langer Lagerung des Filmmaterials, rückgängig machen.

5. Verschiedene Techniken zur Herstellung von Autoradiogrammen

a) Kontaktmethode

Die Kontaktmethode findet Anwendung, wenn nur der Nachweis der Aktivität an sich oder ein ungefähres Bild der Aktivitätsverteilung innerhalb des Probeschnittes interessiert, wenn große Präparate vorliegen, deren Zerkleinerung aus irgendwelchen Gründen Schwierigkeiten macht, oder wenn bei der Herstellung dünner Schnitte große Aktivitätsverluste zu befürchten sind. Das Präparat erhält eine ebene Schnittfläche und wird unter Zwischenschaltung einer dünnen Cellophanfolie auf eine photographische Platte oder einen Film gelegt, wobei die Emulsionsseite dem Präparat zugewendet wird. Anwendung von Druck, z.B. durch Beschwerung, sorgt für den notwendigen Kontakt zwischen photographischer Schicht und Präparatschnitt. Nach der Belichtung wird die Gewebeprobe vom Film abgenommen. Gewebeschnitt und belichtete Emulsion werden getrennt weiterbehandelt. Die Zuordnung von histologischem Bild und Autoradiogramm geschieht durch Vergleich. Die Methode ist einfach, hat aber den Nachteil geringer Bildschärfe (Auflösungsvermögen 50 bis 100 μ). Für viele Zwecke z.B. zur Auswertung von Aktivitätsanreicherung auf Papierchromatogrammen oder Elektrophoresestreifen[1] reicht diese aber häufig aus.

Will man weichere β-Strahlen oder α-Strahlen nachweisen oder wünscht man ein besseres Auflösungsvermögen von etwa 20 bis 30 μ, so müssen dünnere Schnitte von etwa 5 μ hergestellt werden[2]. Die Methode eignet sich dann sehr gut z.B. als Routinemethode bei Untersuchungen von Schilddrüsengewebe[3].

Die Paraffin-Präparatschnitte werden in warmes Wasser von etwa 40° C gelegt, dann schnell in kaltes destilliertes Wasser getaucht. Die photographische

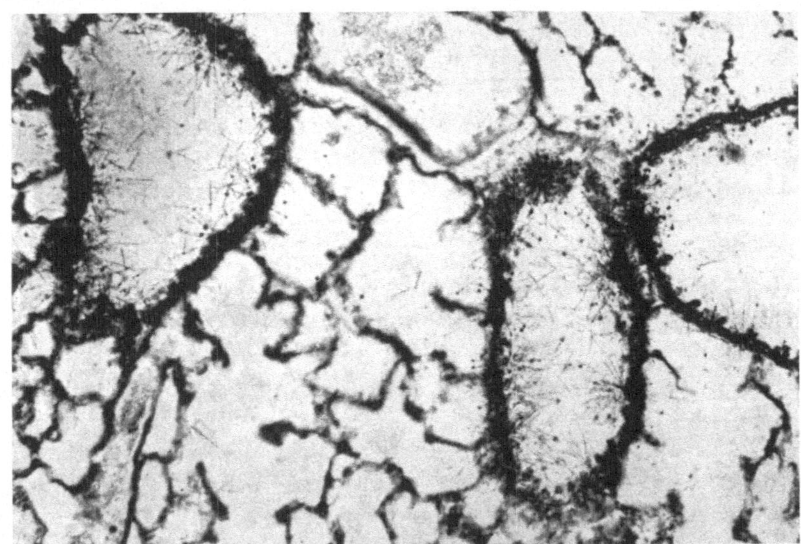

Abb. 167. Autoradiogramm eines Lungen-Gewebeschnittes einer Ratte nach Inhalation von Plutoniumoxyd. Der radioaktive Schnitt wurde direkt in Kontakt mit einer α-Strahlen-Emulsion gebracht (nach D. J. AXELROD und J. G. HAMILTON[4])

Platte führt man nun von unten her an den Gewebeschnitt heran, und zwar so, daß der Gewebeschnitt die photographische Platte zunächst nur an einer Kante berührt. Das kann z.B. durch Andrücken mit einer Nadel geschehen. Die photographische Platte wird langsam gegen den Gewebeschnitt geschwenkt und gleichzeitig aus dem Wasser gezogen. Nach Trocknen mit einem Föhn wird das Paraffin mit Xylol entfernt. Nachteilig ist, daß bei der daran anschließenden Entwicklung der photographischen Schicht und beim Fixieren die Entwickler- und Fixierflüssigkeit den Gewebeschnitt durchsetzen müssen, und dabei ein Teil der Aktivität des Präparatschnittes ausgewaschen wird. Um dieses zu vermeiden, trennt man nach der Belichtung Schnitt und photographische Platte wieder voneinander.

[1] NORRIS, W.P., u. L. A. WOODRUFF: Ann. Rev. Nucl. Sci. 5, 297 (1955). — TZSCHACHEL, R.: Atompraxis 5, 224 (1959). — JERCHEL, D., H. BECKER u. K. SCHMEISER: Z. Naturforsch. 86 (6), 294 (1953).

[2] AXELROD, D.: Anat. Rec. 98, 19 (1947).

[3] EVANS, T. C.: Radiology 49, 206 (1947). — ENDICOTT, K. M., u. H. JAGODA: Proc. Soc. Exp. Biol. 64, 170 (1947).

[4] AXELROD, D. J., u. J. G. HAMILTON: U. S. Nav. Med. Bull., Suppl. 1948, 122.

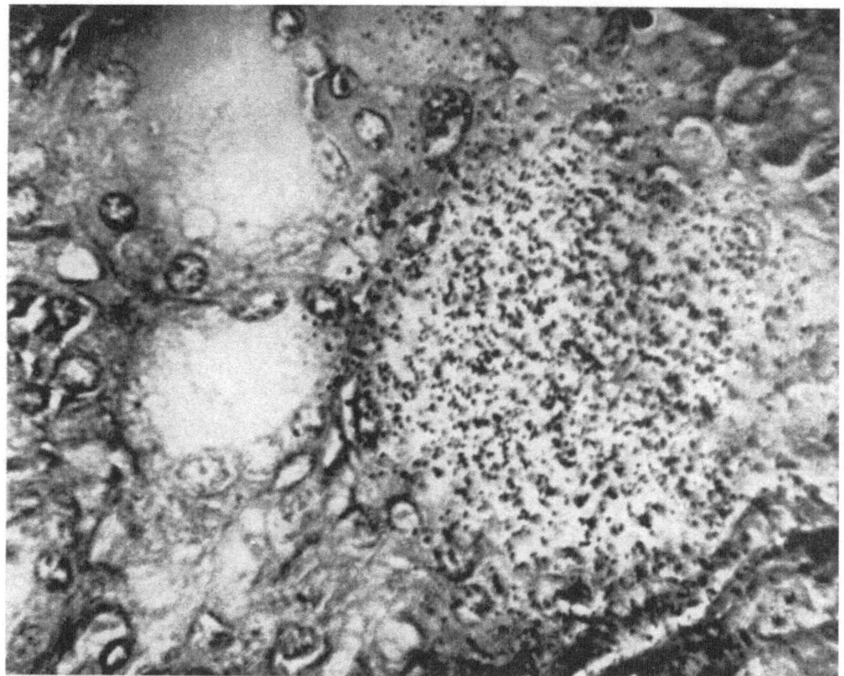

Abb. 168. Autoradiogramm von radioaktivem Schilddrüsengewebe nach der Kontaktmethode (nach T. C. EVANS [1])

Celloidinschnitte werden in 80%igen Alkohol getaucht und auf die photographische Platte aufgesetzt. Nach Trocknen von Platte und Schnitt wird das Celloidin quantitativ entfernt.

Autoradiogramme, die mit der Kontaktmethode hergestellt wurden, findet man in Abb. 167—169.

b) Verwendung von flüssigen Emulsionen

Bei der Methode nach BELANGER und LEBLOND [2] wird eine flüssige Emulsion auf den Gewebeschnitt, der auf einen Objektträger aufgelegt ist, aufgetragen und bleibt auch nach der Belichtung und photographischen Nachbehandlung auf diesem. Damit wird eine gleichzeitige Betrachtung von Autoradiogramm und Gewebestruktur ermöglicht.

Zunächst werden etwa 5 μ starke, gleichmäßige Schnitte hergestellt. Das Einbettungsmaterial wird entfernt, der Schnitt wird zum Schutz seiner Oberfläche und zur Vermeidung von Aktivitätsverlusten in 1%iges Celloidin getaucht und getrocknet. Die flüssige Emulsion, die 37° C warm sein soll, wird nun

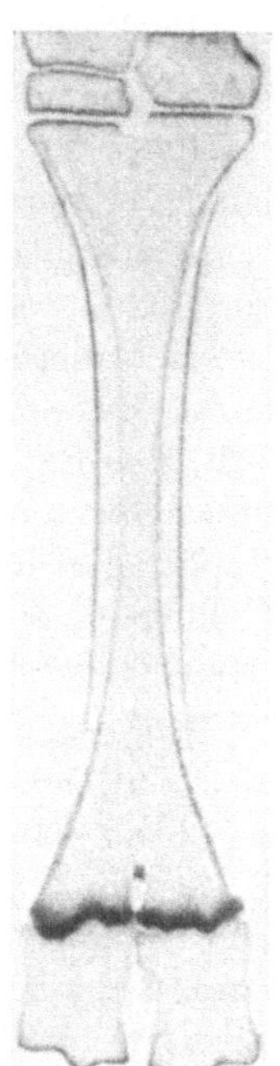

Abb. 169. Kontaktautoradiogramm: Knochen eines Kalbes (Ca^{45} per os) (nach W. E. LOTZ u. Mitarb. [3])

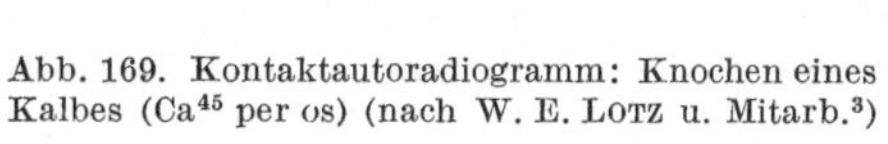

---

[1] EVANS, T. C.: Radiology **49**, 206 (1947).

[2] BELANGER, L. F., u. C. P. LEBLOND: Endocrinology **39**, 8 (1946).

[3] LOTZ, W. E., J. C. GALLIMORE u. G. A. BOYD: Nucleonics **10** (3), 30 (1952).

(1 bis 2 Tropfen pro cm² Schnittfläche) mit einem feinen Haarpinsel auf den Schnitt, der zusammen mit dem Objektträger ebenfalls auf 37° C gehalten wurde, aufgetragen.

Der Objektträger wird gedreht oder gekippt, damit sich die Emulsion gleichmäßig auf den Gesamtschnitt verteilt. Nun wird das Ganze für 30 bis 60 Sekunden auf eine an ihrem einen Ende auf 37° C erwärmte Platte gelegt und langsam gegen das kalte Ende der Platte verschoben.

Die Platte muß gut horizontal aufgestellt sein, um eine möglichst gleichmäßige Dicke der Emulsion zu gewährleisten. Der Vorgang des Gelierens dauert etwa 15 Minuten, die Entwicklung in KODAK-D-72-Entwickler bei 20° C 1 bis 2 Minuten, das Fixieren etwa 15 Minuten. Gute Wässerung vermeidet Falten-bildung oder Abblättern der Emulsion.

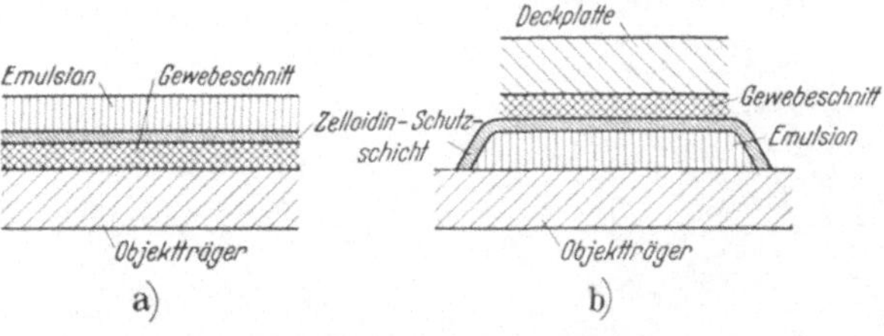

Abb. 170 a u. b.. Zur Methode nach L. F. BELANGER

Vorteilhaft ist bei dieser Methode der enge Kontakt zwischen Schnitt und Emulsion. Da beide, wie schon gesagt, auch nach der Belichtung, Entwicklung und Färbung beisammen bleiben, ist die gewünschte gleichzeitige Betrachtung des leicht durchscheinen-den, autoradiographischen Bildes und des angefärbten Gewebeschnittes möglich. Die photographische Entwicklungs- und Fixierflüssigkeit können ungehindert an die Emulsion gelangen. Das Auflösungsvermögen ist gut.

Nachteilig ist, daß die nachträgliche Färbung durch die Emulsion hindurch geschehen muß, weil der Schnitt auf einem Objektträger ruht. Erfolgt die Fär-bung vor der Entwicklung der belichteten Emulsion, so muß damit gerechnet werden, daß ein Teil der Farbe ausgewaschen wird. Die richtige Handhabung der Methode erfordert Erfahrung. Auch die Färbung durch die Emulsion hindurch ist schwierig, ist aber von LEBLOND[1] eingehend beschrieben worden. Eine quanti-tative Auswertung des Autoradiogrammes dürfte im allgemeinen nicht möglich sein, weil die Dicke der photographischen Schicht nicht so gleichmäßig ist, wie dieses hierzu erforderlich wäre. Oft werden Blasen eingeschlossen, bei ungenügen-der Sorgfalt auch kleine Staubteilchen. Beides setzt die Bildschärfe herab. Un-günstig ist ein zusätzlicher Schleier, welcher durch das Schmelzen und Über-streichen der Emulsion verursacht werden kann.

BELANGER[2] hat die eben beschriebene Methode erweitert. Die abgeänderte Methode vermeidet die nachträgliche Färbung. Die Emulsion und der sich dar-unter befindliche Schnitt werden nach der Belichtung, nach dem Entwickeln und Fixieren der photographischen Schicht des Präparatschnittes gelöst, abgehoben und in umgekehrter Reihenfolge auf einen Objektträger gebracht, so daß also nunmehr, wie in Abb. 170, die Emulsion unterhalb des Präparatschnittes liegt. Letzterer, und das ist das Wesentliche an der modifizierten Methode von BE-

[1] LEBLOND, C. P.: J. Anat., Lond. **77**, 149 (1943). — LEBLOND, C. P., W. L. PERCIVAT u. J. GROSS: Proc. Soc. Exp. Biol. **67**, 74 (1948).
[2] BELANGER, L. F.: Anat. Rec. **107**, 149 (1950).

LANGER, liegt somit frei nach oben, die Farbflüssigkeit kann ungestört und ohne Beeinflussung des fertigen Autoradiogrammes in den Gewebeschnitt eindringen. Um zu verhindern, daß die Farbe auch an die Emulsion gelangt, umgibt man die Kanten, wie in Abb. 170 angedeutet, mit einer Celloidinschicht. Abb. 171 bringt zwei Autoradiogramme, die nach der Umkehrmethode von BELANGER hergestellt worden sind.

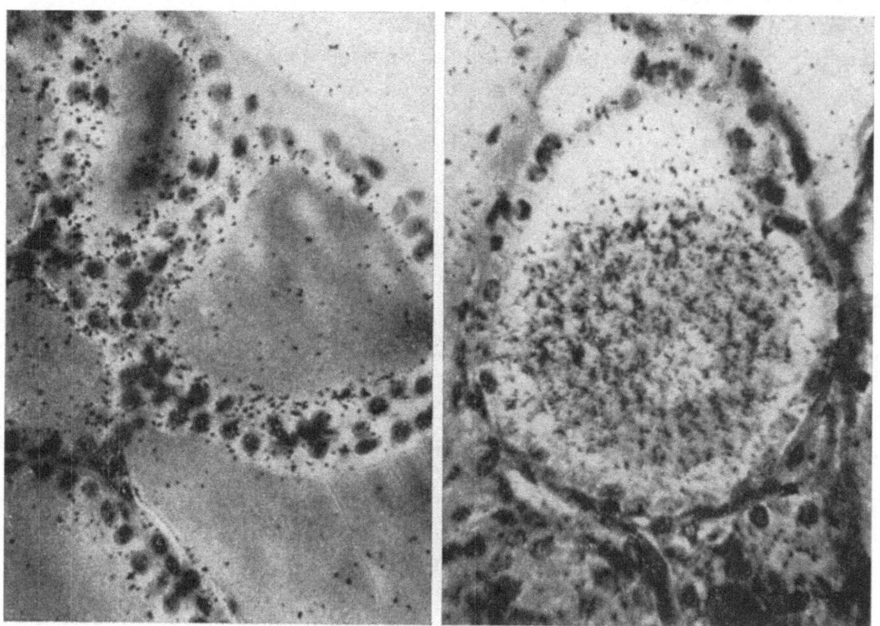

Abb. 171. Autoradiogramme von Schilddrüsengewebeschnitten nach der Coated-Methode (nach E. R. LEBLOND u. Mitarb.[1])

c) Strippingfilm-Methode

PELC[2] hat eine Methode ausgearbeitet, die an Auflösungsvermögen alle anderen Methoden übertrifft und Nachteile und Schwierigkeiten der anderen Methoden weitgehend vermeidet (s. Abb. 172). Von der Firma Kodak werden Stripping-filme (Typ NTB) hergestellt, die durch eine dünne Gelatineschicht gestützt werden und leicht von einer Glasunterlage abzustreifen sind. Der bei Sicherheits-licht und in trockenem Zustand von der Glasunterlage abgezogene Film wird vorsichtig auf die Wasseroberfläche eines mit destilliertem Wasser gefüllten großen Becherglases gelegt, die Emulsionsschicht nach unten, die dünne stützende Gelatineschicht nach oben gewendet. Der Gewebeschnitt wird von unten her an die Emulsion herangeführt, zusammen mit dieser aus dem Wasser gehoben und vorsichtig durch den warmen Luftstrom eines Föhnes getrocknet. Beim Trocknen zieht sich der Strippingfilm etwas zusammen, wodurch ein guter Kontakt mit dem Gewebeschnitt erreicht und der Film (Dicke etwa 10 μ) noch etwas dünner wird. Das Auflösungsvermögen ist gut. Die Färbung des Gewebeschnittes muß

---

[1] LEBLOND, C. P., W. L. PERCIVAT u. J. GROSS: Proc. Soc. Exp. Biol. **67**, 74 (1948).
[2] PELC, S. R.: Nature, Lond. **160**, 749 (1949).

zwar durch die Emulsionsschicht erfolgen, doch ist bei modernen Strippingfilmen die stützende Basisschicht aus reiner Gelatine hergestellt und so dünn (wenige μ), daß das nachträgliche Einfärben nur unwesentlich behindert ist. Wiederum seien zwei Beispiele wiedergegeben (s. Abb. 173 und 174).

Durch Wasserreste und andere eventuell zurückbleibende Flüssigkeiten können während einer langen Entwicklungsdauer bei der Stripping-Methode nach PELC[1], BOYD u. Mitarb.[2] und MacDONALD u. Mitarb.[3], ebenso aber auch bei anderen Techniken die nachzuweisenden Aktivitätsunterschiede abgeschwächt werden. WILLIAMS[4] hat eine Methode vorgeschlagen, bei welcher der Präparatschnitt während des Entwickelns und Fixierens der photographischen Schicht mit keiner der hierzu erforderlichen Flüssigkeiten in Berührung kommt. Der gute Kontakt zwischen Schnitt und Emulsion wird dabei nicht beeinträchtigt.

Da bei Nichtvorhandensein einer Schutzschicht zwischen Emulsion und Schnitt leicht ein chemisches Einwirken der verwendeten Lösungsmittel auf die photographische Schicht erfolgen und zu einer Abschwächung des Bildkontrastes führen kann, ist es in solchen Fällen unerläßlich, Kontrollen mit inaktiven Präparatschnitten einzuschalten.

In Abb. 175 wird ein Vergleich der besprochenen Methoden vorgenommen.

Einer Ratte wurden 20 μC trägerfreies J^{131} injiziert. Die Tötung erfolgte 4 Stunden später. Eine 25fache photographische Vergrößerung eines histologischen

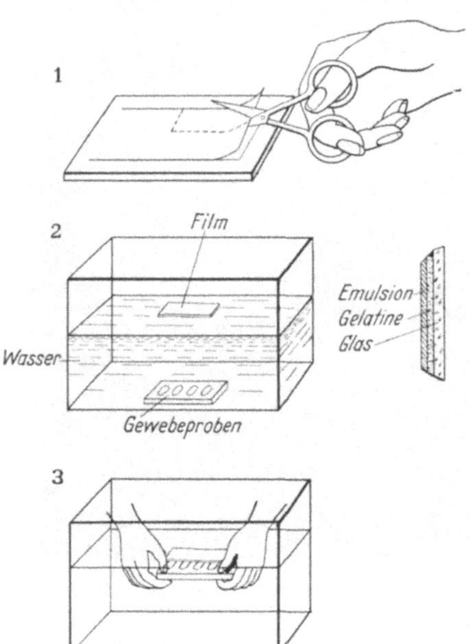

Abb. 172. Zur Technik der Stripping-Film-Methode

Schnittes vom Schilddrüsengewebe, gefärbt mit Hämatoxylin und Eosin, gibt Abb. 175a wieder. Die Autoradiogramme der Abb. 175b—e wurden aus der gleichen Gewebeprobe (Nachbarschnitt), aber mit verschiedenen Techniken gewonnen. Man sieht, daß man bei Anwendung der einfachen Kontaktmethode keine allzu großen Ansprüche an ein gutes Auflösungsvermögen stellen kann. Die drei anderen Verfahren (Abb. 175c—e) sind annähernd gleichwertig. Man erkennt deutlich die Struktur des unter der Emulsion liegenden Gewebeschnittes, so daß die Zuordnung von Schwärzung und Struktur möglich ist. Rechts neben diesen Autoradiogrammen finden sich Ausschnitte der zugehörigen Autoradiogramme in 425facher Vergrößerung.

[1] PELC, S. R.: Nature, Lond. **160**, 749 (1949).

[2] BOYD, G. A., u. A. J. WILLIAMS: Proc. Soc. Exp. Biol. **69**, 225 (1948).

[3] MacDONALD, A. M., J. COBB, A. K. SOLOMON u. D. STEMBERG: Proc. Soc. Exp. Biol. **72**, 112 (1949).

[4] WILLIAMS, A. J.: Nucleonics 8 (6), 10 (1951).

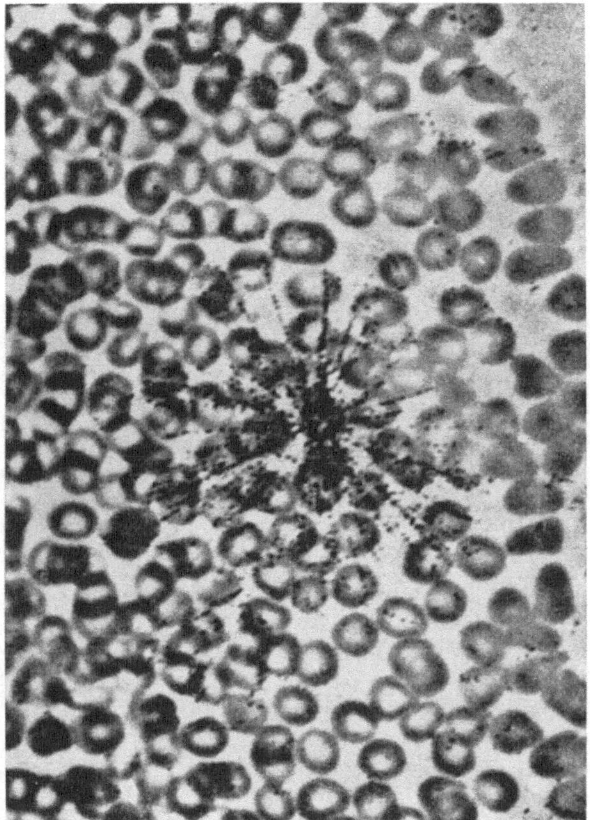

Abb. 173. Autoradiogramm eines Sternes von α-Strahlen (Stripping-Methode [1])

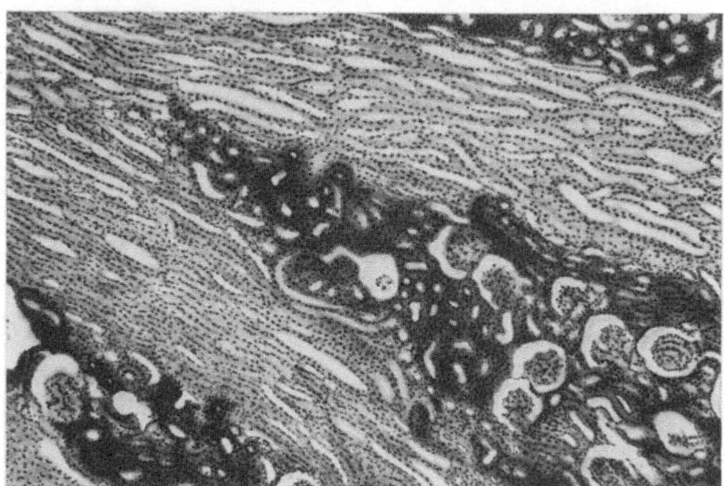

Abb. 174. Autoradiogramm einer Rattenniere nach Injektion von J^{131}-markiertem Insulin (Original ist Farbaufnahme). Lokalisation der Radioaktivität in den Tubuli contorti 1. Ordnung (Stripping-Film-Technik [2])

[1] BOYD, G. A., u. A. I. WILLIAMS: Proc. Soc. Exp. Biol. **69**, 225 (1948).
[2] KALLE, E., u. G. SEYBOLD: Z. Naturforsch. **9** b, 307 (1954).

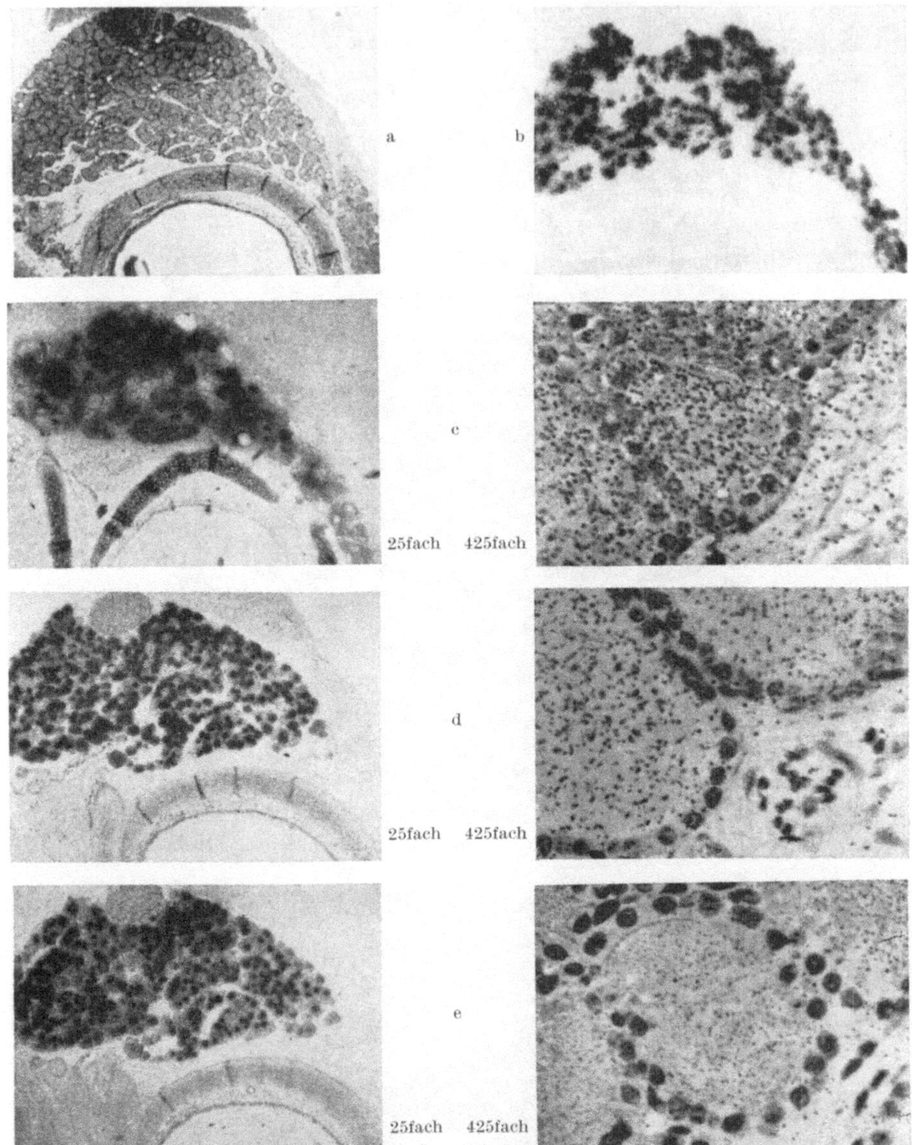

Abb. 175a—e. Vergleich verschiedener Techniken zur Herstellung von Autoradiogrammen mit J^{131} im Schilddrüsengewebe (nach J. GROSS u. Mitarb.[1]). a Histologischer Schnitt; b Autoradiogramm: Kontaktmethode; c Autoradiogramm: Verfeinerte Kontaktmethode; d Autoradiogramm: Coated-Methode; e Autoradiogramm: Stripping-Methode

d) Finksche Methode

Bei der Finkschen Methode[2] wird das Meßpräparat, ehe es mit der photographischen Emulsion in Berührung kommt, mechanisch vergrößert. Der Abstand

---

[1] GROSS, J., R. BOGOROCH, N. J. NADLER u. C. P. LEBLOND: Amer. J. Roentgenol. **65**, 420 (1951) (mit ausführlichem Literaturverzeichnis).

[2] FINK, R. M.: Science **114**, 143 (1951).

zweier Aktivitätszentren wird dadurch um einen Faktor von etwa 20 vergrößert. In gleichem Maße verbessert sich das Auflösungsvermögen.

Der in „Pyroxilin" (Nitrocellulose) eingebettete Gewebeschnitt (jeweils einige Minuten in Amylacetat, Amylacetat + 1% Pyroxilin, Amylacetat + 5% Pyroxilin) wird auf eine 13 mm dicke Bleischeibe von 40 mm Durchmesser gelegt. Ein Tropfen Amylacetat sorgt dafür, daß sich der Gewebeschnitt gleichmäßig auf der Bleiunterlage ausbreitet und gut darauf haftet. Schnitt und Bleischeibe werden für 2 Std in Amylacetat getaucht und bei gerade erfolgter, nachträglicher Austrocknung mit einer 0,1 mm starken Bleifolie gleicher Größe abgedeckt. In einer hydraulischen Presse werden Folie, Gewebeschnitt und Unterlage bei 8 ata linear um etwa 30% vergrößert. Der Vorgang wird mit einem Teilstück wiederholt, bis schließlich eine dreifache Vergrößerung entstanden ist. Dann wird ein rechteckiges Teilstück in einer Folienwalze abwechselnd in beiden Richtungen so lange ausgewalzt, bis es die richtige Dicke besitzt. Die lineare Vergrößerung ist nunmehr 30fach. Erst jetzt wird die photographische Schicht aufgelegt und der Strahlung aus dem vergrößerten Gewebeschnitt ausgesetzt. Die mit ausgewalzte Bleischicht zwischen Präparatschnitt und photographischer Emulsion beträgt etwa 3 bis 4 μ, so daß das Auflösungsvermögen dadurch nicht wesentlich beeinträchtigt wird.

e) Autoradiographie unter Verwendung flüssiger Emulsionen (wetprocess-autoradiography)

Bei der Methode nach GOMBERG[1], welche auf einen Gedanken von EDER[2] zurückgeht, wird eine frisch hergestellte, nasse Emulsion verwendet, deren Dicke etwa 1 μ beträgt.

In der Dunkelkammer wird ein Objektträger mit der radioaktiven Gewebeprobe in eine Kollodiumlösung 1 getaucht (s. Tabelle 23), in vertikaler Haltung für 30 sec getrocknet, anschließend in eine kalte (1° C) Silbernitratlösung 2 übergeführt und exponiert. Nach der Belichtung wird die Probe in eine warme Silbernitratlösung 2 getaucht und für etwa 1 min aufgewärmt. Für das Entwickeln werden 30 sec, für Fixieren nochmals 1 min benötigt.

Das Kollodium dient zur mechanischen Stütze des Silberbromids. Silberbromid ist extrem unlöslich in Wasser und bleibt in der Kollodiumschicht haften, so daß es nicht in die Silbernitratlösung diffundiert, von der es während der mehr oder weniger langen Expositionszeit umgeben wird. Alkohol als Lösungsmittel hat den großen Vorteil, daß die Lösung gut auf 1° C gehalten werden kann und eine schnelle Trocknung möglich ist. Bei einem Lösungsverhältnis von etwa 1 g in 50 cm³ Lösung (s. Tabelle 23) erhält man eine sehr dünne Schicht, die wiederum ein hohes Auflösungsvermögen ermöglicht.

Die Korngröße des endgültigen Bildes ist nicht abhängig von der ursprünglichen Größe der Silberbromidkörner, sondern von dem Betrag an freiem Silber, das während der Entwicklung ausgeschieden wird. Durch verschieden dosierte Zugabe von Essigsäure zur Entwicklerflüssigkeit läßt sich die endgültige Korngröße zwischen 0,2 und 10 μ variieren.

---

[1] GOMBERG, H. J.: Nucleonics **9** (4), 28 (1951).
[2] EDER, J. M.: Ausführliches Handbuch der Photographie, Bd. II. 1927.

Tabelle 23. *Zur Methode von* GOMBERG

Kollodiumlösung 1 (Aufbewahrung bei 1° C)	Silbernitratlösung 2 (Aufbewahrung bei 1° C)	Entwicklerlösung 3
0,625 g Cellulosenitrat 50,0 cm³ absoluter Alkohol 0,75 g Cadmiumbromid 0,15 g Ammoniumbromid	25 g Silbernitrat 250 cm³ dest. Wasser 16 Tropfen 10%ige Schwefelsäure zur Erzeugung eines pH-Wertes von 2,5	Silbernitratlösung wie unter 2, aber bei 20° C 10 g Eisensulfat 250 cm³ dest. Wasser 7,5 cm³ Alkohol 7,5 cm³ Essigsäure

Fixierbad	Schutzschicht 5	
Natriumthiosulfat (Fixiersalz)	2 g Vinylchlorid 100 cm³ Methyläthylketon	

Der Schleier der Emulsion wird dadurch stark herabgesetzt, daß die wichtigsten Maßnahmen bei 1° C vorgenommen werden.

Da manche Gewebearten mit Lösungsmittel chemisch reagieren, wird man im Zweifelsfalle den Gewebeschnitt mit einer 1,5 μ starken Schutzschicht (ausreichend für 4 Std) oder 3μ-Schicht (ausreichend für 24 Std) überziehen. Um ein Abspringen der Schutzschicht vom Glasobjektträger beim Eintauchen in Wasser oder in eine schwache Säure zu vermeiden, werden Objektträger aus Polystyrol vorgeschlagen.

Die Gombergsche Methode ist auch in der Metallurgie mit Erfolg angewendet worden. So berichten TOWE, GOMBERG und FREEMAN[1] von Versuchen, welche der Feststellung des Auflösungsvermögens der Methode dienten. Bei Verwendung von Nickel 63 (elektroplattiert auf eine Platinfolie) konnte ein Auflösungsvermögen von weniger als 10 μ erreicht werden. Bei Stahlproben mit eingebautem C^{14} wurde die Methode von GOMBERG mit der Stripping-Methode verglichen. Über Oberflächenstudien an Metallen unter Zuhilfenahme autoradiographischer Methoden berichtet auch VERKERK[2].

Die Methode bedarf großer Erfahrung. Größte Schwierigkeiten können durch Temperaturschwankungen verursacht werden. Nachteilig ist, daß keine wasserlöslichen Gewebebestandteile nachgewiesen werden können. Die Exposition der Probe in der Silbernitratlösung ist zeitlich begrenzt (etwa 2 Tage bei 20° C). Die spezifische Aktivität muß hoch sein.

6. Artefakte

Wenn man sich die vielen Prozesse vergegenwärtigt, die bei der Herstellung eines Autoradiogramms durchlaufen werden müssen, muß man berechtigte Zweifel bekommen, ob nun in jedem Falle das fertige Autoradiogramm ein wirklichkeitstreues Bild der ursprünglichen Aktivitätsverteilung in dem Präparatschnitt vermittelt. In vielen Fällen treten durch Fixier- und Färbemittel unter anderem Aktivitätsverluste ein oder werden Schwärzungen vorgetäuscht. Ungleiche Schrumpfungen beim Fixieren können zu Verzerrungen des Bildes oder auch zu Verschiebungen in der Aktivitätsverteilung führen. ODEBLAD[3] berichtet von einer

---

[1] TOWE, G. C., H. J. GOMBERG u. J. W. FREEMAN: Nucleonics 13 (1), 54 (1955).

[2] VERKERK, B.: Nucleonics 14 (7), 60 (1956).

[3] ODEBLAD, E.: Acta radiol., Stockh. 39, 192 (1953).

zu geringen Schwärzung infolge mangelhafter Beseitigung der Paraffineinbettung usw. Es ist daher unerläßlich, immer wieder Kontrollen einzuschalten. Abgelagerte photographierte Platten sollten ohne Vorbehandlung, wie sie z.B. von LIEBERMANN und BARSHALL[1] empfohlen wird, keine Verwendung finden. Die Einwirkung der kosmischen Strahlung, Temperatur oder ungleichmäßiger Druck verursachen einen Untergrund, der zu unliebsamen Täuschungen führen kann. BONNER und KAHN[2] sowie LAMERTON und HARRIS[3] machen auf Fehlermöglichkeiten aufmerksam, welche besonders bei trägerlosen Präparaten durch Adsorption u. a. zustande kommen können.

Es gibt positive und negative *Artefakte*. Die einen führen zu einer Schwärzung, obwohl keine Belichtung erfolgt ist, die anderen löschen das latente Bild. Positive Artefakte können durch chemische oder mechanische Wirkung ausgelöst werden, das Löschen bereits vorhandener Spuren erfolgt durch oxydierende Substanzen (z.B. H_2O_2).

Beim Fixieren, Entwässern, Einbetten und bei allen späteren Behandlungsweisen treten fast immer gewisse Aktivitätsverluste auf, welche die ursprüngliche Aktivitätsverteilung abschwächen. Während der Entwicklung lassen sich z.B. Verluste durch eine Art Trockentechnik vermeiden, die auslaugende Flüssigkeiten zwischen Präparatschnitt und Emulsion ausschaltet[4].

Selbstverständlich wird sauberes Arbeiten vorausgesetzt. Das Mikrotommesser muß scharf sein, Abstreifen des Strippingfilmes von der Filmunterlage kann durch Funkenbildung eine Untergrunderhöhung verursachen. Das Entwickeln und Fixieren der belichteten Emulsion muß mit frischen und möglichst filtrierten Lösungen vorgenommen werden u. a. m.

7. Quantitative Autoradiographie

Für die Bestimmung der absoluten Größe der innerhalb eines räumlich begrenzten Bereiches einer Probe abgelagerten, radioaktiven Substanzmengen bieten sich verschiedene Möglichkeiten an.

a) Vergleichsmessung mit Autoradiogrammen, welche mit Strahlungsquellen bekannter Aktivität aufgenommen worden sind

DUDLEY und DOBYNS[5] haben eine Vergleichsmethode zur Bestimmung der Strahlendosis angewandt, welche durch Ablagerungen von Ca^{45} in Knochen verursacht war. Meßpräparat und mehrere Eichpräparate bekannter Aktivität werden bei diesem Test auf dieselbe photographische Emulsion gelegt. Durch direkten Vergleich der Schwärzungen lassen sich quantitative Aussagen über die im Meßpräparat eingebauten Aktivitäten machen. Die Schwärzungen werden mit Hilfe eines Mikrophotometers bestimmt. In Abb. 176 findet man im oberen Teil das eigentliche Autoradiogramm, dessen Schwärzungen durch im Knochen abgelagertes Ca^{45} verursacht wurde. Im unteren Teil derselben Abbildung sind die

[1] LIEBERMANN, L. N., u. H. H. BARSHALL: RSI **14**, 89 (1943).
[2] BONNER, N. A., u. M. KAHN: Nucleonics **8** (2), 46 (1951); **8** (3), 40 (1951).
[3] LAMERTON, L. F., u. E. B. HARRIS: Brit. Med. J. **1951 II**, 932.
[4] WILLIAMS, A. J.: Nucleonics **8** (6), 10 (1951).
[5] DUDLEY, R. A., u. B. H. DOBYNS: Science **109**, 327 (1949).

Schwärzungen von vier Eichpräparaten zu sehen, deren bekannte Aktivität, von links nach rechts, um den Faktor 2 ansteigt.

Um den Einfluß von Selbstabsorption, Absorption und Rückstreuung bei dem Vergleich der Meß- und Eichpräparate auszuschalten, werden die Eichpräparate aus ähnlichem Material gleicher Schichtdicke und mit gleichartiger Unterlage versehen hergestellt. Selbstverständlich müssen beide Arten von Präparaten dasselbe Radionuclid enthalten.

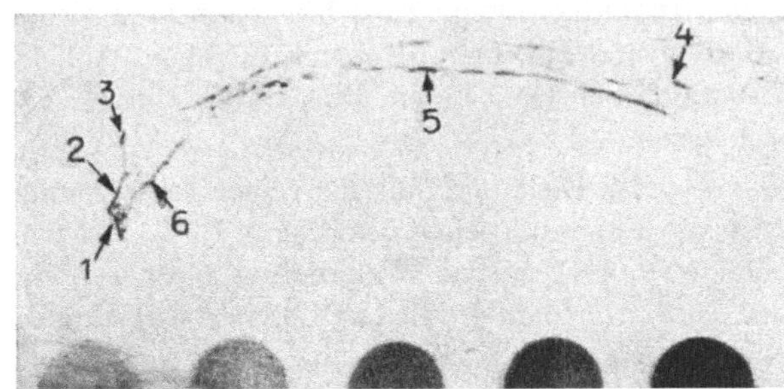
Abb. 176. Zur quantitativen Bestimmung von Ca-Ablagerung im Knochen (nach A. DUDLEY und B. M. DOBYNSO [1])

Da bei medizinischen oder biologischen Untersuchungen in vielen Fällen nicht mit einer Gleichverteilung der verabreichten Radioaktivität innerhalb des Präparates gerechnet werden kann, ist die Erfassung örtlich begrenzter, aber hoher Aktivitäten z.B. für eine Mikroverteilung der Strahlendosis, von größtem Interesse.

b) Auszählung der ausgeschiedenen Silberkörner

Bei günstiger Belichtungsdauer ist die Zahl der Silberkörner proportional der Zahl der β-Teilchen [2]. Die flächenhafte Auszählung der Silberkörner in einer Fläche von etwa 75 μ^2 geschieht unter mikroskopischer Betrachtung des Autoradiogramms.

In verschiedenen Schichttiefen des Autoradiogramms, z.B. in einer Tiefe von 0, 2, 4, 6, 8, 10 μ wird das Objekt immer nur in ein und derselben Richtung bewegt. Die Gesamtsumme der Silberkörner aller sechs Schichten ist ein Maß für die Schwärzung und diese wiederum ein Maß für die Aktivität. Die Schwärzung soll möglichst so sein, daß sich in der angegebenen Fläche von 75 μ^2 nicht mehr als 30 bis 40 Silberkörner befinden. Anderenfalls ist die Auszählung unsicher. Ein ernstlicher Mangel der Methode ist der große Zeitaufwand, insbesondere bei größeren Objekten. Wie NADLER zeigen konnte, kann man sich jedoch mit einer Auszählung der Silberkörner in einer oder zwei Schichttiefen des Autoradiogramms zufrieden geben. Vorteilhaft ist es, die Auszählung in den untersten 2 oder 4 μ dicken Schichten der photographischen Emulsion vorzunehmen, weil dort der Nulleffekt, der ja bei allen Zählungen in Abzug gebracht werden muß, im Verhältnis zum Effekt kleiner ist als in den oberen Schichten. Außerdem spielt eine ungleiche Dicke der Emulsion dann keine Rolle.

c) Photometrische Bestimmung der Schwärzung in einem Autoradiogramm

Zwischen der Schwärzung S der Lichtintensität J_0, welche auf das Autoradiogramm fällt, und der Größe des durch das Autoradiogramm gehenden, also nicht absorbierten Lichtes J, besteht die Beziehung

$$S = \log_{10} \frac{J_0}{J}.$$

[1] DUDLEY, R. A.: Nucleonics **12** (5), 24 (1954).
[2] NADLER, N. J.: Amer. J. Roentgenol. **70** (5), 814 (1953).

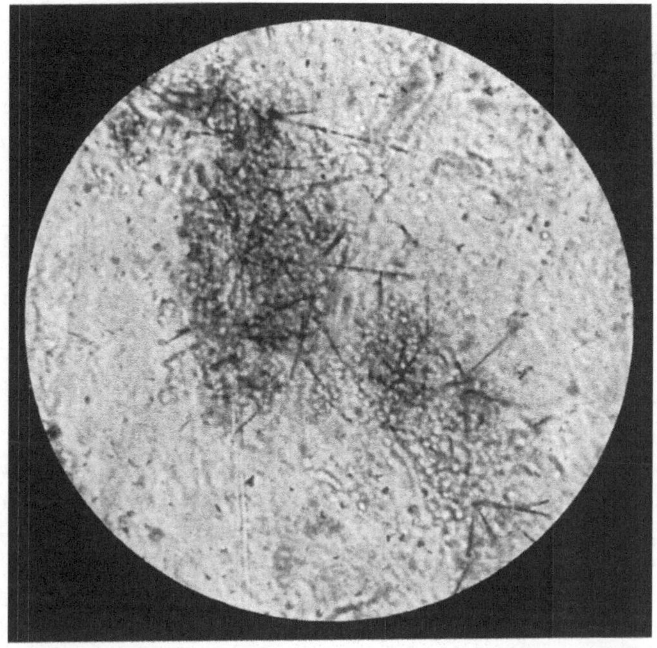

a

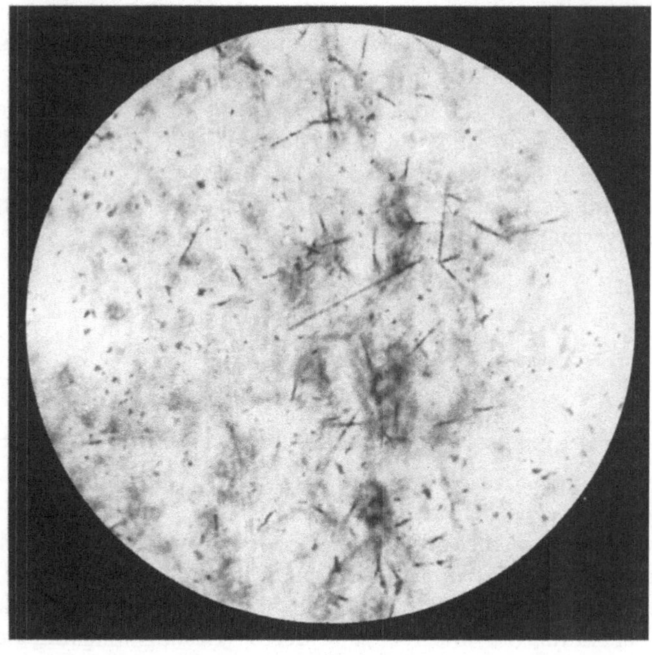

b

Abb. 177a u. b. α-Bahnspuren von Thorotrast in Leber und Milz[1]

---

[1] SCHWAIGER, M., u. K. SCHMEISER (im Druck).

S wird meist mit 0,6 vorgegeben. Das bedeutet eine Schwächung des auffallenden Lichtes auf etwa 25%. Bei großen Schwärzungen ($S \gg 0,6$) gilt die lineare Beziehung zwischen Schwärzung und Zahl der wirksamen ionisierenden Teilchen nicht mehr, eine quantitative Auswertung des Autoradiogramms wird damit schwieriger oder gar unmöglich. Für die Auswertung eines Autoradiogramms zur Festlegung der Aktivitätsverteilung und ihre Zuordnung zum Gewebeschnitt war es als Vorteil angesehen worden, wenn Präparatschnitt und fertiges Autoradiogramm eine Einheit bilden. Für die quantitative Auswertung eines Autoradiogramms durch Photometrieren ist dies nachteilig, weil das auffallende Licht durch den Präparatschnitt zusätzlich und außerdem unterschiedlich stark geschwächt wird.

d) Beobachtung und Auszählen der entwickelten Körner einzelner Bahnspuren

Auch diese Methode ist recht mühselig und im wesentlichen auf die Beobachtung von α-Bahnspuren beschränkt. α-Teilchen ionisieren sehr stark, so daß die α-Bahnspuren gut erkannt werden können. Als Beispiel werden zwei Autoradiogramme gezeigt (s. Abb. 177). Dem Patienten hatte man als Kontrastmittel zur Herstellung von Kardiographien Thorotrast (Thoriumoxydpräparat) verabreicht, das sich unter anderem in der Leber bzw. Milz abgelagert und zu bösartigen Veränderungen Anlaß gegeben hat. Die einzelnen α-Bahnspuren sind sehr deutlich erkennbar und daher leicht auszuzählen.

In der Literatur sind eine Reihe von Apparaten zur Auswertung von Autoradiogrammen beschrieben worden. Der Zeitaufwand für die Auswertung ist aber relativ zum Zeitaufwand für die Herstellung des Autoradiogramms so gering, daß sich der Aufwand kaum lohnt.

Im vorhergehenden wurde die Autoradiographie bevorzugt als Methode der wissenschaftlichen Medizin und Biologie dargestellt. Die Anwendungen erstrecken sich aber — wie bereits erwähnt — seit einiger Zeit auch auf metallurgische Aufgabenstellungen, z.B. auf das Studium der Diffusionserscheinungen bei Metallen und Legierungen[1].

VI. Anwendungsbeispiele

A. Verwendung von Radionucliden als Tracer

1. Studium der Infusionstherapie nach operativen Eingriffen am Magen

Es sollte die Frage beantwortet werden, inwieweit postoperative Störungen im Magen durch intravenöse Infusion von isotonischen Salzlösungen verursacht werden[2]. Zu diesem Zweck wurde in vielfachen Tierversuchen (bei Hunden) 0,9%ige, physiologische Natriumchloridlösung, die mit Natrium 24 markiert worden war, infundiert und die Aktivität B im strömenden Blut, die Aktivität M_1 der Gesamtausscheidung der mit Na[24] markierten Lösung und die Aktivität M_2

---

[1] Bosch, W.: Atompraxis **3**, 123 (1957). — Krainer, H., u. E.: Atompraxis **3**, 453 (1957). — Huber, O. J., J. E. Gates, A. P. Joung, M. Potereskin u. F. D. Frost: J. Metals, Juli 1957, 918. — Tore, G. C., H. J. Gomberg, J. J. Freeman: Nucleonics **13** (1), 54 (1955).
[2] Schwaiger, M., u. K. Schmeiser: Chirurg **21**, 614 (1950).

des Magensekrets im Verlaufe von 3 Std beobachtet (s. Abb. 178). Durch Vergleich mit der verabreichten Aktivität war eine absolute Abschätzung der Menge der in den Magen gelangten Natriumchloridlösung möglich. Das Hauptergebnis

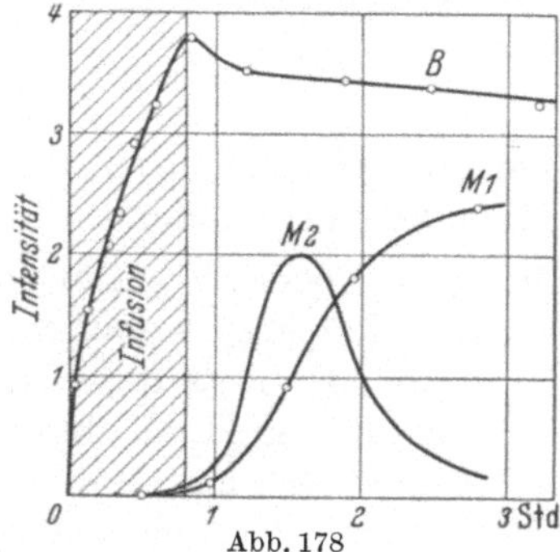

Abb. 178

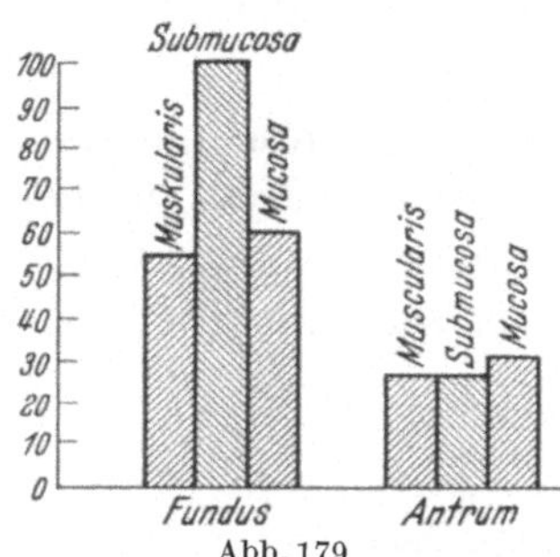

Abb. 179

Abb. 178. B: Na^{24}-Aktivität im strömenden Blut. M_1: Gesamte Na^{24}-Ausscheidung bis zum jeweiligen Zeitpunkt *(integrale Kurve)*. M_2: Na^{24}-Menge je Zeiteinheit im auftretenden Magensekret *(differentielle Kurve)*. — Die Kurven B und M_1 bzw. M_2 sind aus Gründen der Vereinfachung mit verschiedenen Ordinatenmaßstäben aufgetragen und deshalb in ihren absoluten Werten nicht miteinander vergleichbar

Abb. 179. Aktivitätswerte in der Magenwand im Bereich des Fundus und des Antrums. Die einzelnen Werte sind auf das Aktivitätsmaximum im Bereich der Submucosa des Fundus, das als 100 angenommen wird, bezogen

der Versuche war die Feststellung, daß ein großer Teil der infundierten Salzlösung, die bekanntlich die Blutbahn rasch wieder verläßt, in der Magenwand erscheint und dort Wasserödeme auslöst (s. Abb. 178 bis 180). Diese sind bevorzugt in der oberen Magenhälfte anzutreffen, wo bekanntlich die Hauptproduktion der Salzsäure stattfindet.

Das radioaktive Natrium 24 wurde im Heidelberger Cyclotron durch Beschuß einer Magnesiumfolie mit Deuteronen von etwa 10 MeV erhalten. Ein kleiner Bruchteil des Magnesiums wurde in Natrium 24 umgewandelt, das durch eine nachfolgende chemi-

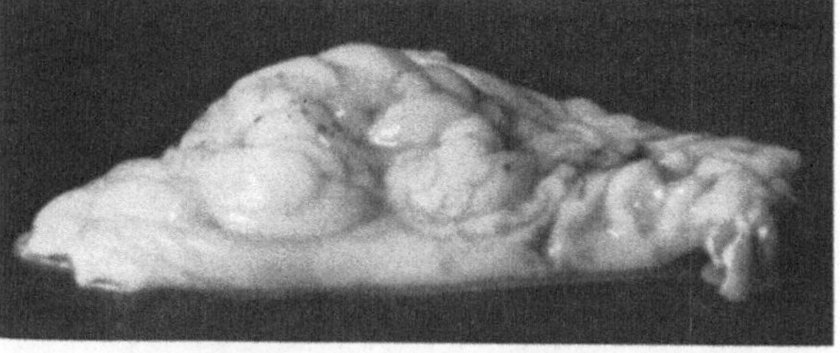

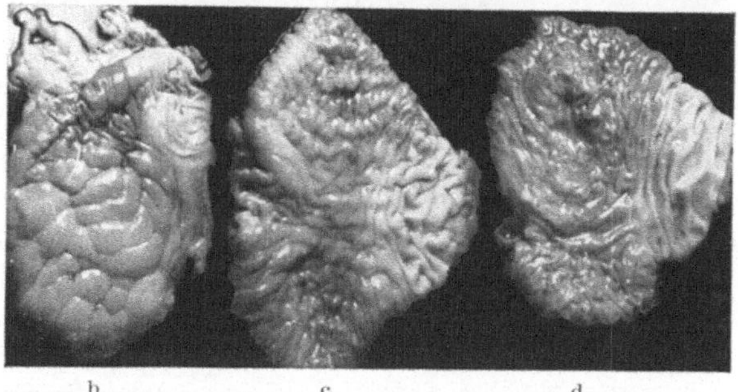

Abb. 180 a—d. a Beispiel eines hochgradigen Wandödems. Enorme Verdickung der Wandung (das Präparat liegt flach auf einer Glasplatte). b Magenwandödem nach Infusion von 0,9% NaCl-Lösung wie Abb. 180a. c Gleichförmige ödematöse Verdickung der Magenwand nach Infusion von 3% NaCl-Lösung. d Unveränderter Magen nach Infusion von 5% Dextroselösung

sche Abtrennung quantitativ von Magnesium befreit wurde[1]. Die Gewebeproben wurden verascht, die eingewogenen Blutplasmaproben nach ihrer Trocknung

---

[1] Einzelheiten über derartige chemische Trennmethoden findet man z.B. bei KAMEN, M. D.: Radioactive Indicators in Biology. New York: Academic Press 1948.

pulverisiert. Damit wurde die Einzelmessung der Radioaktivität sehr einfach, weil stets gleichartige Meßbedingungen eingehalten werden konnten (z. B. gleicher Abstand vom Fensterzählrohr, gleich dicke und gleichförmige Meßpräparate). Die beobachteten Meßeffekte konnten direkt mit dem Meßeffekt eines aliquoten Teiles der Ausgangsaktivität verglichen werden.

2. Synthese und Resorbierbarkeit einer mit C^{14} markierten organisch-chemischen Verbindung, radioaktiv kontrolliert[1]

Die Messung von weichen β-Strahlen wie z. B. von C^{14} oder S^{35} macht häufig erhebliche Schwierigkeiten besonders, wenn schwache Präparate vorliegen. Es sollte z. B. die Resorbierbarkeit von Benzimidazol bestimmt werden. Das mit C^{14} markierte 2-Phenyl-Benzimidazol wurde in Glycerin-Wasser gelöst und Ratten mittels einer Schlundsonde verabreicht. Nach 60 min bis 100 Std wurde jeweils eine 3 cm³ große Blutprobe genommen, getrocknet und in fein pulverisiertem Zustand zur Aktivitätsmessung gebracht. Von den verabreichten 60 mg wurden durchschnittlich 0,04 mg Benzimidazol pro Gramm Blut nachgewiesen.

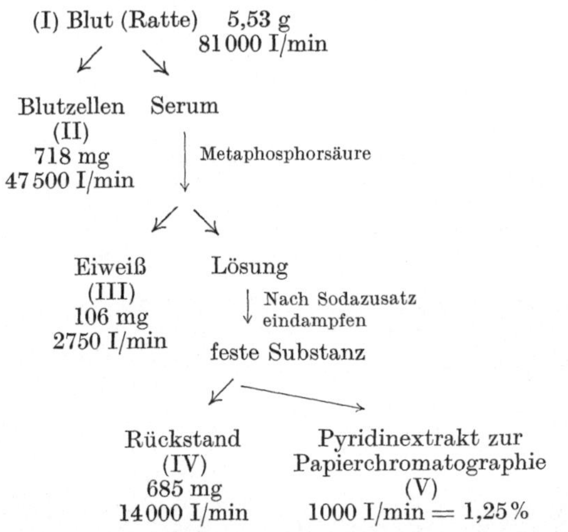

Abb. 181. Aufarbeitung der mit 2-Phenyl-benzimidazol-(2-C^{14}) markierten Blutproben (nach B. JERCHEL, H. BECKER und K. SCHMEISER[1])

Für die Versuche wurde das 2-Phenyl-Benzimidazol aus dem aus Harwell bezogenen, C^{14}-markierten Bariumkarbonat synthetisiert. Die chemische Ausbeute der einzelnen Syntheseschritte wurde radioaktiv überwacht (s. Abb. 181). Das traf auch zu für die Aufarbeitung der Blutproben, die für die Feststellung wichtig war, ob unverändertes Phenyl-Benzimidazol vorlag (s. Abb. 181). Als Nachweisgerät diente ein Fensterzählrohr, welches als Methan-Durchströmzählrohr im Proportionalbereich arbeitete (s. Abb. 55). Die Fensterdicke betrug wesentlich weniger als 1 mg/cm². Der Abstand der Präparate betrug nur 2 mm. Die Präparate wurden auf eine Unterlage von 25 mm Durchmesser gebracht und in *dicker Schicht* (s. S. 119) gemessen. Sofern die Substanzmenge der Proben nicht ausreichte, wurde der Probe inaktive Substanz zugemischt. Das galt besonders für den aliquoten Teil der Ausgangsaktivität, welche in Form von $BaC^{14}O_3$ vorlag. Auf diese Weise waren keine Korrektionen für die beobachtete Meßgröße notwendig und ein direkter Vergleich aller Meßpräparate untereinander gegeben. Bei der Ausmessung auf dem Papierchromatogramm wurde zum Vergleich ein Papierstreifen mitverwendet, auf welchem eine bekannte Menge der fraglichen Substanz eine papierchromatische Wanderung unter gleichen Bedingungen durchgemacht hatte.

---

[1] JERCHEL, D., H. BECKER u. K. SCHMEISER: Z. Naturforsch. 8b, 294 (1953).

3. Studium des Oxydationsmechanismus von Propen

Propen wird radioaktiv durch C^{14}-Atome markiert, welche durch eine geeignete Synthese des Moleküls an Stelle des inaktiven C-Atoms in 1-Stellung eingebaut wird (s. Abb. 182). Die Oxydation des Propenmoleküls kann an sich auf verschiedene Arten vor sich gehen. Die eine Möglichkeit besteht in einem totalen Abbau des Propenmoleküls, es entsteht in diesem Falle Kohlendioxyd, aufgrund der Messung der C^{14}-Aktivität zu 50%.

Die Oxydation kann aber auch an der Doppelbindung einsetzen. 33% des Propens, so ergibt die radioaktive Messung, werden damit in Essigsäure und Kohlendioxyd umgewandelt. Schließlich werden 16% des Propens durch oxydative Spaltung zwischen C_2 und C_3 zu Oxalsäure und Kohlendioxyd abgebaut. Der Nachweis einer kleinen Menge radioaktiven Acetons

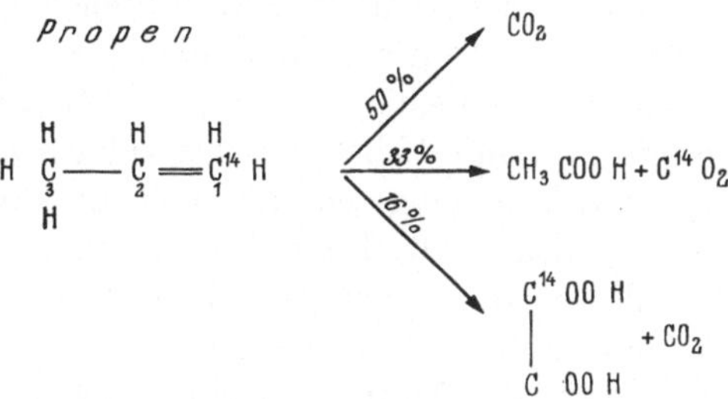

Abb. 182. Studium des Oxydationsmechanismus von Propen (nach H. R. V. ARNSTEIN und R. BENTLEY[1])

beweist, daß ein Teil des vorhandenen Propens über Aceton in Essigsäure und CO_2 oxydiert wird. Ohne Markierung des Propenmoleküls mit C^{14} sind solche Feststellungen nicht möglich.

4. Kontrolle der chemischen Trennung zweier Substanzen

Es soll die Trennung einer Substanz A von einer störenden zweiten Substanz B überwacht werden. Seien 10 g der Substanz A vorgegeben und eine an sich unbekannte Menge der Substanz B (s. Abb. 183). Vor dem ersten Reinigungsschritt gibt man zur Probe eine bestimmte, radioaktive Menge der Substanz B zu, z.B. 100 µC. Nun erst vollzieht man den ersten Reinigungsschritt. Im unreinen Anteil sollen sich beispielsweise 99 µC, im gereinigten Anteil nur 1 µC der B-Aktivität neben 10 g der Substanz A nachweisen lassen. Nach dem zweiten Reinigungsschritt findet man von 1 µC der B-Aktivität 0,99 µC der B-Aktivität im unreineren Teil, 0,01 µC und 10 g der Substanz A im reinen Teil.

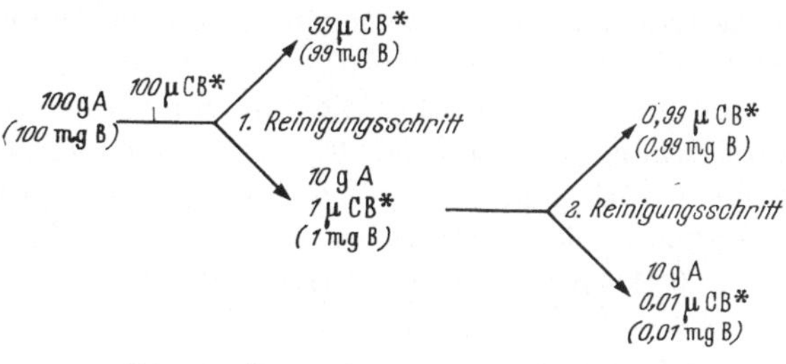

Abb. 183. Überwachung einer Substanzreinigung (nach J. R. BRADFORD[2])

Da sich die radioaktive Substanz B chemisch genau so verhält wie die inaktive Substanz B, läßt sich aus der ursprünglich zugegebenen B-Aktivität und der nach zwei Reinigungsschritten noch vorhandenen B-Aktivität schließen, daß die Verunreinigung an der Substanz B im Beispiel nach der Reinigung nur mehr den 10^4-ten Teil beträgt.

[1] ARNSTEIN, H., R. V. u. R. BENTLEY: Nucleonics 6 (6), 11 (1950).

[2] BRADFORD, J. R.: Radioisotopes in Industry, S. 73. New York: Reinhold Publ. Corp. 1953.

5. Nachweis der Luftradioaktivität

Durch Atombombenteste gelangt eine große Menge von Radionucliden zusätzlich in die Atmosphäre. Der augenblickliche Pegel der natürlichen Radioaktivität der Luft ist, von Ausnahmen abgesehen, heute aber noch wesentlich höher als der Pegel der künstlich durch diese Teste erzeugten, zusätzlichen Aktivität. Die Konzentration an Radionucliden in der Luft und in Niederschlägen wird an vielen Stellen der Erde laufend gemessen. Sehr häufig wird für die Messung der Konzentration von Radionucliden in der Luft eine Filtermethode[1] verwendet.

Durch ein Gebläse wird pro Zeiteinheit eine bestimmte Menge Luft Q angesaugt, die mit Hilfe eines Gaszählers gemessen wird. In die Ansaugleitung ist ein Faserfilter eingeschaltet, das die Radioaktivität der angesaugten Luft fast 100%ig zurückhält. Die Luftansaugung erfolgt z.B. über 24 Stunden oder 1 Woche, die Filter werden nach dieser Zeit abgenommen und ihre Radioaktivität gemessen. Es sind auch kontinuierliche Meßanlagen entwickelt worden[2]. Für die Messung der β-Aktivität kann man ein zylindrisches Geiger-Müller-Zählrohr mit dünner Wand (0,1 mm Dicke), durch entsprechende Versteifungen in drei Segmente geteilt, verwenden[3]. Das abgenommene Membranfilter, auf dem die Radioaktivität aufgespeichert wird, wird dreigeteilt um das Zählrohr gewickelt. Der Meßeffekt und damit die Größe der auf dem Filter angesammelten Radioaktivität nimmt zunächst mit der Zeit sehr schnell ab. Der kurzlebige Teil des Meßeffektes ist der natürlichen Radioaktivität (Radium- und Thorium-Emanation samt ihren Zerfallsprodukten) zuzuschreiben. Der nach Abklingen dieser Aktivität verbleibende Rest des Meßeffektes nimmt sehr langsam ab. Neben natürlichem C^{14} und K^{40} wird er im wesentlichen hervorgerufen durch die bei Atombombentesten künstlich erzeugten Radionuclide.

Für eine Unterscheidung einzelner Radionuclidenarten, z.B. in Niederschlägen, ist die γ-Spektroskopie herangezogen worden[4].

Es gibt heute auch Staubprobensammler, die aus einem Staubsauger mit eingebautem *Elektrofilter* bestehen. Die angesaugte Luft wird an einer aus vielen Nadelspitzen bestehenden Hochspannungselektrode vorbeigeführt. Durch eine Koronaentladung werden die mit Radioaktivität beladenen Aerosole auf eine Probeschale abgeschieden. Der Abscheidegrad beträgt etwa 50%. Die in dünner Schicht vorliegende α- und β-Aktivität wird mit einem Methandurchflußzähler gemessen. Die Nachweisgrenze für α-Strahlung liegt bei dieser Methode bei etwa 10^{-14} C/m³ angesaugter Luft, für β-Strahlung bei 10^{-12} C/m³.

6. Zur Diagnostik der Schilddrüsenfunktion unter Verwendung von Radiojod

Zum Studium der Schilddrüsenfunktion wird dem Patienten Radiojod verabreicht. Dieses Radiojod verhält sich chemisch genau wie inaktives Jod, nimmt also in gleicher Weise an Stoffwechselvorgängen innerhalb des menschlichen Körpers teil wie dieses. Es besitzt aber den Vorteil, daß sein Verbleib auf Grund der radioaktiven Strahlung verfolgt werden kann. Meist geschieht dies durch Messung der γ-Strahlung außerhalb der Schilddrüse. Die Messung der Jod-

---

[1] Haxel, O.: Z. angew. Phys. **5**, 241 (1953).

[2] Buchner, W.: Atompraxis **3**, 382 (1957).

[3] Schumann, G.: Arch. Met. Geophys. u. Bioklim. A **9**, 204 (1956).

[4] Sedlacek, M.: Staub **22** (3), 87 (1962).

aktivität im Blutserum oder im Urin gestattet erweiterte diagnostische Schlüsse. Die Jodspeicherung der Schilddrüse und die Umsetzung des verabreichten Jods in Schilddrüsenhormon erfolgt bei Normalfunktion der Schilddrüse anders als bei *Hyperfunktion* (Basedow-Kropf) bzw. *Hypofunktion* (bei krebsiger Schilddrüse).

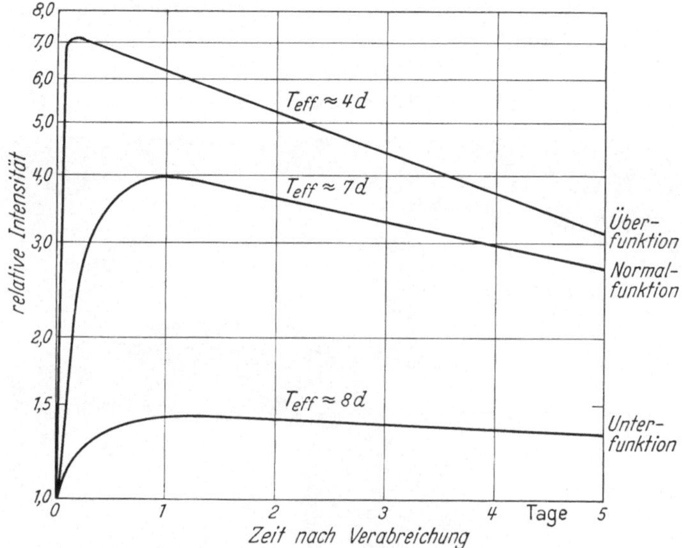

Abb. 184. Durchschnittlicher Aktivitätsverlauf (J^{131}) bei Über-, Normal- und Unterfunktion der Schilddrüse

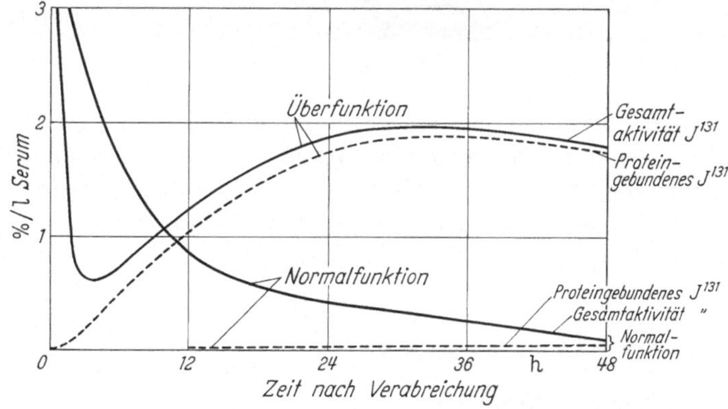

Abb. 185. J^{131}-Aktivität im Blutserum bei Normal- und Überfunktion der Schilddrüse

Für die praktische Diagnostik ist der *zeitliche Verlauf* der Speicherung des verabreichten Radiojods in der Schilddrüse *(Jodidphase)* und der zeitliche Verlauf der Blutserumaktivität *(Hormonphase)* von Bedeutung (s. Abb. 184 und 185)*.

Es hat sich herausgestellt, daß die Speicherung des verabreichten Radiojods durch die Schilddrüse innerhalb der ersten 15 Minuten nach Verabreichung die oben erwähnten diagnostischen Aussagen über den Funktionszustand gestatten. In besonders gelagerten Fällen wird durch zusätzliche Maßnahmen eine Fehl-

---

* Der Verfasser dankt Herrn Dr. WINKLER für die freundliche Überlassung der Abb. 184 und 185.

beurteilung vermieden[1]. Dieser sog. *Initialtest*, der von WINKLER u. Mitarb. entwickelt und verfeinert worden ist, läuft — kurz skizziert — folgendermaßen ab:

Aus einem Vorrat von J^{131} werden durch sorgfältig vorgenommene Verdünnungen zwei Präparate hergestellt, deren *Aktivitätsverhältnis* somit exakt bekannt ist. Das eine Präparat wird mit doppeltdestilliertem Wasser auf 3 cm³ aufgefüllt, in einer Ampulle verschlossen und in ein Plexiglasphantom eingesetzt. Es dient als Test- oder Vergleichspräparat. Die Strahlungsintensität wird in 40 cm Abstand gemessen. Sie betrage, abzüglich Nulleffekt, n_1 (10000 I/min).

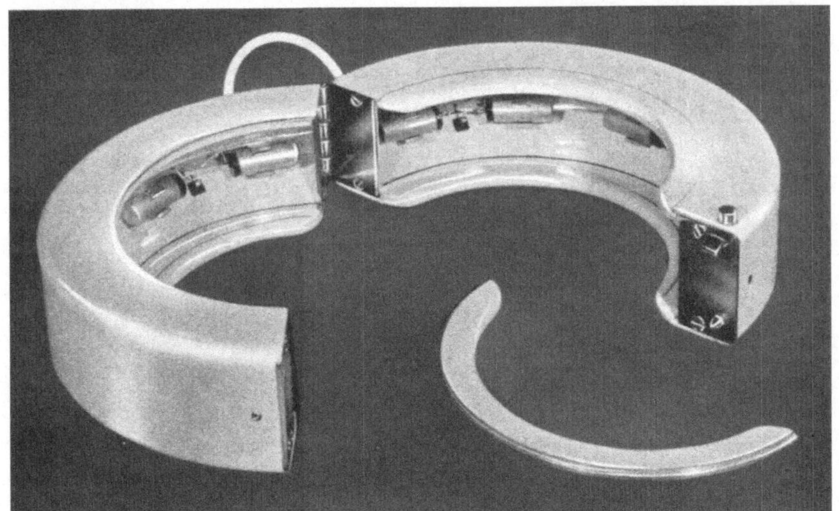

Abb. 186. Ringrohr-Vielfachzähler zur Bestimmung der in der Schilddrüse gespeicherten J^{131}-Aktivität

Sofort nach intravenöser Verabreichung des zweiten Präparates erfolgt in gleicher Entfernung die Messung der γ-Intensität aus der Schilddrüse, und zwar über eine Zeit von 15 Minuten. Nach Abzug des Nulleffektes und Berücksichtigung der nicht in der Schilddrüse gespeicherten Radioaktivität* ergibt sich der Netto-Meßeffekt n_{15} I/min. Als *mittlere Initialaufnahme* in 15 Minuten wird definiert[2]

$$J_{15} = \frac{n_{15}}{n_1} \cdot 100\% .$$

Bei normaler Schilddrüsenfunktion findet man J_{15}-Werte zwischen 10,5 und 19,5%, im Mittel etwa 15%[3].

Neuerdings verwendet man zu dieser Funktionsprüfung Jod 125. J^{125} besitzt eine relativ kurze Halbwertzeit ($T_{1/2} = 2{,}26$ h). Die Aktivität stammt aus einer radioaktiven Quelle von Tellur 125 ($T_{1/2} = 77{,}7$ h), das in Jod 125 zerfällt. Die entstehende Tochteraktivität Jod 125 wird auf chemischem Wege von der Mutteraktivität getrennt[4]. Die Beschaffung der kurzlebigen Jodaktivität ist damit

---

* Nach WINKLER u. Mitarb. beträgt dieser Anteil (bei Verwendung des Kollimators FH 417 T) im Mittel 8,5%.

[1] WINKLER, C., u. G. MENTZEL: Fortschr. Röntgenstr. **93** (3), 350 (1960). — LAFRENZ, T.: Med. Welt **29** (1962).

[2] WINKLER, C., u. G. MENTZEL: Fortschr. Röntgenstr. **93** (3), 350 (1960).

[3] WINKLER, C.: Private Mitteilung.

[4] FEINE, N.: Nuclear-Med. 1/2, 159 (1959).

relativ einfach. Die kurze Halbwertzeit hat den großen Vorteil, daß die Jod 125-Aktivität nach 24 Stunden so stark abgeklungen ist, daß eventuell eine zweite Joddiagnose unbeeinflußt bleibt. Außerdem ist die summierte Strahlenbelastung des Patienten gering.

Die Messung der γ-Intensität erfolgt mit einem Mehrfachzählrohr, einem Ringrohrzählrohr (s. Abb. 186), meist aber mit einem Szintillationszähler.

Wie Abb. 187 zeigt, wird ein Teil der γ-Quanten, die aus dem Aktivitätsdepot innerhalb der Schilddrüse nach allen Seiten emittiert werden, im umliegenden Gewebe absorbiert oder gestreut. Das führt zu einer Reduzierung der γ-Intensität

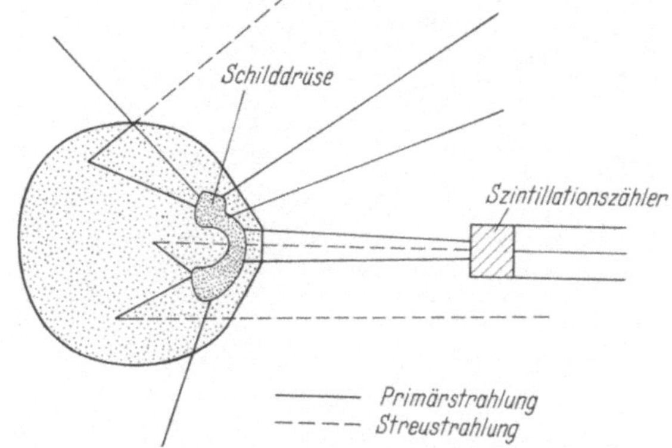

Abb. 187. Primär- und Streustrahlung eines J^{131}-Depots in der Schilddrüse

bzw. zu einem erhöhten Meßeffekt, wenn ein gestreutes γ-Quant auf diese Weise das Strahlennachweisgerät erreicht. Die Größe der Absorption schaltet man im

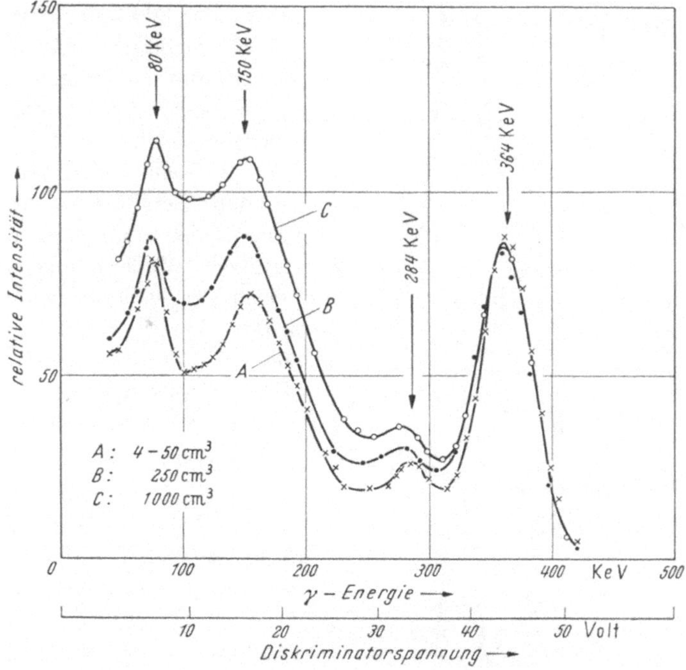

Abb. 188. γ-Spektrum von J^{131} bei verschiedenen Präparatanordnungen (nach Tracerlog Nr. 56, 1953)

wesentlichen dadurch aus, daß man den Meßeffekt mit dem Meßeffekt der Phantommessung in Beziehung bringt (s. oben). Der Einfluß der Streuung wird durch ein dünnes Bleifilter vor dem Szintillationszähler reduziert. Um dies einzusehen, betrachten wir nacheinander die Abb. 188 bzw. 189a—c.

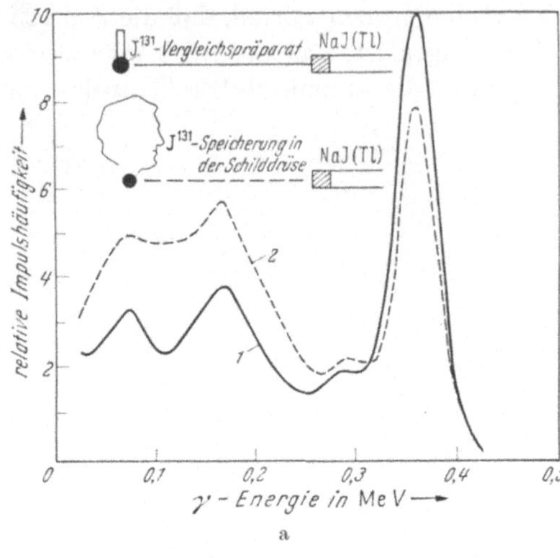

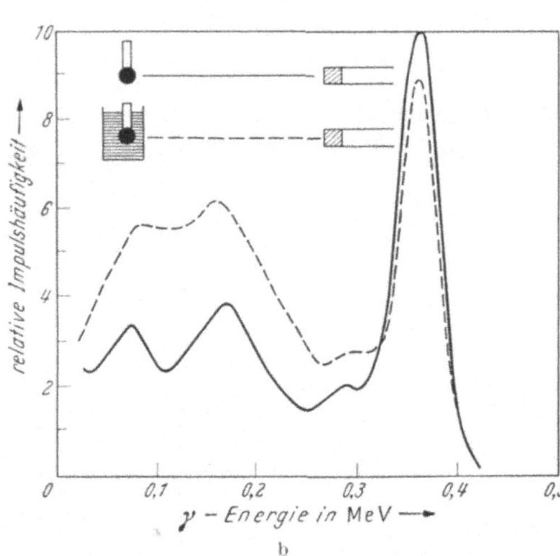

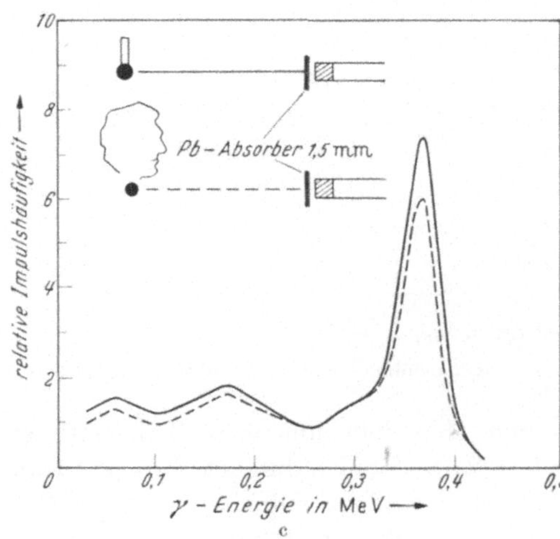

In Abb. 188 (γ-Spektrum von J¹³¹), erkennen wir drei Peaks, welche den γ-Linien bei 364, 150 bzw. 80 keV zugeordnet sind. Die Kurven A, B, C wurden bei gleicher Präparatstärke aufgenommen, die drei Präparate waren aber von verschiedenen Mengen Wasser umgeben (50, 250, 1000 cm³). Man sieht daraus, daß das Compton-Kontinuum (also Streustrahlung) mit zunehmender Wassermenge an Bedeutung zunimmt.

Kurve 1 der Abb. 189a zeigt ein γ-Spektrum für ein J¹³¹-Präparat, das in 50 cm³ Wasser aufgelöst war, Kurve 2 gibt das Ergebnis der Messung an der Schilddrüse wieder. Durch Absorption im umliegenden Gewebe ist der Photopeak bei 364 keV hier kleiner, durch Streuung das Compton-Kontinuum auffälliger. Bei integraler Messung über den gesamten Energiebereich würde man hier eine 125%ige Jod-Aufspeicherung in der Schilddrüse festgestellt haben, also zu einem völlig unsinnigen Meßergebnis gelangen. Durch Vergleich der beiden Photopeaks der Kurven 1 und 2 bei 364 keV würde man auf eine 88%ige Speicherung der verabreichten J¹³¹-Dosis schließen.

In Abb. 189b vergleichen wir zwei γ-Spektren für zwei gleich starke J¹³¹-Präparate, die jeweils in 50 cm³ Wasser aufgelöst worden sind, von denen das eine aber

Abb. 189a—c γ-Spektrum von J¹³¹ in der Schilddrüse und im Vergleichspräparat. a Vergleich zwischen J¹³¹-Ausgangsaktivität (in 50 cm³ Wasser, ausgezogene Kurve) und Schilddrüsenaktivität (γ-Strahlung, gestrichelte Kurve). b Ausgezogene Kurve = J¹³¹-Ausgangsaktivität wie unter a) und gestrichelte Kurve = dasselbe mit Wasserumhüllung. c Wie unter a), aber mit jeweils 1,5 mm Bleifolie direkt vor dem Szintillationszähler (nach Tracerlog Nr. 56, 1953) zusätzlich von 2000 cm³ Wasser umgeben war. Die ausgezogene Kurve ist mit der ausgezogenen Kurve 1 der Abb. 189a identisch.

Der Vergleich der beiden Kurven dieser Abbildung bekräftigt die Behauptung, daß die Zunahme der beobachteten Impulse bei kleineren γ-Energien durch Streuung der Primärstrahlung in der Umgebung des 50 cm³-Präparates verursacht wird. Der Vergleich der beiden gestrichelten Kurven in den Abb. 189a und b legt die Vermutung nahe, daß es günstiger ist, zur Nachahmung der Absorptions- und Streuungsverhältnisse in der Schilddrüse das Vergleichspräparat mit Wasser zu umgeben. Die richtige Dimensionierung der Wasserumhüllung beim Vergleichspräparat ist wegen der unterschiedlichen Lage und Größe der Schilddrüse schwierig.

Ausgehend von der Tatsache, daß die Absorption von γ-Strahlung in Blei mit abnehmender γ-Energie sehr stark zunimmt, und die Energie der Compton-Streustrahlung im Mittel nur etwa halb so groß ist wie die Energie der primären γ-Quanten von J^{131}, vergleichen wir die Messung an der Schilddrüse und am Vergleichspräparat in 50 cm³ Wasser wie oben, aber mit dem entscheidenden Unterschied, daß bei beiden Messungen direkt auf den Szintillationszähler eine dünne, etwa 1,5 mm starke Bleifolie

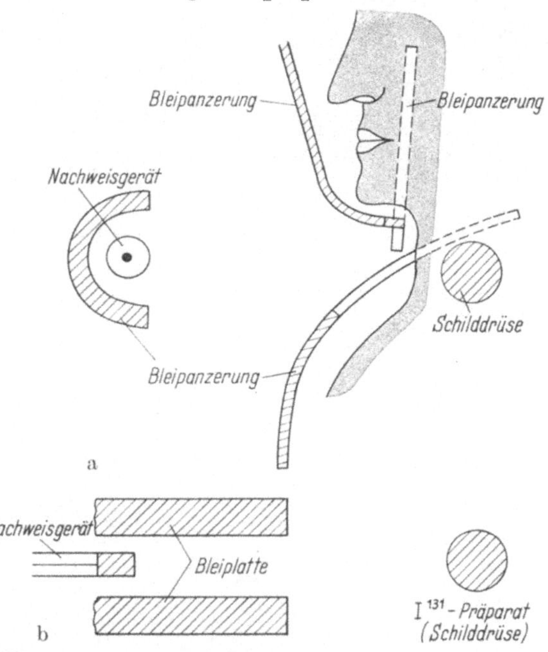

Abb. 190a u. b.   Bleiabschirmung bei der Messung der Schilddrüsenaktivität

aufgelegt wird. Das Bleifilter reduziert, wie aus dem Vergleich der Abb. 189a und c hervorgeht, die primäre γ-Strahlung auf etwa 63%, die Streustrahlung jedoch auf etwa 3%. Beide Kurven zeigen den gleichen relativen Verlauf. Daraus wird geschlossen, daß diese Vergleichsmessung zum richtigen Ergebnis führt.

Bei der Messung der Speicherung von Radiojod durch die Schilddrüse ist zu beachten, daß auch aus der Umgebung der Schilddrüse z.B. aus metastasierendem Gewebe J^{131}-γ-Strahlung ausgesandt werden kann, das den Meßeffekt erhöht. Wegen des größeren Volumens dieser Gewebeteile im Vergleich zur Schilddrüse kann die Verfälschung des Meßeffektes bedeutend sein.

Zur Vermeidung solcher Fehler schirmt man die Umgebung der Schilddrüse ab (s. Abb. 190).

Häufig interessiert neben der Speicherungsfähigkeit des verabreichten Radiojods die räumliche Verteilung der radioaktiv markierten Substanz in der Schilddrüse. Zu diesem Zweck tastet man den Schilddrüsenbereich mit einem Szintillationszähler ab, auf den ein Blendensystem (s. Abb. 191 und 192) aufgesetzt ist. Die Ausblendung ist offenbar bei Verwendung des in Abb. 192 gezeigten

Kollimators schärfer, die Verteilung des Joddepots erscheint daher differenzierter. Die Abtastung geschieht zeilenweise und automatisch durch einen sog. *Scanner*.

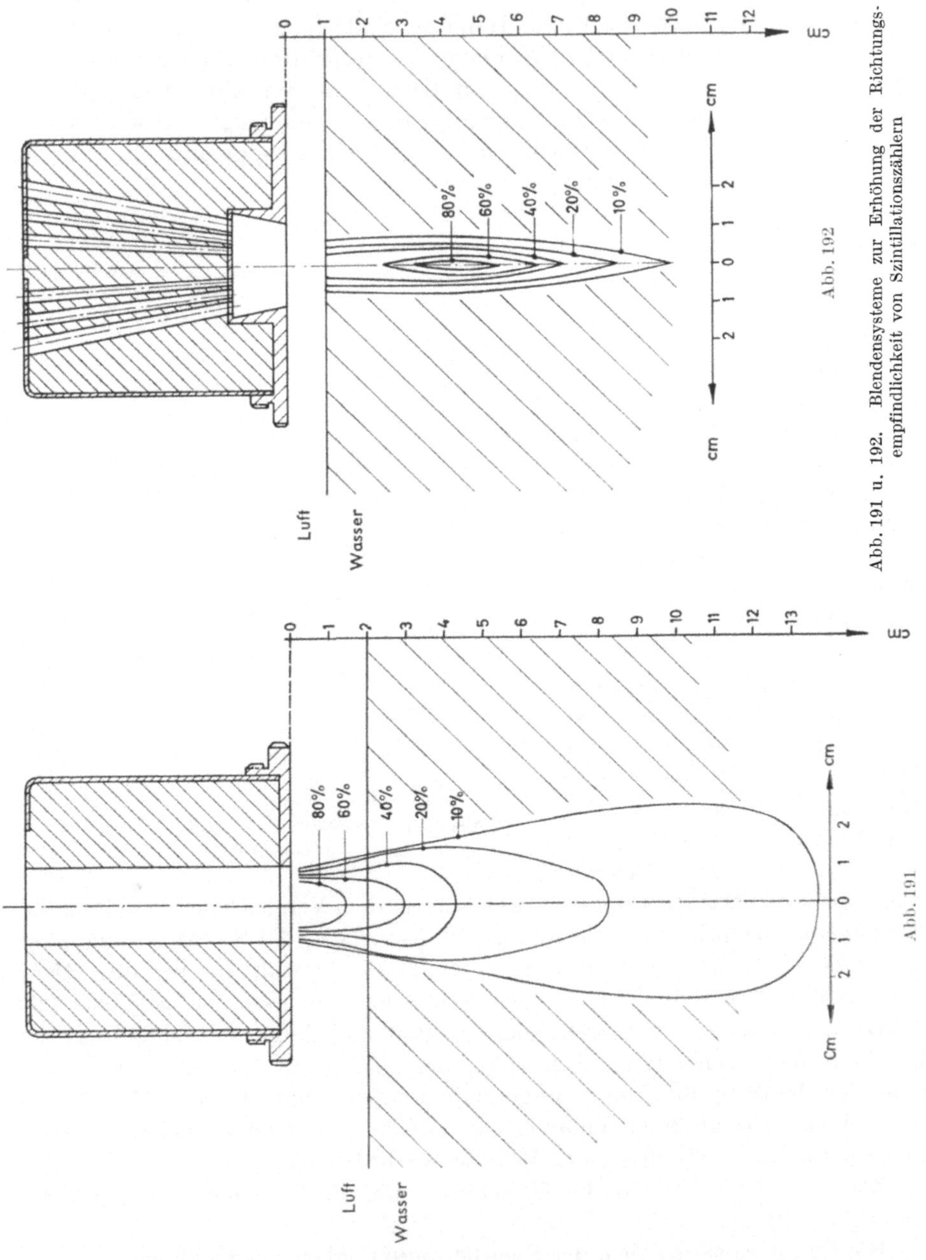

Abb. 191 u. 192. Blendensysteme zur Erhöhung der Richtungsempfindlichkeit von Szintillationszählern

Die Abtastung kann auf zwei Arten erfolgen: Im einen Falle wird der Szintillationszähler mit Blende zeilenweise in bestimmtem Abstand vor dem Objekt bewegt. Bei Erreichen einer gewissen, festlegbaren Impulszahl wird auf einem geeigneten Registrierpapier, räumlich richtig zugeordnet, ein Strich ausgedruckt

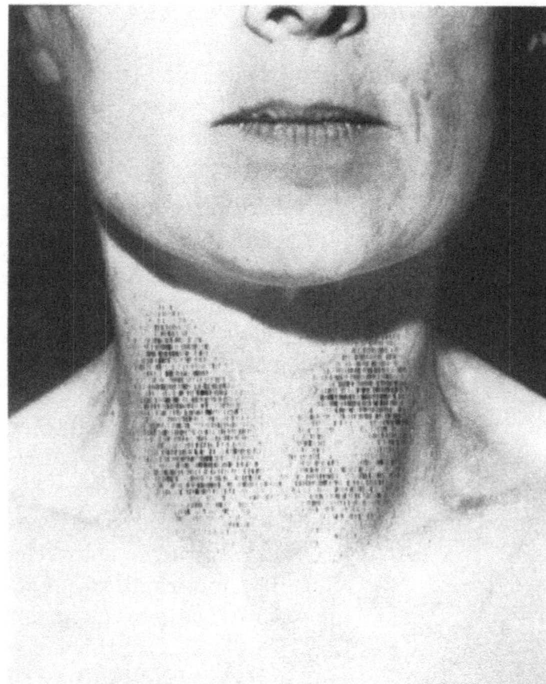

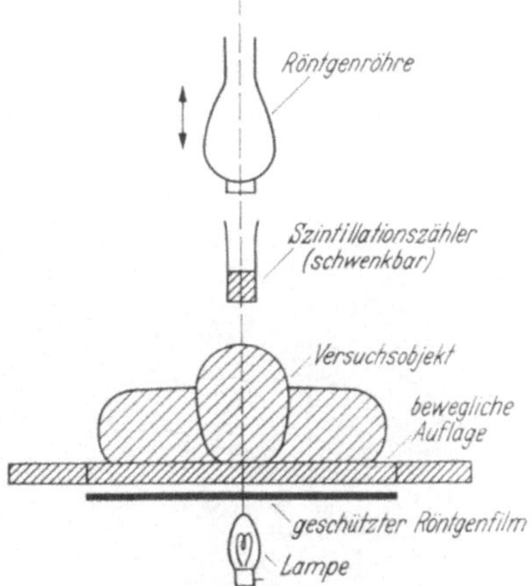

Abb. 194. Anordnung zur Aufnahme der Schilddrüsenaktivität mittels eines Scanners

Abb.193. Aufzeichnung der J¹³¹-Speicherung bei einem kalten Schilddrüsenknoten *

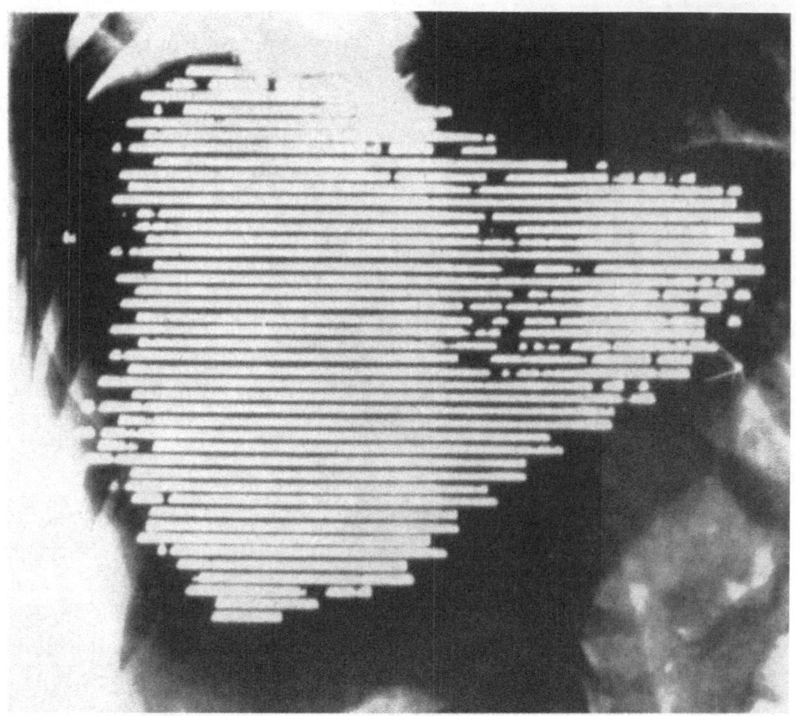

Abb. 195. Aufnahme der Aktivitätsverteilung bei gleichzeitiger Aufnahme eines Röntgenbildes auf denselben Röntgenfilm [1]

---

* Diese Abbildung wurde von Herrn Dr. habil. WINKLER freundlicherweise zur Verfügung gestellt.

[1] Aus einem Prospekt der Fa. Frieseke und Höpfner, Erlangen.

(mechanische Registrierung). Ist die Impulshäufigkeit groß, liegen die Striche dichter, so wie man es sehr deutlich aus Abb. 193 ersehen kann. Mit Hilfe eines Differenzzählers kann der Nulleffekt in Abzug gebracht werden.

Neuerdings verwendet man häufig eine *optische Registrierung*. Die Impulse des Szintillationszählers durchlaufen einen Einkanaldiskriminator, werden durch ein Ratemeter erfaßt und gelangen über einen sog. Kontrastverstärker auf eine Registrierlampe. Auch hier wird der Nulleffekt bereits berücksichtigt. Die Registrierlampe befindet sich (siehe Abb. 194) unterhalb des Versuchsobjekts und nimmt an der Bewegung des Szintillationszählers teil. Das Aufblitzen der UV-Lampe wird von einem Röntgenfilm erfaßt, so daß der Speicherungsort auf diesem markiert ist. Die spätere, genauere Zuordnung wird dadurch ermöglicht, daß vor oder nach der Abtastung in der Ausgangslage eine Röntgenaufnahme auf den gleichen Röntgenfilm erfolgt (siehe Abb. 195). Durch Wahl der für eine Registrierung notwendigen Mindestimpulshäufigkeit kann der Kontrast des Aktivitätsverteilungsbildes beeinflußt werden (s. Abb. 196).

Es ist von großem Vorteil, wenn die Aktivitätsverteilung gespeichert wird[1], weil es oft nicht leicht ist, die Kontrastverstärkung auf Anhieb optimal einzustellen, eine zweite Aufzeichnung aber nicht möglich oder zeitraubend ist.

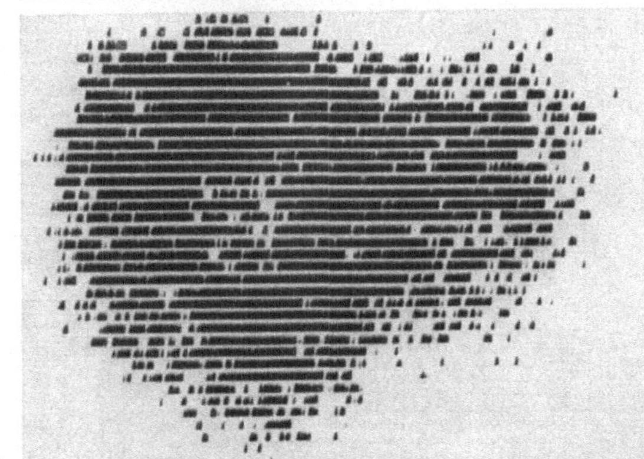

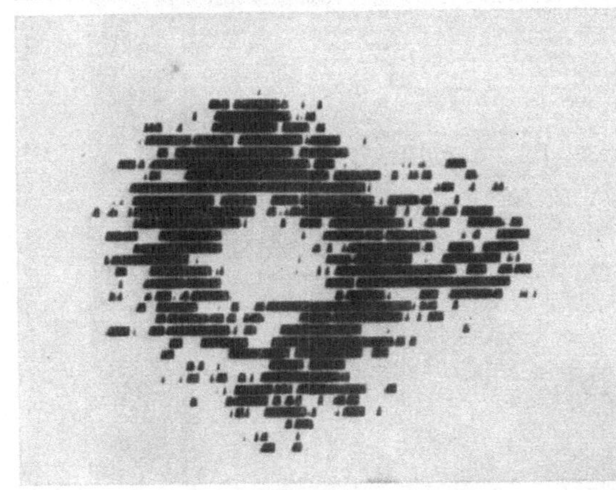

Abb. 196a—c. Szintillogramme eines Lebertumors bei verschiedener Aufnahmekontrastschärfe *

---

* Diese Szintillogramme stammen von Herrn Dr. habil. WINKLER.
[1] WINKLER, C., u. H. SCHEPERS: Nuclear Med. **2** (1), 67 (1961).

7. Lokalisierung von Hirntumoren mit Hilfe von Positronenstrahlen

Es ist nachgewiesen worden, daß bestimmte chemische Elemente und Verbindungen in Hirntumoren gespeichert werden, deren Nachweis mit der radioaktiven Methode ebenfalls die Grundlage einer Diagnose bildet. Da die Beurteilung nach Möglichkeit ohne operativen Eingriff erwünscht ist, entfällt z.B. Phosphor 32, das selektiv in Hirntumoren gespeichert wird[1]. Phosphor 32 ist ein reiner β-Strahler. Die Energie der emittierten β-Teilchen reicht nicht aus, die Schädeldecke zu durchdringen und damit den Nachweis zu ermöglichen.

Moore[2] hat 1948 von einer stark selektiven Aufnahme von Dijodofluorescein berichtet und durch Markierung dieser Verbindung mit radioaktivem Jod 131 solche Speicher durch Messung der durchdringenden γ-Strahlung von J^{131} außerhalb des Kopfes nachgewiesen. Die Nachweismethode ähnelt derjenigen zur Untersuchung der Jod-Speicherung durch die Schilddrüse[3]. Eine exaktere Lokalisierung eines Hirntumors ist durch Verwendung eines Positronenstrahlers gegeben[4]. Positronen

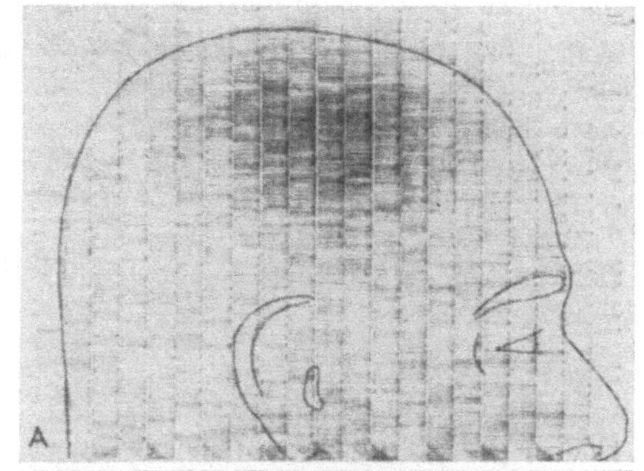
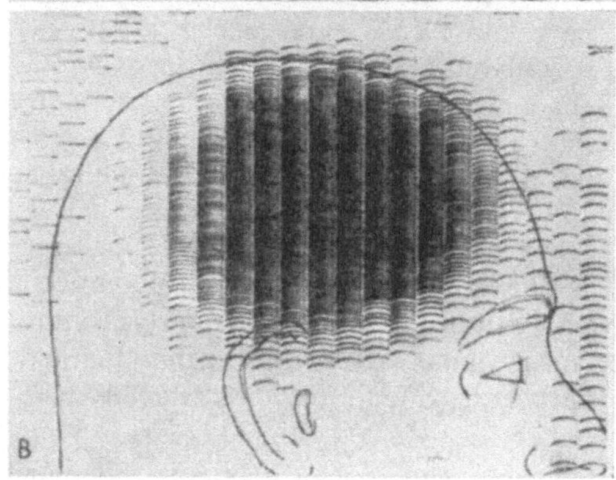

Abb. 197 A u. B. Zur Lokalisierung von Hirntumoren (nach Sweet u. Mitarb.[4])

haben zwar ebenfalls nur eine relativ geringe Reichweite, so daß sie außerhalb der Schädeldecke nicht nachweisbar sind. Ausgenutzt wird die Vernichtungsstrahlung (s. S. 81), bestehend aus zwei γ-Quanten von 0,51 MeV, welche in genau entgegengesetzter Richtung (180°) emittiert werden. Sweet hat darauf eine Methode zum Nachweis selektiver Speicherung eines Positronenstrahlers in Hirntumoren aufgebaut (s. Abb. 197). Das gestrichelte Oval in Abb. 198 stellt schematisch einen Schnitt durch das Versuchsobjekt dar, in welchem der Positronenstrahler gespeichert ist. Von den drei in der Abb. 198 eingezeichneten Aktivitätszentren A_1, A_2 und A_3 werden pro Zerfall je zwei Vernichtungsstrahlungsquanten emittiert. Die Emission des einen γ-Quants des

---

[1] Entsprechende Beurteilungen dieser Art während der Operation sind vom Verfasser vor Jahren zusammen mit Prof. Klar, Chir. Klinik, Heidelberg, mit Erfolg vorgenommen worden.

[2] Moore, G. E.: Science **107**, 569 (1948).

[3] Wegge, C. W.: Zbl. Neurochir. **10**, 229 (1950). — Allen, H. C., u. J. R. Risser: Nucleonics **13** (1), 28 (1955).

[4] Sweet, W. H., u. G. L. Brownwell: J. Amer. Med. Ass. **157**, (14), 1183 (1955).

jeweiligen Paares erfolgt über alle Richtungen statistisch gleichmäßig, die Richtung des zweiten γ-Quants ist damit aber eindeutig festgelegt (genau entgegengesetzte Richtung). Die Meßeinrichtung besteht im Prinzip aus zwei Szintillationszählern, die starr miteinander verbunden sind und als solche (meist durch eine geeignete Automatik) an dem Versuchsobjekt in zwei Raumrichtungen vorbeigeführt werden. Die beiden Szintillationszähler sind elektrisch in Koinzidenz geschaltet (s. S. 169), so daß nur dann ein Meßeffekt beobachtet wird, wenn beide Zähler gleichzeitig ansprechen.

Wie man aus Abb. 198 erkennt, kommt nur ein enges Bündel der Vernichtungsquanten zur Messung, so daß die Depotlokalisierung, welche durch einen Kollimator vor jedem der beiden Szintillationszähler noch verbessert werden kann, sehr gut ist.

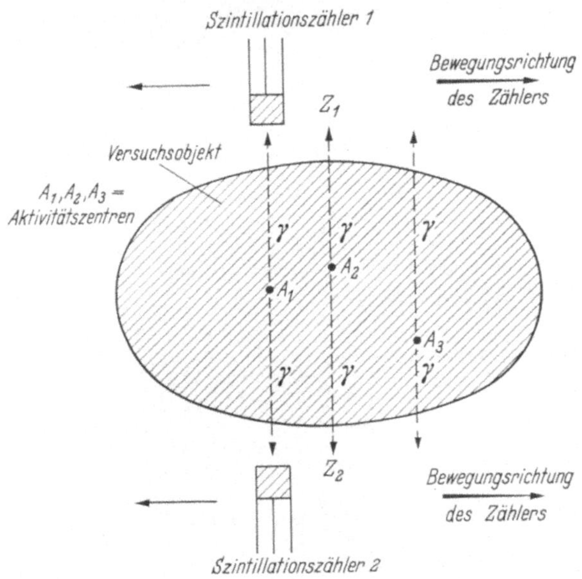

Abb. 198. Zur Messung der Vernichtungsquanten aus einem Positronenstrahlerdepot

Die Auswahl der für diesen Zweck brauchbaren, Positronen emittierenden Radionuclide ist nicht sehr groß. Zunächst muß eine selektive Speicherung des zugehörigen chemischen Elementes oder einer geeigneten Verbindung desselben im geschädigten Gewebe erfolgen. Ferner darf die Halbwertzeit des Radionuclides nicht zu klein sein, damit der Test zeitlich gesehen überhaupt durchführbar ist. Um die Strahlenbelastung klein zu halten, darf die Halbwertzeit, besonders die biologische Halbwertzeit (s. S. 255) aber auch nicht zu groß, dagegen soll die spezifische Aktivität hoch sein. Gleichzeitig emittierte, energiereiche γ-Strahlung, wie z.B. bei Na^{22} oder Mn^{52} (s. Zerfallsschema) verursacht eine Erhöhung des Untergrundes der Aufzeichnungen, wodurch die Abbildungsschärfe leidet.

B. Einige technische Anwendungsbeispiele

1. Radioaktive Überwachung einer Phosphorofenausmauerung

An einem großen Phosphorofen wird seit langem die Abnutzung der Ofenausmauerung kontrolliert[1]. Zu diesem Zweck sind an besonders gefährdeten Stellen der Ofenwand und des Ofenbodens Kobalt-60-Präparate eingemauert (s. Abb. 199). Die Gesamtpräparatstärke wird von außerhalb des Ofens durch einen Szintillationszähler in gewissen Zeitabständen gemessen. An jeder der fraglichen Stellen befinden sich drei Präparate P_1 bis P_3 hintereinander bzw. übereinander ange-

---

[1] SCHMEISER, K.: Atompraxis **6**, 133 (1960).

ordnet. Die Präparatstärken von P_1 bis P_3 sind so bemessen, daß jedes Präparat für sich etwa den gleichen Meßeffekt verursacht. Das innere Präparat P_1 ist also am stärksten, daß äußere Präparat P_3 am schwächsten. Ist die Abnutzung der Ausmauerung so weit fortgeschritten, daß das innerste Präparat (z. B. Q_1) abgetragen wird, so nimmt der Meßeffekt plötzlich auf zwei Drittel, bei weiterer Abnutzung bis zum Präparat Q_2 (oder sogar bis Q_3) auf ein Drittel bzw. auf Null des ursprünglichen Meßeffektes ab. Der Meßeffekt beträgt etwa 2000 I/min.

Die Überwachung der eingebauten Co^{60}-Präparate geschieht aus wirtschaftlichen Gründen nicht kontinuierlich, sondern in gewissen Zeitabständen. Bei der Kontrollmessung wird ein kleines Co^{60}-Präparat als Standardpräparat mitgemessen, so daß sofort entschieden werden kann, ob sich die Strahlungsintensität seit der vorhergehenden Nachprüfung verändert hat oder nicht. Die Schwächung der Radioaktivität durch radioaktiven Zerfall ($\sim 1\%$ pro Monat) braucht hier nicht berücksichtigt zu werden, weil das Vergleichspräparat in gleichem Ausmaße an Intensität abnimmt.

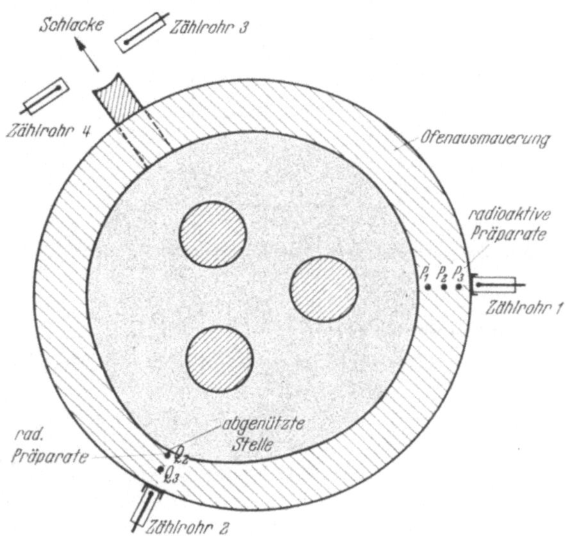

Abb. 199. Überwachung der Abnutzung einer Ofenausmauerung

2. Standmessungen

Es gibt eine große Zahl von Methoden zur Messung der Standhöhe, die in der Praxis mit gutem Erfolg verwendet werden, sofern nicht Korrosion, Polymerisation des Mediums u. a. die Anwendung stören. Da die radioaktive Standmessung im allgemeinen an der Außenseite des fraglichen Behälters angebracht wird, treten die genannten Schwierigkeiten nicht auf. Außerdem kann der Einbau der Meßanordnung auch nach Inbetriebnahme der Behälter noch vorgenommen werden. Die radioaktive Standmessung beruht im allgemeinen auf der Messung der zunehmenden Schwächung der in Richtung auf das Strahlungsmeßgerät emittierten radioaktiven Strahlung mit zunehmender Standhöhe (s. Abb. 200). Zur Vermeidung unerwünscht großer Präparate bei großen Durchstrahlungsstrecken verwendet man eine *Nachlaufsteuerung* (s. Abb. 201). Präparat und Zählrohr werden in zwei entsprechenden Rohren gleichzeitig so weit nach oben geschoben, bis die Flüssigkeitsschicht oder die Schicht der festen Masse gerade erreicht wird. In diesem Augenblick steigt die Impulszahl im Strahlungsmeßgerät merklich an, weil nunmehr die ungeschwächte Strahlung das Nachweisgerät erreicht. Die Höhe von Zählrohr und Präparat ist in diesem Augenblick gleich der Standhöhe des Mediums*.

---

* In der Praxis verzichtet man meist auf den automatischen Nachlauf. In dieser vereinfachten Form hat sich die Standmessung bestens bewährt, da sie gegenüber einer Anordnung nach Abb. 200 nur auf einer Ja-Nein-Entscheidung beruht.

In sehr vielen Fällen genügt es, einen Maximal- oder Minimalstand des Mediums zu alarmieren oder als Regelungsimpuls auszunutzen. Ein Beispiel sei hier anhand von Abb. 202 erläutert[1]. Zwischen einem Förderband und einem Kühl-

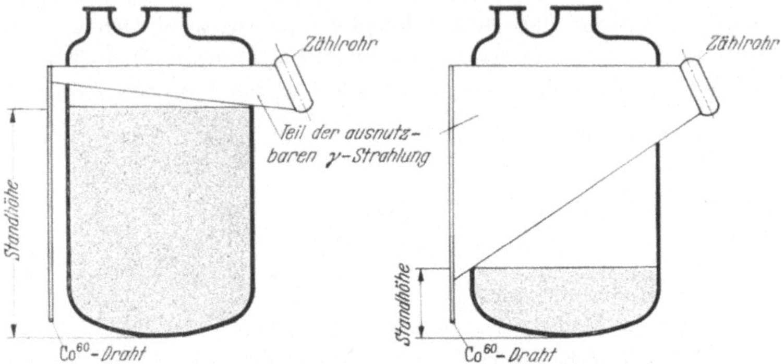

Abb. 200. Beispiel einer Behälterstandmessung mittels radioaktiver Strahlung (links hoher Stand = geringe Zählimpulshäufigkeit, rechts niedriger Stand = hohe Zählimpulshäufigkeit)

band einer Sinteranlage befindet sich ein Zwischenvorratsbunker mit zwei radioaktiven Grenzschaltern b_1 und b_2, welche die Aufgabe haben, den Bunker weder zu voll noch zu leer werden zu lassen. Die zweite Forderung muß gestellt werden, um genügend Material zu haben für das stets mit gleicher Schichtdicke beschickte Kühlband. Die Geschwindigkeit wird über den Stellmotor eines PIV-Getriebes

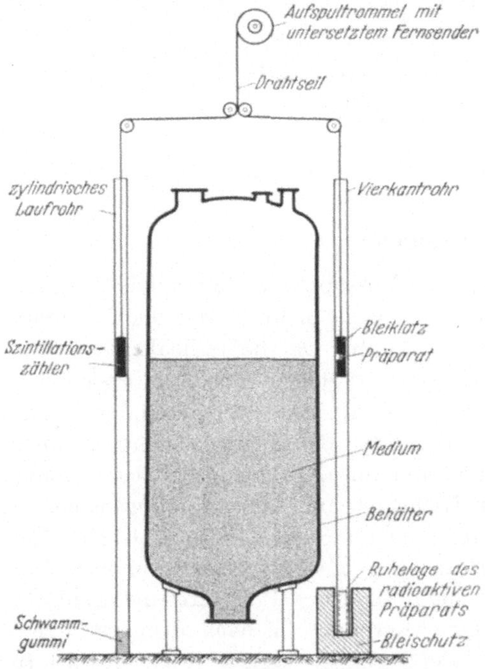

Abb. 201. Automatische Standanzeige in Behältern mittels Nachlaufsteuerung

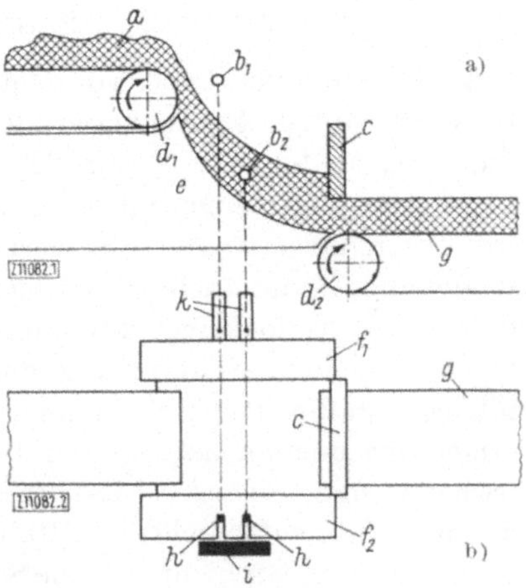

Abb. 202 a u. b. Einbau der radioaktiven Präparate und Szintillationszähler zur gleichmäßigen Gutaufgabe auf ein Förderband. a) Längsschnitt der Förderanlage; b) Aufsicht auf die Förderanlage; a Fördergut; b_1, b_2 Grenzschalter für Höchst- und Tiefststand; c Schleuse; d_1, d_2 Antrieb des Förderbandes für den Zu- und Ablauf vom Vorratsbunker; e Teil der Bunkerwand; f_1, f_2 Bunkerwand; g Förderband; h Co⁶⁰-Präparat; i Strahlungsschutz; k Szintillationszähler

---

[1] SCHMEISER, K.: VDI **102**, 129 (1960).

vergrößert, wenn zu viel Material im Bunker liegt (Maximalstand überschritten), und verringert, wenn das Umgekehrte der Fall ist (Minimalstand unterschritten). Um die Zahl der Pendelungen zwischen diesen Extremwerten wesentlich zu reduzieren, wurde eine elektrische Schaltung entwickelt, mit deren Hilfe das Kühlband nach einer Störung in der Materialzufuhr immer wieder mit der normalen Bandgeschwindigkeit läuft.

Abb. 203. Dichtemeßanlage in explosionsgeschützter Ausführung[1]. 1. Szintillometer; 2. Pb-Abschirmung; 3. Meßstrecke; 4. 500 mC Cs^{137} in Pb-Abschirmung

3. Dichtebestimmung mit Hilfe radioaktiver Strahlung

a) Dichtemessung bei Flüssigkeiten

Es gibt brauchbare Meßgeräte, um im Betrieb oder Labor die Dichte von Flüssigkeiten und Gasen kontinuierlich zu erfassen. Diese Geräte versagen aber, wenn das Medium zu Polymerisation, Sedimentation u. a. neigt und damit eine Probenahme erschwert oder unmöglich wird. In solchen Fällen wird man von der radioaktiven Strahlung innerhalb des betreffenden Mediums Gebrauch machen[2].

---

[1] TROST, A.: Atompraxis **6** (4/5), 121 (1960).
[2] BERTHOLD, R.: ATM V 9121-4.

Grundsätzlich besteht die Meßanordnung wie bei einer radioaktiven Standmessung aus einem radioaktiven Präparat auf der einen Seite einer Durchstrahlungsstrecke und einem Strahlennachweisgerät auf der anderen Seite derselben (s. Abb. 203). Je größer die Dichte, um so stärker die Abschwächung der

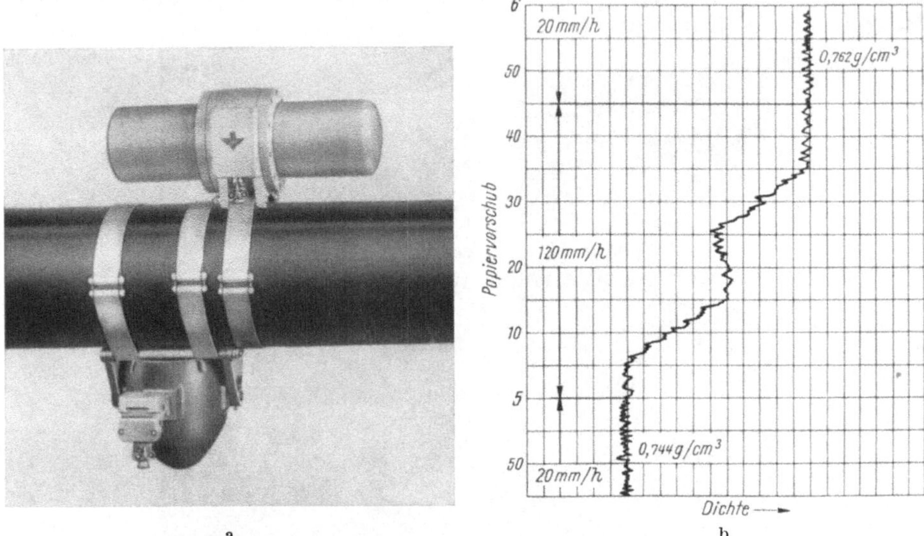

Abb. 204a u. b. Technische Dichtemeßeinrichtung[1]. a Anbau des Präparates (unten) und der Doppelionisationskammer (oben) an eine Rohrleitung. b Dichteverlauf bei Änderung der Treibstoffsorte in einer Fernleitung

radioaktiven Strahlung in Richtung des Meßgerätes. Die Meßanordnung kann auch nachträglich z.B. an eine Rohrleitung angebaut werden (s. Abb. 204).

Es ist selbstverständlich, daß die Länge der Durchstrahlungsstrecke dem Medium und der Art des radioaktiven Strahlers angepaßt sein muß*.

b) Kontinuierliche Analyse von Schwefel in Gasen

Ein anderes Anwendungsbeispiel, das praktisch auf eine Dichtemessung hinausläuft, ist die Bestimmung der Schwefelkonzentration in Raffineriegas[2]. Das Meßprinzip beruht auf der Tatsache, daß Schwefel Bremsstrahlung stärker absorbiert als etwa Kohlenstoff oder Wasserstoff. Damit macht sich schon eine relativ kleine Änderung des Schwefelgeháltes als relativ gut meßbare Intensitätsänderung bemerkbar. Die Schwefelkonzentration in Gewichtsprozent läßt sich berechnen mit Hilfe der Beziehung:

$$S\,(\text{Gew.-}\%) = K_1 \ln n + K_2,$$

wobei K_1 und K_2 zwei Konstanten sind und n die Impulshäufigkeit pro Minute bedeutet. Diese Beziehung gilt nur bei konstantem C/H-Verhältnis der Probe. Für

---

* Beispiel: $\varrho = 1$ g/cm³, radioaktives Präparat Cs^{137}, 250 mC, Durchstrahlungsstrecke 500 mm.

[1] Diese Abbildung wurde dem Verfasser von der Fa. AEG freundlicherweise zur Verfügung gestellt.

[2] PEGG, R. E., u. J. S. POLLOCK: Report RICC 11, Copenhagen 1960.

alle anderen Fälle muß zur Auswertung des Meßeffektes eine etwas kompliziertere Beziehung herangezogen werden. Bei einem Meßbereich von 0 bis 1% Schwefel in Raffineriegasen betrug der absolute Meßfehler $\pm 0,03\%$, der relative Fehler also etwa $\pm 3\%$ des Meßbereiches.

Die Meßanordnung wird schematisch in Abb. 205 gezeigt. Als Strahlenquelle dient ein Tritiumpräparat von etwa 2 Curie Stärke zusammen mit einer Zirkonfolie, in welcher die zur Messung der Dichte erforderliche Bremsstrahlung erzeugt wird. Das verwendete Geiger-Zählrohr trägt ein Berylliumfenster von 0,74 mm Dicke.

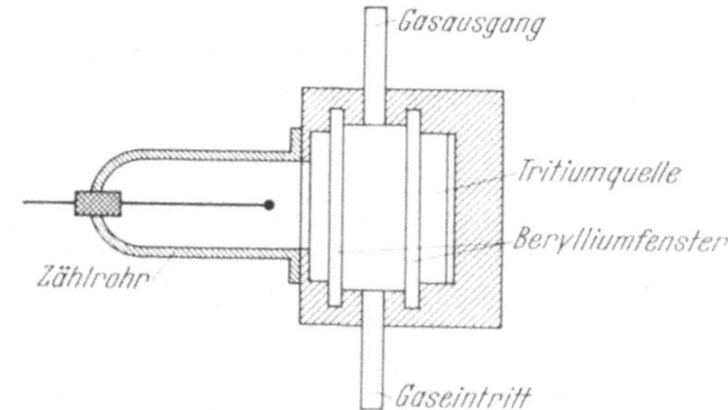

Abb. 205. Meßanordnung zur Bestimmung der Schwefelkonzentration in Raffineriegasen [1]

4. Dickenmessung mit radioaktiver Strahlung

Die radioaktive Dickenmessung mit α-, β- oder γ-Strahlung hat für die Praxis große Bedeutung. Zwei Methoden, bei denen fast ausschließlich die Ionisationskammer als Strahlennachweisgerät verwendet wird, sind in Gebrauch. Bei der einen Methode wird das Meßgut durchstrahlt und die Schwächung der Strahlung gemessen (*Durchstrahlungsverfahren*, s. Abb. 206). Die zweite Methode nutzt die Tatsache aus, daß β- oder γ-Strahlung beim Auftreffen auf Materie teilweise reflektiert wird und diese Reflexion in gewissem Ausmaß von der Schichtdicke des Meßgutes abhängt (s. Abbildung 207, *Rückstrahlverfahren*). Dabei ist Vorsorge getroffen, daß nur die reflektierte Strahlung, nicht aber die primäre, direkte Strahlung das Nachweisgerät erreicht. Bei γ-Strahlung wird zum Nachweis der reflektierten

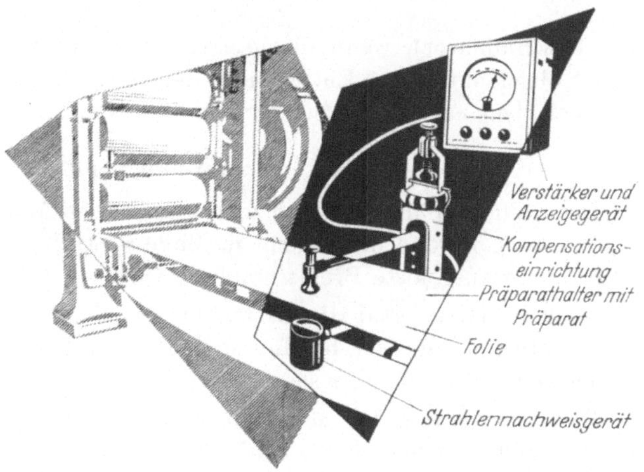

Abb. 206. Automatische Banddickenüberwachung

Strahlung ein Szintillationszähler verwendet, so daß sich diese Strahlung durch passende Einstellung der Diskriminatorspannung von der primären Strahlung absondern läßt.

Bei β-Strahlung verwendet man zur Erhöhung der Meßgenauigkeit vorzugsweise eine Doppelionisationskammer, wobei die reflektierte β-Strahlung in die eine Hälfte, die β-Strahlung eines in der Intensität richtig abgestimmten zweiten β-Strahlers in die andere Hälfte dieser Doppelionisationskammer gelangt.

---

[1] Pegg, R. E., u. J. S. Pollock: Report RICC 11, Copenhagen 1960.

MARTINELLI[1] beschreibt ausführlich eine Dickenmeßmethode, bei welcher die von β-Strahlung in der Meßprobe ausgelöste charakteristische Röntgenstrahlung zum Nachweis herangezogen wird. Die β-Teilchen eines relativ starken β-Strahlers (z. B. 40 mC Strontium 90, $T_{1/2} = 27{,}7$ Jahre, maximale β-Energie 0,23 MeV), erzeugen an der Probe Röntgenstrahlung, die charakteristisch für das Probenmaterial ist. Diese allein erreicht den Strahlendetektor (z. B. Proportionalzähler

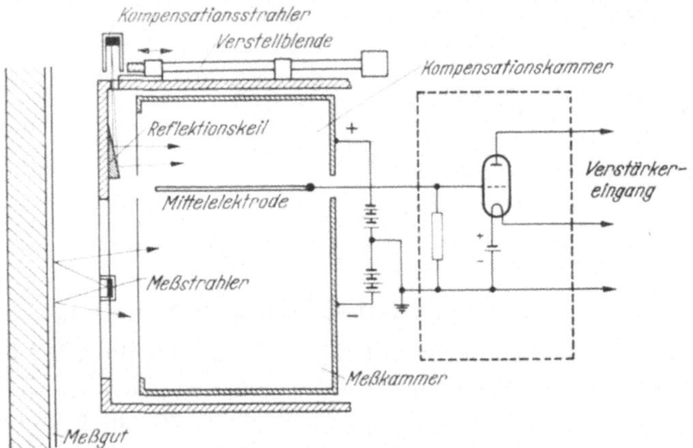

Abb. 207. Meßanordnung zur Dickenbestimmung. Messung der Rückstreuung von β-Strahlung
(nach R. BERTHOLD[2])

mit Diskriminator), wenn die gestreute β-Strahlung durch ein Magnetfeld geeignet abgelenkt wird. Einzelheiten der Methode und Ergebnisse müssen in der Originalarbeit nachgelesen werden.

5. γ-Radiographie

Die Radiographie dient zur zerstörungsfreien Materialprüfung. Neben Röntgenstrahlung werden in steigendem Maße γ-Strahler, neuerdings auch die durch β-Strahlung ausgelöste Bremsstrahlung verwendet.

Nach MÜLLER[3] sind die Bestrahlungskosten bei beiden Methoden im allgemeinen etwa gleich hoch, bei dünneren Materialdicken dürfte jedoch die Röntgenradiographie etwas billiger sein.

Die Anwendung der Materialprüfung mittels γ-Strahlung *(Gamma-Radiographie)* erstreckt sich auf die Prüfung von Materialfehlern allgemein, insbesondere aber auf die Kontrolle von Schweißungen, wobei wiederum die Prüfung von Schweißnähten an Rohrleitungen im Vordergrund steht. Die Schweißnahtprüfung an Überland-Rohrleitungen (pipeline) unter Verwendung der Strahlung von Radionucliden hat den Vorteil, daß diese Methode keine elektrische Energie benötigt und in schwer zugänglichem Gelände besser zu handhaben ist[4]. Der Nachteil längerer Belichtungsdauer wird in Kauf genommen.

---

[1] MARTINELLI, P.: ETDA Report RICC/108 (1960).
[2] BERTHOLD, R.: Atompraxis 2, 185 (1956). — GUIZERIX, J. M.: ATEA Report RICC/107 (1960).
[3] MÜLLER, E. A. W.: Werkstatt u. Praxis 86 (6), 301 (1953).
[4] GOTTFELD, F.: Atomwirtschaft 1 (6), 225 (1956).

a) Methode

Das Prinzip der γ-Radiographie ist einfach. Auf der einen Seite des Prüfgutes (s. Abb. 208) befindet sich in geeignetem Abstand die Strahlenquelle (z. B. ein Co^{60}-Strahler). Auf der anderen Seite, in unmittelbarer Nähe des Prüfgutes wird ein empfindlicher Film (z. B. ein Röntgenfilm) ausgelegt. Nur der im Prüfgut nicht absorbierte Teil der von der Strahlungsquelle ausgehenden γ-Strahlung kann den Film belichten und eine entwickelbare Schwärzung hervorrufen. Die Schwärzung ist um so stärker, je weniger Material (gemessen in g/cm²) zwischen Strahlenquelle und Film liegt. Bei Materialfehlern, z. B. Luft- oder Sandeinschlüssen, wird also eine stärkere Schwärzung verursacht, weil an den zugeordneten Durchstrahlungsstellen die γ-Intensität weniger abgeschwächt wird.

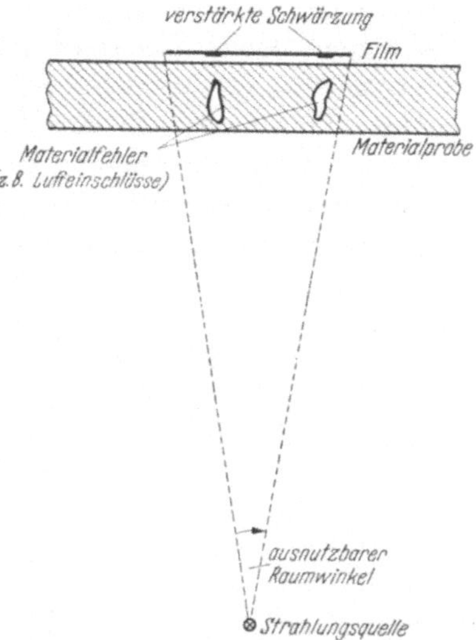

Abb. 208. Zur Methode der zerstörungsfreien Materialprüfung mittels radioaktiver Strahlung

b) Abbildungsschärfe

Um Materialfehler auf dem γ-Radiogramm (entwickelter Film) feststellen zu können, muß sich die unterschiedliche Schwärzung des Filmes erkennen lassen. Die Güte des Radiogramms hängt von verschiedenen Faktoren ab, zunächst von den rein geometrischen Verhältnissen während der Aufnahme. Für die Ausdehnung x des

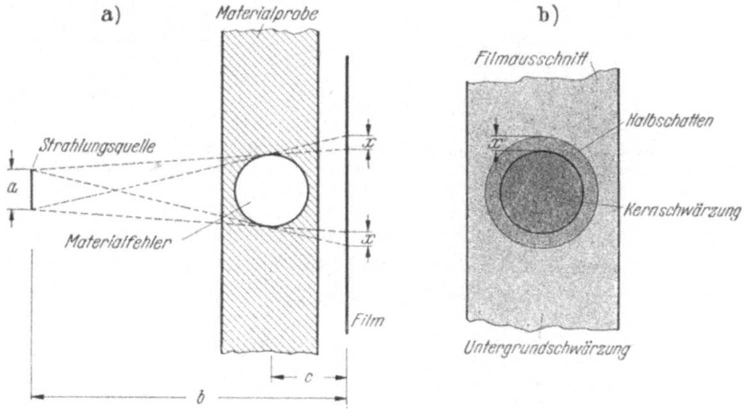

Abb. 209 a u. b. Zur Berechnung der Abbildungsschärfe

Halbschattens, die wir zunächst als Maß für die Abbildungsschärfe wählen wollen (s. Abb. 209), gilt die Beziehung:

$$x = \frac{a \cdot c}{b - c} \sim \frac{ac}{b} \quad \text{für} \quad b \gg c.$$

Die Abbildungsschärfe ist um so größer, je größer der Abstand b (ungefähr gleich dem Abstand der Strahlungsquelle vom Prüfgut), je näher der Film am Prüfgut angebracht wird und je kleiner die Abmessungen der Strahlenquelle sind.

Die Abbildungsschärfe kann durch Auflage von *Verstärkerfolien* auf den Film verbessert werden. Die Hauptschwärzung im Film wird durch die bei der Absorption der γ-Strahlen erzeugten Sekundärelektronen (im wesentlichen Compton-Elektronen) hervorgerufen. Die Reichweite dieser Sekundärelektronen ist relativ klein. Damit werden für die Schwärzung des Filmes vorzugsweise nur diejenigen γ-Quanten ausgenutzt, welche in einer verhältnismäßig dünnen, dem Film zugewandten Schicht des Prüfgutes absorbiert werden. Wenn nun direkt vor den Film zusätzlich eine Bleifolie von etwa 0,05 bis 0,15 mm Dicke gelegt wird, findet die Erzeugung der die Schwärzung des Filmes verursachenden Sekundärelektronen in der Hauptsache in dieser Bleifolie statt (s. Abb. 210). Die Abbildungsschärfe wird kontrolliert durch Auflegen eines Drahtsteges (s. Abb. 211) auf die dem Film abgewandte Seite des Prüfgutes. Das Bild des Drahtsteges erscheint damit gleichzeitig auf dem Film.

Der Drahtsteg besteht aus sieben verschieden dicken Drähten

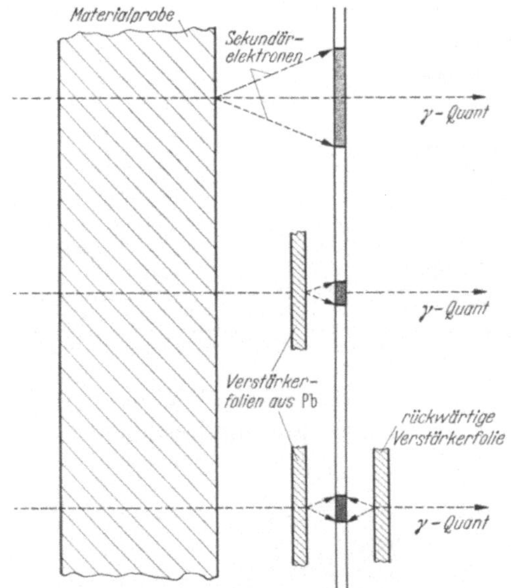

Abb. 210. Verstärkung des Bildeindruckes eines γ-Radiogrammes durch zusätzliche Bleifolien vor und hinter dem Film

Abb. 211. Drahtsteg zur Messung der Drahterkennbarkeit nach DIN 54110

aus Aluminium, Eisen oder Kupfer, welche in einem schwach absorbierenden Material eingebettet sind (s. DIN-Normblatt 54110). Als Maß für die Abbildungsschärfe oder *Bildgüte* dient die *Draht-Erkennbarkeit.*

$$DE = \frac{\text{Durchmesser des kleinsten, gerade noch erkennbaren Drahtes}}{\text{Dicke des Prüfgutes}} \cdot 100\%.$$

c) Belichtungsdauer

Im allgemeinen benötigt man bei der γ-Radiographie wesentlich längere Belichtungszeiten als bei der Röntgenradiographie. Mit kleinen Strahlungsquellen hoher Volumenaktivität läßt sich die Belichtungszeit aber abkürzen. Die γ-Quelle kann dann näher an die Materialprobe gebracht werden, die wirksame Strahlungsintensität vergrößert werden, ohne daß die Abbildungsschärfe x darunter leidet (s. obige Beziehung). Da während der Bestrahlung keinerlei Bedienung oder Überwachung erforderlich ist, können die Bestrahlungen auch über Nacht durchgeführt werden. Die Belichtung wird so gewählt, daß auf dem Film eine Schwärzung zwischen 1,3 bis 2,0 erreicht wird. Die Belichtungszeit läßt sich auch abkürzen durch Verwendung von *Verstärkerfolien* aus Blei, die auf die Rückseite des Filmes gelegt werden. Die optimale Dicke der Verstärkerfolien (0,002 bis 0,005 mm) hängt von der γ-Energie und von der Art des Filmes ab. γ-Quanten, welche noch durch die vorderseitige Verstärkerfolie und den Film gelangen, erfahren in der rückwärtigen Bleifolie eine weitere Abbremsung, wobei wiederum Sekundärelektronen erzeugt werden. Ein Teil der Sekundärelektronen wird rückgestreut und trägt zu einer verstärkten Filmschwärzung bei. Häufig werden zwei Filmstreifen zwischen drei Verstärkerfolien gelegt (s. Abb. 212).

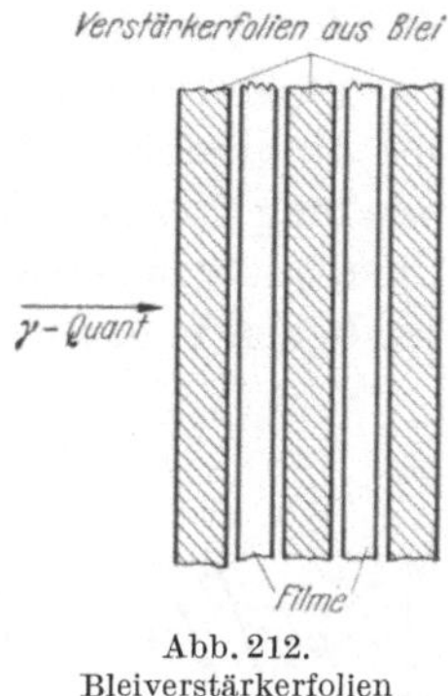

Abb. 212.
Bleiverstärkerfolien

Beide Filme werden nach der Entwicklung aufeinandergelegt, so daß ein verstärkter Bildeindruck resultiert. Bei gleicher Gesamtschwärzung benötigt man

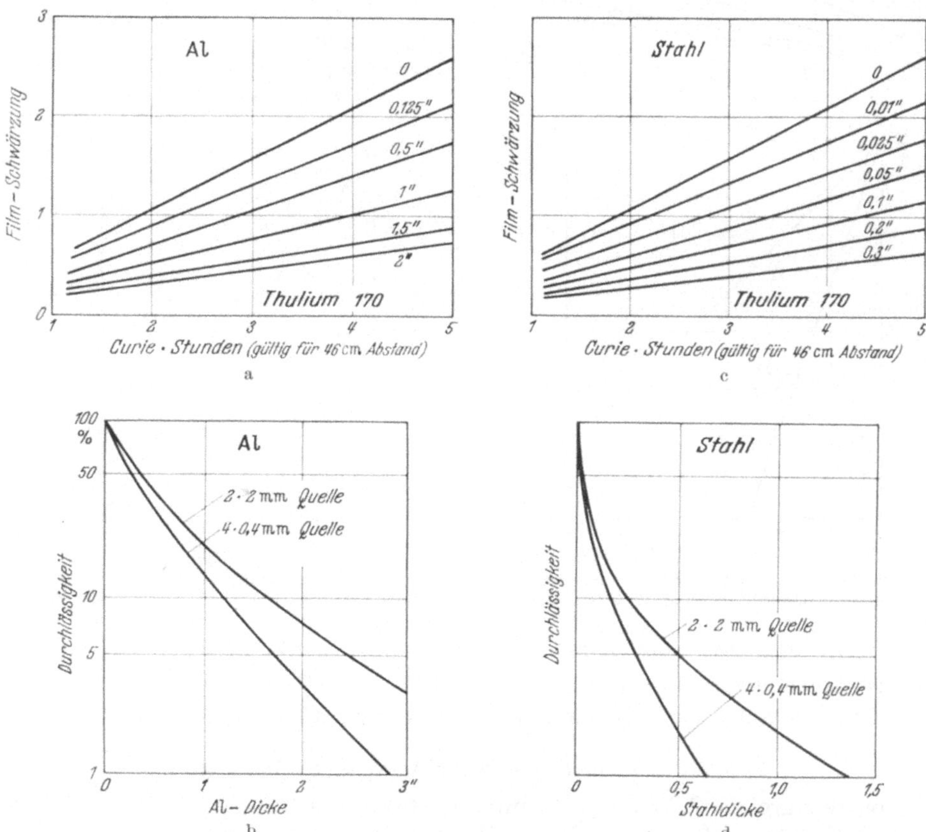

Abb. 213 a—d. Diagramm zur Abschätzung der notwendigen Aktivitäten und Absorptionskurven für die Thulium-170-γ-Strahlung in Aluminium und Stahl

also kürzere Belichtungsdauer. Gleichzeitig lassen sich Filmfehler, die bei der Entwicklung oder durch irgendwelche mechanische Beschädigung vorher oder nachher entstehen, beim Vergleich beider Filme leicht feststellen.

Eine Verkürzung der Belichtungszeit kann auch durch Verwendung von Fluorescenzfilmen erzielt werden. Allerdings ist damit eine geringere Auflösung der Abbildung verbunden. Die Verkürzung der Belichtungszeit nimmt bei Verwendung von Metallsalzfolien nicht proportional mit der Präparatstärke zu. Der Übergang von 100 auf 1000 mC bedeutet bei Bleiverstärkerfolien eine Reduzierung der Belichtungszeit auf $^1/_{10}$, bei Metallsalzfolien dagegen eine Reduzierung auf $^1/_{18}$.

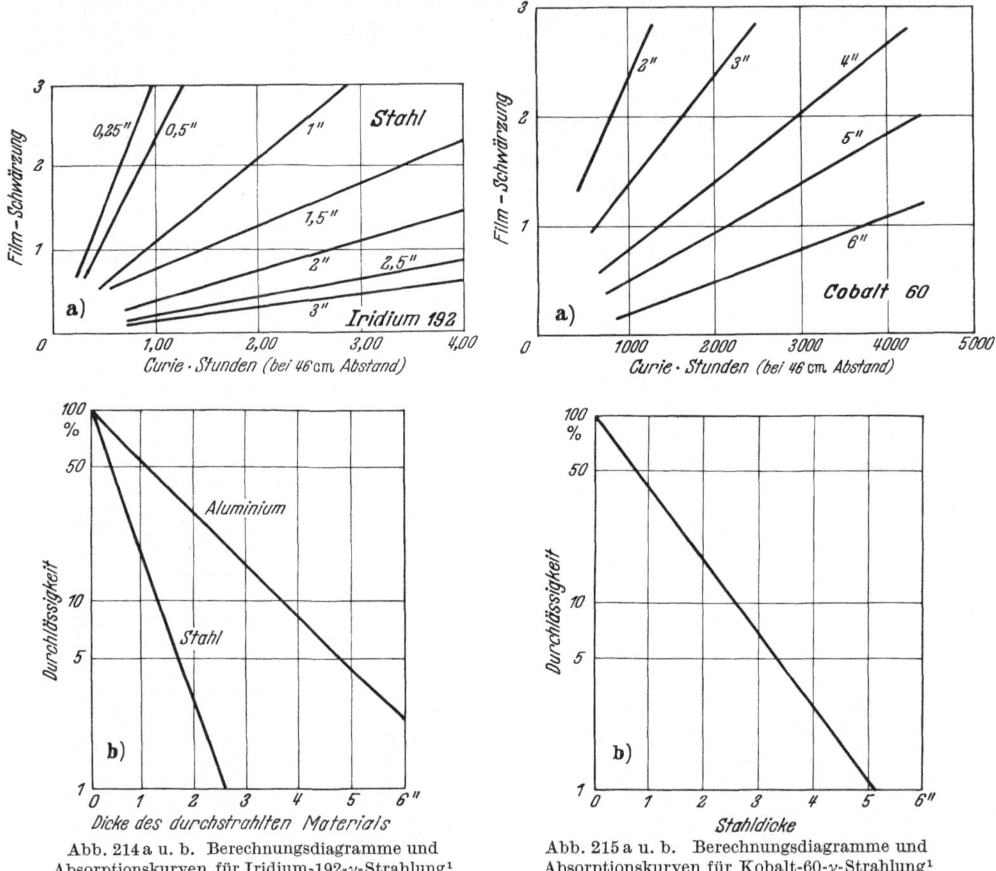

Abb. 214a u. b. Berechnungsdiagramme und Absorptionskurven für Iridium-192-γ-Strahlung[1]

Abb. 215a u. b. Berechnungsdiagramme und Absorptionskurven für Kobalt-60-γ-Strahlung[1]

In Abb. 213—215 sind Belichtungsdiagramme[1] wiedergegeben. Man kann daraus entnehmen, wie lange man ein Prüfobjekt mit einem Präparat bestimmter Aktivität bestrahlen muß, um ein kontrastreiches γ-Radiogramm zu erhalten.

d) Strahlungsquellen und ihr Anwendungsbereich

Von der großen Zahl der bekannten γ-Strahler (s. Tabelle 36) scheiden von vornherein sehr viele aus, weil ihre Halbwertzeit zu klein ist. Von den übrig bleibenden γ-Strahlern kommen wiederum nur diejenigen in Betracht, die kein zu komplexes γ-Spektrum aufweisen, und dann nur, wenn sie in hoher spezifischer Aktivität (z.B. Volumenaktivität: C/mm^3) erhältlich sind.

[1] Harwell Katalog Nr. 3 (1954). — Siehe auch SCHIEBOLD, E., u. E. BECKER: Technik **13**, 337 (1958).

Die Energie der Strahlenquelle muß der Dicke und der Art des Prüfgutes angepaßt sein. Für dickes Material eignet sich Kobalt 60, das eine günstige Halbwertzeit (5,3 Jahre) hat, vorteilhafterweise zwei γ-Quanten pro Zerfall aussendet mit ähnlicher γ-Energie, wesentlich billiger ist als entsprechend starke Radiumpräparate und in hoher spezifischer Aktivität erhältlich ist.

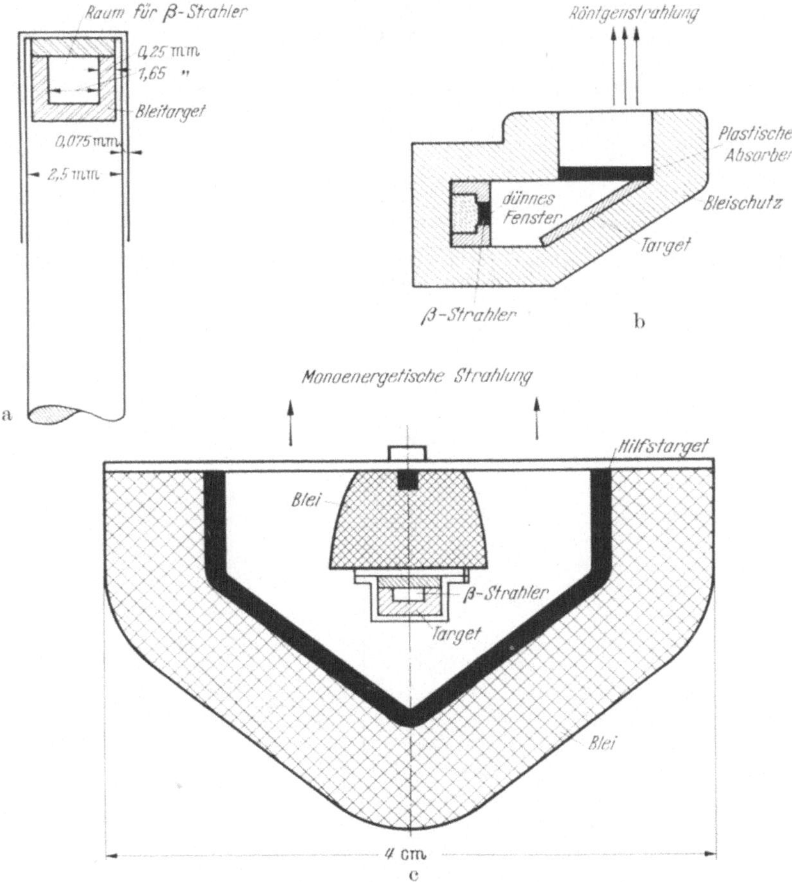

Abb. 216 a—c. Strahlungsquellen unter Ausnutzung der Bremsstrahlung (nach L. REIFFEL [1]).

Der Anwendungsbereich für Kobalt 60 erstreckt sich auf Stahldicken von etwa 50 bis 150 mm. Bei 15 cm Stahldicke ist die γ-Intensität auf 1 % abgesunken, was in etwa als obere Grenze des Anwendungsbereiches angesehen wird. Für Leichtmetalle eignet sich Kobalt 60 (ebenso Tantal 182) nicht. Selbst die γ-Strahlung von Iridium 192 ist hierzu noch zu energiereich.

Der Anwendungsbereich von Iridium umfaßt Materialdicken von 10 bis 65 mm Stahl. Störend ist die relativ kurze Halbwertzeit (74, 37 d). In dieser Hinsicht ist das Spaltprodukt Caesium 137 mit einer Halbwertzeit von 26,6 Jahren günstiger. Das andere Caesiumisotop 134 hat ähnliche Eigenschaften ($T_{1/2} = 2,1$ y,

---

[1] REIFFEL, L.: Nucleonics **13** (3), 22 (1955).

Schmeiser, Radionuclide   16

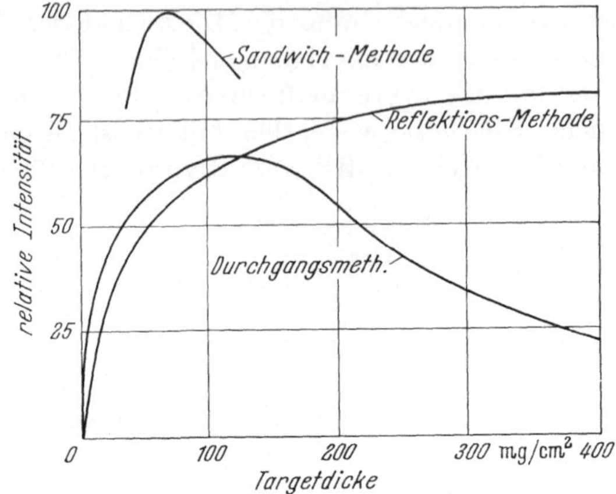

Abb. 217. Intensität der charakteristischen Röntgenstrahlung als Funktion der Targetdicke, ausgelöst durch β-Strahlung von Sr^{90}-Y^{90} in Zinn

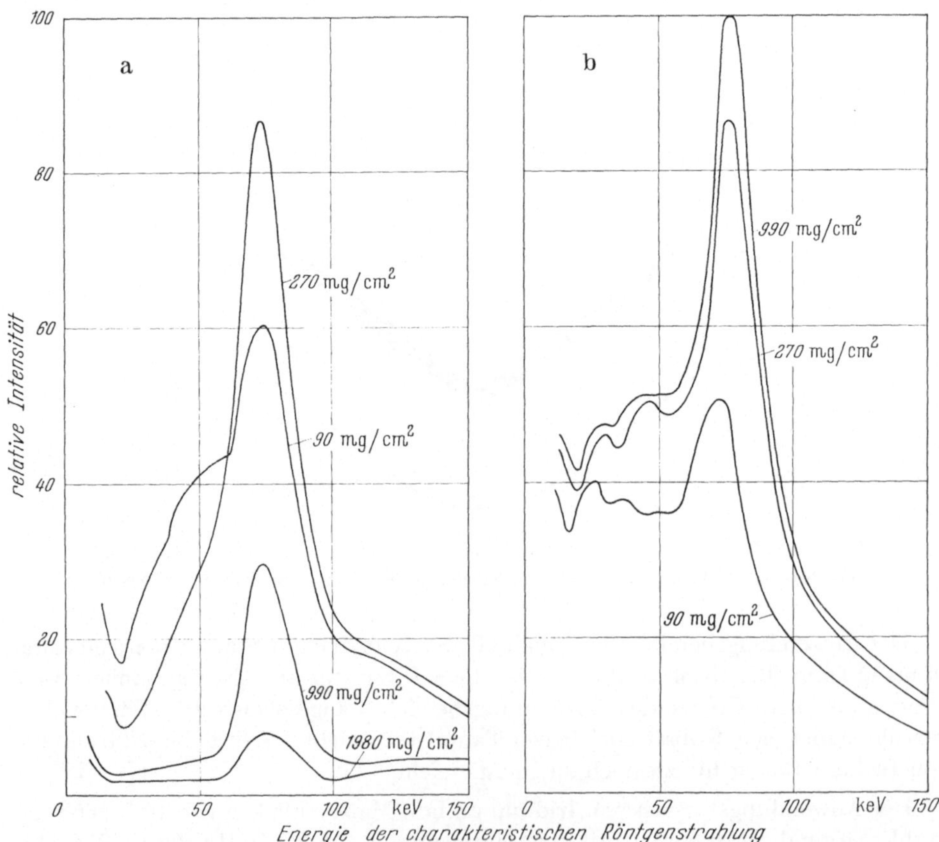

Abb. 218a u. b. K-Peak der durch β-Strahlung von Sr^{90}-Y^{90} in Blei erzeugten charakteristischen Röntgenstrahlung bei verschiedener Targetdicke. a Durchlaßmethode; b Reflexionsmethode (nach L. REIFFEL u. Mitarb.[1])

---

[1] REIFFEL, L.: Nucleonics 13 (3), 22 (1955). — FILOSOFO, I., L. REIFFEL, C. A. STONE u. L. VOYRODIC: Conf. Copenhagen RICC/200, 1960.

$E_\gamma = 0{,}7$ MeV), kann aber in wesentlich größerer Volumenaktivität hergestellt werden (Anwendungsbereich für beide 20 bis 80 mm Stahl).

Eine weitere Gruppe von γ-Strahlern, die wesentlich energieärmer sind und sich deshalb für kleinere Materialdicken (1 bis 10 g/cm²) eignen, bilden die Radionuclide Thulium 170, Americium 241 und Europium 155 mit den Halbwertzeiten 129 d, 458 y bzw. 1,7 y. Auch Samarium 145 und Gadolinium 153 mit Halbwertzeiten von 340 und 236 d sind verwendet worden[1].

Für dünne Materialdicken haben LIDEN[2] und REIFFEL[3] die Verwendung von β-Bremsstrahlung oder Ionisation in der K-Schale mit nachfolgender Emission charakteristischer Röntgenstrahlung vorgeschlagen und verschiedene Anordnungen solcher Strahlenquellen angegeben (s. Abb. 216).

Die Intensität der Strahlenquellen ist zwar niedriger, jedoch wird dieser Nachteil durch bessere Handlichkeit, größere Stabilität und kleinere Investitions- und Unterhaltungskosten wettgemacht. Bei der einen Anordnung durchsetzen die β-Strahlen direkt eine dünne Bleiplatte (*Durchstrahlungsmethode*, siehe Abbildung 216a). Bei einer anderen Anordnung treffen die β-Strahlen auf ein schräg gestelltes Target auf (*Reflexionsmethode*, s. Abb. 216c). Gestreute β-Strahlen werden von einem plastischen Absorber zurückgehalten, während die entstehende charakteristische

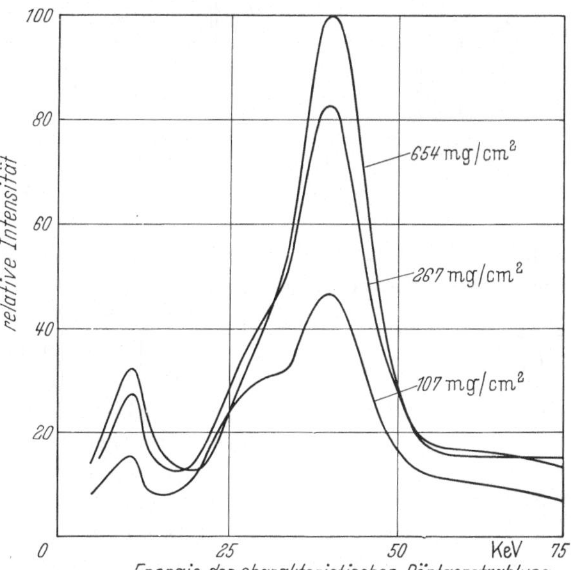

Abb. 219. K-Peak der durch β-Strahlung von Pm¹⁴⁷ in Samariumoxyd erzeugten charakteristischen Röntgenstrahlung (nach L. REIFFEL u. Mitarb.[4])

Röntgenstrahlung diesen Absorber und damit die Strahlungsquelle nahezu ungestört verlassen kann. Mit einer Anordnung nach Abb. 216b kann man eine nahezu monoenergetische Strahlung erhalten, deren Energie nur noch abhängt von dem Material des Hilfstargets. Man kann die β-Quelle auch zwischen zwei Targetfolien bringen (*Sandwichmethode*). Die Abhängigkeit der Intensität der charakteristischen Röntgenstrahlung als Funktion der Targetdicke ist in Abb. 217 wiedergegeben.

Diese Abbildung gilt für Sr⁹⁰—Y⁹⁰. Abb. 218 zeigt das zugehörige Spektrum der Röntgenstrahlung bei verschiedener Targetdicke für die Durchstrahlungsbzw. Reflexionsmethode. Das Spektrum der Abb. 219 ist mit der Sandwich-

[1] GREEN, F. L., u. W. D. CHEEK: Proc. Int. Conf. P/829 (1956).

[2] LIDEN, K., u. N. STARFELT: Ark. Fysik **7**, 193 (1954).

[3] REIFFEL, L.: Nucleonics **13** (3), 22 (1955).

[4] FILOSOFO, J., L. REIFFEL, C. A. STONE u. L. VOYRODIC: Conf. Copenhagen RICC/200, 1960.

methode aufgenommen worden für das Radionuclid Promethium 147 (Pm^{147}), das mit pulverisiertem Target (Sm$_2$O$_3$) gemischt wurde.

e) Anwendungsbeispiele

Abb. 220 und 221 zeigen Durchstrahlungsbeispiele. Wie man danach leicht einsieht, muß zur Abschätzung der räumlichen Ausdehnung von Fehlstellen

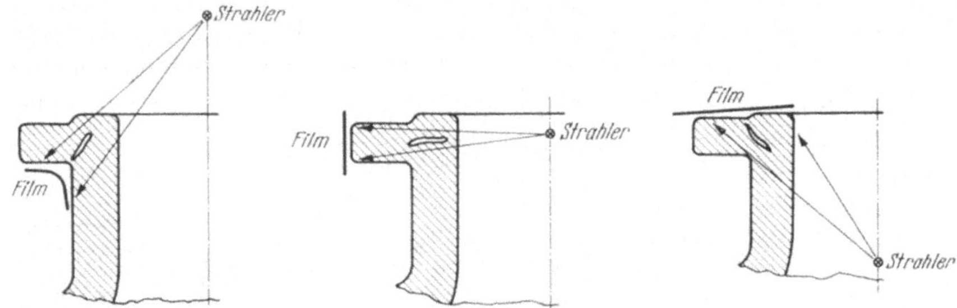

Abb. 220. Durchstrahlungsbeispiele (nach E. A. W. MÜLLER [1])

(z. B. Lunker) das Probestück mindestens in zwei verschiedenen Richtungen durchstrahlt werden. Wenn mehrere Probestücke vorliegen, kann die zerstörungs-

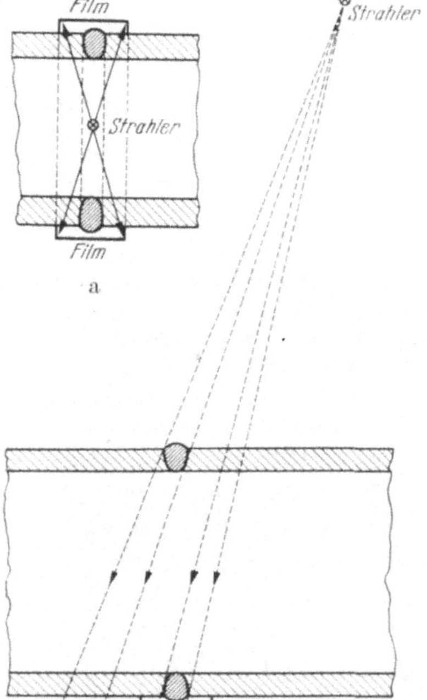

freie Prüfung auch gleichzeitig vorgenommen werden. Bei der Prüfung von Schweißnähten erhält man mit der *Einwanddurchstrahlung* (s. Abb. 221 a) bessere Radiogramme als mit der Zweiwanddurchstrahlung (s. Abb. 221 b). Eine brauchbare Anordnung zur Prüfung von Schweißnähten mit der Einwandmethode zeigt Abb. 222. Radiogramme von Schweißnähten bei verschiedenen Schweißfehlern sind in Abb. 223 zusammengestellt.

Abb. 221a u. b.   Schweißnahtprüfung.
a Einwanddurchstrahlung; b Zweiwanddurchstrahlung [1]

Abb. 222.   Einrichtung zur Prüfung von Schweißnähten nach der Einwandmethode (nach T. WATMOUGH und D. LEONARD [2])

---

[1] MÜLLER, E. A. W.: ATM V 9194-4 (1953).

[2] WATMOUGH, T., u. D. LEONARD: Radioisotopes techniques, Bd. II, S. 64/66. London 1952.

Abb. 223a. V-Naht mit durchlaufendem Wurzelfehler

Abb. 223b. I-Naht mit Wurzelfehler und Versatz der Blechkanten

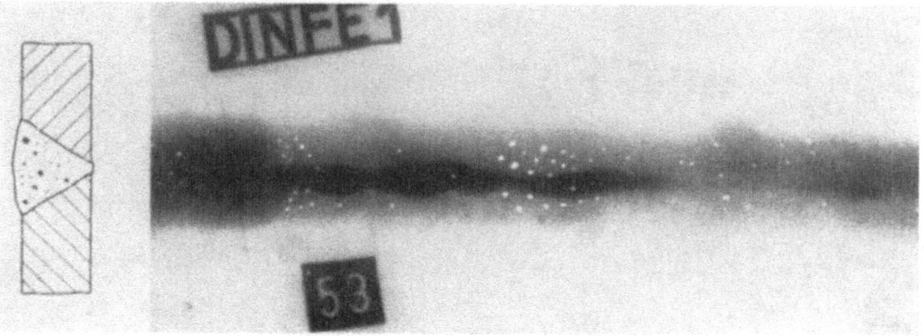

Abb. 223c. Porennester in einer V-Naht

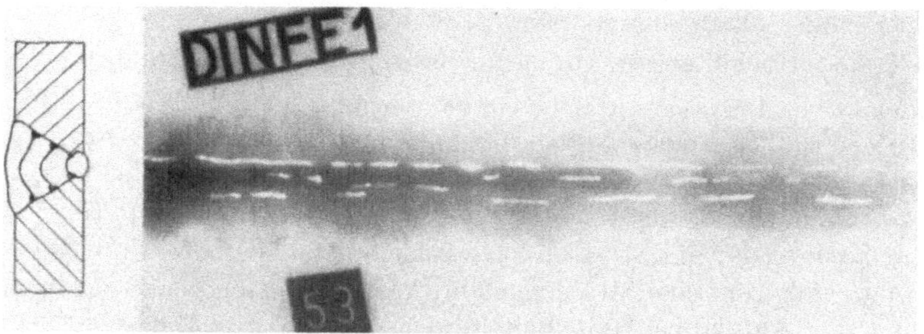

Abb. 223d. Schlackenzeilen infolge stark überhöhter Zwischenlagen

Abb. 223 a—g. γ-Radiogramme von Schweißnähten mit verschiedenartigen Schweißfehlern
(nach E. FIEDLER [1])

---

[1] FIEDLER, E.: Blech **3** (6), 18 (1956).

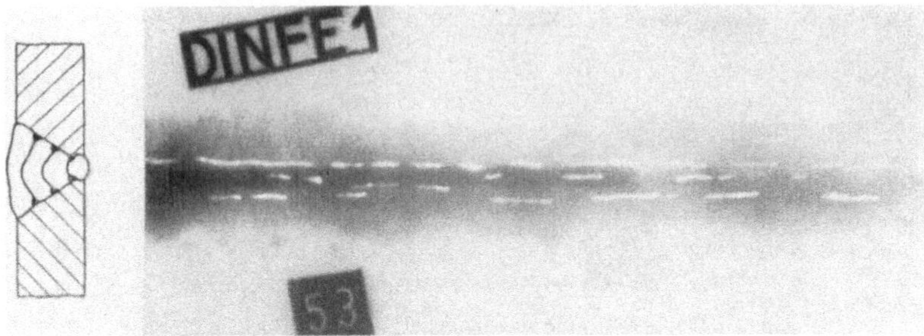

Abb. 223e. Fehlerfrei ausgeführte Wurzel-Gegenschweißung

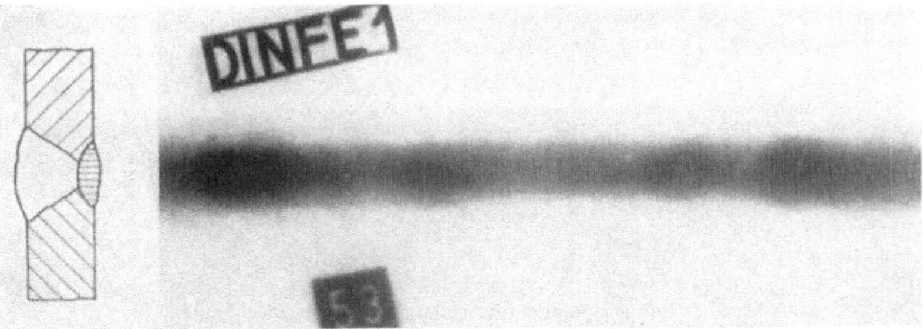

Abb. 223f. Fehlerhafte Wurzel-Gegenschweißung, starke Schlackenzeilen

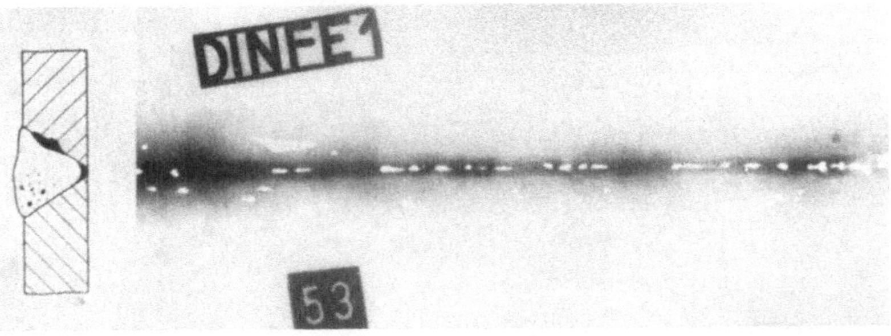

Abb. 223g. Bindefehler in der Wurzel (rechts) und im Übergang (links), Schlackenzeile in der Wurzel

f) Transportbehälter zur Aufnahme des radioaktiven γ-Strahlers

Die radioaktiven Präparate, welche zur zerstörungsfreien Materialprüfung verwendet werden, sind so stark, daß ein besonderer Strahlenschutz notwendig ist. Die Präparate befinden sich zur Lagerung und beim Transport in einem Transportbehälter (s. Abb. 224), der aus schweratomigem Material hergestellt ist. In geschlossenem Zustand ist die Strahlendosis auch in unmittelbarer Nähe des Behälters gering genug, um eine Strahlengefährdung für den Bedienungsmann auszuschließen. Das Aufklappen des Behälterdeckels und das Hochschieben des Präparates (s. Abb. 224b) geschieht mittels einer Betätigungseinrichtung in angemessener Entfernung vom Aufstellungsort. Die Präparate sind teilweise so stark, daß eine Strahlenbelastung, und sei sie auch noch so kurzzeitig, auf diese Weise (z.B. wegen der Streustrahlung) nicht immer vermeidbar ist. Es wäre deshalb anzustreben, pneumatische Arbeitsgeräte zu verwenden, bei welchen das

Präparat sich ebenfalls in einem strahlensicheren Behälter befindet und mittels Druckluft durch einen mehr oder weniger langen Schlauch an den Bestrahlungsort befördert wird [1].

Abb. 224a u. b. Transportbehälter für starke γ-Quellen (nach E. A. W. Müller [2])

VII. Strahlenschutz

A. Strahlenbelastungen

1. Strahlenbelastungen bei der Anwendung von Radionucliden

Jeder, der sich der Anwendung von radioaktiven Nucliden zuwendet, sollte zunächst einmal etwas nachlesen über die beobachteten Auswirkungen von Strahlenbelastungen auf den menschlichen Körper. Vielleicht genügt auch die Betrachtung einiger Abbildungen von Strahlenschäden [3].

Wir sind alle gewarnt durch die Strahlenunfälle und deren verheerende Auswirkungen bei der früheren, nach heutigen Begriffen großzügigen Handhabung von Röntgenstrahlung. Das Unheimliche beim Umgang mit Röntgenstrahlung und radioaktiven Stoffen ist die Tatsache, daß der Betroffene zunächst nicht merkt, ob oder wie ergiebig er einer Strahlenbelastung ausgesetzt ist. Die Strahlenwirkung macht sich in den meisten Fällen erst nach einer mehr oder weniger langen Zeitspanne bemerkbar. Eine übermäßige Strahlenbelastung äußert sich immer in einer Wertminderung der betroffenen Organe, wobei einige Organe besonders empfindlich reagieren (Gonaden, blutbildende Organe, Augenlinsen).

Große Strahlenbelastungen können auftreten bei der Anwendung starker radioaktiver Präparate, wie sie augenblicklich gebraucht werden bei der zerstörungsfreien Materialprüfung (γ-Radiographie), der Konservierung von Lebensmitteln, der Strahlenchemie, in der klinischen Therapie und anderswo mehr. Der

---

[1] VAUPEL, O.: Maschinenschaden **29**, 117 (1956).

[2] MÜLLER, E. A. W.: Werkstatt u. Betrieb **86**, 301 (1953).

[3] RAJEWSKY, B.: Wissenschaftliche Grundlagen des Strahlenschutzes. Karlsruhe: G. Braun 1957. — RAJEWSKY, B.: Strahlendosis und Strahlenwirkung. Stuttgart: Georg Thieme 1954.

Strahlenschaden bei der therapeutischen Anwendung von Radionucliden kann beim Patienten auftreten, weil bei der Bestrahlung bösartigen Gewebes auch gesundes Gewebe betroffen und dadurch in Mitleidenschaft gezogen wird. Durch entsprechende Methoden kann dieses allerdings weitgehend vermieden werden. Trotzdem sollte vor jeder Anwendung radioaktiver Strahlung überlegt werden, ob der therapeutische Erfolg eine mögliche Strahlenschädigung gesunden Gewebes rechtfertigt.

Vielfach sind heute die verwendeten Aktivitäten auch bei wissenschaftlichen Untersuchungen so hoch, daß äußerste Vorsicht geboten ist.

Eine Reihe von Faktoren bestimmen die Gefährlichkeit einzelner Radionuclidenarten. Strahlenart (α, β oder γ), Energie der Strahlung, Halbwertzeit des betreffenden Radionuclids, Art der Verabreichung, Speicherungsgrad durch bestimmte Organe, Ausscheidungsgeschwindigkeit können für die Beurteilung gleichermaßen wichtig sein. In Tabelle 24 sind die gebräuchlichsten Radionuclide nach dem Grad der Gefährlichkeit geordnet zusammengestellt worden.

Es ist nicht gleichgültig, in welcher Menge und Form eine radioaktive Substanz dem menschlichen Körper angeboten wird; so muß z. B. bei einer therapeutischen Behandlung der Schilddrüse mit Radiojod die verabreichte Jodmenge klein bleiben, weil die Schilddrüse täglich nur eine bestimmte Menge Jod aufzunehmen vermag. Anderenfalls ist der therapeutische Erfolg gefährdet. Wird Yttrium in trägerloser Form (hohe spezifische Aktivität) verabreicht, so wird es vorwiegend im Urin ausgeschieden. Ist die spezifische Aktivität niedrig, so gelangt dasselbe Radionuclid vorwiegend in die Galle.

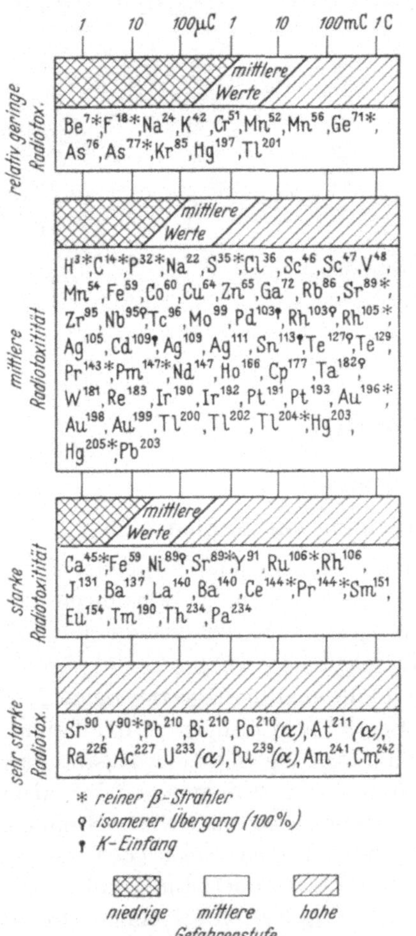

Tabelle 24. *Einordnung wichtiger Radionuclide nach ihrer Radiotoxizität*

2. Strahlenbelastung durch Umwelts- und Zivilisationseinflüsse

Inwieweit sehr kleine Strahlenbelastungen schädlich (oder förderlich) sind, darüber weiß man heute noch relativ wenig. Der Mensch ist bekanntlich dauernd einer Strahlung aus dem Weltall ausgesetzt (kosmische Ultrastrahlung). Einen gewissen Beitrag zu der natürlichen Strahlenbelastung des Menschen liefert die natürliche Radioaktivität der Luft, die in Nähe des Erdbodens bevorzugt aus Radon und Thoron nebst Zerfallprodukten besteht, oder auch die natürliche Strahlung von Mauerwerk u. a. Außerdem enthält der menschliche Körper

K^{40}, C^{14} und Ra. Mit diesen nicht vermeidbaren Umwelteinflüssen muß der menschliche Körper fertig werden. Viele Menschen suchen sogar in Gegenden, wo die natürliche Strahlung etwas intensiver ist, eine Besserung ihres Gesundheitszustandes, und, wie häufig behauptet wird, auch mit Erfolg.

Seit einigen Jahren kommt die Strahlenbelastung durch *fall-out* hinzu, Verunreinigungen der Luft und des Wassers mit radioaktiven Stoffen, die aus Atombombenversuchen stammen. Obwohl auf diese Weise riesige Mengen an radioaktiven Substanzen in die hohe Atmosphäre und anschließend auf den Erdboden gelangen, gingen die hierdurch verursachten, zusätzlichen Strahlenbelastungen

Tabelle 25. *Natürliche und zivilisatorische Strahlenbelastung des Menschen in 30 Jahren*

Strahlenquelle	Mittlere Dosis der Gonaden pro Individuum der Gesamtbevölkerung innerhalb der Generationszeit von 30 Jahren
1. Natürliche Strahlung (Höhen- und Gesteinsstrahlung)	3000 mrad (Konventioneller Richtwert, Genf 1956)
2. Eigenstrahlung durch natürlich radioaktive Stoffe K^{40}: 0,012% des Gesamt-Kaliums . . . C^{14}: in Atmosphäre $1 \cdot 10^{-10}$% $\quad_7N^{14}$ (n, p) $_6C^{14}$ . . . . Ra: im Skelett 0,4 bis $4 \cdot 10^{-10}$ g pro 70 kg	 425 mrad = 14% der natürlichen Strahlung 36 mrad = 1,2% 37,5 mrad = 1,2%
3. Zivilisationseinflüsse a) Strahlendiagnostik . . . . b) Berufliche Belastung (ohne Atomenergiearbeit) . . . . c) Berufliche Belastung (durch Atomenergiearbeit) . . . . d) Röntgen-Schuhdurchleuchtung . . . e) Fernsehen . . . . f) Leuchtziffern von Uhren . . . . . . g) Atom-Versuchs-Explosionen Durch bereits abgeworfene Bomben . Falls die Versuchsabwürfe 100 Jahre fortgesetzt werden	 rund 700 bis 2500 mrad oder rund 23 bis 85% des Wertes der natürlichen Umgebungsstrahlung 54 mrad = 1,8% 3 mrad = 0,1% 3 mrad = 0,1% <30 mrad = 1,0% <60 mrad = 2,0% 1 mrad = 0,03% 30 mrad = 1,0%

bis auf Ausnahmen bisher im allgemeinen Pegel der Belastungen durch natürliche Strahler und kosmische Strahlung unter. Weiter zu nennen sind die zivilisatorischen Strahlenbelastungen (s. Tabelle 25).

B. Erste Strahlenschutzverordnung

Nicht jeder kann nach Belieben radioaktive Substanzen verwenden. Am 24. Juni 1960 ist die *Erste Strahlenschutzverordnung* erlassen worden, die unter anderem den Bezug und das Arbeiten mit radioaktivem Material regelt. Die Verordnung hat den Sinn, jede unnötige Strahlenbelastung zu vermeiden oder auf ein erträgliches Minimum zu reduzieren. Dabei soll aus genetischen Gründen ein möglichst kleiner Prozentsatz der Bevölkerung betroffen sein. Die Verordnung ist für jeden Anwender bindend.

Sie ist notwendig, um bei der steigenden Anwendung der Kernenergie für friedliche Zwecke ausreichende Vorsorge gegen Strahlenschäden zu treffen.

1. Genehmigung zum Bezug und zur Verwendung radioaktiver Stoffe

Voraussetzung für die Verwendung radioaktiver Substanzen ist eine behördliche Genehmigung. Die Genehmigung wird im allgemeinen formlos beantragt, wobei ein Fragebogen ausgeüfllt werden muß mit Angabe von Verwendungszweck, Dauer des Umganges, Beschreibung des Strahlenschutzes u. a. m.[1]. Die Genehmigung wird von einer Behörde erteilt, die von Bundesland zu Bundesland verschieden ist. Für Nordrhein-Westfalen ist z.B. das Arbeits- und Sozialministerium zuständig. Auf die Genehmigung besteht Rechtsanspruch. Die Genehmigung wird aber nur erteilt, wenn vom Antragsteller gewisse Voraussetzungen erfüllt werden. Zunächst muß ein Verantwortlicher genannt werden, der ausreichende Kenntnisse besitzt, besonders in Fragen des Strahlenschutzes. Es müssen Einrichtungen vorhanden sein, welche allen Personen, die mit dem radioaktiven Material umgehen oder in Berührung kommen, sicheren Strahlenschutz gewährleisten und die Reinhaltung von Luft, Wasser und Boden sicherstellen. Außerdem sind alle mit radioaktivem Material umgehenden Personen immer wieder zu belehren über geeignete Arbeitsmethoden, Gefahren beim Umgang mit Radioaktivität und entsprechenden Schutz gegen vermeidbare Strahlenbelastungen.

2. Ärztliche Untersuchung

Jeder, der mit radioaktiver Strahlung umgehen soll *(Strahlenarbeiter)*, muß vor Beginn dieser Tätigkeit von einem zuständigen Arzt untersucht werden[2]. Damit sollen von vornherein körperlich ungeeignete Personen von dieser Tätigkeit ausgeschlossen werden. Grundsätzlich ausgeschlossen von solcher Tätigkeit sind Jugendliche unter 18 Jahren und schwangere Frauen. Die erstmalige ärztliche Untersuchung besteht in einer allgemeinen Anamnese, welche sehr häufig bereits ausreichenden Aufschluß gibt über die Tauglichkeit der untersuchten Person für Arbeiten mit radioaktiven Substanzen, indem erbliche Belastungen, bösartige Krankheiten, eine Leukämie u. a. zu Tage treten, die den geplanten Arbeitseinsatz nicht gestatten. Darüber hinaus umfaßt sie: Aufnahme des Blutbildes, Blutsenkung, Urinuntersuchung, Gewichtskontrolle, Beurteilung des allgemeinen Gesundheitszustandes u. a. m.

Die ärztliche Untersuchung muß für alle *Strahlenarbeiter* zweimal pro Jahr wiederholt werden. Diese immer wiederkehrende Pflichtuntersuchung hat den Zweck, einen eventuellen Strahlenschaden oder eine gewisse Strahlenempfindlichkeit frühzeitig zu erkennen und, wenn erforderlich, zu bekämpfen. Eine ärztliche Untersuchung hat zusätzlich dann zu erfolgen, wenn eine größere Strahlenbelastung aufgetreten oder zu vermuten ist.

3. Versicherungsschutz

Da man über die Folgen einer zu großen Strahlenbelastung noch keine ausreichenden Kenntnisse hat und die Beurteilung, ob ein später im Leben auftretender Krankheitsfall ernstlicher Art mit einer vorausgegangenen Strahlen-

---

[1] Erläuterungen über die Art des Antrages auf Genehmigungen im Lande Nordrhein-Westfalen findet man z.B. im Ministerialblatt 13, Nr. 129 vom 15. Dezember 1960.

[2] DANCZKAY, I., u. H. J. MELCHING: Atomkernenergie 6 (3), 117 (1961). — BECKER, J., u. R. STODTMEISTER: Euratom Veröff. EUR/C/2734/60d Sept. 1960.

belastung zusammenhängt, sehr unsicher ist, ist auch die Abschätzung des Risikos für Versicherungsgesellschaften sehr schwierig. Wie aber schon gesagt, wird die Erteilung der Genehmigung für den Umgang mit radioaktivem Material vom Abschluß einer entsprechenden Haftpflichtversicherung abhängig gemacht. Die Versicherung kann durch eine Gewährleistungs- oder Freistellungsverpflichtung für den Fall eines berechtigten Ersatzanspruches von seiten des Betroffenen ersetzt werden.

Für kleine Unternehmen wird meist die erste Möglichkeit in Frage kommen, für größere Firmen vorzugsweise die Möglichkeit der Gewährleistung. Im Strahlenschutzgesetz ist für jede radioaktive Nuclidenart eine Freigrenze festgesetzt (s. Tabelle 37). Die Höhe der Deckungssumme richtet sich nach dem Vielfachen, um welches diese Grenze überschritten wird (s. Tabelle 26)[*, 1].

Umfaßt der Antrag gleichzeitig mehrere Präparate, so wird die Summe der so berechneten Deckungsbeträge als Gesamtdeckungssumme verwendet. Für offene Präparate liegen die Deckungssummen wegen der größeren Gefahr für den Strahlenarbeiter und des damit verbundenen größeren Risikos für die Versicherung entsprechend höher (s. Tabelle 26)[**]. Noch höher liegt sie, wenn die Aktivität in die Luft, in Wasser, in den Boden oder den Bewuchs gelangt.

Tabelle 26. *Höhe der Deckungssummen*

Größe der Radioaktivität (Vielfaches der Freigrenzen)	Deckungssumme in DM	
	für verschlossene	für offene
	radioaktive Präparate	
10^3	100 000	100 000
10^3 bis 10^4	200 000	200 000
10^4 bis 10^5	200 000 bis 500 000	200 000 bis 500 000
10^5 bis 10^6	200 000 bis 500 000	500 000 bis 1 Mill.
10^6 bis 10^7	200 000 bis 500 000	1 bis 2 Mill.
10^7 bis 10^8	200 000 bis 500 000	2 bis 5 Mill.
10^8 bis 10^9	500 000 bis 1 Mill.	2 bis 5 Mill.
10^9 bis 10^{10}	1 bis 2 Mill.	2 bis 5 Mill.
$> 10^{10}$	2 bis 5 Mill.	2 bis 5 Mill.

C. Objektives Maß einer Strahlenbelastung

1. Strahlungseinheiten

In Anlehnung an die Verhältnisse bei Röntgenstrahlung hat man vor Jahren als Einheit der Strahlungsmenge für radioaktive Strahlung zunächst die Einheit 1 Röntgen (1 r) übernommen. Die Dosiseinheit 1 Röntgen ist definiert als diejenige Strahlungsmenge, die in einem Kubikzentimeter Normalluft (bei 0° C und 760 mm Hg Druck) $2,1 \cdot 10^9$ Ionenpaare oder $1,61 \cdot 10^{12}$ Ionenpaare pro Gramm Luft erzeugt. Es ist ein offensichtlicher Nachteil dieser Einheit, daß sie auf die Ionisation der Luft bezogen wird, während doch alle zur Beurteilung einer Strahlenbelastung wichtigen Vorgänge im lebenden Gewebe ablaufen. Die Energie der Strahlung wird beim Durchqueren des Gewebes durch Absorptionsprozesse mehr oder weniger stark aufgebraucht, wobei die biologische Wirkung letztlich auf den

---

[*] Beispiel: Für ein Iridium-192-Präparat von 1 Curie wird die in Tabelle 37 angegebene Freigrenze von 10 μC um das 10^5fache überschritten, so daß die Deckungssumme für Personenschäden 200 000 DM beträgt.

[**] Schließt der Umgang mit dem radioaktiven Material eine Beförderung ein, so ist die Deckungssumme ebenfalls höher, außerdem ist eine besondere Genehmigung zu beantragen (s. z. B. LECHMANN, A.: Atomwirtschaft (11) 526 (1961); POMAROLA, J., u. A. CAPET: EUR/C/ 2708/60d, Brüssel, Sept. 1960).

[1] SCHÜLLI, W.: Die Atomwirtschaft, November 1951, S. 557.

Vorgängen der Ionisation, der Anregung von Atomen und Molekülen oder der Bildung von Molekülradikalen beruht. Um in Luft ein Ionenpaar zu erzeugen,

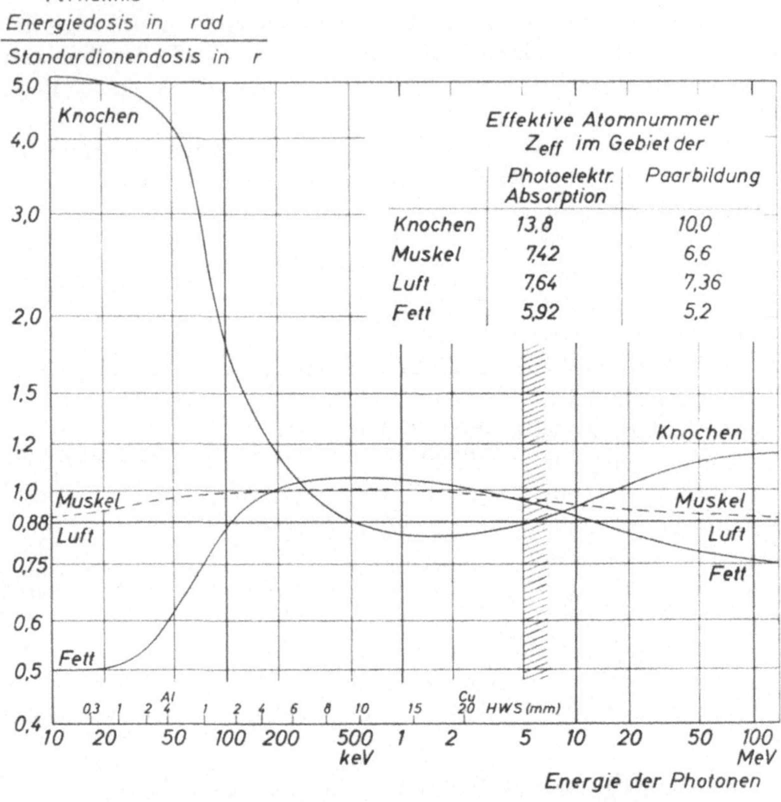

Abb. 225. Verhältnis der Energiedosis in rad zur Standardionendosis in r (nach R. JAEGER [1])

wird eine Energie von $34\ eV = 34 \cdot 1{,}6 \cdot 10^{12}$ erg verbraucht. Damit entspricht der Strahlendosis 1 r eine Energieabsorption von $1{,}61 \cdot 10^{12} \cdot 54{,}3 \cdot 10^{-12} =$ 87,4 erg/g Luft.

Tabelle 27. *Relative biologische Wirksamkeit*

Strahlung	RBW	Strahlung	RBW
Röntgenstrahlung	1	Strahlung mit mittlerer spezifischer Ionisation (Ionenpaare pro μ H_2O)	
γ-Strahlung	1	weniger als 100	1
β-Strahlung	1		
Neutronen	10	100— 200	1— 2
Protonen	10	200— 650	2— 5
Deuteronen	20	650—1500	5—10
α-Teilchen	20	1500—5000	10—20

Die Energieabsorption im Gewebe ist anders als in Luft. Weil aber die Energieabsorption im Gewebe für die biologische Wirkung die eigentlich wichtige Größe ist, rechnet man seit einiger Zeit mit der *Energieabsorptionsdosis* und bezeichnet

---

[1] JAEGER, R.: Dosimetrie und Strahlenschutz. Stuttgart: Georg Thieme 1959.

die Energieabsorption von 100 erg pro Gramm Gewebe als 1 *rad* (radiation absorption dose) (s. Abb. 225).

Bekanntlich ist die Ionisationsdichte von α-Teilchen etwa 100mal so groß als diejenige von Elektronen. Damit muß nach dem oben Gesagten auch die biologische Wirkung von α-Teilchen größer sein. Zahlenmäßig wird dieser Tatbestand durch die sog. *relative biologische Wirksamkeit* (RBW) zum Ausdruck gebracht (s. Tabelle 27).

Da die biologische Wirkung meist von der zeitlichen Dosisverteilung abhängt, spielt neben dem Begriff der Dosis auch der Begriff der *Dosisleistung* (ausgedrückt z. B. in 1 rad/h) eine wichtige Rolle*.

Die Dosisleistung für γ-Strahlung wird vielfach durch die sog. *Dosiskonstante* I_γ gemessen. Es ist die Dosisleistung in rad/h, welche von einem Präparat der Aktivität 1 mC im Abstand von 1 m in 1 Std erzeugt wird (s. Abb. 226). Dabei ist zu beachten, daß z. B. bei Co^{60} pro Zerfall 2 γ-Quanten emittiert werden und deshalb für Berechnungen die Summe der für beide γ-Quanten berechneten Dosisleistungen anzunehmen ist (s. Tabelle 37). Für kompliziertere radioaktive Zerfälle, bei welchen pro Zerfall

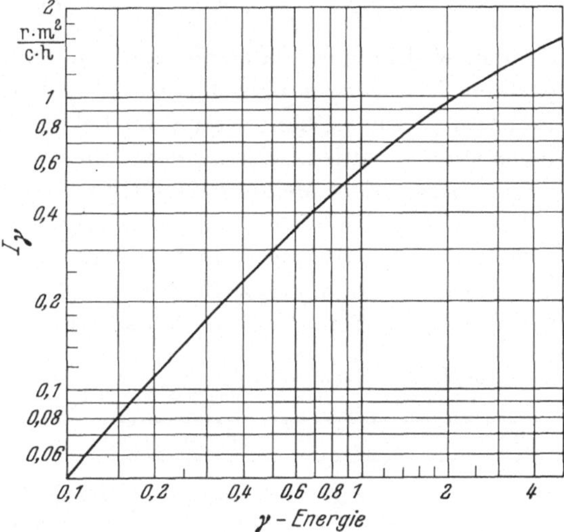

Abb. 226. Dosiskonstante J_γ für verschiedene γ-Energien

$n\,\gamma$-Quanten mit verschiedener Wahrscheinlichkeit p_n ausgesandt werden, berechnet sich die Dosiskonstante unter Benutzung der Abb. 226 nach:

$$J_\gamma = \sum p_n \cdot I_{\gamma n}.$$

2. Maximal zulässige Dosis bzw. Dosisleistung

Über die biologische Wirkung von kleinen Strahlenbelastungen weiß man heute noch relativ wenig. Gestützt auf neuere wissenschaftliche Ergebnisse nimmt man an, daß es keine *Dosisschwelle* gibt, unterhalb welcher jeder Strahlenschaden auszuschließen wäre. Dann aber muß man alle Strahlenbelastungen beachten, denen der Mensch während seines Lebens ausgesetzt ist. Die Strahlenschutzverordnung schreibt daher für Strahlenarbeiter eine maximale Strahlenbelastung vor, die nicht überschritten werden darf. Für eine Person im Alter von a Jahren ist diese maximale Dosis

$$D = 5(a - 18) \text{ rad.}$$

Dabei wird davon ausgegangen, daß die Strahlenbelastung erst ab 18 Jahren beginnen darf und die *maximal zulässige Dosis* nur 5 rad pro Jahr, davon inner-

---

* Einer Dosisleistung von 1 mrad in 1 g Luft entsprechen etwa 400 bzw. 600 γ Quanten/ cm² sec mit einer γ-Energie von etwa 2 MeV bzw. 1 MeV. Etwa 80 β-Teilchen/cm² sec ($E_\beta \sim 2$ MeV) geben die gleiche Dosisleistung ab.

halb eines Vierteljahres höchstens 3 rad betragen darf, mit der Empfehlung, die Wochendosis auf 0,1 rad zu beschränken.

Die durch obige Beziehung gegebene Dosis stellt eine obere Grenze dar, die eigentlich nie erreicht werden dürfte, außer von Personen, welche gleichmäßig mit 0,1 rad pro Woche oder 5 rad pro Jahr belastet werden. Ist irgendwann eine kleinere Dosis als 5 rad/Jahr eingetreten, so bleibt die Gesamtdosis um diesen Betrag kleiner, weil ja für alle späteren Jahre stets eine obere Belastung von 5 rad/Jahr vorgeschrieben bleibt. War z.B. ein 30jähriger noch niemals einer nicht natürlichen Strahlenbelastung ausgesetzt, so darf er in *keinem* Falle

$$D = 5\,(30 - 18) = 60\ \text{rad}$$

erhalten, weil immer wieder die jährliche maximal zulässige Dosis von 5 rad zu beachten ist. Sofern eine lückenlose Aufzeichnung der Strahlenbelastungen durchgeführt wurde, kann einmal im Leben eine Dosis von 12,5 rad ($\sim 4 \cdot 3$ rad) hingenommen werden. Erfolgt eine höhere Strahlenbelastung, z.B. durch einen Unfall, so ist sofort Meldung bei der zuständigen Aufsichtsbehörde zu machen (s. Tabelle 28). Die bisher gegebenen Zahlenwerte gelten für Bestrahlungen, bei welchen der gesamte menschliche Körper betroffen ist *(Ganzkörperbestrahlung)*. Bei *Teilkörperbestrahlung* z.B. der Hände, Unterarme, Füße ist die maximal zulässige Dosis 75 rad/Jahr (s. Tabelle 29).

Tabelle 28. *Strahlenschäden am Menschen bei einmaliger Ganzkörper-Bestrahlung.*
(Nach B. RAJEWSKY u. Mitarb.[1])

Dosis	Frühschädigungen	Richtwerte
20 bis 30 r	maximal zulässige Dosis, wenn klinische Schäden mit Sicherheit vermieden werden sollen	25 r Gefährdungs-Dosis
75 bis 150 r	Strahlenkrankheit, erste Todesfälle	100 r kritische Dosis
300 bis 600 r	allgemein schwere Strahlenkrankheit zu erwarten, die in etwa 50% aller Fälle zum Tode führen wird	400 r mittelletale Dosis
600 bis 1000 r	fast sicher tödliche Dosis	700 r letale Dosis

Für Personen, welche nichts mit den Arbeiten mit radioaktivem Material zu tun haben, beträgt die maximal zulässige Dosis nur 0,5 rad/Jahr, d.h. ein Zehntel der Dosis für Strahlenarbeiter. Damit soll erreicht werden, daß die *Bevölkerung* vor möglichen genetischen Schäden bewahrt wird. Alle angegebenen Strahlenbelastungen sind als zusätzliche Strahlenbelastungen zu betrachten.

Arbeitsbereiche, in welchen mit radioaktivem Material gearbeitet wird, sind als solche zu kennzeichnen und abzusperren. Es wird unterschieden zwischen einem *Kontrollbereich*, der nur für Personen zugänglich sein darf, die aus beruflichen Gründen (Strahlenarbeiter) mit radioaktiver Strahlung in Berührung kommen, und einem *Überwachungsbereich*, der unmittelbar an den Kontrollbereich anschließt und in dem durch Arbeiten im Kontrollbereich eine gewisse Gefahr einer dauernden oder zeitweisen Überhöhung der natürlichen Strahlenbelastung

---

[1] RAJEWSKY, B.: Strahlendosis und Strahlenwirkung. Stuttgart: Georg Thieme 1954.

Tabelle 29. *Maximal zulässige Dosis für Teilkörperbestrahlung unter Einhaltung der Grundformel*

Art der Bestrahlung	Dosis
1. Bestrahlung von außen, die von Extremitäten: Händen, Unterarmen, Füßen, Knöchel aufgenommen wird	20 rem in 13 Wochen, 75 rem im Jahr
2. Bestrahlung von außen, die von der Haut in ihrer Gesamtheit aufgenommen wird	8 rem in 13 Wochen, 30 rem im Jahr
3. Bestrahlung der inneren Organe mit Ausnahme der Schilddrüse, blutbildenden Organe und Keimdrüsen	4 rem in 13 Wochen, 15 rem im Jahr

(s. Tabelle 25) auftreten kann. Alle im Kontrollbereich Beschäftigten haben sich einer ärztlichen Untersuchung zu unterziehen, außerdem muß die Personendosis und Ortsdosis überwacht werden. Im Überwachungsbereich muß die Ortsdosis von Zeit zu Zeit überprüft werden.

Im Kontrollbereich darf ein Strahlenarbeiter bei einem 40stündigen Aufenthalt pro Woche keine höhere Dosis als 1,5 rad/Jahr erhalten. Das entspricht einer durchschnittlichen Stundendosisleistung von 0,7 mrad/h. Personen, die sich dauernd oder gelegentlich im Kontrollbereich aufhalten, sind verpflichtet, zwei in ihrer Wirkungsweise voneinander unabhängige Dosismesser zu tragen (s. S. 257). Über die erhaltene Dosis ist Buch zu führen. Diese Personen werden außerdem, wie schon gesagt, unter ärztliche Kontrolle gestellt.

3. Abschätzung und Messung der Strahlendosisleistung

Fast immer genügt eine Abschätzung der Strahlendosis bzw. der Strahlendosisleistung, insbesondere dann, wenn die Abschätzung im Sinne einer erhöhten Sicherheit erfolgt. Bei Bestrahlung von außerhalb des Körpers ist eine Messung mit einem Dosimeter zweckmäßig.

a) Inkorporierte Strahlung

Ein inkorporierter β-Strahler erzeugt bis zum völligen Zerfall eine Dosis von

$$D_\beta = 74 \cdot T \cdot \overline{E}_\beta \text{ rad pro } \mu C/g.$$

Hierbei bedeutet $\overline{E}_\beta$ die mittlere β-Energie in MeV, T die effektive Halbwertzeit in Tagen (s. Tabelle 37), wobei

$$\frac{1}{T} = \frac{1}{T_{1/2\,\text{phys}}} + \frac{1}{T_{1/2\,\text{biol}}} *.$$

* Diese Formel für die Berechnung einer effektiven Halbwertzeit aus der *physikalischen Halbwertzeit* und der *biologischen Halbwertzeit* hat nur begrenzte Gültigkeit. Die Ausscheidung eines Radionuclids aus dem Körper, von deren Ausmaß die *biologische Halbwertzeit* abhängt, folgt häufig keinem Exponentialgesetz. Der Ausscheidungsgrad hängt außerdem mitunter von der Größe der spezifischen Aktivität ab (s. S. 21). Außerdem ist zu beachten, daß die biologische Halbwertzeit sehr stark abhängt von der Art des Organs, das betroffen ist. So beträgt z.B. die biologische Halbwertzeit von Strontium, wenn die Belastung des Gesamtkörpers betrachtet wird, 190 Tage, wenn die Ablagerung im Knochen in Frage steht, aber 4000 Tage.

Beispiel 1 (nach JAEGER, R.: Dosimetrie und Strahlenschutz, Stuttgart, Georg Thieme Verlag, 1959): Einem Patienten (Gewicht 70 kg) wird 1 mC Na^{24} verabreicht. Mit $\overline{E}_\gamma =$

Die Dosis bis zum Zeitpunkt t nach Inkorporation (also bei nicht vollständigem Zerfall der radioaktiven Substanz) beträgt

$$D = D_\beta \cdot \left(1 - e^{-0{,}693\frac{t}{T}}\right).$$

Die Berechnung der Dosis für einen γ-Strahler bei Inkorporation desselben erfolgt nach der Formel

$$D_\gamma = 0{,}335 \cdot I_\gamma \cdot T \cdot G \text{ rad pro } \mu\text{C/g}.$$

I_γ ist die *Dosiskonstante* (s. Abb. 226 und Tabelle 37), T wiederum die effektive Halbwertzeit in Tagen, G ein Geometriefaktor (s. Tabelle 30).

Tabelle 30. *Geometrischer Faktor für γ-Dosis-Berechnungen*

Kugeln

Radius, cm	1	2	3	4	6	8	10	15	20
Volumen, cm³	4,2	33,5	103	278	905	2140	4180	14150	27800
g	12,6	25,2	37,8	50,4	75,6	101	126	189	252

Zylinder

Durchmesser, cm	6	10	16	24	40
Höhe, cm	10	16	30	40	60
Volumen, cm³	283	1260	6000	18000	76000
g	45,5	73	108	156	214

Wenn sich die radioaktive Substanz nicht gleichmäßig über den Gesamtorganismus verteilt, sondern von einem oder einigen Organen mehr oder weniger selektiv gespeichert wird, wie z.B. Jod von der Schilddrüse, so erhöht sich die berechnete Dosis um einen gewissen Faktor, der nach MARINELLI u. Mitarb. als *DAR-Faktor (differential absorption ratio)* bezeichnet wird. Er gibt an, wieviel

0,54 MeV und $T_{1/2} = 0{,}62$ Tage ergibt sich, Gleichverteilung der verabreichten Aktivität im Körper angenommen, für die β-Dosis der Wert:

$$D_\beta = 74 \cdot 0{,}62 \cdot 0{,}54 \cdot \frac{1000}{70000} = 0{,}35 \text{ rad}.$$

Bei der vorgenommenen Verabreichung von Na²⁴ tritt auch eine γ-Dosis auf, nämlich mit $G = 214$ (s. Tabelle 28) und $J_\gamma = 1{,}92$ (s. Tabelle 37):

$$D_\gamma = 0{,}335 \cdot 1{,}92 \cdot 0{,}62 \cdot 214 \,\frac{1000}{70000} = 1{,}22 \text{ rad}.$$

Die Gesamtdosis beträgt dann:

$$D = D_\beta + D_\gamma = 1{,}57 \text{ rad}.$$

Beispiel 2 (nach JAEGER): Demselben Patienten mögen 300 μC Jod 131 verabreicht werden. Dieses Jod möge 80%ig in der Schilddrüse gespeichert werden. Das Gewicht der Schilddrüse möge 30 g betragen. Dann errechnet sich mit $\overline{E}_\beta = 0{,}187$; $I_\gamma = 0{,}23$; $G = 25$

$$D_\beta = 74 \cdot 8{,}0 \cdot 0{,}187 \cdot \frac{300 \cdot 0{,}8}{30} = 880 \text{ rad}$$

$$D_\gamma = 0{,}335 \cdot 0{,}23 \cdot 8 \cdot 25 \cdot \frac{300 \cdot 0{,}8}{30} = 123 \text{ rad}$$

und

$$D = D_\beta + D_\gamma = 1003 \text{ rad}.$$

Im Gegensatz zu obigem Beispiel überwiegt hier wegen der Speicherung der Aktivität in einem relativ kleinen Volumen (Schilddrüse) die β-Dosis.

mal mehr radioaktive Substanz in dem betreffenden Organ gespeichert wird als im übrigen Körper. Bei langlebigen Radionucliden muß dies besonders beachtet werden. Eine Gruppierung wichtiger Radionuclide hinsichtlich ihrer radioaktiven Toxicität findet man in Tabelle 24. Es ist darauf hinzuweisen, daß bei der Speicherung und bei der Ausscheidung der radioaktiven Substanz auch andere Organe passiert werden und dabei eine eventuell stoßartige *Strahlenbelastung* auftreten kann.

Bei Gleichverteilung der inkorporierten Aktivität ist der DAR-Faktor definitionsgemäß 1. Ein DAR-Faktor 6 z.B. bedeutet, daß das betreffende Organ einer sechsmal so hohen Strahlendosis ausgesetzt ist als es bei Gleichverteilung der Fall wäre.

b) Strahlenbelastungen von außen

Die Dosis bzw. die Dosisleistung wird in der Praxis meist durch Messung ermittelt. Mitunter ist die Abschätzung oder Messung der Strahlendosis sehr erschwert[1]. Das Meßprinzip der Dosimeter beruht auf Ionisation, Erzeugung von Fluorescenzstrahlung, Änderung der Leitfähigkeit gewisser Kristalle, Schwärzung von Filmen.

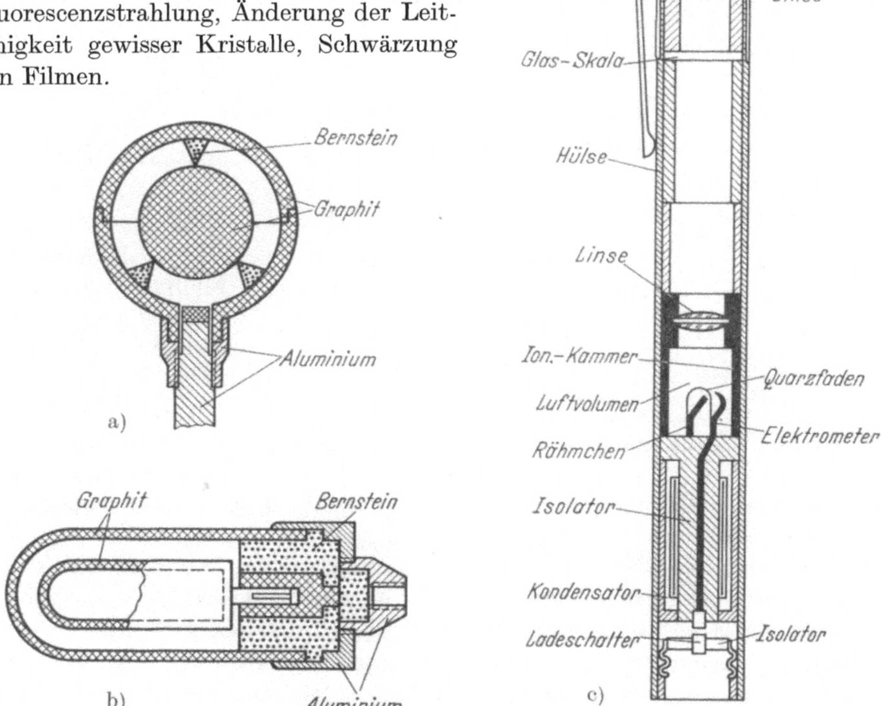

Abb. 227 a—c. Dosimeter zur Personenüberwachung

Für die Bestimmung der Körperdosis stehen zwei Arten von Meßmethoden zur Verfügung, die momentane Entladung einer Ionisationskammer (Fingerhutkammer, s. Abb. 227 b) oder eines Quarzfadenelektrometers mit kleiner Ionisationskammer in Form eines Füllhalters (s. Abb. 227 c) bei Anwesenheit von Strahlung und die Schwärzung einer geeigneten photographischen Emulsion *(Filmplakette)*. Für Strahlenarbeiter wird die Anwendung beider Methoden gefordert. Die erste Methode gestattet die Ablesung der Dosis unmittelbar nach der Bestrahlung, so daß

---

[1] SCHMEISER, K.: Atompraxis **6**, 133 (1960).

eine Strahlenbelastung sofort feststellbar ist. Bei der Filmmethode ist dies nicht der Fall, weil der Film erst entwickelt werden muß. Im allgemeinen geschieht dies nach Ablauf von 4 Wochen. Die Filmmethode hat wiederum den Vorteil, daß der Film ein Dokument darstellt und unter gewissen Voraussetzungen auch eine Differenzierung der Strahlenenergie gestattet. Hierzu wird der in einer lichtdichten Umhüllung befindliche Film mit verschieden dicken Absorberfolien abgedeckt. Die Auswertung der bestrahlten Filme ist nicht ganz einfach. Die Meßgenauigkeit beträgt 10 bis 20%, je nach Größe der Dosis. Das Strahlenschutzgesetz verlangt die Auswertung durch eine amtlich zugelassene Stelle.

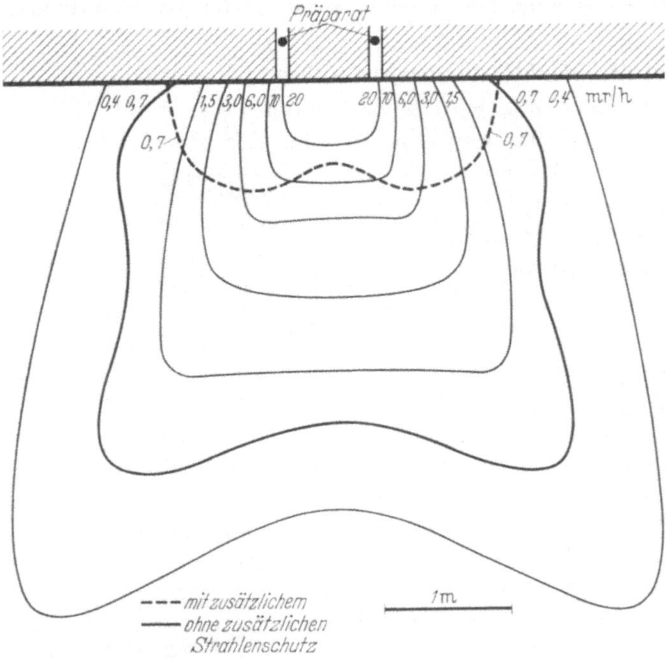

Es ist außerordentlich interessant zu erfahren, welcher Personenkreis, der mit radioaktiver Strahlung umgeht, in den letzten Jahren größeren Strahlenbelastungen ausgesetzt war. Eine Statistik, die in Erlangen und Freiburg[1] aufgrund dort ausgewerteter Filmplaketten vorgenommen wurde, ergab, daß 80% der durch diese Methode überwachten Personen weniger als ein Zehntel der maximal zulässigen

Abb. 228. Ortsdosismessung vor und nach Anbringen eines Strahlenschutzes

Dosis erhalten haben und nur bei 4% die maximal zulässige Dosis überschritten wurde, und zwar meist nur einmal während einer mehrjährigen Überwachungsperiode. Bei denjenigen Personen, die mehrfach eine größere Dosis erhielten, konnte leichtfertiger Umgang oder ungenügender Strahlenschutz nachgewiesen werden.

Für die Messung der momentanen Dosisleistung gibt es eine große Zahl von Dosimetern[2]. Bei einem dieser Geräte[3] erfolgt eine akustische Warnung durch einen mit der Dosisleistung ansteigenden Heulwarnton. Damit wird die Gewöhnung an einen bestimmten Ton vermieden. Die Alarmschwelle liegt bei 2 mr/h[4].

Die Strahlenschutzverordnung schreibt vor, Ortsdosismessungen vorzunehmen in der Umgebung radioaktiver Strahler, die eingebaut, gelagert oder gerade verwendet werden. In Abb. 228 wird ein Beispiel gegeben.

[1] BRICHZY, W., u. F. WACHSMANN: Atompraxis 5, 305 (1959). — LANGENDORFF, H., u. F. WACHSMANN: Fortschr. Röntgenstr. 80, 382 (1954). — BECKER, K.: Filmdosimetrie Berlin-Göttingen-Heidelberg: Springer 1962.

[2] OBERHOFER, M.: Strahlenschutzpraxis, Teil II. München: Karl Thieme 1962.

[3] FROST, D.: Atompraxis 5, 310 (1959); Hersteller: Firma Dr. H. Stamm, Berlin.

[4] Literatur über Dosimeter bei sehr intensiver Strahlung findet man in: Nucleonics 17 (10), 75 (1959). — Siehe auch: JAEGER, R. G.: Atomenergietechnik 5 (11), 425 (1960).

D. Strahlenschutz

Die zu treffenden Schutzmaßnahmen tragen dazu bei, Strahlenbelastungen auf ein Mindestmaß zu reduzieren. Die einfachste Maßnahme besteht in der Einhaltung eines großen Abstandes vom Präparat und in der Beschränkung der Aufenthaltsdauer in Präparatnähe. Wenn beides nicht genügt, muß ein ausreichender Strahlenschutz durch Abschirmung der radioaktiven Strahlenquelle vorhanden sein. Bei offenen Präparaten kommt die Forderung nach besonders eingerichteten Laboratorien hinzu und gewisse Vorsichtsmaßnahmen, die eine direkte Berührung oder gar eine Inkorporation radioaktiver Substanzen vermeiden lassen. In allen Fällen ist eine gute Vorbereitung der Versuche und ein sorgfältiges und gewissenhaftes Arbeiten bei ihrer Durchführung erforderlich.

1. Abschirmung gegen β- und γ-Strahlung[1,2]

β-Strahlen werden bereits in relativ dünnen Absorberschichten absorbiert, so genügt z.B. eine Wasserschicht von 20 mm, 15 mm dickes Plexiglas oder 2 mm Kupfer, um auch die energiereichsten β-Strahlen völlig zu absorbieren. Bei sehr starken β-Präparaten darf allerdings die Erscheinung der Bremsstrahlung nicht außer acht gelassen werden, besonders wenn das Abschirmmaterial aus schweratomigen Stoffen z.B. aus Blei besteht.

Bei den durchdringenderen γ-Strahlen sind die Abschirmmaßnahmen aufwendiger (s. Tabelle 31, 32 und Abb. 229).

Tabelle 31. *Halbwertdicke für verschiedene γ-Energie und verschiedenes Material des Absorbers*

E (MeV)	Halbwertdicke (cm)				E (MeV)	Halbwertdicke (cm)			
	Wasser	Beton	Eisen	Blei		Wasser	Beton	Eisen	Blei
0,2	5,1	2,1	0,66	0,138	2,5	16,5	6,9	2,12	1,47
0,5	7,8	3,0	1,11	0,42	3,0	18,3	7,8	2,31	1,47
1,0	10,2	4,5	1,56	0,9	4,0	21,0	8,4	2,55	1,47
1,5	12,0	5,1	1,74	1,2	5,0	23,1	9,9	2,88	1,47
2,0	14,4	5,9	2,10	1,35					

Tabelle 32. *Dichte von Bau- und Schutzstoffen*

Material	Dichtebereich	Dichte im Mittel	Material	Dichtebereich	Dichte im Mittel
Barytstein . . .	2,7 —3,2	3,0	Kalkstein . . .	1,87—2,69	2,30
Beton	2,2 —2,4	2,35	Klinker	1,6 —2,2	1,9
Bimsbeton . . .	0,9 —1,1	1,0	Koks-Grus . . .	—	1,6
Blei	—	11,34	Marmor	2,47—2,86	2,70
Bleiglas	3 —5	—	Sand	1,2 —1,6	1,4
Bleigummi . . .	3 —5	—	Sandstein . . .	1,90—2,69	2,20
Eisen	—	7,9	Schlacke . . .	0,9 —1	0,95
Gips	—	rd. 1,8	Ziegelstein . . .	1,6 —2,5	1,9
Granit	2,60—2,70	2,63			

Mit Hilfe der Tabelle 33 lassen sich für γ-Strahler verschiedener Energien und Aktivitäten die für einen ausreichenden Strahlenschutz notwendigen Dicken der Schutzwände oder Verkleidungen der Strahlenquelle errechnen, bei gleichzeitiger Berücksichtigung des Abstandes vom radioaktiven Präparat[3]. Nicht berück-

---

[1] MUSIALOWICZ, T., u. F. WACHSMANN: Atompraxis **6**, 404 (1960).

[2] OBERHOFER, M., u. T. SPRINGER: Kerntechnik **2** (4), 124 (1960).

[3] SAUERWEIN, K.: Atomtechnik u. Atomwirtschaft, März 1958.

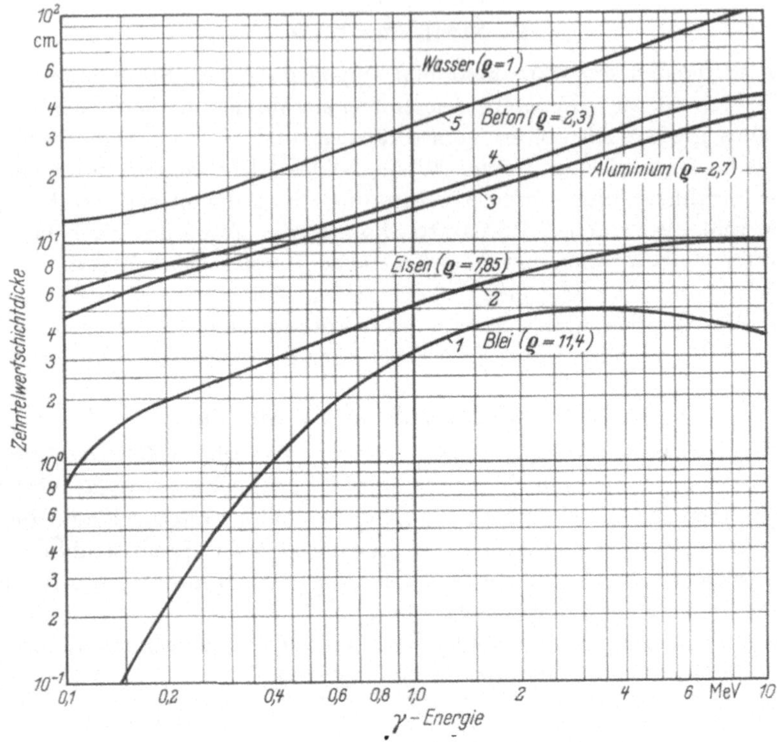

Abb. 229. Zehntelreichweite für γ-Strahlung verschiedener Energie

sichtigt ist dabei auftretende Streustrahlung, welche die Dosisleistung erheblich vergrößern kann (built-up, s. S. 48).

Tabelle 33. *Schutzdicke für γ-Strahlung verschiedener Stärke, berechnet für eine Dosisleistung 50 mr/Tag* (Nach MEYER-SCHÜTZMEISTER)

Beispiel: Ein Kobaltpräparat von 500 mC (γ-Energie $= 1,3$ MeV) befinde sich für 4 Std pro Tag in 50 cm Abstand. Welcher Bleischutz ist erforderlich, damit die Toleranzdosis nicht überschritten wird?

Man findet bei Tabelle 33a in Zeile 500 mC (Spalte „Aktivität") und Spalte 1,5 MeV ($> 1,3$ MeV) den Wert $+5,92$. Aus Tabelle 33b entnimmt man entsprechend dem Kreuzpunkt 50 cm und 1,5 MeV den Wert $+2,39$. Tabelle 33c ergibt ebenso den Wert $-1,20$ und Tabelle 33d schließlich noch den Wert 1,00. Die erforderliche Dicke des Bleischützes ergibt sich durch Multiplikation der Summe der drei ersten Zahlenwerte mit dem vierten Zahlenwert, also

$$(+5,92 + 2,39 - 1,20) \cdot 1,00 = 7,11 \text{ cm Pb}.$$

MeV	0,2	0,5	0,8	1,0	1,5	2	2,5	3,0	6,0
10 mC	$-0,36$	$-0,44$	$-0,33$	$-0,14$	$+0,33$	$+0,76$	$+1,06$	$+1,36$	$+1,68$
20 mC	$-0,22$	$-0,02$	$+0,37$	$+0,77$	$+1,44$	$+2,12$	$+2,50$	$+2,83$	$+3,14$
50 mC	$-0,03$	$+0,50$	$+1,28$	$+1,95$	$+2,97$	$+3,92$	$+4,41$	$+4,79$	$+5,03$
100 mC	$+0,10$	$+0,91$	$+1,97$	$+2,85$	$+4,11$	$+5,27$	$+5,84$	$+6,26$	$+6,47$
200 mC	$+0,24$	$+1,33$	$+2,67$	$+3,76$	$+5,22$	$+6,63$	$+7,28$	$+7,73$	$+7,93$
500 mC	$+0,42$	$+1,86$	$+3,57$	$+4,94$	$+6,75$	$+8,43$	$+9,19$	$+9,69$	$+9,82$
1 C	$+0,56$	$+2,27$	$+4,27$	$+5,84$	$+7,87$	$+9,78$	$+10,63$	$+11,16$	$+11,25$
2 C	$+0,70$	$+2,69$	$+4,97$	$+6,75$	$+8,98$	$+11,14$	$+12,07$	$+12,63$	$+12,71$
5 C	$+0,89$	$+3,22$	$+5,87$	$+7,94$	$+10,52$	$+12,94$	$+13,98$	$+14,59$	$+14,60$
10 C	$+1,03$	$+3,63$	$+6,57$	$+8,84$	$+11,67$	$+14,31$	$+15,43$	$+16,08$	$+16,06$
	$+$	$+$	$+$	$+$	$+$	$+$	$+$	$+$	$+$

a) Aktivität
Erforderliche Bleidicke in Zentimetern bei 1 m Luftabstand

Tabelle 33 (Fortsetzung)

MeV	0,2	0,5	0,8	1,0	1,5	2	2,5	3,0	6,0
			b) Abstand						
20 cm	$+0,64$	$+1,90$	$+3,22$	$+4,19$	$+5,28$	$+6,31$	$+6,70$	$+6,86$	$+6,70$
50 cm	$+0,28$	$+0,83$	$+1,39$	$+1,83$	$+2,32$	$+2,76$	$+2,93$	$+3,00$	$+2,93$
1 m	0,00	0,00	0,00	0,00	0,00	0,00	0,00	0,00	0,00
2 m	$-0,28$	$-0,83$	$-1,39$	$-1,83$	$-2,32$	$-2,76$	$-2,93$	$-3,00$	$-2,93$
5 m	$-0,64$	$-1,90$	$-3,22$	$-4,19$	$-5,28$	$-6,31$	$-6,70$	$-6,86$	$-6,70$
10 m	$-0,92$	$-2,71$	$-4,60$	$-5,98$	$-7,55$	$-9,02$	$-9,57$	$-9,80$	$-9,57$
	+	+	+	+	+	+	+	+	+
			c) Tägliche Arbeitszeit						
1 Std	$-0,41$	$-1,22$	$-2,08$	$-2,69$	$-3,40$	$-4,06)$	$-4,31$	$-4,41$	$-4,31$
2 Std	$-0,28$	$-0,81$	$-1,37$	$-1,79$	$-2,26$	$-2,70$	$-2,87$	$-2,94$	$-2,87$
4 Std	$-0,14$	$-0,41$	$-0,69$	$-0,90$	$-1,14$	$-1,35$	$-1,44$	$-1,47$	$-1,44$
8 Std	0,00	0,00	0,00	0,00	0,00	0,00	0,00	0,00	0,00
24 Std	$+0,22$	$+0,65$	$+1,10$	$+1,43$	$+1,81$	$+2,15$	$+2,29$	$+2,34$	$+2,29$
	×	×	×	×	×	×	×	×	×
			d) Absorbermaterial						
Pb	1,00	1,00	1,00	1,00	1,00	1,00	1,00	1,00	1,00
Fe	4,75	2,68	2,11	1,75	1,51	1,53	1,53	1,53	1,77
Al	17,23	7,71	5,43	5,13	4,70	4,25	4,81	5,22	6,01
H_2O	35,00	17,80	12,50	11,15	9,93	10,00	11,20	12,35	14,13

2. Vorsichtsmaßnahmen

Einige einfache Grundregeln als prophylaktische Maßnahmen gegen vermeidbare Strahlenbelastungen seien hier angegeben:

Zunächst müssen geeignete Arbeitsräume vorhanden sein mit guter Beleuchtung, Belüftung (s. Abb. 230) und Kanalisation, wasserdichter Fußboden, leicht abwaschbare Wände, nicht korrodierende, wasserdichte Arbeitstische (mit V 2 A- oder Moneltischplatte) mit geringer Aufsaugfähigkeit und leichter Reinigungsmöglichkeit, Abzug bei Arbeiten mit gasförmigem, spritzendem oder staubförmigem radioaktivem Material, bei offenen Präparaten[1], wobei die Abzugsgeschwindigkeit mindestens 30 e/min betragen soll. Behälter für radioaktive oder radioaktiv verseuchte Abfälle gehören in jedes radioaktive Labor. Die Überwachung der Abwässer ist Pflicht[2].

Personen, die nichts mit den radioaktiven Arbeiten zu tun haben, ist der Zutritt zu den Arbeitsräumen zu untersagen. Alle Strahlenarbeiter müssen sich weitgehendst gegen jede

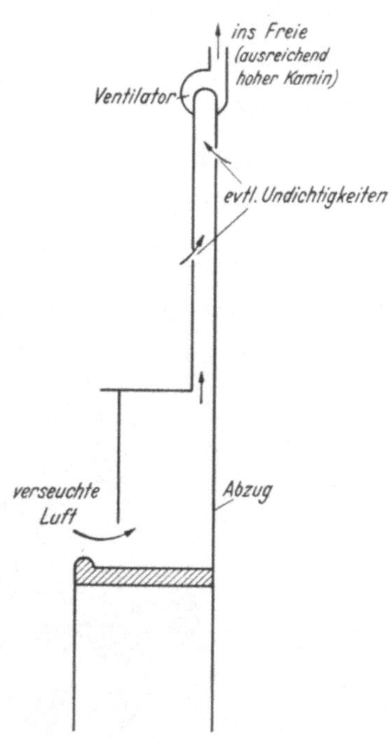

Abb. 230. Ventilator in einem Abzug (an der richtigen Stelle eingebaut)

Strahlenbelastung schützen, sei es durch großen Abstand von der Strahlenquelle, durch Schutzwände (s. Abb. 231 und 232), wobei die Streustrahlung beachtet

[1] Götte, H.: Atompraxis **6**, 99 (1960). — Shank, C., J. E. Rein, G. A. Huff u. F. W. Dykes: Anal. Chem. **29** (12), 1730 (1957).   [2] Pfau, A.: Atompraxis **3**, 389 (1957).

werden muß, oder sei es durch geeignete Greifwerkzeuge, abgeschirmte In-
jektionsspritzen, automatische Pipetten u. a. (s. Abb. 233).

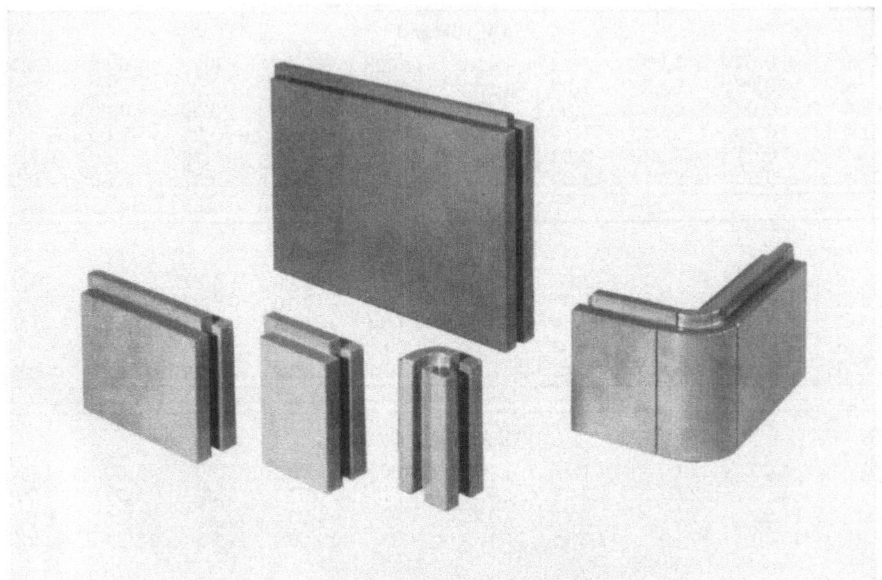

Abb. 231. Zusammensetzbare Bleiziegel (Stärke 40 mm) zum Aufbau eines strahlengeschützten Arbeitsplatzes
(Hersteller Chininfabrik Braunschweig, Buchler & Co.)

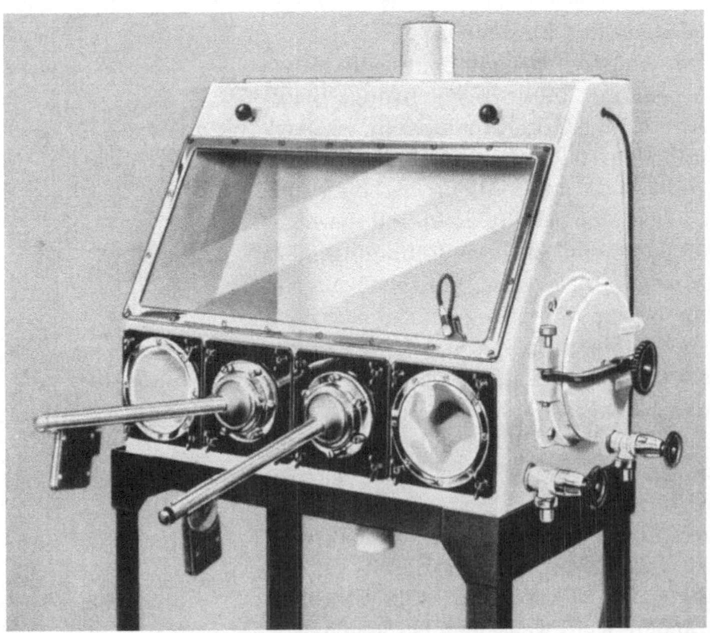

Abb. 232. Strahlenschutzkammer mit Umlaufentgiftung und Fernbedienungswerkzeugen („Handschuh-Box")
(Hersteller: Friesecke und Hoepfner, Erlangen)

Jede direkte Berührung radioaktiver Substanz ist zu vermeiden (Gummi-
handschuhe, Pinzetten, automatische Pipetten u. a.).

Die Augen, die besonders empfindlich gegen radioaktive Strahlung sind, sind durch eine Schutzbrille zu schützen. Bei Unfällen ist sofort ein Augenarzt aufzusuchen, auch wenn der Schaden harmlos erscheinen sollte.

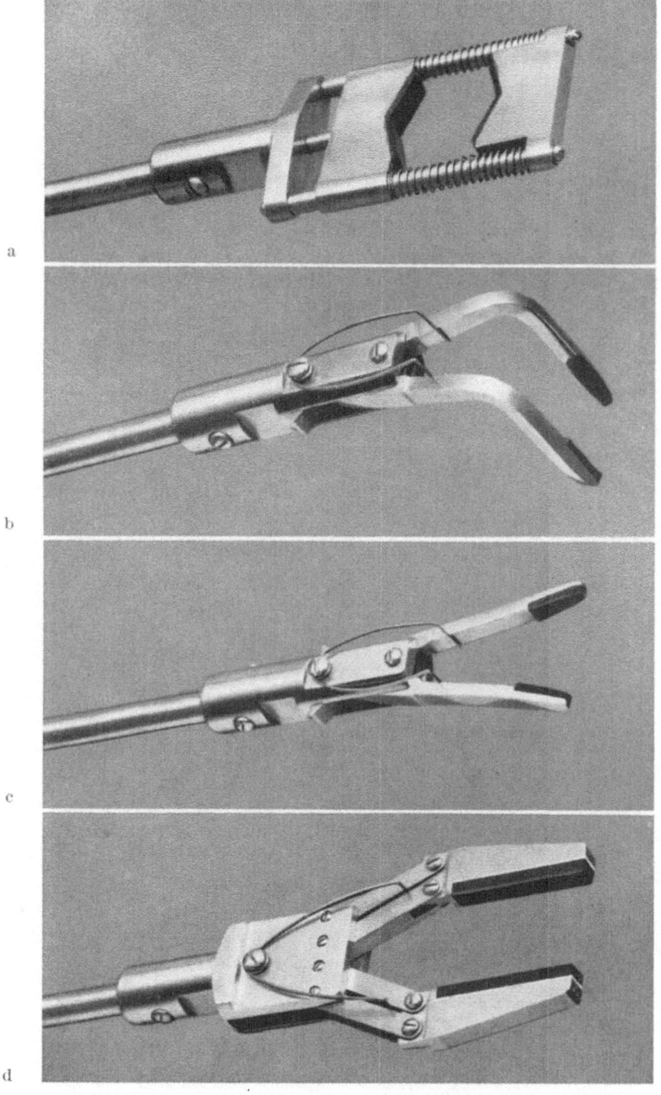

Abb. 233 a—h. Greifwerkzeuge zur Verringerung der Strahlenbelastung

Rauchen, Essen, Trinken während des Aufenthaltes in Räumen, in denen mit radioaktiven Substanzen hantiert wird, ist verboten.

Ordnung und peinlichste Sauberkeit sind besonders wichtig. Nach jeder Tätigkeit sind die Hände mit viel Seife zu waschen. Beim Verlassen der Arbeitsräume sind Kontrollen über mitgeschleppte (an Händen, Arbeitskleidung u. a.) radioaktive Substanzen zu tätigen[1].

---

[1] DUNSTER, H. J.: Atomics 6, 233 (1955).

Verseuchungen in der Umgebung des Zählers durch Verschütten von aktivem Material machen sich in einer Erhöhung des Nulleffektes bemerkbar, was allein schon unangenehm und untragbar ist. Mitunter ist eine Fortsetzung der radio-

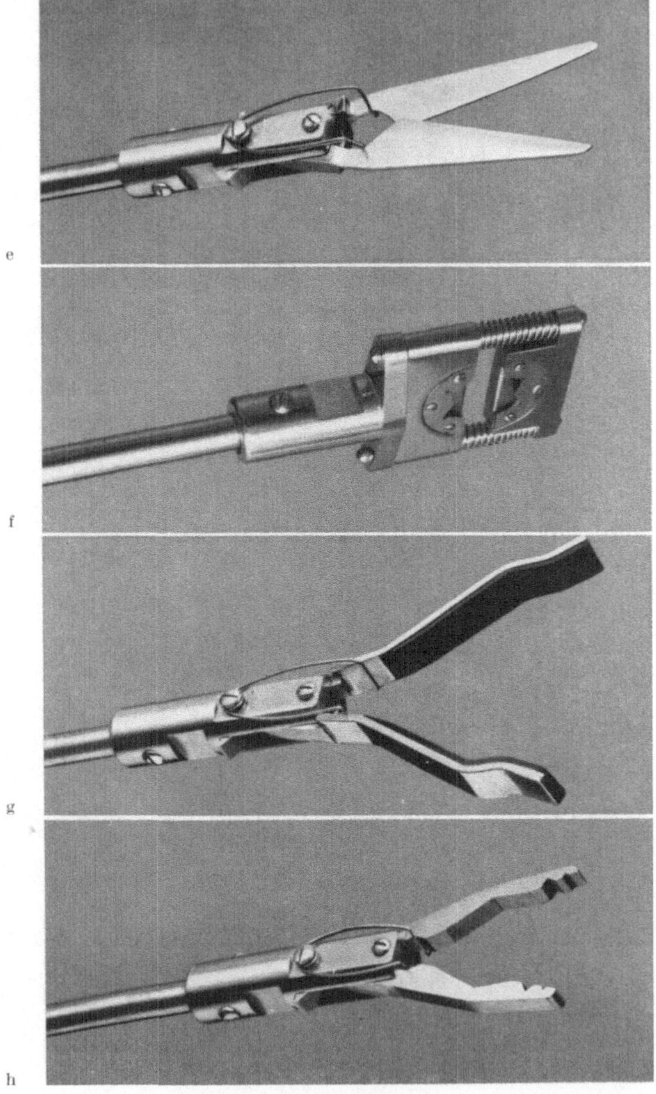

Abb. 233 e—h

aktiven Messungen dann sinnlos, weil der Zeitpunkt der Verseuchung nicht festliegt oder der Untergrund zu hoch ist. Jede Verseuchung ist sofort zu beseitigen. Die radioaktiven Messungen sind in besonderen Räumen vorzunehmen. Es sind Aufzeichnungen über Zugang und Abgang radioaktiver Präparate zu machen.

Wie schon erwähnt, schreibt die erste Strahlenschutzverordnung vor, daß jeder *Strahlenarbeiter* dauernd zwei in ihrer Wirkungsweise verschiedenartige

Dosismeßeinrichtungen bei sich trägt. Die mit Hilfe der Kondensator-Meßkammer ermittelten Dosiswerte müssen in ein eigens zu diesem Zweck angelegtes Protokollbuch eingetragen werden. Dasselbe gilt auch für die aus den Filmplaketten ermittelten Dosiswerte.

Alle nicht gerade notwendigen Präparate müssen in geeigneten Schutzhülsen verwahrt oder, wenn die Präparate in der Größenordnung von einigen mC liegen,

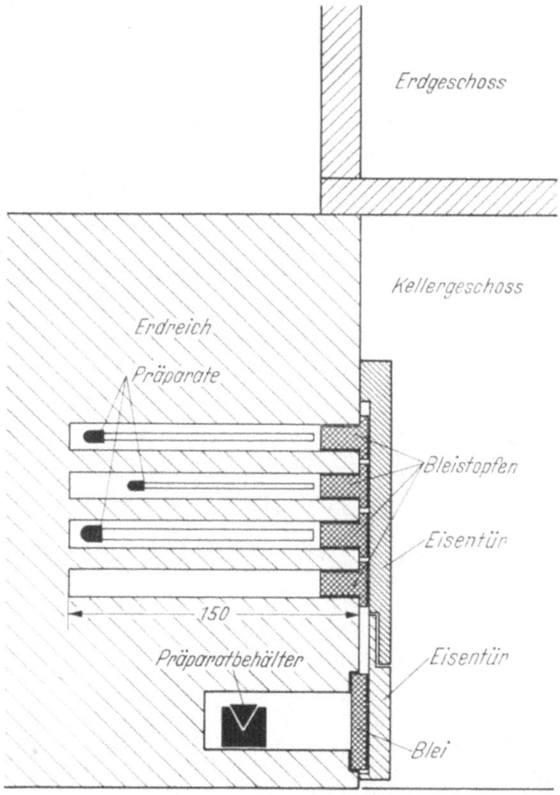

Abb. 234. Lagerung von radioaktivem Material

in entsprechenden Schutzbehältern[1] verschlossen werden. Um Verwechslungen zu vermeiden, ist eine ausreichende Kennzeichnung (Art des Isotops, Menge, Filterung durch die Schutzhülse u. a.) unerläßlich. Die Lagerung nicht verwendeter Präparate hat in einem geeigneten Bunker zu erfolgen (s. Abb. 234).

Für den Transport mit Verkehrsmitteln gelten besondere Vorschriften (s. S. 251). Aber auch beim Transport innerhalb eines Betriebes ist auf genügenden Schutz (an der Oberfläche weniger als 10 mr/24 Stunden) und ausreichenden Abstand vom Körper des mit dem Transport beauftragten Strahlenarbeiters zu achten. Stärkere Präparate werden in Holzkästen von etwa 20—30 cm Kantenlänge untergebracht oder in Rohrgeflechtbehältern, damit automatisch ein Mindestabstand eingehalten wird.

---

[1] PRÖBSTL, G. H.: Atomwirtschaft, Oktober, 388 (1958).

Tabelle 34. *β-Strahler geordnet*

$T_{1/2}$ / MeV	1—10 min	10 min—1 h	1 h—6 h	6 h—24 h
0—0,3	*$\mathrm{Br}^{85}_{\circ}$ $\mathrm{Te}^{133}_{\circ}$	*$\mathrm{n}^{1}_{\circ}$ $_{\bullet}\mathrm{Cu}^{60}_{\triangle}$	$\mathrm{Te}^{129}_{\circ}$ $\mathrm{Tb}^{156\,m}$ $\mathrm{Ho}^{167}_{\circ}$	$_{\circ}\mathrm{K}^{43}$ $_{\circ}\mathrm{Sr}^{91}$ *$\mathrm{Pd}^{112}_{\circ}$ $_{\circ}\mathrm{Pa}^{234}$ (UX$_2$)
0,3—0,5	$\mathrm{Sb}^{118\,m}_{\bullet}$	$_{\circ}\mathrm{Br}^{84}$ $\mathrm{In}^{108}_{\bullet}$	$_{\circ}\mathrm{Cu}^{67}$ $_{\bullet}\mathrm{Rb}^{81}_{\triangle}$	$_{\circ}\mathrm{Mg}^{28}$ $\mathrm{Cd}^{107}_{\bullet\triangle}$ $\mathrm{J}^{135}_{\circ}$ $\mathrm{Pb}^{212}_{\circ}$ (ThB)
0,5—0,7	$\mathrm{Pa}^{234\,m}_{\circ}$	*$\mathrm{F}^{18}_{\bullet}$ $\mathrm{In}^{112}_{\bullet\triangle}$ $\mathrm{Ce}^{146}_{\circ}$ $\mathrm{Ta}^{182\,m}_{\circ}$ $\mathrm{Pb}^{214}_{\circ}$ (RaB)	$\mathrm{As}^{77}_{\circ}$ $_{\circ}\mathrm{Sr}^{92}$ $\mathrm{Rh}^{106}_{\circ}$ $\mathrm{Sb}^{118}_{\bullet\triangle}$ $\mathrm{Cs}^{134\,m}_{\circ}$ $\mathrm{Nd}^{141}_{\bullet\triangle}$ *$\mathrm{Pb}^{209}_{\circ}$ $\mathrm{Pu}^{243}_{\circ}$	$_{\bullet}\mathrm{Cu}^{64}_{\triangle}$ $_{\bullet}\mathrm{Zn}^{62}_{\triangle}$ $_{\circ}\mathrm{Ga}^{72}$ $\mathrm{Pd}^{101}_{\bullet\triangle}$ $\mathrm{Te}^{127}_{\circ}$ $\mathrm{J}^{130}_{\circ}$ $\mathrm{Cs}^{127}_{\bullet\triangle}$ $\mathrm{Pt}^{197}_{\circ}$ $\mathrm{Np}^{236}_{\circ\triangle}$ $\mathrm{Am}^{242\,m}_{\triangle\circ}$ $\mathrm{Bk}^{248}_{\circ\triangle}$
0,7—1,0	$_{\circ}\mathrm{Br}^{84}$ $\mathrm{Np}^{240}_{\circ}$	*$\mathrm{C}^{11}_{\bullet\triangle}$ $_{\circ}\mathrm{Co}^{62}$ *$\mathrm{Zn}^{69}_{\circ}$ $\mathrm{In}^{116\,m}_{\circ}$ $\mathrm{Sb}^{115}_{\bullet}$ $\mathrm{Ho}^{164}_{\triangle\circ}$ $\mathrm{Pt}^{199}_{\circ}$ $\mathrm{Np}^{240}_{\circ}$	*$\mathrm{Ge}^{78}_{\circ}$ $_{\circ}\mathrm{Br}^{83}$ $\mathrm{Kr}^{85\,m}_{\circ}$ $_{\bullet}\mathrm{Tc}^{93}_{\triangle}$ $\mathrm{Rh}^{99}_{\bullet\triangle}$ $\mathrm{In}^{109}_{\bullet\triangle}$ $\mathrm{In}^{115\,m}_{\circ}$ $\mathrm{In}^{117}_{\circ}$ $\mathrm{Pr}^{139}_{\bullet\triangle}$ $\mathrm{Ta}^{178}_{\bullet\triangle}$ $\mathrm{Am}^{245}_{\circ}$ *$\mathrm{Cm}^{249}_{\circ}$ $\mathrm{Bk}^{250}_{\circ}$	*$\mathrm{Fe}^{52}_{\bullet\triangle}$ $\mathrm{Rb}^{82\,m}_{\bullet\triangle}$ $\mathrm{Zr}^{89}_{\bullet\triangle}$ $\mathrm{Nb}^{96}_{\circ}$ $\mathrm{Ce}^{135}_{\bullet\triangle}$ *$\mathrm{Pr}^{143}_{\circ}$ $\mathrm{Sm}^{156}_{\circ}$ $\mathrm{Eu}^{157}_{\circ}$ $\mathrm{Gd}^{159}_{\circ}$ $\mathrm{Ta}^{180\,m}_{\circ\triangle}$
1,0—1,5	$_{\circ}\mathrm{Ne}^{24}$ $_{\circ}\mathrm{Ti}^{51}$ $\mathrm{Nb}^{94\,m}_{\circ}$ $\mathrm{In}^{118}_{\circ}$ $\mathrm{Gd}^{161}_{\circ}$ $\mathrm{Re}^{180}_{\bullet\triangle}$ $\mathrm{Tl}^{207}_{\circ}$ (AcC'')	*$\mathrm{N}^{13}_{\bullet}$ $_{\bullet}\mathrm{Cl}^{34\,m}$ $_{\bullet}\mathrm{As}^{70}$ $\mathrm{A}^{41}_{\circ}$ $\mathrm{K}^{44}_{\circ}$ *$\mathrm{Se}^{81}_{\circ}$ $_{\circ}\mathrm{Se}^{83}$ $_{\bullet}\mathrm{Rb}^{81\,m}$ $_{\circ}\mathrm{Tc}^{101}$ $_{\circ}\mathrm{Rh}^{107}$ $_{\circ}\mathrm{Sn}^{123}$ $_{\bullet}\mathrm{Sb}^{116}_{\triangle}$ $_{\circ}\mathrm{Te}^{131}$ $_{\triangle}\mathrm{Ho}^{160}_{\bullet}$ $_{\circ}\mathrm{Au}^{201}$ $_{\circ}\mathrm{Pb}^{211}$ (AcB) $_{\circ}\mathrm{Bi}^{213}$ $_{\circ}\mathrm{Fr}^{223}$ (AcK) $_{\circ}\mathrm{Ra}^{227}$ $\mathrm{Ra}^{230}_{\circ}$ $\mathrm{Th}^{233}_{\circ}$ *$\mathrm{Pa}^{235}_{\circ}$ $\mathrm{U}^{239}_{\circ}$ *$\mathrm{Am}^{244}_{\triangle\circ}$ $\mathrm{Am}^{246}_{\circ}$	*$\mathrm{Si}^{31}_{\circ}$ $_{\circ}\mathrm{S}^{38}$ $_{\bullet}\mathrm{Sc}^{43}$ $_{\bullet}\mathrm{Sc}^{44}$ $_{\bullet}\mathrm{Ti}^{45}_{\triangle}$ $_{\circ}\mathrm{Co}^{61}$ $_{\bullet}\mathrm{Cu}^{61}_{\triangle}$ $_{\circ}\mathrm{Zn}^{71\,m}$ $_{\circ}\mathrm{Ga}^{73}$ $_{\circ}\mathrm{Ge}^{75}$ $_{\circ}\mathrm{Nb}^{97}$ $_{\bullet}\mathrm{Mo}^{90}_{\triangle}$ $_{\bullet}\mathrm{Ru}^{95}_{\triangle}$ $_{\circ}\mathrm{Ru}^{105}$ $_{\bullet}\mathrm{Ag}^{103}_{\triangle}$ $\mathrm{J}^{121}_{\bullet}$ $_{\triangle}\mathrm{La}^{133}_{\triangle}$ $_{\circ}\mathrm{Nd}^{149}$ $\mathrm{Dy}^{165}_{\circ}$ $\mathrm{Er}^{161}_{\triangle\bullet}$ $\mathrm{Yb}^{177}_{\circ}$ $\mathrm{Lu}^{172}_{\bullet\triangle}$ $\mathrm{Lu}^{176\,m}_{\circ}$ $\mathrm{Hf}^{183}_{\circ}$ $\mathrm{Hg}^{192}_{\bullet\triangle}$	$_{\circ}\mathrm{Na}^{24}$ $\mathrm{Co}^{55}_{\bullet\triangle}$ $\mathrm{Pd}^{109}_{\circ}$ $\mathrm{Sb}^{126}_{\circ}$ $\mathrm{J}^{133}_{\circ}$ $\mathrm{Ce}^{133}_{\bullet\triangle}$ *$\mathrm{Eu}^{150}_{\circ}$ $\mathrm{Er}^{171}_{\circ}$ $\mathrm{Ta}^{184}_{\circ}$ $\mathrm{W}^{187}_{\circ}$ $\mathrm{Bi}^{203}_{\bullet}$
1,5—3,0	$_{\circ}\mathrm{Mg}^{27}$ $_{\circ}\mathrm{Al}^{28}$ $_{\circ}\mathrm{Al}^{29}$ $_{\circ}\mathrm{S}^{37}$ $_{\bullet}\mathrm{K}^{38}$ $_{\circ}\mathrm{Cl}^{40}$ $_{\circ}\mathrm{V}^{52}$ $_{\circ}\mathrm{V}^{53}$ *$\mathrm{Cr}^{55}_{\circ}$ $_{\circ}\mathrm{Mn}^{57}$ *$\mathrm{Fe}^{53}_{\circ}$ *$\mathrm{Cn}^{62}_{\circ}$ $_{\circ}\mathrm{Cu}^{66}$ $_{\circ}\mathrm{Ga}^{74}$ $_{\circ}\mathrm{As}^{79}$ $\mathrm{Zr}^{89}_{\bullet\triangle}$ $\mathrm{Tc}^{102}_{\circ}$ $\mathrm{Rh}^{98}_{\circ}$ $\mathrm{Ag}^{108}_{\triangle\circ}$ $\mathrm{Ag}^{113\,m}_{\circ}$ $\mathrm{Sn}^{125}_{\circ\circ}$ *$\mathrm{La}^{134}_{\bullet\triangle}$ $\mathrm{La}^{136}_{\bullet\triangle}$ $\mathrm{Ce}^{145}_{\circ}$ *$\mathrm{Pr}^{140}_{\bullet\triangle}$ *$\mathrm{Sm}^{143}_{\bullet}$ $\mathrm{Ta}^{178}_{\bullet\triangle}$ $_{\circ}\mathrm{Re}$ $\mathrm{Re}^{190}_{\circ}$ $\mathrm{Os}^{195}_{\circ}$ $\mathrm{Ir}^{197}_{\circ}$ $\mathrm{Hg}^{205}_{\circ}$ *$\mathrm{Tl}^{206}_{\circ}$ Tl^{208} (ThC'') $\mathrm{Tl}^{209}_{\circ}$ Tl^{210} (RaC'') $\mathrm{Ac}^{230}_{\circ}$	$_{\circ}\mathrm{Cl}^{39}$ *$\mathrm{Sc}^{49}_{\circ}$ $_{\bullet}\mathrm{Br}^{80}_{\triangle}$ *$\mathrm{V}^{47}_{\bullet}$ $_{\bullet}\mathrm{Cr}^{49}$ *Mn^{51} $_{\bullet}\mathrm{Mn}^{52\,m}$ $_{\circ}\mathrm{Co}^{60\,m}$ $_{\bullet}\mathrm{Zn}^{63}_{\triangle}$ $_{\bullet}\mathrm{Ga}^{65}_{\triangle}$ $_{\circ}\mathrm{Ga}^{70}$ $_{\bullet}\mathrm{Ge}^{67}$ $_{\bullet}\mathrm{As}^{69}$ $_{\bullet}\mathrm{Se}^{73}$ $_{\bullet}\mathrm{Br}^{78}$ $\mathrm{Mo}^{101}_{\circ}$ $\mathrm{Tc}^{94}_{\bullet\triangle}$ $\mathrm{Pd}^{99}_{\bullet}$ $\mathrm{Pd}^{111}_{\circ}$ $\mathrm{Ag}^{104}_{\circ}$ $\mathrm{Ag}^{106}_{\bullet\triangle}$ *$\mathrm{Ag}^{115}_{\circ}$ $\mathrm{Cd}^{105}_{\bullet\triangle}$ $\mathrm{In}^{107}_{\circ}$ $\mathrm{In}^{108\,m}_{\circ}$ $\mathrm{In}^{112}_{\bullet\triangle}$ *$\mathrm{In}^{119}_{\circ}$ $\mathrm{Sn}^{109}_{\circ}$ $\mathrm{Sn}^{111}_{\circ}$ $\mathrm{Sb}^{116}_{\circ}$ *$\mathrm{Sb}^{120}_{\bullet}$ $\mathrm{Sb}^{128}_{\circ}$ $\mathrm{J}^{128}_{\circ}$ $\mathrm{J}^{134}_{\circ}$ $\mathrm{Xe}^{138}_{\circ}$ $\mathrm{Cs}^{125}_{\bullet\triangle}$ *$\mathrm{Cs}^{130}_{\triangle\circ}$ $\mathrm{Ba}^{141}_{\circ}$ $\mathrm{La}^{131}_{\circ}$ $\mathrm{Pr}^{135}_{\bullet\triangle}$ $\mathrm{Pr}^{144}_{\circ}$ $\mathrm{Nd}^{138}_{\bullet}$ $\mathrm{Nd}^{151}_{\circ}$ $\mathrm{Pm}^{141}_{\bullet}$ $\mathrm{Sm}^{155}_{\circ}$ $\mathrm{Eu}^{144}_{\circ}$ $\mathrm{Eu}^{158}_{\circ}$ $\mathrm{Ta}^{185}_{\circ}$ $\mathrm{Ta}^{186}_{\circ}$ $\mathrm{Au}^{200}_{\circ}$	$_{\circ}\mathrm{Mn}^{56}$ $_{\circ}\mathrm{Ni}^{65}$ $_{\triangle}\mathrm{Ga}^{68}_{\bullet}$ $_{\circ}\mathrm{As}^{76}$ $_{\bullet}\mathrm{Br}^{75}_{\triangle}$ $_{c}\mathrm{Kr}^{77}_{\triangle}$ $_{\circ}\mathrm{Kr}^{88}$ $_{\bullet}\mathrm{Y}^{84}_{\triangle}$ $_{\bullet}\mathrm{Zr}^{87}_{\triangle}$ *Nb^{89} $_{\circ}\mathrm{Ag}^{113}$ $_{\bullet}\mathrm{In}^{110}_{\triangle}$ $_{\circ}\mathrm{In}^{117\,m}$ $_{\circ}\mathrm{Sb}^{129}$ $_{\circ}\mathrm{J}^{132}$ $_{c}\mathrm{Xe}^{123}_{\triangle}$ $_{\bullet}\mathrm{Ba}^{129}$ $\mathrm{Ba}^{139}_{\circ}$ $\mathrm{La}^{141}_{\circ}$ $\mathrm{La}^{142}_{\circ}$ $\mathrm{Pr}^{136}_{\bullet}$ *$\mathrm{Pr}^{137}_{\bullet\triangle}$ $\mathrm{Pr}^{138}_{\bullet\triangle}$ *$\mathrm{Pr}^{145}_{\bullet\triangle}$ $\mathrm{Yb}^{167}_{\bullet}$ *$\mathrm{Hf}^{170}_{\circ}$ $\mathrm{W}^{176}_{\bullet\triangle}$ $\mathrm{Ir}^{190}_{\bullet\triangle}$ $\mathrm{Ir}^{195}_{\circ}$ $\mathrm{Au}^{192}_{\bullet\triangle}$ $\mathrm{Pb}^{199}_{\bullet\triangle}$ Bi^{212} (ThC)	$_{\circ}\mathrm{Ge}^{77}$ $\mathrm{Se}^{73}_{\circ}$ $\mathrm{Y}^{86}_{\bullet}$ $\mathrm{Y}^{93}_{\circ}$ $\mathrm{Zr}^{97}_{\circ}$ $_{\bullet}\mathrm{Nb}^{90}$ $\mathrm{Rh}^{100}_{\bullet\triangle}$ $\mathrm{Pr}^{142}_{\circ}$ $\mathrm{Eu}^{152}_{\circ\triangle}$ $_{\circ}\mathrm{Tb}$ $\mathrm{Tb}^{154}_{\circ}$ $\mathrm{Tm}^{166}_{\circ}$ $\mathrm{Re}^{180}_{\circ}$ $\mathrm{Re}^{188}_{\bullet\triangle}$ $\mathrm{Ir}^{194}_{\circ}$ $\mathrm{Hg}^{193\,m}_{\bullet\triangle}$ $\mathrm{Pb}^{201}_{\bullet\triangle}$ $\mathrm{Ac}^{228}_{\circ}$ (MsTh$_2$)
>3,0	*$\mathrm{P}^{30}_{\bullet}$ $_{\circ}\mathrm{Cl}^{40}$ $_{\circ}\mathrm{Sc}^{50}$ $_{\bullet}\mathrm{Zn}^{61}$ $\mathrm{Ga}^{64}_{\bullet}$ $_{\bullet}\mathrm{Se}^{71}$ $_{\circ}\mathrm{Kr}^{89}$ *$\mathrm{Rb}^{82}_{\bullet}$ $_{\circ}\mathrm{Rb}^{90}$ $_{\circ}\mathrm{Rb}^{91}$ $\mathrm{Nb}^{99}_{\circ}$ $\mathrm{Tc}^{92}_{\bullet\triangle}$ $\mathrm{Ru}^{107}_{\circ}$ $\mathrm{Ag}^{116}_{\circ}$ $\mathrm{Sb}^{124\,m}_{\circ}$ *$\mathrm{J}^{122}_{\bullet}$ $\mathrm{Xe}^{137}_{\circ}$ $\mathrm{Cs}^{126}_{\bullet\triangle}$ $\mathrm{Cs}^{128}_{\bullet\triangle}$	$_{\circ}\mathrm{Cl}^{38}$ $_{\circ}\mathrm{Rb}^{88}$ $_{\circ}\mathrm{Rb}^{89}$ $\mathrm{Rb}^{91}_{\circ}$ Y^{94} *Mo^{91} $\mathrm{Tc}^{104}_{\circ}$ $\mathrm{J}^{119}_{\circ}$ $\mathrm{Cs}^{138}_{\circ}$ $\mathrm{Ce}^{131}_{\circ}$ $\mathrm{Pr}^{146}_{\circ}$ $\mathrm{Re}^{178}_{\bullet}$ $\mathrm{Bi}^{214}_{\circ}$ (RaC)	$_{\circ}\mathrm{As}^{78}$ $_{\circ}\mathrm{Kr}^{87}$ Y^{92} $\mathrm{Ag}^{112}_{\circ}$ $\mathrm{La}^{132}_{\circ}$ $\mathrm{Nd}^{139}_{\bullet\triangle}$ $\mathrm{Pm}^{150}_{\circ}$	$_{\circ}\mathrm{K}^{42}$ $_{\bullet}\mathrm{Ga}^{66}_{\triangle}$ $_{\bullet}\mathrm{Br}^{76}$ $\mathrm{Tb}_{\bullet}$

nach Halbwertzeit und β-Energie

1 d—5 d	5 d—30 d	30 d—1 y	1 y—10 y	> 10 y
$^{*}_{\circ}\mathrm{Ni}^{66}$ $\mathrm{Sb}^{122}_{\circ\triangle}$ $\mathrm{Te}^{132}_{\circ}$ $\mathrm{Dy}^{166}_{\circ}$ $\mathrm{Th}^{231}_{\circ}$ (UY) $\mathrm{Pa}^{232}_{\circ}$	$^{*}_{\circ}\mathrm{P}^{33}$ $\mathrm{Tb}^{156}_{\circ\triangle}$ $\mathrm{Lu}^{177}_{\circ}$ $\mathrm{Os}^{191}_{\circ}$ $\mathrm{Ir}^{196}_{\circ}$ $\mathrm{Au}^{196}_{\circ\triangle}$ $\mathrm{Pa}^{233}_{\circ}$ $\mathrm{U}^{237}_{\circ}$ $\mathrm{Pu}^{246}_{\circ}$ $\mathrm{Cf}^{253}_{\circ}$	S^{35} $^{*}_{\circ}\mathrm{Ca}^{45}$ $\mathrm{Nb}^{95}_{\circ}$ $\mathrm{Ru}^{103}_{\circ}$ $\mathrm{Ag}^{110\,m}_{\circ}$ $\mathrm{Re}^{189}_{\circ}$ $\mathrm{Hg}^{203}_{\circ}$ $\mathrm{Bk}^{249}_{\circ}$	$^{*}\mathrm{Ru}^{106}_{\circ}$ $\mathrm{Pm}^{147}_{\circ}$ $\mathrm{Eu}^{155}_{\circ}$ $\mathrm{Tm}^{171}_{\circ}$ $\mathrm{Ra}^{228}_{\circ}$ (MsTh$_1$)	$^{*}_{\circ}\mathrm{H}^{3}$ $^{*}_{\circ}\mathrm{C}^{14}$ Se^{79} $^{*}\mathrm{Rb}^{87}_{\circ}$ $\mathrm{Zr}^{93}_{\circ}$ $\mathrm{Tc}^{99}_{\circ}$ $\mathrm{Ac}^{227}_{\circ}$ $\mathrm{Tc}^{98}_{\circ}$ $\mathrm{Pd}^{107}_{\circ}$ $^{*}\mathrm{Cs}^{135}_{\circ}$ $\mathrm{La}^{138}_{\circ\triangle}$ $\mathrm{Sm}^{151}_{\circ}$ $\mathrm{Re}^{187}_{\circ}$ $\mathrm{Pb}^{210}_{\circ}$ (RaD) $\mathrm{Pu}^{241}_{\circ}$
$_{\circ}\mathrm{Sc}^{47}$ $_{\circ}\mathrm{Zn}^{72}$ $\mathrm{Br}^{82}_{\circ}$ $^{*}\mathrm{Sn}^{121}_{\circ}$ $\mathrm{Te}^{131\,m}_{\circ}$ $\mathrm{Yb}^{175}_{\circ}$ $\mathrm{Au}^{199}_{\circ}$	$_{\bullet}\mathrm{Mn}^{52}_{\triangle}$ $\mathrm{Xe}^{133}_{\circ}$ $\mathrm{Cs}^{136}_{\circ}$ $\mathrm{Pm}^{145}_{\bullet}$ $^{*}\mathrm{Er}^{169}_{\circ}$ $\mathrm{Ra}^{225}_{\circ}$ $\mathrm{Pa}^{230}_{\circ\triangle}$	$_{\circ}\mathrm{Sc}^{46}$ $_{\bullet}\mathrm{Co}^{56}_{\triangle}$ $_{\bullet}\mathrm{CO}^{57}_{\triangle}$ $_{\bullet}\mathrm{Co}^{58}_{\triangle}$ $_{\bullet}\mathrm{Zn}^{65}_{\triangle}$ $\mathrm{Zr}^{95}_{\circ}$ $\mathrm{Ce}^{144}_{\circ}$ $\mathrm{Hf}^{181}_{\circ}$ $\mathrm{W}^{185}_{\circ}$	$_{\circ}\mathrm{Co}^{60}$ $\mathrm{Sn}^{121}_{\circ}$	$_{\circ}\mathrm{Si}^{32}$ $_{\circ}\mathrm{Nb}^{94}$ $\mathrm{Lu}^{176}_{\circ}$
$_{\circ}\mathrm{Sc}^{48}$ $_{\bullet}\mathrm{Kr}^{79}_{\triangle}$ $\mathrm{Y}^{87}_{\bullet\triangle}$ $\mathrm{Rh}^{105}_{\circ}$ $\mathrm{Ta}^{183}_{\circ}$	$_{\bullet}\mathrm{V}^{48}$ $\mathrm{Tb}^{161}_{\circ}$	$\mathrm{Y}^{88}_{\bullet\triangle}$ $\mathrm{Tc}^{95\,m}_{\bullet\triangle}$ $\mathrm{Ce}^{141}_{\circ}$ $\mathrm{Pm}^{146}_{\circ}$ $\mathrm{Lu}^{174}_{\circ\triangle}$ $\mathrm{Ta}^{182}_{\circ}$ $\mathrm{Ir}^{192}_{\circ\triangle}$	$_{\bullet}\mathrm{Na}^{22}_{\triangle}$ $\mathrm{Cd}^{113\,m}_{\circ}$ $\mathrm{Cs}^{134}_{\circ}$	$^{*}_{\circ}\mathrm{Be}^{10}$ $_{\circ}\mathrm{A}^{39}$ $\mathrm{Ni}^{63}_{\circ}$ $_{\circ}\mathrm{Kr}^{85}$ $^{*}\mathrm{Sr}^{90}_{\circ}$ $\mathrm{In}^{115}_{\circ}$ $\mathrm{Cs}^{137}_{\circ}$ $\mathrm{Am}^{242}_{\triangle\circ}$
$_{\circ}\mathrm{Ni}^{57}_{\triangle}$ $_{\bullet}\mathrm{As}^{71}_{\triangle}$ $\mathrm{Sm}^{153}_{\circ}$ $\mathrm{Au}^{198}_{\circ}$ $\mathrm{Th}^{234}_{\circ}$ (UX$_1$) $\mathrm{Np}^{234}_{\bullet\triangle}$ $\mathrm{Np}^{239}_{\circ}$	$_{\circ}\mathrm{Mn}^{57}$ $\mathrm{J}^{131}_{\circ}$ $\mathrm{Nd}^{147}_{\circ}$ $\mathrm{Bi}^{205}_{\bullet\triangle}$	$\mathrm{Tm}^{170}_{\circ}$	$^{*}\mathrm{Tl}^{204}_{\circ\triangle}$	$^{*}_{\circ}\mathrm{Cl}^{36}_{\triangle}$ $_{\circ}\mathrm{Re}$
$_{\bullet}\mathrm{Ge}^{69}_{\triangle}$ $\mathrm{Sr}^{83}_{\bullet\triangle}$ $\mathrm{Mo}^{99}_{\circ}$ $\mathrm{Cd}^{115}_{\circ}$ $\mathrm{Ce}^{143}_{\circ}$ $\mathrm{Pm}^{149}_{\circ}$ $\mathrm{Pm}^{151}_{\circ}$ $\mathrm{Tm}^{172}_{\circ}$ $\mathrm{Re}^{186}_{\circ\triangle}$ $\mathrm{Os}^{193}_{\circ}$ $\mathrm{Au}^{194}_{\bullet\triangle}$ $\mathrm{Tl}^{200}_{\bullet\triangle}$ $\mathrm{Ac}^{226}_{\circ\triangle}$ $\mathrm{Np}^{238}_{\circ}$ $\mathrm{E}^{254}_{\triangle\circ}$	$\mathrm{As}^{74}_{\circ\triangle}$ $\mathrm{Ag}^{111}_{\circ}$ $\mathrm{Sb}^{127}_{\circ}$ $\mathrm{Ba}^{140}_{\circ}$ $^{*}\mathrm{Bi}^{210}_{\circ}$ (RaE)	$^{*}\mathrm{Sr}^{89}_{\circ\bullet\triangle}$ $^{*}\mathrm{Sn}^{123}_{\circ}$		$_{\bullet}\mathrm{Al}^{26}_{\triangle}$ $\mathrm{K}^{40}_{\circ\triangle}$ $\mathrm{J}^{129}_{\circ}$ $\mathrm{Eu}^{152}_{\circ\triangle}$ $\mathrm{Ho}^{166}_{\circ}$
$_{\circ}\mathrm{Ca}^{47}$ $_{\circ}\mathrm{Y}^{90}$ $^{*}\mathrm{J}^{124}_{\bullet\triangle}$ $\mathrm{La}^{140}_{\circ}$ $\mathrm{Pm}^{148}_{\circ}$ $\mathrm{Ho}^{166}_{\circ}$ $\mathrm{Ir}^{188}_{\bullet\triangle}$	$^{*}\mathrm{P}^{32}$ $_{\circ}\mathrm{Rb}^{86}$ $\mathrm{Sb}^{126}_{\circ}$ $\mathrm{Eu}^{156}_{\circ}$	$_{\circ}\mathrm{Fe}^{59}$ $_{\bullet}\mathrm{Rb}^{84}_{\triangle}$ $_{\circ}\mathrm{Y}^{91}$ $\mathrm{Cd}^{115\,m}_{\circ}$ $\mathrm{Sb}^{124}_{\circ}$ $\mathrm{Te}^{129\,m}_{\circ}$ $\mathrm{Pm}^{148}_{\circ}$ $\mathrm{Tb}^{160}_{\circ}$		$\mathrm{Eu}^{154}_{\circ}$
$_{\bullet}\mathrm{As}^{72}_{\triangle}$ $_{\bullet}\mathrm{Br}^{77}_{\triangle}$	$_{\bullet}\mathrm{Sr}^{82}_{\triangle}$ $_{\circ}\mathrm{J}^{126}_{\triangle\bullet}$			

Zeichenerklärung: $*$ reiner β-Strahler
      $\bullet$ β⁺-Strahler
      $\circ$ β⁻-Strahler
      $\triangle$ K-Strahler

Tabelle 35. *γ-Strahler, geordnet*

γ-Energie in [MeV]			
0,1—0,3	0,3—0,5	0,5—0,7	0,7—0,9
6—24 h Te$^{99\,m}$, Xe$^{133\,m}$, W^{187}, Re^{188}, Pt^{197}, Pb^{212}, Np^{236}	Zn$^{69\,m}$, Xe^{135}, Ir^{194}	K^{43}, Cu^{64}, Sr^{91}, Nb^{90}, Cd^{107}, I^{130}, I^{133}, Xe^{135}, W^{187}	Ga^{72}, Tc^{95}, Cd^{107}, I^{130}, I^{133}, W^{187}
1— 3 d Sc$^{44\,m}$, Cu^{67}, Ga^{67}, As^{71}, As^{77}, Ru^{97}, In^{111}, Ce^{137}, Ce^{143}, Pm^{151}, Sm^{193}, Hg^{197}, Th^{231}, Pa^{232}	La^{140}, Ce^{143}, Pm^{151}, Au^{198}	Ni^{57}, Ge^{69}, As^{71}, As^{72}, As^{76}, As^{77}, Br^{82}, Cd^{115}, Sb^{122}, Ce^{143}, Sm^{153}	Ga^{67}, As^{72}, Br^{82}, Zr^{97}, Mo^{99}, Pm^{151}
3—10 d Sc^{47}, Ag^{111}, Yb^{175}, Lu^{177}, Re^{186}, Au^{199}, Ra^{224}	Ag^{111}, I^{131}, Yb^{175}	Zr^{89}, I^{124}, I^{131}	Tc^{96}, I^{124}, I^{131}, Re^{186}
10—50 d Fe^{59}, Ag^{105}, In^{114}, Ba^{131}, Ce^{141}, Os^{191}, Pb^{203}	Cr^{51}, Ru^{103}, Rh^{105}, Ag^{105}, I^{126}, Ba^{131}, Ba^{140}, Pr^{147}, Nd^{147}, Hf^{181}	As^{74}, Rb^{84}, In^{114}, Te^{121}, I^{126}, Ba^{140}, Pr^{147}, Nd^{147}, Hf^{181}, Pb^{203}	Rb^{84}, Nb^{95}
50d—1y Co^{57}, Se^{75}, Ce^{139}, Ce^{144}, Ga^{153}, Ta^{182}, Au^{195}, Hg^{205}, Cm^{242}	Be^{7}, Cr^{51}, Se^{75}, Sn^{113}, Ir^{192}	Co^{57}, Co^{58}, Sr^{89}, Tc$^{95\,m}$, Sb^{124}, Os^{185}, Ir^{192}	Sc^{46}, Mn^{54}, Co^{56}, Co^{58}, Zr^{95}, Tc$^{95\,m}$, Ag$^{110\,m}$, Os^{185}, Po^{210}
1—10 y Eu^{152}, Eu^{155}, Th^{228}	Sb^{125}, Ba^{133}, Eu^{152}	Na^{22}, Kr^{85}, Sb^{125}	Cs^{134}
>10 y Lu^{176}, Ra^{226}, Th^{230}, Pu^{238}, Cm^{243}	Eu^{154}, Lu^{176}	Cs^{137}, Bi^{207}, Po^{209}	Nb^{94}, Eu^{154}, Po^{209}

Tabelle 36. *Symbole, Ordnungszahl, Atomgewicht der chemischen Elemente, Massenzahl und relative Häufigkeit ihrer Isotope*

Elemente	Symbol	Ordnungs-zahl	Atom-gewicht	Massenzahl des bestrahl-ten Isotops	Relative Häufigkeit in %	Sättigungs-aktivität in µC/g [1]	$T_{1/2}$ des entst. Radio-nuclids	Strahlungsart
Aktinium .	Ac	89	[227]					
Aluminium.	Al	13	26,98	27	100	1,27 · 10⁶	2,3 m	β^-, γ
Americium .	Am	95	[243]					
Antimon . .	Sb	51	121,75	121	57,25	5,2 · 10⁶	2,8 d	β^-, K, β^+, γ
				123	42,75	1,44 · 10⁶	60,9 d	β^-, γ
Argon . . .	A	18	39,948	36	0,377	8,2 · 10⁴	35 d	K
				38	0,063	2,06 · 10³	265 y	β^-
				40	99,600	2,15 · 10⁶	1,85 h	β^-, γ
Arsen . . .	As	33	74,92	75	100	1,175 · 10⁷	26,7 h	β^-, γ
Astatin . .	At	85	[210]					
Barium . .	Ba	56	137,34	130	0,101	1,46 · 10⁴	12 d	K, γ
				132	0,097	1,58 · 10⁴	7,2 y	K, γ
				134	2,42			
				135	6,59			
				136	7,81			
				137	11,32			
				138	71,66	4,17 · 10⁵	84 m	β^-, γ
Berkelium .	Bk	97	[249]					
Beryllium .	Be	4	9,012	9	100	1,8 · 10⁵	2,7 · 10⁶ y	β^-
Blei	Pb	82	207,19	204	1,48	8,6 · 10³	~5 · 10⁷ y	IT
				206	23,6			
				207	22,6			
				208	52,3	2,5 · 10²	3,3 h	β^-

[1] Gültig für einen Neutronenfluß von 10^{13} n/cm² sec [nach BAUMGÄRTNER, F.: Kerntechnik **3** (8) 356 (1961)].

nach Halbwertzeit und γ-Energie

	γ-Energie in [MeV]				
0,9—1,1	1,1—1,3	1,3—1,5	1,5—2,0	2,0—3,0	> 3,0
$Mg^{28}, K^{43}, Ga^{66}, Sr^{91}, Nb^{96}, Tc^{95}, Re^{188}$	$Nb^{90}, Nb^{96}, Re^{188}$	$Na^{24}, Mg^{28}, Co^{55}, Cu^{64}, Sr^{91}, I^{133}$	$K^{42}, Co^{55}, Pr^{142}, Ir^{194}$	$Na^{24}, Co^{55}, Ga^{66}, Ga^{72}, I^{135}$	Ga^{66}
$Sc^{48}, Cd^{115}, Au^{193}, Pa^{232}, Np^{238}$	Ge^{69}, Sb^{122}	$Sc^{48}, Ni^{57}, As^{76}, Br^{82}$	$Ni^{57}, Ge^{69}, As^{76}, Ho^{166}$	As^{76}, La^{140}	La^{140}
Mn^{94}	Tc^{96}	Mn^{52}	I^{124}		
V^{48}, Fe^{59}, Rb^{86}	$V^{48}, Fe^{59}, Cd^{115\,m}$	I^{126}		V^{48}, Eu^{156}	
$Y^{88}, Zr^{95}, Tc^{95\,m}$	$Sc^{46}, Co^{56}, Zn^{65}, Y^{91}, Ta^{182}$	$Ag^{110\,m}$	$Y^{88}, Ag^{110\,m}, Sb^{124}$	$Sb^{124}, Co^{56}, Y^{88}$	
	$Na^{22}, Co^{60}, Cs^{134}$	Co^{60}, Cs^{134}			
Bi^{207}	Eu^{154}		Nb^{94}, Bi^{207}		

Tabelle 36 (Fortsetzung)

Elemente	Symbol	Ordnungszahl	Atomgewicht	Massenzahl des bestrahlten Isotops	Relative Häufigkeit in %	Sättigungsaktivität in µC/g	$T_{1/2}$ des entst. Radionuclids	Strahlungsart
Bor	B	5	10,81	10	18,45			
				11	81,55	$< 6,1 \cdot 10^5$	0,018 s	β^-, γ, α
Brom . . .	Br	35	79,909	79	50,52	$8,86 \cdot 10^6$	17,6 m	$\beta^-, \beta^+, K, \gamma$
				81	49,48	$3,53 \cdot 10^6$	35,9 h	β^-, γ
Cadmium .	Cd	48	112,40	106	1,21	$1,77 \cdot 10^4$	6,7 h	K, β^+, γ
				108	0,88		1,3 y	K
				110	12,39			
				111	12,75			
				112	24,07			
				113	12,26			
				114	28,86	$4,6 \ \cdot 10^5$	53 h	β^-, γ
				116	7,58		50 m	β^-, γ
Calcium . .	Ca	20	40,08	40	96,97	$8,67 \cdot 10^5$	$1,1 \cdot 10^5$ y	K
				42	0,64			
				43	0,15			
				44	2,06	$5,48 \cdot 10^4$	164 d	β^-
				46	0,003	$3,05 \cdot 10^1$	4,7 d	β^-, γ
				48	0,185	$7,16 \cdot 10^3$	8,8 m	β^-, γ
Californium	Cf	98	[249]					
Cäsium . .	Cs	55	132,91	133	100	$3,68 \cdot 10^7$	2,1 y	β^-, γ
Cer	Ce	58	140,12	136	0,20	$1,39 \cdot 10^4$	9 h	K, γ
				138	0,25	$1,8 \ \cdot 10^3$	140 d	K, γ
				140	88,48	$3,1 \ \cdot 10^5$	33,1 d	β^-, γ
				142	11,07	$1,20 \cdot 10^5$	33 h	β^-, γ

Tabelle 36 (Fortsetzung)

Elemente	Symbol	Ordnungszahl	Atomgewicht	Massenzahl des bestrahlten Isotops	Relative Häufigkeit in %	Sättigungsaktivität in µC/g	$T_{1/2}$ des entst. Radionuclids	Strahlungsart
Chlor . . .	Cl	17	35,453	35	75,4	$1,042 \cdot 10^8$	$2,5 \cdot 10^5$ y	β, K
				37	26,6	$6,3 \cdot 10^5$	37,3 m	β^-, γ
Chrom . . .	Cr	24	51,996	50	4,31	$1,86 \cdot 10^6$	27,8 d	K, γ
				52	83,76			
				53	9,55			
				54	2,38	$3,01 \cdot 10^4$	3,6 m	β^-
Curium . .	Cm	96	[245]					
Dysprosium	Dy	66	162,50	156	0,05		8,2 h	K, γ
				158	0,09		134 d	K, γ
				160	2,29			
				161	18,88			
				162	25,53			
				163	24,97			
				164	28,18	$5,92 \cdot 10^8$	2,3 h	β^-, γ
Einsteinium	Es	99	[255]					
Eisen . . .	Fe	26	55,85	54	5,84	$4,3 \cdot 10^5$	2,6 y	K
				56	91,68			
				57	2,17			
				58	0,31	$9,44 \cdot 10^3$	45 d	β^-, γ
Erbium . .	Er	68	167,26	162	0,14		75 m	K, γ
				164	1,56		10 h	K
				166	33,41			
				167	22,94			
				168	27,07	$5,30 \cdot 10^5$	9,4 d	β^-, γ
				170	14,88	$1,31 \cdot 10^6$	7,8 h	β^-, γ
Europium .	Eu	63	151,96	151	47,77	$7,17 \cdot 10^8$	9,3 h	β^-, K, β^+, γ
				151	47,77	$3,69 \cdot 10^9$	12,5 y	β^-, K, γ
				153	52,23	$2,35 \cdot 10^8$	16 y	β^-, γ
Fermium . .	Fm	100	[225]					
Fluor . . .	F	9	18,9984	19	100	$7,72 \cdot 10^4$	11 s	β^-, γ
Francium .	Fr	87	[223]					
Gadolinium	Gd	64	157,25	152	0,20	$< 2,66 \cdot 10^5$	236 d	K, γ
				154	2,15			
				155	14,73			
				156	20,47			
				157	15,68			
				158	24,87	$1,02 \cdot 10^6$	18 h	β^-, γ
				160	21,90	$1,8 \cdot 10^5$	3,73 m	β^-, γ
Gallium . .	Ga	31	69,72	69	61,50	$1,97 \cdot 10^6$	21 m	β^-, γ
				71	38,50	$3,73 \cdot 10^6$	14,1 h	β^-, γ
Germanium	Ge	32	72,59	70	20,55	$1,8 \cdot 10^6$	11 d	K
				72	27,37			
				73	7,61			
				74	36,74	$1,72 \cdot 10^5$	82 m	β^-, γ
				76	7,67	$1,4 \cdot 10^4$	11,3 h	β^-, γ
Gold . . .	Au	79	196,967	197	100	$7,94 \cdot 10^7$	2,7 d	β^-, γ
Hafnium . .	Hf	72	178,49	174	0,19	$2,23 \cdot 10^6$	70 d	K, γ
				176	5,23			
				177	18,55			
				178	27,23			
				179	13,73			
				180	35,07	$3,2 \cdot 10^6$	45 d	β^-, γ

Tabelle 36 (Fortsetzung)

Elemente	Symbol	Ordnungszahl	Atomgewicht	Massenzahl des bestrahlten Isotops	Relative Häufigkeit in %	Sättigungsaktivität in μC/g	$T_{1/2}$ des entst. Radionuclids	Strahlungsart
Helium . .	He	2	4,0026	3	0,0001			
				4	99,9999			
Holmium .	Ho	67	164,930	165	100	$>6,9 \cdot 10^9$	27 y	β^-, γ
Indium . .	In	49	114,82	113	4,23	$1,23 \cdot 10^5$	72 s	$\beta^-, \gamma, \beta^+,$ K
				115	95,77	$6,79 \cdot 10^7$	13 s	β^-
Iridium . .	Ir	77	192,2	191	38,5	$2,275 \cdot 10^8$	74 d	$\beta^-,$ K$, \gamma$
				193	61,5	$6,75 \cdot 10^7$	19 h	β^-, γ
Jod	J	53	126,9044	127	100	$7,19 \cdot 10^6$	25 m	K$, \beta^-, \gamma$
Kalium . .	K	19	39,102	39	93,08			
				40	0,012			
				41	6,91	$2,8 \cdot 10^5$	12,5 h	β^-, γ
Kobalt . .	Co	27	58,9332	59	100	$5,53 \cdot 10^7$	5,2 y	β^-, γ
Kohlenstoff	C	6	12,01115	12	98,89			
				13	1,11	$1,36 \cdot 10^2$	5570 y	β^-
Krypton . .	Kr	36	83,80	78	0,35	$1,36 \cdot 10^4$	34 h	K$, \beta^+, \gamma$
				80	2,27		$2 \cdot 10^5$ y	K$, \gamma$
				82	11,56			
				83	11,55			
				84	56,90	$6,66 \cdot 10^4$	10,4 y	β^-, γ
				86	17,37	$2,02 \cdot 10^4$	78 m	β^-, γ
Kupfer . .	Cu	29	63,54	63	69,1	$7,6 \cdot 10^6$	12,8 h	K$, \beta^-, \beta^+, \gamma$
				65	30,9	$1,43 \cdot 10^6$	5,1 m	β^-, γ
Lanthan . .	La	57	138,91	138	0,089			
				139	99,11	$9,96 \cdot 10^6$	40,2 h	β^-, γ
Lithium . .	Li	3	6,939	6	7,98			
				7	92,02	$7,2 \cdot 10^5$	0,84 s	β^-, α
Lutetium .	Lu	71	174,97	175	97,40	$3,175 \cdot 10^7$	3,7 h	β^-, γ
				176	2,60	$9,687 \cdot 10^7$	6,7 d	β^-, γ
Magnesium .	Mg	12	24,312	24	78,60			
				25	10,11			
				26	11,29	$1,93 \cdot 10^4$	9,5 m	β^-, γ
Mangan . .	Mn	25	54,9381	55	100	$3,95 \cdot 10^7$	2,58 h	β^-, γ
Mendelevium	Md	101	[256]					
Molybdän .	Mo	42	95,94	92	15,86	$<8,0 \cdot 10^4$	>2 y	K
				94	9,12			
				95	15,70			
				96	16,50			
				97	9,45			
				98	23,75	$1,82 \cdot 10^5$	66 h	β^-, γ
				100	9,62	$3,23 \cdot 10^4$	14,6 m	β^-, γ
Natrium . .	Na	11	22,9898	23	100	$3,97 \cdot 10^6$	15,0 h	β^-, γ
Neodym . .	Nd	60	144,24	142	27,13			
				143	12,20			
				144	23,87			
				145	8,30			
				146	17,18	$3,47 \cdot 10^5$	11,1 d	β^-, γ
				148	5,72	$2,37 \cdot 10^5$	2,0 h	β^-, γ
				150	5,60	$1,76 \cdot 10^5$	15 m	β^-, γ
Neon . . .	Ne	10	20,183	20	90,92			
				21	0,26			
				22	8,82	$2,59 \cdot 10^4$	40,2 s	β^-, γ
Neptunium	Np	93	[237]					
Neutron . .	n	0	1,0078					

Tabelle 36 (Fortsetzung)

Elemente	Symbol	Ordnungszahl	Atomgewicht	Massenzahl des bestrahlten Isotops	Relative Häufigkeit in %	Sättigungsaktivität in µC/g	$T_{1/2}$ des entst. Radionuclids	Strahlungsart
Nickel . . .	Ni	28	58,71	58	67,76	$8,31 \cdot 10^6$	$7,5 \cdot 10^4$ y	K
				60	26,16			
				61	1,25			
				62	3,66	$1,54 \cdot 10^6$	125 y	$\beta^-,$
				64	1,16	$4,44 \cdot 10^4$	2,6 h	β^-, γ
Niob . . .	Nb	41	92,906	93	100	$1,75 \cdot 10^6$	$1,8 \cdot 10^4$ y	β^-, γ
Nobelium .	No	102	[254]					
Osmium . .	Os	76	190,2	184	0,018	$<3,1 \cdot 10^4$	94 d	K, γ
				186	1,59			
				187	1,64			
				188	13,3			
				189	16,1			
				190	26,4	$1,81 \cdot 10^6$	16,0 d	β^-, γ
				192	41,0	$5,62 \cdot 10^5$	30,6 h	β^-, γ
Palladium .	Pd	46	106,4	102	0,8	$7,65 \cdot 10^4$	17 d	K, γ
				104	9,3			
				105	22,6			
				106	27,2		$7 \cdot 10^6$ y	β^-
				108	26,8	$4,9 \cdot 10^6$	13,6 h	β^-, γ
				110	13,5	$7,21 \cdot 10^4$	22 m	β^-
Phosphor .	P	15	30,9738	31	100	$1 \cdot 10^6$	14,2 d	β^-
Platin . . .	Pt	78	195,09	190	0,012	$9,55 \cdot 10^3$	3 d	K, γ
				192	0,78	$5,2 \cdot 10^4$	4,3 d	IT
				194	32,8			
				195	33,7			
				196	25,4	$1,68 \cdot 10^5$	18 h	β^-, γ
				198	7,23	$2,4 \cdot 10^5$	31 m	β^-, γ
Plutonium .	Pu	94	[242]					
Polonium .	Po	84	[210]					
Praseodym .	Pr	59	140,907	141	100	$1,16 \cdot 10^4$	19,1 h	β^-, γ
Promethium	Pm	61	[145]					
Protaktinium	Pa	91	[231]					
Quecksilber	Hg	80	200,59	196	0,15		65 h	K, γ
				198	10,12			
				199	17,04			
				200	23,25			
				201	13,18			
				202	29,54	$9,68 \cdot 10^5$	47 d	β^-, γ
				204	6,72		5,5 m	β^-, γ
Radium . .	Ra	88	226,05	226		$1,44 \cdot 10^7$	41 m	β^-, γ
Radon . . .	Rn	86	[222]					
Rhenium . .	Re	75	186,22	185	37,07	$3,25 \cdot 10^7$	89 h	$\beta^-,$ K, γ
				187	62,93	$4,13 \cdot 10^7$	17 h	β^-, γ
Rhodium .	Rh	45	102,905	103	100	$2,22 \cdot 10^8$	44 s	β^-, γ
Rubidium .	Rb	37	85,47	85	72,15	$9,6 \cdot 10^5$	18,6 d	β^-, γ
				87	27,85	$5,3 \cdot 10^4$	18 m	β^-, γ
Ruthenium	Ru	44	101,07	96	5,50	$1,87 \cdot 10^4$	2,9 d	K, γ
				98	1,91			
				99	12,70			
				100	12,69			
				101	17,01			
				102	31,52	$7,3 \cdot 10^5$	40 d	β^-, γ
				104	18,67	$2,07 \cdot 10^5$	4,5 h	β^-, γ

Tabelle 36. (Fortsetzung)

Elemente	Symbol	Ordnungszahl	Atomgewicht	Massenzahl des bestrahlten Isotops	Relative Häufigkeit in %	Sättigungsaktivität in μC/g	$T_{1/2}$ des entst. Radionuclids	Strahlungsart
Samarium .	Sm	62	150,35	144	3,16	$9,82 \cdot 10^2$	$\sim$340 d	K, γ
				147	15,07			
				148	11,27			
				149	13,84			
				150	7,47		93 y	β^-, γ
				152	26,63	$4,07 \cdot 10^7$	47 h	β^-, γ
				154	22,53	$1,36 \cdot 10^6$	23 m	β^-, γ
Sauerstoff .	O	8	15,9949	16	99,76			
				17	0,04			
				18	0,20	4,16	29 s	β^-, γ
Scandium .	Sc	21	44,956	45	100	$4,34 \cdot 10^7$	84,0 d	β^-, γ
Schwefel . .	S	16	32,064	32	95,06			
				33	0,74	$5,58 \cdot 10^4$		β^-
				34	4,18		87 d	
				36	0,016	$9,96 \cdot 10^1$	5,0 m	β^-, γ
Selen . . .	Se	34	78,96	74	0,87	$5 \quad \cdot 10^5$	121 d	K, γ
				76	9,02			
				77	7,58			
				78	23,52			
				80	49,82	$5,2 \quad \cdot 10^5$	18 m	β^-
				82	9,19	$9,3 \quad \cdot 10^3$	70 s	β^-, γ
Silber . . .	Ag	47	107,870	107	51,35	$3,42 \cdot 10^7$	2,3 m	β^-, β^+, γ
				109	48,65	$8,08 \cdot 10^7$	39,2 s	β^-, γ
Silicium . .	Si	14	28,086	28	92,27			
				29	4,68			
				30	3,05	$2,0 \quad \cdot 10^4$	2,62 h	β^-, γ
Stickstoff .	N	7	14,0067	14	99,64			
				15	0,36	$8,6 \quad \cdot 10^{-1}$	7,4 s	β^-, γ
Strontium .	Sr	38	87,62	84	0,56	$1,08 \cdot 10^4$	64 d	K, γ
				86	9,86			
				87	7,02			
				88	82,56	$7,65 \cdot 10^3$	51 d	β^-
Tantal . . .	Ta	73	180,948	180	0,01			
				181	99,99	$1,71 \cdot 10^7$	115 d	β^-, γ
Technecium	Tc	43	[99]					
Tellur . . .	Te	52	127,60	120	0,09		17 d	K, γ
				122	2,46			
				123	0,87			
				124	4,61			
				125	6,99			
				126	18,71	$1,9 \quad \cdot 10^5$	9,4 h	β^-, γ
				128	31,79	$5,28 \cdot 10^4$	72 m	β^-, γ
				130	34,49	$9,67 \cdot 10^4$	25 m	β^-, γ
Terbium . .	Tb	65	158,924	159	100	$> 2,25 \cdot 10^7$	72 d	β^-, γ
Thallium .	Tl	81	204,37	203	29,50	$1,88 \cdot 10^6$	3,56 y	β^-, K
				205	70,50	$5,62 \cdot 10^4$	4,2 m	β^-
Thorium . .	Th	90	232,038	232	100	$5,27 \cdot 10^6$	22,1 m	β^-, γ
Thulium . .	Tm	69	168,94	169	100	$1,251 \cdot 10^8$	129 d	β^-, K, γ
Titan . . .	Ti	22	47,90	46	7,95			
				47	7,75			
				48	73,45			
				49	5,51			
				50	5,34	$2,55 \cdot 10^4$	5,8 m	β^-, γ

Tabelle 36 (Fortsetzung)

Elemente	Symbol	Ordnungs-zahl	Atom-gewicht	Massenzahl des bestrahl-ten Isotops	Relative Häufigkeit in %	Sättigungs-aktivität in µC/g	$T_{1/2}$ des entst. Radio-nuclids	Strahlungsart
Uran . . .	U	92	238,03	234	0,0058			
				235	0,715	$5,23 \cdot 10^5$	$2,39 \cdot 10^7$ y	α, γ
				238	99,28	$2,0 \ \cdot 10^6$	23,5 m	β, γ
Vanadium .	V	23	50,942	50	0,24			
				51	99,76	$1,44 \cdot 10^7$	3,76 m	β^-, γ
Wasserstoff	H	1	1,00797	1	99,986			
				2	0,014	$1,38 \cdot 10^1$	12,26 y	β^-
Wismut . .	Bi	83	208,980	209	100	$1,1 \ \cdot 10^4$	$2,6 \cdot 10^6$ y	α
Wolfram . .	W	74	183,85	180	0,135	$1,24 \cdot 10^4$	145 d	K, γ
				182	26,4			
				183	14,4			
				184	30,6	$5,7 \ \cdot 10^5$	75,8 d	β^-
				186	28,4	$8,65 \cdot 10^6$	24,0 h	β^-, γ
Xenon . . .	Xe	54	131,30	124	0,096	$8,62 \cdot 10^4$	18 h	K, γ
				126	0,090		36,4 d	K, γ
				128	1,919			
				129	26,44			
				130	4,08			
				131	21,18			
				132	26,89	$6,68 \cdot 10^4$	5,270 d	β^-, γ
				134	10,44	$2,58 \cdot 10^4$	9,2 h	β^-, γ
				136	8,87	$1,66 \cdot 10^4$	3,9 m	β^-, γ
Ytterbium .	Yb	70	173,04	168	0,14	$1,4 \ \cdot 10^7$	32 d	K, γ
				170	3,03			
				171	14,31			
				172	21,82			
				173	16,13			
				174	31,84	$1,79 \cdot 10^7$	4,2 d	β^-, γ
				176	12,73	$6,5 \ \cdot 10^5$	1,9 h	β^-, γ
Yttrium . .	Y	39	88,905	89	100	$2,2 \ \cdot 10^6$	64,2 h	β^-, γ
Zink. . . .	Zn	30	65,37	64	48,89	$5,4 \ \cdot 10^5$	245 d	K, β^+, γ
				66	27,81			
				67	4,11			
				68	18,56	$4,64 \cdot 10^5$	57 m	β^-
				70	0,62	$1,34 \cdot 10^3$	2,2 m	β^-, γ
Zinn. . . .	Sn	50	118,69	112	0,95	$1,82 \cdot 10^4$	119 d	K, γ
				114	0,65			
				115	0,34			
				116	14,24			
				117	7,57			
				118	24,01			
				119	8,58			
				120	32,97	$<4,5 \ \cdot 10^2$	400 d	β^-, γ
				120	32,97	$6,25 \cdot 10^4$	27 h	β^-
				122	4,71	$6,6 \ \cdot 10^1$	136 d	β^-, γ
				122	4,71	$1,05 \cdot 10^4$	40 m	β^-, γ
				124	5,98	$1,68 \cdot 10^4$	9,5 m	β^-, γ
				124	5,98	$3,35 \cdot 10^2$	9,4 d	β^-, γ
Zirkonium .	Zr	40	91,22	90	51,46			
				91	11,23			
				92	17,11	$7,77 \cdot 10^4$	$1,1 \cdot 10^6$ y	β^-
				94	17,40	$3,14 \cdot 10^4$	65 d	β^-, γ
				96	2,80	$4,98 \cdot 10^3$	17 h	β^-, γ

Tabelle 37. *Zahlenwerte zur Abschätzung von Strahlenbelastungen*

Radionuclid	Symbol	Kritisches Organ	Halbwertzeit in Tagen			Mittlere β-Energie in MeV	$I\gamma$-Dosiskonstante $\frac{r}{h} \cdot \frac{m^2}{C}$	Freigrenze μC	Maximal zulässige Dosis in $\mu C/cm^3$	
			phys.	biol.	eff.				Wasser	Luft
Aktinium . . .	$_{89}Ac^{227}$	Knochen GI	21,7 y	12000	10^3			0,1	$2 \cdot 10^{-5}$	$8 \cdot 10^{-13}$
Americum . .	$_{95}Am^{241}$	Knochen GI	458 y	890	890			0,1	$4 \cdot 10^{-5}$	$2 \cdot 10^{-12}$
Antimon . . .	$_{51}Sb^{122}$		2,80 d				0,26	10	$3 \cdot 10^{-4}$	$5 \cdot 10^{-8}$
	$_{51}Sb^{124}$		60,9 d			0,45	1,02	10	$2 \cdot 10^{-4}$	$7 \cdot 10^{-9}$
	$_{51}Sb^{125}$		2,0 y					10	$1 \cdot 10^{-3}$	$9 \cdot 10^{-9}$
Argon	$_{18}A^{41}$		110 m				0,75	10	$3 \cdot 10^{-3}$	$4 \cdot 10^{-7}$
Arsen	$_{33}As^{76}$	Nieren GI	26,7 h	37	1,09	1,18	0,24	10	$2 \cdot 10^{-4}$	$3 \cdot 10^{-8}$
	$_{33}As^{77}$		38,7 h			0,24		10	$8 \cdot 10^{-4}$	$1 \cdot 10^{-7}$
Astatin	$_{85}At^{211}$	Schilddrüse GI	7,5 h	180	0,31			0,1	$1 \cdot 10^{-5}$	$1 \cdot 10^{-9}$
Barium	$_{56}Ba^{131}$		11,5 d				0,3	10	$2 \cdot 10^{-3}$	$1 \cdot 10^{-7}$
	$_{56}Ba^{140}$	Knochen GI	12,8 d	120	12		0,13	1	$2 \cdot 10^{-4}$	$1 \cdot 10^{-8}$
Blei	$_{82}Pb^{203}$	Knochen GI	2,16 d	730	2,16			10	$4 \cdot 10^{-3}$	$6 \cdot 10^{-7}$
	$_{82}Pb^{210}$	Knochen GI	22 y	730	676			1	$1 \cdot 10^{-6}$	$4 \cdot 10^{-11}$
	$_{82}Pb^{212}$		10,64 h					1	$2 \cdot 10^{-4}$	$6 \cdot 10^{-9}$
Beryllium . . .	$_{4}Be^{7}$	Knochen GI	54,5 d	400	48			100	$2 \cdot 10^{-2}$	$4 \cdot 10^{-7}$
Brom	$_{35}Br^{82}$		35,87 h				1,46	10	$4 \cdot 10^{-4}$	$6 \cdot 10^{-8}$
Cadmium . . .	$_{48}Cd^{109}$	Leber GI	1,3 y	100	77			10	$2 \cdot 10^{-3}$	$2 \cdot 10^{-8}$
	$_{48}Cd^{115}$		53 h				0,31	10	$3 \cdot 10^{-4}$	$6 \cdot 10^{-8}$
Calcium . . .	$_{20}Ca^{45}$	Knochen GI	164 d	18000	151	0,09		1	$9 \cdot 10^{-5}$	$1 \cdot 10^{-8}$
	$_{20}Ca^{47}$		4,7 d				0,56	1	$3 \cdot 10^{-4}$	$6 \cdot 10^{-8}$
Caesium . . .	$_{55}Cs^{134}$		2,07 y			0,16	$\sim 0,91$	10	$9 \cdot 10^{-5}$	$4 \cdot 10^{-9}$
	$_{55}Cs^{137}$	Muskel GI	26,6 y	17	17		0,34	10	$2 \cdot 10^{-4}$	$5 \cdot 10^{-9}$
Cer	$_{58}Ce^{144}$	Knochen GI	285 d	330	180			1	$1 \cdot 10^{-4}$	$2 \cdot 10^{-9}$
	$_{58}Ce^{141}$		33,1 d				0,04	10	$9 \cdot 10^{-4}$	$5 \cdot 10^{-8}$
Chlor	$_{17}Cl^{36}$	GesamterKörperGI	$2,5 \cdot 10^5$ y	29	29	0,23		10	$6 \cdot 10^{-4}$	$8 \cdot 10^{-9}$
	$_{17}Cl^{38}$		37,29 m					100	$4 \cdot 10^{-3}$	$7 \cdot 10^{-7}$
Chrom	$_{24}Cr^{51}$	Nieren GI	27,8 d	110	22	0,0054	0,005	100	$2 \cdot 10^{-2}$	$8 \cdot 10^{-7}$
Curium	$_{96}Cm^{242}$	Knochen GI	150 d	601	120			0,1	$2 \cdot 10^{-4}$	$4 \cdot 10^{-11}$
Eisen	$_{26}Fe^{55}$	Blut GI	2,60 y			0,0064		10	$8 \cdot 10^{-3}$	$3 \cdot 10^{-7}$
	$_{26}Fe^{59}$	Blut GI	45 d	65	27	0,12	0,65	1	$5 \cdot 10^{-4}$	$2 \cdot 10^{-8}$
Europium . . .	$_{63}Eu^{152}$		9,2 h				0,70	10	$6 \cdot 10^{-4}$	$1 \cdot 10^{-7}$
	$_{63}Eu^{154}$	Knochen GI	16 y	1400	820		0,26	1	$2 \cdot 10^{-4}$	$1 \cdot 10^{-9}$
Fluor	$_{9}F^{18}$	Knochen GI	112 m	140	0,078	0,24		100	$5 \cdot 10^{-3}$	$9 \cdot 10^{-7}$
Gadolinium . .	$_{64}Gd^{159}$		18,0 h				0,04	100	$8 \cdot 10^{-4}$	$1 \cdot 10^{-7}$
Gallium . . .	$_{31}Ga^{72}$	Knochen GI	14,3 h	3000	0,59	0,46	1,6	10	$4 \cdot 10^{-4}$	$6 \cdot 10^{-8}$
Germanium . .	$_{32}Ge^{71}$	Nieren GI	11,4 d	6	3,9			100	$2 \cdot 10^{-2}$	$2 \cdot 10^{-6}$

Tabelle 37 (Fortsetzung)

Radionuclid	Symbol	Kritisches Organ	Halbwertzeit in Tagen			Mittlere β-Energie in MeV	I_γ-Dosiskonstante $\frac{r}{h} \cdot \frac{m^2}{C}$	Freigrenze μC	Maximal zulässige Dosis in $\mu C/cm^3$	
			phys.	biol.	eff.				Wasser	Luft
Gold	$_{79}Au^{196}$	Leber, Nieren GI	5,6 d	50	5	0,34		10	$1 \cdot 10^{-3}$	$2 \cdot 10^{-7}$
	$_{79}Au^{198}$	Leber, Nieren GI	2,7 d	50	2,6		0,23	10	$5 \cdot 10^{-4}$	$8 \cdot 10^{-8}$
	$_{79}Au^{199}$	Leber, Nieren GI	3,3 d	50	3,1			10	$2 \cdot 10^{-3}$	$3 \cdot 10^{-7}$
Hafnium . . .	$_{72}Hf^{181}$		44,6 d			0,2	0,28	10	$7 \cdot 10^{-4}$	$1 \cdot 10^{-8}$
Holmium . . .	$_{67}Ho^{166}$	Knochen GI	27 h	37	1,1		0,01	10	$3 \cdot 10^{-4}$	$6 \cdot 10^{-8}$
Indium	$_{49}In^{114m}$		50,0 d				0,12	10	$2 \cdot 10^{-4}$	$7 \cdot 10^{-9}$
Iridium	$_{77}Ir^{190}$	Nieren, Milz GI	11 d	130	7,3		0,27	10	$2 \cdot 10^{-3}$	$1 \cdot 10^{-7}$
	$_{77}Ir^{192}$	Nieren, Milz GI	74 d	23	17		0,55	10	$4 \cdot 10^{-4}$	$9 \cdot 10^{-9}$
	$_{77}Ir^{194}$		19,0 h					10	$3 \cdot 10^{-4}$	$5 \cdot 10^{-8}$
Jod	$_{53}J^{129}$		$1,72 \cdot 10^7$ y					1	$2 \cdot 10^{-6}$	$3 \cdot 10^{-10}$
	$_{53}J^{131}$	Schilddrüse GI	8,0 d	180	7,7	0,17	0,25	1	$1 \cdot 10^{-5}$	$2 \cdot 10^{-9}$
	$_{53}J^{132}$		2,26 h			0,45	0,12	10	$3 \cdot 10^{-4}$	$4 \cdot 10^{-8}$
Kalium	$_{19}K^{42}$	Muskel GI	12,5 h	33	0,51	1,40	0,13	10	$2 \cdot 10^{-4}$	$4 \cdot 10^{-8}$
Kobalt	$_{27}Co^{58}$		71,3 d				0,56	10	$9 \cdot 10^{-4}$	$2 \cdot 10^{-8}$
	$_{27}Co^{60}$	Leber GI	5,24 y			0,099	1,35	10	$3 \cdot 10^{-4}$	$3 \cdot 10^{-9}$
Kohlenstoff . .	$_{6}C^{14}$	Fett GI	5570 y	35	35	0,05		100	$8 \cdot 10^{-3}$	$1 \cdot 10^{-6}$
Krypton . . .	$_{36}Kr^{85m}$		4,36 h				0,1	10	$2 \cdot 10^{-3}$	$1 \cdot 10^{-6}$
	$_{36}Kr^{87}$		78 m				0,5	10	$2 \cdot 10^{-3}$	$2 \cdot 10^{-7}$
Kupfer	$_{29}Cu^{64}$	Leber GI	12,8 h	39	0,53	0,12	0,13	10	$2 \cdot 10^{-3}$	$4 \cdot 10^{-7}$
Lanthan . . .	$_{57}La^{140}$	Knochen GI	12,8 d	120	12		1,20	10	$2 \cdot 10^{-4}$	$4 \cdot 10^{-8}$
			1,67 d	35	1,6					
Lutetium . . .	$_{71}Lu^{177}$	Knochen GI	6,7 d	6	3,2		0,01	10	$1 \cdot 10^{-3}$	$2 \cdot 10^{-7}$
Mangan	$_{25}Mn^{52}$		5,60 d				1,93	10	$3 \cdot 10^{-4}$	$5 \cdot 10^{-8}$
	$_{25}Mn^{54}$		291 d			0,48	0,49	10	$1 \cdot 10^{-3}$	$1 \cdot 10^{-8}$
	$_{25}Mn^{56}$	Nieren, Leber GI	2,6 h	5	0,106	0,77	0,98	10	$1 \cdot 10^{-3}$	$2 \cdot 10^{-7}$
Molybdän . . .	$_{42}Mo^{99}$	Knochen GI	2,85 d	150	2,8	[0,18]	0,18	10	$4 \cdot 10^{-4}$	$7 \cdot 10^{-8}$
Natrium . . .	$_{11}Na^{22}$		2,58 y			0,18	1,20	10	$3 \cdot 10^{-4}$	$3 \cdot 10^{-9}$
	$_{11}Na^{24}$	Gesamter Körper GI	15 h	29	0,61	0,54	1,96	10	$3 \cdot 10^{-4}$	$5 \cdot 10^{-8}$
Neodym . . .	$_{60}Nd^{147}$		11,06 d				0,11	10	$6 \cdot 10^{-4}$	$8 \cdot 10^{-8}$
Nickel	$_{28}Ni^{59}$	Leber GI	$7,5 \cdot 10^4$ y	8	8			10	$2 \cdot 10^{-3}$	$2 \cdot 10^{-7}$
	$_{28}Ni^{65}$		2,564 h				0,32	10	$1 \cdot 10^{-3}$	$2 \cdot 10^{-7}$
Niob	$_{41}Nb^{95}$	Knochen GI	35 d	50	21			10	$1 \cdot 10^{-3}$	$3 \cdot 10^{-8}$
Osmium . . .	$_{76}Os^{185}$		93,6 d				0,40	10	$7 \cdot 10^{-4}$	$2 \cdot 10^{-8}$
	$_{76}Os^{191m}$		14 h				0,04	100	$2 \cdot 10^{-2}$	$3 \cdot 10^{-6}$
	$_{76}Os^{191}$		16,0 d				0,06	10	$2 \cdot 10^{-3}$	$1 \cdot 10^{-7}$
	$_{76}Os^{193}$		30,6 h				0,06	10	$5 \cdot 10^{-4}$	$9 \cdot 10^{-8}$
Palladium . . .	$_{46}Pd^{103}$	Nieren GI	17 d	6	4,4			10	$3 \cdot 10^{-3}$	$3 \cdot 10^{-7}$
	$_{46}Pd^{109}$		13,5 h			0,35		10	$7 \cdot 10^{-4}$	$1 \cdot 10^{-7}$

Phosphor . . .	$_{15}P^{32}$	Knochen GI	14,2 d	1200	14	0,685		10	$2 \cdot 10^{-4}$	$2 \cdot 10^{-8}$
Platin	$_{78}Pt^{191}$	Nieren GI	3 d	64	2,9			10	$1 \cdot 10^{-3}$	$2 \cdot 10^{-7}$
	$_{78}Pt^{193\,m}$	Nieren GI	4,5	64	4			10	$1 \cdot 10^{-2}$	$2 \cdot 10^{-6}$
	$_{78}Pt^{197\,m}$		78 m				0,19	100	$9 \cdot 10^{-3}$	$2 \cdot 10^{-6}$
	$_{78}Pt^{197}$		18 h				0,05	10	$1 \cdot 10^{-3}$	$2 \cdot 10^{-7}$
Plutonium . .	$_{94}Pu^{238}$		86,4 y					0,1	$5 \cdot 10^{-5}$	$7 \cdot 10^{-13}$
	$_{84}Pu^{239}$	Knochen GI	$2,4 \cdot 10^4$ y	43000	$4,3 \cdot 10^4$			0,1	$5 \cdot 10^{-5}$	$6 \cdot 10^{-13}$
Polonium . . .	$_{84}Po^{210}$	Milz GI	138 d	40	31			0,1	$7 \cdot 10^{-6}$	$7 \cdot 10^{-11}$
Praseodym . .	$_{59}Pr^{142}$		19,1 h			0,82	0,03	10	$3 \cdot 10^{-4}$	$5 \cdot 10^{-8}$
	$_{59}Pr^{143}$	Knochen GI	14 m	50	11	0,31		10	$5 \cdot 10^{-4}$	$6 \cdot 10^{-8}$
Promethium . .	$_{61}Pm^{147}$	Knochen GI	2,6 y	100	140			10	$2 \cdot 10^{-3}$	$2 \cdot 10^{-8}$
Quecksilber . .	$_{80}Hg^{197\,m}$		24 h				0,06	10	$2 \cdot 10^{-3}$	$3 \cdot 10^{-7}$
	$_{80}Hg^{197}$		65 h				0,04	10	$3 \cdot 10^{-3}$	$4 \cdot 10^{-7}$
	$_{80}Hg^{203}$		46,9 d			0,11	0,12	1	$2 \cdot 10^{-4}$	$2 \cdot 10^{-8}$
Radium . . .	$_{88}Ra^{226}$	Knochen	1590 y	20000	$1,6 \cdot 10^4$		0,84	0,1	$1 \cdot 10^{-7}$	$1 \cdot 10^{-11}$
Radon	$_{86}Rn^{220}$	Lunge	51,5 s					10	$5 \cdot 10^{-5}$	$1 \cdot 10^{-7}$
	$_{86}Rn^{222}$	Lunge	3,8229 d					0,1	$5 \cdot 10^{-5}$	$1 \cdot 10^{-8}$
Rhenium . . .	$_{75}Re^{183}$	Schilddrüse, Haut GI	71 d	0,5	0,5			10	$3 \cdot 10^{-3}$	$5 \cdot 10^{-8}$
	$_{75}Re^{186}$		88,9 h			0,38	0,16	10	$5 \cdot 10^{-4}$	$8 \cdot 10^{-8}$
	$_{75}Re^{188}$		16,7 h				0,17	10	$3 \cdot 10^{-4}$	$6 \cdot 10^{-8}$
Rhodium . . .	$_{45}Rh^{103\,m}$		57 m				0,27	100	$1 \cdot 10^{-1}$	$2 \cdot 10^{-5}$
	$_{45}Rh^{105}$	Nieren GI	1,54 d	28	1,5	0,26		10	$1 \cdot 10^{-3}$	$2 \cdot 10^{-7}$
Rubidium . . .	$_{37}Rb^{86}$	Muskel GI	18,6 d	13	7,8	0,63	0,124	10	$2 \cdot 10^{-4}$	$2 \cdot 10^{-8}$
	$_{37}Rb^{87}$		$5,0 \cdot 10^{10}$ y					10	$1 \cdot 10^{-3}$	$2 \cdot 10^{-8}$
Ruthenium . .	$_{44}Ru^{103}$		39,8 d			0,09	0,37	10	$8 \cdot 10^{-4}$	$3 \cdot 10^{-8}$
	$_{44}Ru^{105}$		4,5 h				0,45	10	$1 \cdot 10^{-3}$	$2 \cdot 10^{-7}$
	$_{44}Ru^{106}$	Nieren GI	1 y	20	19			1	$1 \cdot 10^{-4}$	$2 \cdot 10^{-9}$
Samarium . .	$_{62}Sm^{151}$	Knochen GI	~93 y	40000	$3,9 \cdot 10^4$			1	$4 \cdot 10^{-3}$	$2 \cdot 10^{-8}$
	$_{62}Sm^{153}$		47,1 h				0,06	10	$8 \cdot 10^{-4}$	$1 \cdot 10^{-7}$
Schwefel . . .	$_{16}S^{35}$	Haut GI	87 d	22	18	0,053		10	$6 \cdot 10^{-4}$	$9 \cdot 10^{-8}$
Selen	$_{34}Se^{75}$		121 d				0,15	10	$3 \cdot 10^{-3}$	$4 \cdot 10^{-8}$
Silber.	$_{47}Ag^{105}$	Leber GI	40 d	3	2,8			10	$1 \cdot 10^{-3}$	$3 \cdot 10^{-8}$
	$_{47}Ag^{110\,m}$		253 d			0,23	1,55	10	$3 \cdot 10^{-4}$	$3 \cdot 10^{-9}$
	$_{47}Ag^{111}$		7,6 d	28	2,1	0,26		10	$4 \cdot 10^{-4}$	$8 \cdot 10^{-8}$
Silicium. . . .	$_{14}Si^{31}$		2,62 h			0,72		100	$2 \cdot 10^{-3}$	$3 \cdot 10^{-7}$
Scandium . . .	$_{21}Sc^{46}$	Milz, Leber GI	84 d	15	13	0,13	1,16	10	$4 \cdot 10^{-4}$	$8 \cdot 10^{-9}$
	$_{21}Sc^{47}$	Milz, Leber GI	3,44 d	15	2,8			10	$9 \cdot 10^{-4}$	$2 \cdot 10^{-7}$
	$_{21}Sc^{48}$	Milz, Leber GI	44 h	15	1,6			10	$3 \cdot 10^{-4}$	$5 \cdot 10^{-8}$
Strontium . .	$_{38}Sr^{85\,m}$		70 m				0,12	0,1	$7 \cdot 10^{-2}$	$1 \cdot 10^{-5}$
	$_{38}Sr^{85}$		64,0 d				0,3	0,1	$1 \cdot 10^{-3}$	$4 \cdot 10^{-8}$
	$_{38}Sr^{89}$	Knochen GI	51 d	4000	52	0,58		1	$1 \cdot 10^{-4}$	$1 \cdot 10^{-8}$
	$_{39}Sr^{90}$	Knochen GI	27,7 y					0,1	$1 \cdot 10^{-6}$	$1 \cdot 10^{-10}$
Tantal	$_{73}Ta^{182}$	Leber GI	115 d	150	66	0,60		10	$4 \cdot 10^{-4}$	$7 \cdot 10^{-9}$

Tabelle 37 (Fortsetzung)

| Radionuclid | Symbol | Kritisches Organ | Halbwertzeit in Tagen | | | Mittlere β-Energie in MeV | I_γ-Dosiskonstante $\frac{r}{h} \cdot \frac{m^2}{C}$ | Freigrenze μC | Maximal zulässige Dosis in $\mu C/cm^3$ | |
			phys.	biol.	eff.				Wasser	Luft
Technetium . .	$_{43}Tc^{96}$	Nieren GI	4,3 d	4	2,1			10	$5 \cdot 10^{-4}$	$8 \cdot 10^{-8}$
Tellur	$_{52}Te^{127m}$		105 d			0,42		10	$5 \cdot 10^{-4}$	$1 \cdot 10^{-8}$
	$_{52}Te^{127}$		9,4 h			0,42	0,04	10	$2 \cdot 10^{-3}$	$3 \cdot 10^{-7}$
	$_{52}Te^{129m}$		32 d	15	10		0,05	10	$2 \cdot 10^{-4}$	$1 \cdot 10^{-8}$
	$_{52}Te^{129}$	Nieren GI	72 m				0,12	10	$8 \cdot 10^{-3}$	$1 \cdot 10^{-6}$
	$_{52}Te^{131m}$		30 h				0,87	10	$4 \cdot 10^{-4}$	$6 \cdot 10^{-8}$
	$_{52}Te^{132}$		77,7 h					0,1	$2 \cdot 10^{-4}$	$4 \cdot 10^{-8}$
Terbium . . .	$_{65}Tb^{160}$		72,3 d				$\sim 0,42$	10	$4 \cdot 10^{-4}$	$1 \cdot 10^{-8}$
Thallium . . .	$_{81}Tl^{200}$	Muskel GI	27 h	17	1,06			10	$2 \cdot 10^{-3}$	$4 \cdot 10^{-7}$
	$_{81}Tl^{201}$	Muskel GI	72 h					100	$2 \cdot 10^{-3}$	$3 \cdot 10^{-7}$
	$_{81}Tl^{202}$	Muskel GI	11,5 d	17	6,9			10	$7 \cdot 10^{-4}$	$8 \cdot 10^{-8}$
	$_{81}Tl^{204}$	Muskel GI	3,56 y	17	16,7	0,28		10	$6 \cdot 10^{-4}$	$9 \cdot 10^{-9}$
Thorium . . .	$_{90}Th^{234}$	Knochen GI	24,10 d					1	$2 \cdot 10^{-4}$	$1 \cdot 10^{-8}$
	$Th_{natürl.}$	Knochen GI	$1,4 \cdot 10^{10}$ y	40000	$4,3 \cdot 10^4$			0,1	$1 \cdot 10^{-5}$	$6 \cdot 10^{-13}$
Thulium . . .	$_{69}Tm^{170}$	Knochen GI	129 d	110	59		0,03	1	$5 \cdot 10^{-4}$	$1 \cdot 10^{-8}$
Tritium	$_1H^3$	Gesamter Körper GI	12,6 y	19	19	0,00567		100	$3 \cdot 10^{-2}$	$2 \cdot 10^{-6}$
Uran	$_{92}U^{233}$	Knochen GI	$1,63 \cdot 10^5$ y	300	300			1	$3 \cdot 10^{-4}$	$4 \cdot 10^{-11}$
	$_{92}U^{236}$		$2,39 \cdot 10^7$ y				0,01	1	$3 \cdot 10^{-4}$	$4 \cdot 10^{-11}$
	$U_{natürl.}$	Nieren GI	$4,5 \cdot 10^9$ y	30	30			1	$2 \cdot 10^{-4}$	$2 \cdot 10^{-11}$
Vanadium . .	$_{23}V^{48}$	Knochen GI	16 d	50	12	0,175		10	$3 \cdot 10^{-4}$	$2 \cdot 10^{-8}$
Wismut	$_{83}Bi^{210}$		$2,6 \cdot 10^6$ y					1	$4 \cdot 10^{-4}$	$2 \cdot 10^{-9}$
Wolfram . . .	$_{74}W^{181}$	Knochen GI	145 d	5	4,8			10	$3 \cdot 10^{-3}$	$4 \cdot 10^{-8}$
	$_{74}W^{185}$		75,8 d			0,13	0,05	10	$1 \cdot 10^{-3}$	$4 \cdot 10^{-8}$
	$_{74}W^{187}$		24,0 h				0,31	0,1	$6 \cdot 10^{-4}$	$1 \cdot 10^{-7}$
Xenon	$_{54}Xe^{131m}$		12,0 d					0,1	$1 \cdot 10^{-3}$	$4 \cdot 10^{-6}$
	$_{54}Xe^{133}$	Gesamter Körper	5,270 d			[0,17]	$\sim 0,02$	10	$1 \cdot 10^{-3}$	$3 \cdot 10^{-6}$
	$_{54}Xe^{135}$	Gesamter Körper	9,13 h				0,15	10	$1 \cdot 10^{-3}$	$1 \cdot 10^{-6}$
Ytterbium . .	$_{70}Yb^{175}$		101 h				0,04	10	$1 \cdot 10^{-3}$	$2 \cdot 10^{-7}$
Yttrium . . .	$_{39}Y^{90}$		64,2 h			0,97		10	$2 \cdot 10^{-4}$	$3 \cdot 10^{-8}$
	$_{39}Y^{91}$	Knochen GI	61 d	500	51			1	$3 \cdot 10^{-4}$	$1 \cdot 10^{-8}$
Zink	$_{30}Zn^{65}$	Knochen GI	245 d	23	21	0,01	0,30	10	$1 \cdot 10^{-3}$	$2 \cdot 10^{-8}$
	$_{30}Zn^{69}$		57 m			0,31	0,26	10	$2 \cdot 10^{-2}$	$2 \cdot 10^{-6}$
Zinn	$_{50}Sn^{113}$	Knochen GI	119 d	149	44		0,17	10	$8 \cdot 10^{-4}$	$2 \cdot 10^{-8}$
	$_{50}Sn^{125}$		9,5 m				0,19	10	$2 \cdot 10^{-4}$	$3 \cdot 10^{-8}$
Zirkon	$_{40}Zr^{95}$	Knochen GI	65 d				0,45	10	$6 \cdot 10^{-4}$	$1 \cdot 10^{-8}$

Sachverzeichnis